福建省高校计算机等级考试规划教材

微机应用技术基础

——福建省高校计算机等级考试三级(偏硬)

考试指导书·第一分册

陈庆强 编著

厦门大学出版社

图书在版编目(CIP)数据

微机应用技术基础/陈庆强编著.—厦门:厦门大学出版社,2012.4
福建省高校计算机等级考试规划教材
ISBN 978-7-5615-3841-8

Ⅰ.①微… Ⅱ.①陈… Ⅲ.①微型计算机-高等学校-教材 Ⅳ.①TP36

中国版本图书馆 CIP 数据核字(2012)第 035856 号

厦门大学出版社出版发行
(地址:厦门市软件园二期望海路 39 号 邮编:361008)
http://www.xmupress.com
xmup @ public.xm.fj.cn
三明市华光印务有限公司印刷
2012 年 4 月第 1 版 2012 年 4 月第 1 次印刷
开本:787×1092 1/16 印张:22.75
字数:553 千字 印数:1～2000 册
定价:40.00 元

内容简介

本书是根据福建省高校计算机等级考试指导委员会审核批准的《福建省高等学校计算机应用水平等级考试三级(偏硬)考试大纲》(2010年修订版)要求编写而成的。内容包括微机系统概述、计算机中常用的基本逻辑器件、接口与中断基础、计算机网络基础、数据结构与算法基础、微机在测控系统中的应用以及嵌入式系统基本知识等。

本书内容丰富,通俗易懂,并附有多试模拟题,是参加福建省高等学校计算机应用水平三级(偏硬)考试的必备教材。同时,本书围绕实际应用开发所需的知识结构进行编写,突出实用性,可作为电子工程、自动控制、机电工程等相关专业学生的教学用书,也可供从事微机及其应用系统设计开发的广大工程技术人员学习参考。

内容简介

[illegible]

[illegible]

前 言

福建省高校计算机等级考试分为一、二、三级三个级别，其中一、二级定位为课程考试，考生通过相应课程的学习，一般都可以顺利通过考试；而三级定位为计算机能力水平考试，且根据考生专业需求的差异，三级考试又分为"三级偏硬"和"三级偏软"两种。其中，"三级偏硬"的考试内容覆盖"计算机组成"、"微机原理及接口技术"、"计算机网络"、"数据结构与算法"、"微机测控技术"和"嵌入式系统"等多门计算机课程。对于电子工程、自动控制、机电工程等非计算机专业类的本科生而言，若能通过这一考试，无疑是如虎添翼。但是，要全面系统地学习和掌握这些课程显然也有较大的难度。正因为如此，多年以来，"三级偏硬"考试的通过率不甚理想，也挫伤了不少学生参加这项考试的积极性。为解决这一问题，福建省高校计算机应用水平等级考试指导委员会组织力量编写了《福建省高校计算机等级考试三级(偏硬)考试指导书》系列，本书是其中的第一分册。本书与《Intel 80X86 微机原理与接口技术》(余朝琨编著，厦门大学出版社 2009 年 10 月出版)结合，全面覆盖三级(偏硬)并选择 Intel 80X86 方向的考纲内容；与《MCS-51 微机原理与接口技术》(吴锤红编著，厦门大学出版社 2009 年 5 月出版)结合，全面覆盖三级(偏硬)并选择 MCS-51 系列单片机方向的考纲内容。同时，本书力图从计算机应用实际出发，以最简明扼要的形式，将相关课程的基础知识和主要内容展示给读者，从而帮助读者花尽量少的时间和精力顺利通过考试，也为读者今后从事计算机控制领域的工作打下坚实的基础。

本书由福建工程学院陈庆强副教授编写。福建工程学院计算机与信息科学系的蔡文培老师、徐翔老师分别为本书的第 6 章和第 4 章的编写提供了部分参考资料，龚小红老师和林芳老师帮助校对了第 4 章和第 5 章的内容。在此，向他们表示感谢。同时，感谢福建省教育厅和福建省高校计算机应用水平等级考试指导委员会的大力支持，也感谢厦门大学出版社在本书编辑和出版过程中给予的大力支持。

由于作者水平有限，所涉及的内容又极其广泛，本书难免存在疏误，恳请读者不吝赐教。

作者

2012 年春

目 录

第1章 微型计算机系统概述

同普通计算机一样，微型计算机也是由运算器、控制器、存储器、输入设备和输出设备五大部分组成。通常，运算器和控制器合称为中央处理器(CPU)，处理器和内存储器则合称为主机，而输入设备、输出设备和外存储器则统称为外部设备，或称为输入/输出设备。由于微型计算机具有体积小、质量轻、耗电量小、价格低、可靠性高等优点，所以它得到迅猛的发展，目前已经成为人类生产、生活乃至社会活动必不可少的工具。

本章介绍计算机中数据的表示和运算，微型计算机的基本概念、组成、工作过程及应用等。

1.1 计算机中数据的表示及运算

1.1.1 计算机中数据的表示

计算机最主要的功能是处理数值、文字、声音、图形和图像等信息，因此，计算机首先必须解决如何表示这些信息的问题。二进制中只有0和1两个符号，使用有两个稳定状态的物理器件就可以表示二进制的每一位，而制造有两个稳定状态的物理器件要比制造有多个稳定状态的物理器件容易得多，同时二进制的运算规则简单，所以为了能可靠、稳定地工作，同时便于设计与制造，计算机内部使用二进制代码作为信息的编码。二进制编码就是采用0和1两个基本符号，选用一定的组合原则，以表示大量复杂多样的信息。

1. 进位计数制及其转换

在采用进位计数的数字系统中，若使用 r 个基本符号表示数值，则称其为 r 进制，r 称为该数制的基数。对于不同的数制，它们的共同特点是：

每一种数制都有固定的符号集。例如，十进制计数制的基本符号有10个(0,1,2,…,9)，二进制计数制的基本符号有0和1两个。

每一种数制都使用位置表示法。即处于不同位置的数符所代表的值不同，与它所在位置的权值有关。运算时“逢 r 进1，借1当 r”。

【例1-1】 十进制数1234.56可表示为：

$$1234.56=1\times10^{3}+2\times10^{2}+3\times10^{1}+4\times10^{0}+5\times10^{-1}+6\times10^{-2}$$

即各种进位计数制中的权值就是基数的某次幂。因此，任何一种进位计数制表示的数都可以写成按权展开的多项式之和。常用进位计数制的表示如表1-1所示。

表 1-1 常用进位计数制的表示

进位制	二进制	八进制	十进制	十六进制
数符	0，1	0，1，2，…，7	0，1，2，…，9	0，1，2，…，9，A，B，…，F
运算规则	逢二进一	逢八进一	逢十进一	逢十六进一
基数	$r=2$	$r=8$	$r=10$	$r=16$
权	2^i	8^i	10^i	16^i
表示符	B	O	D	H

(1)十进制记数法

在十进制记数制中，基本符号为 0，1，2，…，9，基数 $r=10$。无论多大或多小的数，都由这 10 个符号的组合来表示。

(2)二进制记数法

在二进制记数制中，基本符号为 0 和 1，基数 $r=2$。

二进制数转换成十进制数的方法是：将二进制数的每一位数乘以它的权，然后相加，即可得其对应的十进制数值。

【例 1-2】 把二进制数 1101101.101 转换成相应的十进制数。

$$
\begin{aligned}
(1101101.101)_2 &= 1\times2^6+1\times2^5+0\times2^4+1\times2^3+1\times2^2+0\times2^1+1\times2^0+1\times2^{-1}+ \\
&\quad 0\times2^{-2}+1\times2^{-3} \\
&= 109.625
\end{aligned}
$$

十进制数转换成二进制数的方法是：整数部分和小数部分分别转换，然后再合并。整数部分采用“除 2 取余”法，小数部分采用“乘 2 取整”法。

(3)八进制计数法

在八进制计数制中，基本符号为：0，1，2，…，7，基数 $r=8$。

八进制数转换成十进制数的方法是：将八进制数的每一位数乘以它的权，然后相加，即可得到其对应的十进制数值。

十进制数转换为八进制数的方法是：整数部分和小数部分分别转换，然后再合并。整数部分采用“除 8 取余”法，小数部分采用“乘 8 取整”法。

二进制数转换成八进制数的方法是：对于整数部分，从右到左将二进制数的每三位分为一组，若不够三位时，在最高位左边补 0；对于小数部分，从左到右将二进制数的每三位分为一组，若不够三位时，在最低位右边补 0，然后将每三位二进制数用一位八进制数替换即可。

【例 1-3】 $(1110101.1111)_2=(001\ 110\ 101.111\ 100)_2=(165.74)_8$。

(4)十六进制计数法

在十六进制计数制中，基本符号为：0，1，2，…，9，A，B，…，F，基数 $r=16$。

十六进制数转换成十进制数的方法是：将十六进制数的每一位数乘以它的权，然后相加，即可得到其对应的十进制数值。

十进制数转换为十六进制数的方法是：整数部分和小数部分分别转换，然后再合并。整数部分采用“除 16 取余”法，小数部分采用“乘 16 取整”法。

二进制数转换成十六进制数的方法是：对于整数部分，从右到左将二进制数的每四位分为一组，若不够四位时，在最高位左边补0；对于小数部分，从左到右将二进制数的每四位分为一组，若不够四位时，在最低位右边补0，然后将每四位二进制数用一位十六进制数替换即可。

【例1-4】 $(1110111111.11101)_2=(0011\ 1011\ 1111.1110\ 1000)_2=(3BF.E8)_{16}$。

2. 二进制运算规则

(1)加法运算法则：加法的进位规则是“逢二进一”。

0+0=0，0+1=1，1+0=1，1+1=0(向高位产生进位)。

(2)减法运算法则：减法的借位规则是“借一当二”。

0−0=0，1−1=0，1−0=1，0−1=1(向高位产生借位，借一当二)。

(3)乘法运算法则

0×0=0，0×1=0，1×0=0，1×1=1(二进制乘法运算可归结为“加法与移位”)。

(4)除法运算法则

0÷1=0(1÷0与0÷0无意义)，1÷1=1(二进制除法运算可归结为“减法与移位”)。

3. 原码、反码和补码

数值在计算机中表示的形式称为机器数，机器数对应的实际数值称为数的真值。我们知道，一个数包含数的符号、数值和小数点，而在计算机内部只能用0和1二个符号来表示一个数，为此，人们发明了原码、反码和补码等来表示数的符号和数值，而使用定点数和浮点数表示形式来解决小数点在机器内的表示问题。

机器数有无符号数和带符号数之分。无符号数即为正数，在机器数中没有符号位，所有二进制数位均表示数值；而对于带符号数，则使用原码、反码和补码等来表示，它们都使用最高位来表示符号位(用“0”表示该数为正数，用“1”表示该数为负数)，其余位则表示数值，小数点的位置固定在某一位置。一般微机内存储器的一个单元可存储8位二进制，所以，通常机器数的长度为8、16、24等8的倍数。为叙述方便，以下假设使用8位二进制数表示原码、反码和补码，并规定小数点的位置在机器数的最低有效数值位之后，即数为纯整数。

(1)原码表示法

在8位原码表示法中，使用最高位(位7)表示符号位，其余7位(位6～位0)表示数的绝对值。

【例1-5】 写出+62和−62的8位原码。

$$[+62]_{原}=00111110B$$

$$[-62]_{原}=10111110B$$

原码表示法的特点有：

①原码与真值之间的转换简单。

把原码转换为真值只需根据其最高位确定真值的符号，数值部分相同。

如$[00001111B]_{原}$对应的真值为：+0001111B=1111B；$[10001111B]_{原}$对应的真值为：−0001111B=−1111B。

②数值0的原码有两种表示：00000000B和10000000B。

③8 位原码表示的数的范围为：－127～＋127（-2^7+1～$+2^7-1$）。

④加减运算复杂。

二个原码表示的数要进行加减运算时，不能直接按照二进制数加减规则进行，即 $[x]_{原}+[y]_{原}\neq[x+y]_{原}$。

如：$[+62]_{原}+[-62]_{原}$＝00111110B＋10111110B＝11111100B≠$[62-62]_{原}$。

由于原码表示法中，加减运算复杂，所以现在已基本不被采用。

(2)反码表示法

在反码表示法中，也使用最高位表示符号位，其余位表示数值，对于正数，其数值部分与真值相同，对于负数，其数值部分为真值数值部分按位求反。

【例 1-6】 写出＋62 和－62 的 8 位反码。

$$[+62]_{反}=00111110B$$

$$[-62]_{反}=11000001B$$

反码表示法的特点有：

①反码与真值之间的转换比补码简单，但比原码复杂

把反码转换为真值先根据其最高位确定真值的符号，若为正数，则数值部分相同；若为负数，则必须将反码数值部分按位求反。

如：反码表示的数 00001111B，其对应的真值为：0001111B＝1111B；反码表示的数 10001111B，其对应的真值为：－1110000B。

②0 的反码有两种表示：00000000B 和 11111111B。

③8 位反码表示的数的范围为：－127～＋127（-2^7+1～$+2^7-1$）。

④加减运算比原码简单，但比补码复杂。

二个反码表示的数要进行相加时，先直接按照二进制数相加规则进行，然后将最高位（符号位）产生的进位加到最低位。

如：$[+62]_{原}+[-60]_{原}$＝00111110B＋11000011B＝00000001B（同时产生进位 1）。

修正：00000001B＋1（进位）＝00000010B，即为［62－60］的反码。

反码表示法也已基本不被采用。

(3)补码表示法

在补码表示法中，也使用最高位表示符号位，其余位表示数值，对于正数，其数值部分与真值相同；对于负数，其数值部分为真值数值部分按位求反再后在最低位加上 1。

【例 1-7】 写出＋62 和－62 的 8 位补码。

$$[+62]_{补}=00111110B$$

$$[-62]_{补}=11000010B$$

补码表示法的特点有：

①补码与真值之间的转换相对复杂些。

把补码转换为真值先根据其最高位确定真值的符号，若为正数，则数值部分相同；若为负数，则必须将补码数值部分按位求反后再在最低位加上 1。

如：补码表示的数 00001111B，其对应的真值为：0001111B＝1111B；补码表示的数

10001111B，其对应的真值为：－1110000B。

②0 的补码只有一种表示：00000000B。

③8 位补码表示的数的范围为：－128～＋127(-2^7～$+2^7-1$)。

④加减运算简单。

两个补码表示的数要进行相加减时，可连同符号位一起直接按照二进制数加减规则进行。即有：

$$[X+Y]_{补}=[X]_{补}+[Y]_{补}$$

$$[X-Y]_{补}=[X]_{补}+[-Y]_{补}$$

如：$[+62]_{补}+[-100]_{补}$＝00111110B＋10011100B＝11011010B＝$[62-100]_{补}$。

这一特点意味着，在补码系统中，两个数要进行减法运算时可以转化为两个数进行加法运算操作，这样，在硬件内部实现时只需一套二进制加法器电路即可，相加时也不必考虑符号位，从而提高了数据处理的效率，降低了硬件的复杂性。

由于补码具有这些优点，所以目前被普遍采用，在没有特殊说明时，计算机中的有符号数都默认采用补码表示。

(4)溢出

对于 n 位二进制数表示的补码，其范围为：-2^{n-1}～$+2^{n-1}-1$。两个补码表示的数要进行加减运算时，若结果超出它所能表示的范围，则称为溢出，当产生溢出时，其结果当然就是错误的。如在 8 位补码系统中：$[+100]_{补}+[+50]_{补}$＝01100100B＋00110010B＝10010110B，显然，结果是一个负数的补码，它不是＋150 的补码表示了，因为＋150 已超出 8 位补码所能表示的范围。

在实际应用中，要特别注意溢出的发生，判断二个补码表示的数进行相加减是否产生溢出的方法有：

①OV＝Cn－1 ⊕ Cn－2，其中 Cn－1 和 Cn－2 分别表示运算时最高位和次高位产生的进位值，OV 表示溢出，“⊕”为异或运算符，即若 Cn－1 和 Cn－2 同时为 0 或同时为 1 时，OV＝0，没有产生溢出；若 Cn－1 和 Cn－2 其中有一个为 0，另一个为 1 时，OV＝1，产生溢出。

②同符号相减或异符号相加，不可能发生溢出；同符号相加或异符号相减，则有可能发生溢出。若两个正数相加或一个正数减去一个负数，结果却得到一个负数，则发生了溢出；若两个负数相加或一个负数减去一个正数，结果却得到一个正数，则也发生了溢出。

可以采用增加机器数的长度来解决溢出的问题。

对于正数，其原码、反码和补码的表示形式完全相同。

4. 定点数和浮点数

(1)定点数

定点数就是小数点的位置固定不变的数，其小数点的位置通常有两种约定方式：一种是约定小数点在最低有效数值位之后，表示一个定点纯整数；另一种是约定小数点在最高有效数值位之前，表示一个定点纯小数。

设用 n 位表示一机器数，则原码、反码和补码表示下的带符号数的范围如表 1-2 所示。

表 1-2 *n* 位原码、反码和补码表示的带符号数的范围

码制	定点整数	定点小数
原码	$-(2^{n-1}-1)\sim+(2^{n-1}-1)$	$-(1-2^{-(n-1)})\sim+(1-2^{-(n-1)})$
反码	$-(2^{n-1}-1)\sim+(2^{n-1}-1)$	$-(1-2^{-(n-1)})\sim+(1-2^{-(n-1)})$
补码	$-2^{n-1}\sim+(2^{n-1}-1)$	$-1\sim+(1-2^{-(n-1)})$

(2)浮点数

定点数所能表示的数值范围较小，运算中容易发生溢出，因此要引入浮点数。浮点数是小数点位置不固定的数，它能表示更大范围的数。

在十进制表示法中，人们为了表示绝对值比较大和比较小的数，常使用科学计数法，即将数表示为 $m\times10^e$ 的形式，同样，机器数也可借鉴这种表示形式，即将数表示为 $a=m\times2^e$，其中 e 为阶码，m 为尾数。用阶码和尾数表示的数叫作浮点数，这种表示数的方法称为浮点表示法。在浮点表示法中，阶码为带符号的纯整数，尾数为带符号的纯小数。浮点数的表示格式如下：

阶符	阶码	数符	尾数

其中阶符和数符分别表示阶码和尾数的符号。浮点数所能表示的数值范围主要由阶码决定，所表示数值的精度则由尾数决定。对于 *n* 位表示的浮点数：阶码长度越长(尾数长度越短)，其所能表示的数的范围越大，其精度就越低；阶码长度越短(尾数长度越长)，其所能表示的数的范围越小，其精度就越高。

1.1.2 BCD 码

用 4 位二进制代码表示 1 位十进制数，称为二一十进制编码，简称 BCD 编码。因为 $2^4=16$，而十进制数只有 0～9 十个不同的数符，故有多种 BCD 编码。常用的 BCD 码使用 8421 码，即 4 个二进制位的权从高到低分别为 8、4、2 和 1，它与十进制数的对应关系如表 1-3 所示。

表 1-3 BCD 码与十进制数的对应关系

十进制数	0	1	2	3	4	5	6	7	8	9
BCD 码	0000	0001	0010	0011	0100	0101	0110	0111	1000	1001

一般地，内存一个单元可存放 8 位二进制数。若用高四位和低四位分别表示 1 个十进制位，则称为压缩 BCD 码。如，十进制数 38 的非压缩 BCD 码可表示为：00111000B。若以 8 个二进制位中的低 4 位表示 1 个十进制位，高四位不使用，则称为非压缩 BCD 码。如，十进制数 38 的非压缩 BCD 码可表示为：XXXX0011 XXXX1000B(其中 X 可为 0 或 1)。

1.1.3 字符和汉字的编码

在计算机内，数字、字母、符号和汉字等信息最终都必须用二进制表示。

1. ASCII 码

ASCII 码(American Standard Code for Information Interchange)是美国标准信息交换码的简称，该编码已被国际标准化组织 ISO 采纳，成为一种国际通用的信息交换用标准代码。

它采用 7 个二进制位对数字、字母、符号等字符进行编码，其中低 4 位组 $d_3d_2d_1d_0$ 用作行编码，高 3 位组 $d_6d_5d_4$ 用作列编码，其格式为：

高3位组			低4位组			
d_6	d_5	d_4	d_3	d_2	d_1	d_0

根据 ASCII 码的组织格式，可以方便地从 ASCII 码表中查出各种字符对应的编码。基本的 ASCII 字符代码如表 1-4 所示。

表 1-4 7 位 ASCII 代码表

$d_3d_2d_1d_0$ 位 (低 4 位)	$d_6d_5d_4$ 位(高 3 位) 000	001	010	011	100	101	110	111
0000	NUL	DLE	SP	0	@	P	`	p
0001	SOH	DC1	!	1	A	Q	a	q
0010	STX	DC2	″	2	B	R	b	r
0011	ETX	DC3	#	3	C	S	c	s
0100	EOT	DC4	$	4	D	T	d	t
0101	ENQ	NAK	%	5	E	U	e	u
0110	ACK	SYN	&	6	F	V	f	v
0111	BEL	ETB	′	7	G	W	g	w
1000	BS	CAN	(	8	H	X	h	x
1001	HT	EM	)	9	I	Y	i	y
1010	LF	SUB	*	:	J	Z	j	z
1011	VT	ESC	+	;	K	[	k	{
1100	FF	FS	<	<	L	\	l	|
1101	CR	GS	-	=	M	]	m	}
1110	SO	RS	.	>	N	^	n	~
1111	SI	US	/	?	O	_	o	DEL

通常使用一个字节即 8 位二进制数表示一个 ASCII 码字符，其中最高位没有意义(一般为 0)或用于校验。

2. 汉字编码

ASCII 码只解决了英文字母和相关符号的表示问题。为了用计算机处理中文，就必须解决中文字符的编码问题。汉字符号数量多，结构复杂，编码比英文要复杂。汉字的编码主要包括汉字输入码、内码和字形码等。输入码用于汉字的输入，内码用于在计算机内部汉字的表示，字形码用于汉字的输出。

(1)汉字信息交换码(国标码)

1981 年我国国家标准总局颁布了《信息交换用汉字编码字符集》(GB2312-80)，给出了汉字编码的国家标准。该标准给出的汉字编码简称国标码。国标码规定了进行一般汉字信息处理时所用的 7445 个字符编码，其中包含 682 个非汉字图形字符和 6763 个汉字的代码。汉字代码中又有一级常用字 3755 个，二级次常用字 3008 个。其中一级常用汉字按汉语拼音字母顺序排列，二级次常用字按偏旁部首排列，部首顺序依笔画排序。另外还包括常用符号、序号、图形字符集、日文假名、希腊字母、俄文字母、汉语拼音、注音字符、制表符号等。2000 年我国在 GB2312-80 的基础上扩大收字的范围，制定了国家标准 GB18030-2000，即《信息交换用汉字编码字符集基本集的扩充》，共收录了 27484 个汉字，同时还收录了藏文、蒙文、维吾尔文等主要的少数民族文字。在国标码中使用两个字节表示一个汉字，在 GB2312-80 中，其编码范围是：2121H～7E7EH。

(2)区位码

把 7445 个国标码放置在一个 94 行×94 列的阵列中。阵列的每一行称为一个汉字的"区"，用区号表示；每一列称为一个汉字的"位"，用位号表示。这样，一个汉字在表中的位置可用它所在的区号与位号来确定。区号和位号的范围都是 1～94。一个汉字的区号作为高两位，位号作为低两位，形成的 4 位十进制数就是该汉字的"区位码"。区位码与每个汉字之间是一一对应的。其中 1～15 区是非汉字图形符区；16～55 区是一级常用汉字区；56～87 区是二级次常用汉字区；88～94 区是保留区，可用来存储自造字代码。区位码也可作为一种输入法，其优点是无重码，但是它难以记忆。

汉字的输入区位码和其国标码之间的转换很简单。只要将一个汉字的十进制区号和十进制位号分别转换成十六进制数，然后再分别加上 20H，就成为此汉字的国标码。

(3)汉字输入码

汉字输入码用于解决汉字的输入问题，它也称为外码。目前流行的汉字输入码的编码主要有拼音输入法、五笔字型输入法等。

(4)汉字内码

汉字内码是为在计算机内部对汉字进行存储、处理和传输而编制的汉字代码。当一个汉字输入计算机后就转换为内码。对应于国标码的一个汉字的内码用 2 个字节存储，为区别于单字节的 ASCII 码，内码的每个字节的最高二进制位置"1"。即将汉字国标码的每个字节分别加上 80H 就转换为汉字内码。

(5)汉字字形码

为了能显示或打印汉字，必须将每个汉字的字形信息预先存放在计算机内，这一信息库也称为汉字库。描述汉字字形的方法主要有点阵字形和轮廓字形两种。

汉字是方块字，将方块等分成 n 行×n 列的格子，简称为点阵。凡笔画所到的格子用二进制数中的"1"表示，否则用"0"表示，这样就构成点阵字形。常用的点阵字形有 16×16 点阵、24×24 点阵和 32×32 点阵等。汉字的点阵字形的缺点是放大后会出现锯齿现象，不够美观。

轮廓字形方法比点阵字形复杂，一个汉字中笔画的轮廓可用一组曲线来勾画，它采用数学方法来描述每个汉字的轮廓曲线。其优点是可以任意放大、缩小而不产生锯齿现象；缺点是输出之前必须经过复杂的数学运算处理，处理效率低。中文 Windows 中广泛采用轮廓字形法。

1.1.4 基本逻辑运算

计算机除了能进行算术运算外，还能进行逻辑运算，基本的逻辑运算有逻辑与(AND)、逻辑或(OR)、逻辑非(NOT)，简称与、或、非。参与逻辑运算的常量或变量和运算结果的取值范围只有“真(True)”和“假(False)”两个值。在计算机中，用0表示“假”，用1表示“真”。任何复杂的逻辑运算都可以由以上三种基本逻辑运算组合来实现。

1. 逻辑“与”运算规则

通常用“AND”或“·”表示逻辑“与”运算，如 A AND B 或 $A\cdot B$，A、B 的取值为0或1。逻辑“与”运算规则为：只有两个参与运算的值都为1时，结果才为1，否则，结果为0。

2. 逻辑“或”运算规则

通常用“OR”或“＋”表示逻辑“或”运算，如 A OR B 或 $A+B$，A、B 的取值为0或1。逻辑“或”运算规则为：只有两个参与运算的值都为0时，结果才为0，否则，结果为1。

3. 逻辑“非”运算规则

通常用“NOT”或“－”表示逻辑“非”运算，如 NOT A 或 $\overline{A}$。

逻辑“非”运算规则为：NOT 0＝1，NOT 1＝0。

基本逻辑运算真值表如表1-5所示。

表1-5 基本逻辑运算真值表

A	B	A AND B	A OR B	NOT A
0	0	0	0	1
0	1	0	1	1
1	0	0	1	0
1	1	1	1	0

1.2 微型计算机基本概念

1.2.1 微处理器、微型计算机、微型计算机系统

1. 微处理器(Microprocessor, MP)

随着大规模集成电路的发展，可以将几十万到几百万个晶体管的电路集成在一块芯片上。微处理器就是把算术逻辑运算单元(ALU)、控制器单元(CU)、寄存器组以及内部系统总线等单元集成在一片大规模集成电路芯片上，具有处理器的全部功能，是微型计算机的核心部件。

2. 微型计算机

以微处理器为核心，配上内存储器、输入/输出(I/O)接口、系统总线和一些常用外围设

备,便构成了微型计算机,简称微型机。如果将微处理器、内存储器和I/O接口等部件集成于一块芯片上,就称为单片微型计算机,简称单片机。如果将微处理器、内存储器、I/O接口和部分外围设备及其他辅助电路组装在一块印制电路板上,就构成了单板微型计算机,简称单板机。

3. 微型计算机系统(Microcomputer System,MCS)

以微型计算机为核心,配上I/O设备、电源、机箱及必需的软件便构成了微型计算机系统,简称微机系统,如图1-1所示。

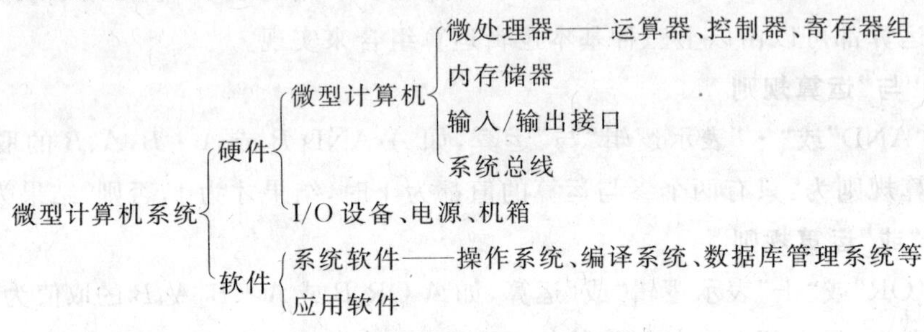

图1-1 微型计算机系统组成

1.2.2 微型计算机的分类

微型机有多种形式,如台式计算机、膝上型电脑或笔记本电脑、工作站、掌上型电脑、个人数字助理(PDA)等。从不同的角度可将微型计算机分为几种不同的类型。

1. 按微处理器位数分类

微处理器的处理位数是由运算器并行处理的二进制位数决定的。位数越多的微处理器性能越强。

(1)8位

它是以8位微处理器为核心的微机,如Intel8080、Motorola公司(现为Freescale公司)的MC6800系列和MCS-51系列单片机等。

(2)16位

它是以16位微机处理器为核心的微机,如Intel8088 CPU、Freescale公司的HCS12系列单片机、Microchip公司的PIC24系列单片机、MCS-96单片机和凌阳SPCE061A单片机等。

(3)32位

它是以32位微机处理器为核心的微机,如386、486个人计算机。

(4)64位微机

它是以64位微机处理器为核心的微机,如Pentium计算机。

2. 按组装形式和系统规模分类

(1)单片机

单片机具有完整的微型计算机功能,随着集成电路技术的发展,近年来推出的高档单片机除了增强微机的基本功能外,还集成了一些特殊功能单元,如A/D转换器、通信控制器和看门狗电路等。

目前常见的单片机有MCS-51系列单片机、HCS08与HCS12系列单片机及PIC16与

PIC24 系列单片机等。由于单片机具有体积小、可靠性高、成本低、功耗小等优点，被广泛应用于智能仪器仪表、家电、工业控制等领域。

(2)单板机

相对于单片机，单板机一般具有简单的输入/输出设备(如键盘、数码管显示器等)、基本的监控程序，它的功能更强，通用性更好，常用于教学实验及工业控制等领域。

(3)个人计算机

个人计算机(PC)是一个完整的微型计算机系统。它功能强大，配置灵活，软件丰富，被广泛应用于办公、商业、科研、教育等社会各领域，是一种使用最为普及的微机系统。

工业 PC 除了具备一般个人计算机的功能外，还具有很强的抗干扰能力和高可靠性，因此被广泛用于较复杂的自动控制领域中。

3. 按功能是否专一分类

按功能是否专一分类，可分为通用计算机和嵌入式计算机。

1.2.3　微型计算机系统的主要技术指标

1. 字长

微型计算机的字长是指处理器内的运算器进行一项基本运算所能处理数据的二进制位数。一般地，字长越长，计算精度就越高，运算速度也越快，信息处理的能力也越强。通常，字长是字节的整数倍，如8位、16位、32位等。

2. 存储容量

存储容量是衡量计算机存储器所能存储二进制信息量大小的一个技术指标，分为主存容量和外存容量。主存容量一般应指明实际配置容量及最大可配置容量；外存容量主要指磁盘、磁带等的容量。

通常，8位(bit)二进制数称为一个字节(Byte)，16位二进制称为一个字(Word)，32位二进制称为一个双字(Dword)。常用的存储容量计量单位有位、字节、kB、MB、GB等。它们之间的关系是：

1 Byte＝8 bit

1 kB＝1024 Byte

1 MB＝1024 kB

1 GB＝1024 MB

1 TB＝1024 GB

3. 运算速度

运算速度是指计算机每秒所能执行的指令条数，目前一般使用 MIPS 单位表示，即每秒能执行多少百万条指令。由于不同类型的指令所需的时间长短不同，因此运算速度的计算方法也不同，一般有：

(1)以最短指令执行的时间计算；

(2)以基本操作指令(如加法指令)计算；

(3)根据不同类型的指令出现的频度，乘上不同的系数，求得统计平均值，得到平均运算速度；

(4)每条指令的执行所需的机器周期或执行时间，如定点加、减、乘、除，浮点加、减、乘、除以及其他指令各需多少时间。

4. 系统总线

系统总线是连接微型机系统各功能部件的公共信息通道，其性能直接关系到微机系统的整体性能。系统总线的性能主要表现为其所支持的数据传送位数和总线工作的时钟频率。数据传送位数越多，总线工作时钟频率越高，则其信息的吞吐率就越高，性能就越强。常见的系统总线标准有ISA、EISA、VESA、PCI总线等。

5. 外部设备的配置

在微型机系统中，外部设备占据了重要的地位，计算机信息的输入、输出、文件存储都必须由外部设备来完成。微机系统通常都配备了键盘、鼠标、显示器、软盘驱动器、硬盘驱动器、光盘驱动器、网卡等，还可根据需要配置打印机、绘图仪、扫描仪等外部设备。微型机系统所配置外设的速度快慢、容量大小、分辨率高低等技术指标都影响着系统的整体性能。

6. 系统软件的配置

系统软件是计算机系统不可缺少的组成部分。仅有硬件系统的计算机称为裸机，若没有配置基本的系统软件(如BIOS、操作系统等)，是无法使用的。系统软件配置是否齐全，软件功能强或弱，将影响系统的性能。

除了以上几个性能指标外，可靠性、指令条数等也是常用的性能指标。

用户可根据实际的应用需要，结合性能价格比综合考虑选择合适的硬件、软件配置。

1.3 微型计算机的硬件组成

微型计算机硬件结构框图如图1-2所示。它主要包括微处理器、总线、存储器、输入/输出接口和输入/输出设备等。

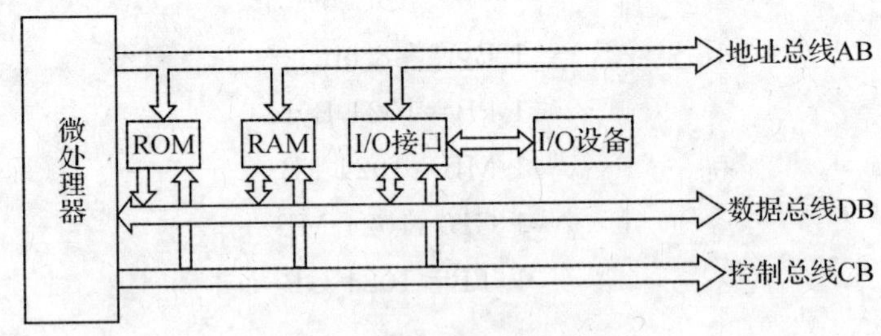

图1-2 微型计算机硬件结构

1.3.1 总线

如图1-2所示，微型计算机的结构以微处理器为核心，通过一组总线将内存储器(含只读存储器ROM和随机存取储存器RAM)、输入/输出接口电路连接起来。总线是用于传送信息的公共通道。采用总线结构，可以减少信息传输线的根数，提高系统的可靠性，便于系统的扩充。在同一个时刻,只能有一个部件发送信息,但可以有多个部件同时接收信息。

微型计算机内部连接各部件的总线称为系统总线(或内部总线),分为地址总线(Address Bus,AB)、数据总线 (Data Bus,DB) 和控制总线(Control Bus,CB) 。

1. 地址总线

它是微处理器用来输出给存储器地址或 I/O 设备地址的总线。地址总线是单向的。对于有 n 根地址总线的微处理器,它可直接寻址的单元是 2^n 个。

2. 数据总线

它用来实现微处理器、存储器和 I/O 设备之间指令代码和数据的传送。数据总线是双向的。数据总线的根数一般与微处理器的字长相同。但也不尽然,如 8088 CPU,其字长为 16 位,但数据总线却只有 8 根,因此,我们把 8088 CPU 称为准 16 位的微处理器。

3. 控制总线

它用来传送使微型机各个部件协调地工作所需的定时信号和控制信号,保证按照指令的功能进行正确地操作。控制总线中,由处理器发出的信号有存储器和输入/输出设备的读写操作的控制信号、对外部信号的应答信号(如中断响应)等;由其他部件发送到微处理器的信号主要有复位信号、中断请求信号等。

1.3.2　微处理器

图 1-3 为 8 位微处理器的内部结构框图,它主要由运算器、控制器、寄存器组三部分组成。

1. 运算器

运算器是进行各种算术和逻辑运算的部件。它主要由累加器(A)、暂存寄存器(TMP)、标志寄存器(F)和算术逻辑单元(ALU)等组成。

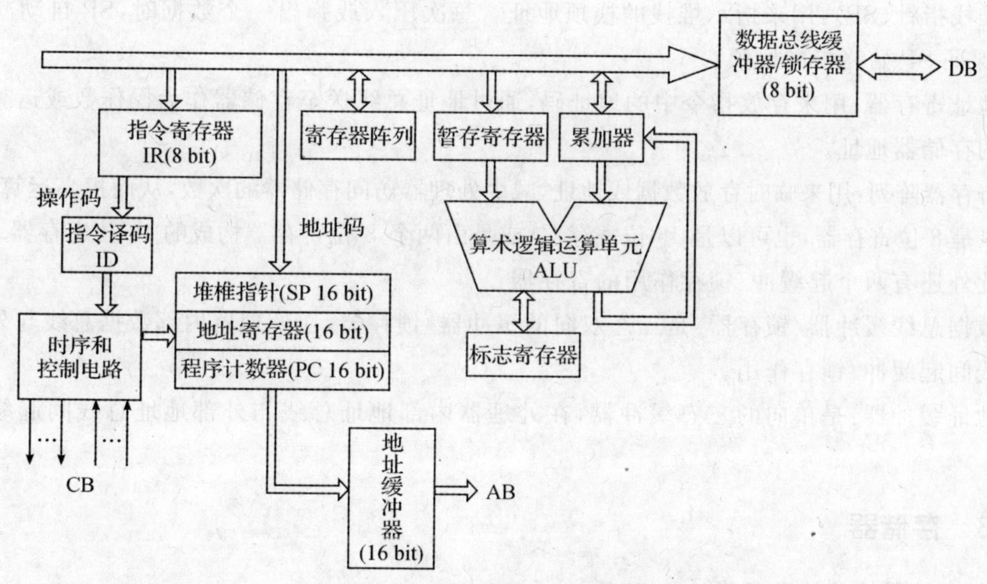

图 1-3　8 位微处理器的内部结构

累加器:用来存放参与运算的一个操作数以及运算后的结果。

暂存器:用来存放参与运算的另一个操作数。

标志寄存器:用来保存 ALU 操作结果的状态标志位,如进位标志位、全零标志位、符号标志位和奇偶标志位等,有时其进位标志位也参与运算。

ALU:主要由加法器和其他逻辑电路组成,其基本功能是进行各种算术和逻辑运算。

在进行运算操作时,先通过数据总线把存储单元或寄存器阵列中的数据依次送入累加器和暂存寄存器,然后把累加器和暂存寄存器的内容(有时连同标志寄存器的进位标志位)送入 ALU 进行运算,运算完成后将结果送往累加器或数据总线,运算结果的有关特征状态送标志寄存器。

2. 控制器

控制器是分析和执行指令的部件。它对所取出的指令进行分析,然后按照事先规定的指令功能产生一系列的微操作信号,统一指挥计算机各个部件按照一定的时序协调地进行工作,从而完成指令所规定的功能。它主要由程序计数器(PC 或 IP)、堆栈指针(SP)、地址寄存器、指令译码器(ID)、时序和控制电路等组成。

处理器执行程序时,按照程序计数器的值,从存储器中取出指令送往指令寄存器,若为指令操作码则送至指令译码器,若为指令地址码则送至地址寄存器(或程序计数器、堆栈指针)。指令译码器是分析指令的部件,操作码经过译码后产生相应于某一特定操作的控制信号,时序和控制电路分为时序和微操作控制两部分,时序电路用来产生脉冲序列和各种节拍脉冲;微操作控制部件根据指令译码器的输出信号,按一定的时间顺序发出一系列节拍脉冲,形成一系列微操作控制信号,指挥控制各部件完成指令所规定的全部功能。

程序计数器(PC):用来存放当前要执行指令所在地址。每当取出指令后,PC 就自动加 1(转移指令除外)。当执行转移指令时,PC 的内容被指令地址码指定的地址所取代,实现程序的转移。

堆栈指针(SP):用来指示堆栈的栈顶地址。每次压入或弹出一个数据时,SP 自动减 1 或加 1,保证 SP 始终指向栈顶。

地址寄存器:用来存放指令中的地址码,通过地址总线送至存储器作为操作数或运算结果存放的存储器地址。

寄存器阵列:用来临时存放数据或地址,减少处理器访问存储器的次数,从而提高运算速度。它可以是 8 位寄存器,也可以是 16 位寄存器,或是由两个 8 位寄存器构成的 16 位寄存器。

此外还有两个起缓冲/锁存作用的寄存器:

数据总线缓冲器/锁存器:是三态双向的缓冲器/锁存器,在处理器内部数据总线与外部数据总线间起缓冲/锁存作用。

地址缓冲器:是单向的三态缓冲器,在处理器内部地址总线与外部地址总线间起缓冲作用。

1.3.3 存储器

1. 存储器的功能和分类

存储器是有来存放程序和数据的装置。根据其与微处理器的连接关系,可分为内存储器和外存储器。内存储器能直接与处理器进行读写信息,其存取速度快,但容量小,单位容量价格高。外存储器不能直接与处理器进行读写信息，必须通过内存储器才能与处理器交换信息，其容量大，单位容量价格低，但存取速度慢。

目前，一般都使用半导体存储器作为内存储器。半导体存储器按使用功能可分为随机存储器(Random Access Memory，RAM)或读写存储器和只读存储器(Read Only Memory，ROM)。半导体存储器分类如图 1-4 所示。

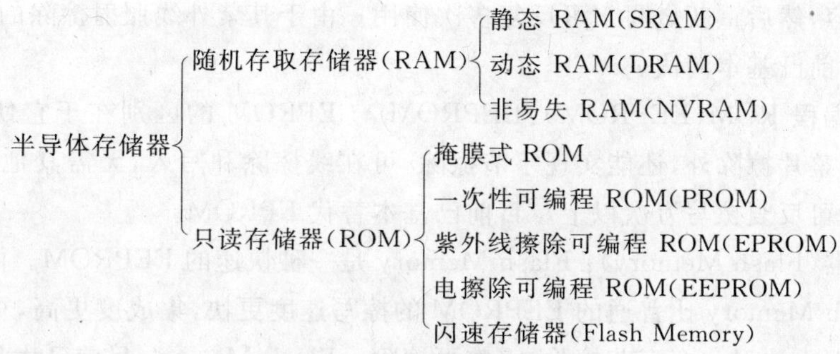

图 1-4 半导体存储器分类

(1)随机存储器

RAM 的特点是既可读出，也可以写入。读出时并不改变原来存储的内容，只有写入时才修改原来所存储的内容。断电后，存储的信息便消失，即具有易失性。RAM 可分为静态(Static RAM)和动态(Dynamic RAM)两大类。

静态随机存储器(SRAM)：由四个或者六个 MOS 管构成的双稳态触发器电路来存储一个二进制位。当不断电时，SRAM 中的数据保持不变。

动态随机存储器(DRAM)：由一个 MOS 管电路中的栅极电容来存储一个二进制位。当电容充满电荷时，表示 1；没有电荷时，表示 0。由于电容本身会漏电，同时也会通过外围回路放电，故需要对表示 1 的电容定时给予补充电荷，即 DRAM 需要设置刷新电路。

非易失随机存储器(NVRAM)有两种构造，一种是在 SRAM 芯片内加装一个可充电微型电池，这样，当外部断电时可由内部电池为 RAM 供电，使其信息不丢失；另一种是存储体由 SRAM 和 EEPROM 组成，EEPROM 存储 SRAM 的备份信息，而 EEPROM 属于非易失性存储器，当掉电后又恢复供电时，可把 EEPROM 中的内容恢复到 SRAM 中。NVRAM 既能随机存取，又具有非易失性，用于需要掉电保护的场合。

DRAM 比 SRAM 集成度高，功耗低，成本低。一般地，若系统构建的内存储器容量较小(如一般的单片机应用系统)，使用 SRAM；若系统构建的内存储器容量较大(如 PC 机)，使用 DRAM。NVRAM 集成度低，价格高，容量小。

(2)只读存储器(ROM)

ROM 的特点是只能读出不能写入数据，储存的数据不会因断电而消失。一般用来储存系统程序和常数表，如 PC 中的 BIOS。

掩膜式 ROM：它是由生产厂家用最后一道掩膜工艺来写入信息的。其优点是可靠性和集成度高，价格便宜，但不能重写，一旦写入有误，存储器便报废。它适合用于成熟的大批量生产的产品中。

一次性可编程 ROM(PROM):PROM 芯片出厂时未写入信息,用户可根据需要自行使用专用的编程器对其编程写入。一旦编程写入一次后,芯片内容便无法再次更改。适合用于小批量生产的产品中。

紫外线擦除可编程 ROM(EPROM):EPROM 芯片出厂时未写入信息,用户可根据需要自行使用专用的编程器对其编程写入。若要改写其内容,可先使用紫外线对其长时间照射,先擦除其全部内容;然后重新烧写。可反复多次使用。由于其紫外线照射擦除的时间较长,擦除次数很有限,目前已基本淘汰。

电擦除可编程 ROM(EEPROM):EEPROM 与 EPROM 的区别在于它使用电的方法擦除信息,除了可整片擦除外,还能实现字节擦除,可在线擦除和写入,无需其他附加设备,且擦除速度快,一般可反复擦写万次以上。目前已基本替代 EPROM。

闪速存储器(Flash Memory):Flash Memory 是一种快速的 EEPROM。由于工艺和结构上的改进,Flash Memory 比普通的 EEPROM 的擦写速度更快,集成度更高,重复擦写次数可达到 10 万次,但无法对一个字节擦除,需整页擦除。Flash Memory 目前已大量应用于嵌入式产品中。

2. 内存储器的结构

如图 1-5 所示,存储器主要由存储体、地址译码器和读/写控制电路组成。

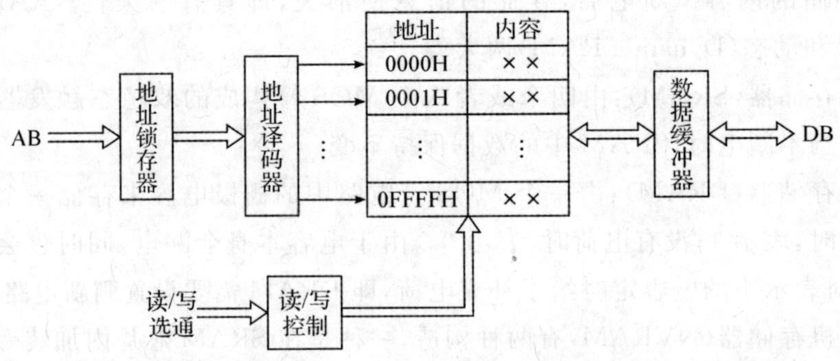

图 1-5 内存储器的结构

存储体由一系列存储单元组成,每个单元都有一个编号,称为单元地址。每个单元内都可以存放若干位(一般为 8 bit)二进制信息,称为单元内容。假设存储体有 $2^{16}=65536$ 个单元,则其地址范围为 0000H~0FFFFH,需 16 根地址线,每个单元为 8 bit,则需 8 根数据总线。

地址译码器接受从处理器发出经地址总线输入的地址信号,译码后产生对应单元的选通信号,从而选择进行读/写操作的单元。读/写控制电路接受处理器发来的读或写信号及存储器选通信号,决定对选中单元进行读操作或写操作。

存储器的功能就是用来存放二进制信息,基本操作就是读操作和写操作:读操作是指将存储器的某单元内容送入 CPU,写操作是指 CPU 将数据写入到存储器的某单元中。

1.3.4 输入/输出设备和输入/输出接口

数据与程序的输入和运算结果的输出都必须由输入/输出设备来完成,因此,输入/输出设备是微机的重要组成部分。常见的输入设备有键盘、鼠标等,输出设备有显示器、打印机等。

由于外围设备和处理器之间可能存在工作上逻辑时序的不一致，外设外理的数据类型（数字量、模拟量和开关量）比微机处理的数据类型（数字量）要复杂、广泛得多，且外设的工作速度与处理器的速度要协调，为了能够使外设与处理器之间能够协调地交换信息，就必须有输入/输出接口电路。输入/输出接口电路就是处理器与外设间的连接电路，起着处理器与外设交换信息的桥梁作用。

1.4 微型计算机工作基本原理

1.4.1 微型计算机的工作过程

现以8位模型机为例，说明微型计算机的工作过程。

1. 模型机结构

8位模型机结构如图1-6所示，它由8位微处理器和内存储器组成。

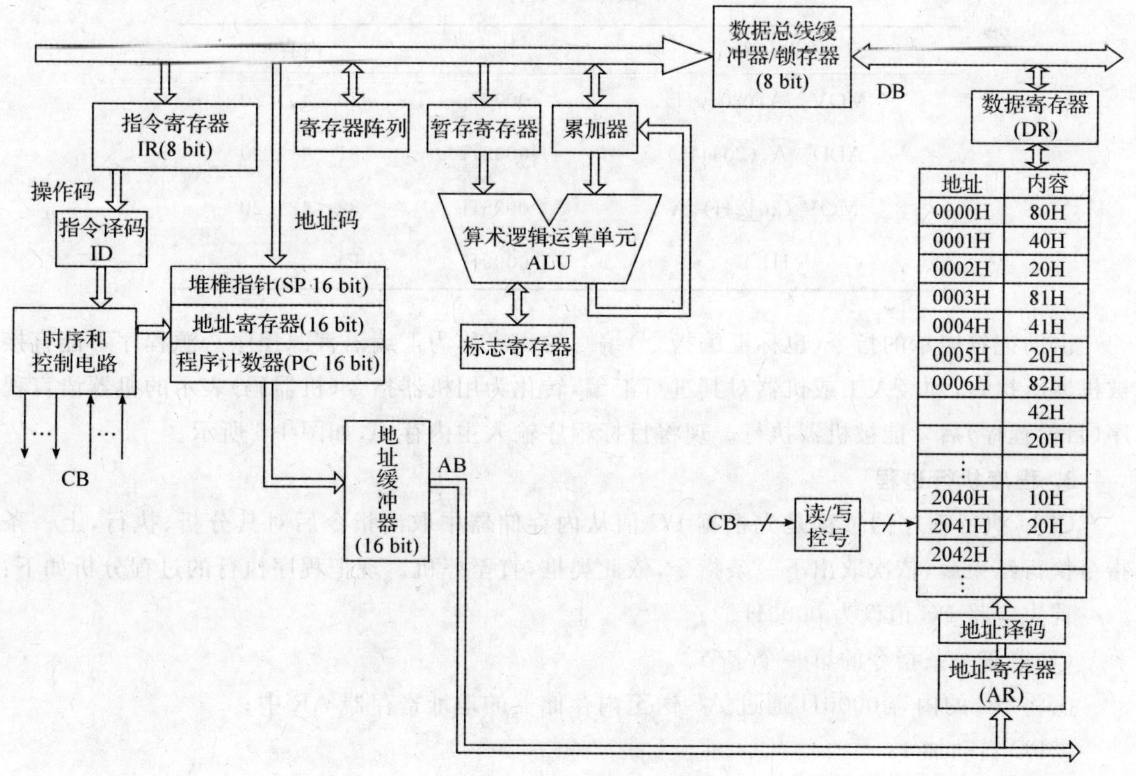

图1-6 8位模型机结构

2. 指令、指令系统和程序

指令是指由处理器完成某一特定操作而规定的命令。每条指令由操作码、地址码两部分组成。操作码指明指令的操作性质，即做何种操作，如加、减、数据传送等；地址码指明参加操作的数所在的位置。一种CPU所能执行的所有指令的集合称为该CPU的指令系统。

为使用计算机解决某一问题而编写的一个有序的指令序列称为程序。

设模型机有四条指令,如表 1-6 所示。

表 1-6 模型机指令

指令名称	助记符	机器码	功能说明
数据传送	MOV A,(addr16)	80H addr16	将内存地址为 addr16 的单元内容传送至累加器 A
加法	ADD A,(addr16)	81H addr16	将累加器 A 与内存地址为 addr16 的单元内容相加后送至累加器 A
数据传送	MOV (addr16),A	82H addr16	将累加器 A 的内容送至内存地址为 addr16 的单元中
停机	HLT	F4H	停机

现要求利用表 1-6 中的指令编写一程序实现将内存单元中地址分别为 2040H、2041H 的单元内容相加,结果存放至 2042H 单元中。程序如表 1-7 所示。

表 1-7 程序

助记符	地址	内容
MOV A,(2040H)	0000H	80 40 20
ADD A,(2041H)	0003H	81 41 20
MOV (2042H),A	0006H	82 42 20
HLT	0009H	F4

由助记符表示的指令(也称汇编指令)编写的程序称为汇编语言源程序。源程序不能直接被机器所执行,须经人工或机器对其进行汇编,转化为用机器指令(机器码)表示的机器语言程序(目标程序)后才能被机器执行。现将目标程序输入主内存中,如图 1-6 所示。

3. 程序执行过程

CPU 执行程序的过程是先根据 PC 值从内存储器中取出指令后对其分析、执行,上一条指令执行结束后,依次取出下一条指令,依此类推,直至停机。现把程序执行的过程分析如下:

首先应将 PC 值设为 0000H。

(1)取第一条指令的第一个字节。

①将 PC 的内容 0000H 通过 AB 送至内存储器的地址寄存器 AR 中;

②PC 自动加 1;

③AR 中内容送至地址译码器,经地址译码后选中 0000H 存储单元;

④CPU 通过 CB 发出读信号至内存储器;

⑤内存储器将选取中的地址为 0000H 的存储器单元内容读出送至数据寄存器 DR 中,并通过 DB 送至 CPU 内;

⑥由于 CPU 当前处于取指令阶段,故将此时取出的第一字节指令码(即操作码)送至 CPU 中的指令寄存器 IR,经指令译码器 ID 译码分析,时序和控制电路便发出执行这条指令

的各种控制信号。

(2)取第一条指令的第二、三字节。

根据操作码80H的分析,按照事先指令功能的规定,依次将指令的第二、三字节内容取出。其过程与(1)中的①～⑤类似。但此时是将取出的两个8位地址码送入CPU的地址寄存器。

(3)根据CPU的地址寄存器内容,将地址为2040H单元的内容10H取出并通过DB送至累加器A,此指令执行结束,此时PC的值为03H。

(4)取第二条指令的第一个字节,其过程与(1)类似。

(5)取第二条指令的第二、三字节,其过程与(2)类似。

(6)根据CPU的地址寄存器内容,将地址为2041H单元的内容20H取出并通过DB送至CPU中的暂存寄存器TMP,然后由控制器发出控制信号控制运算器将累加器A的内容10H与暂存寄存器TMP的内容20H进行加法操作,并将结果送至累加器A,此时PC的值为06H。

(7)取第三条指令的第一个字节,其过程与(1)类似。

(8)取第三条指令的第二、三字节,并把它存放至CPU的地址寄存器中。

(9)执行此指令:

①将CPU的地址寄存器中的内容2042H通过地址总线送至内存储器的地址寄存器,经地址译码后选中2042H存储单元;

②将累加器A的内容30H通过DB送至内存储器的数据寄存器;

③控制器通过CB向内存储器发出存储器写信号;

④内存储器将其数据寄存器中的内容30H写入至2042H单元中,此指令执行结束,此时PC值为09H。

(10)取第四条指令,其过程与(1)类似,经分析为停机指令,CPU暂停指令的执行,程序执行结束。

综上所述,计算机的工作过程就是执行程序的过程,也就是根据PC值自动、逐条地从内存储器中取出指令,并且分析和执行指令的过程,直到该程序的全部指令执行完毕为止。

1.4.2 微处理器的定时和基本操作

1. 时钟周期、机器周期和指令周期

一条指令的取出和分析、执行所需要的时间总和,称为指令周期。在一个指令周期中通常要完成若干个特定的基本操作,如取指令、存储器读和写等。

为了完成某一特定操作所用的时间,称为机器周期(M)。通常一条指令的指令周期由若干个机器周期组成。

计算机内定时振荡器的脉冲周期称为时钟周期(T)。它是计算机工作的最小时间单位。一个机器周期含若干个(通常为3～6个)时钟周期。

例如对于某一指令周期,其包含的机器周期和时钟周期如图1-7所示。

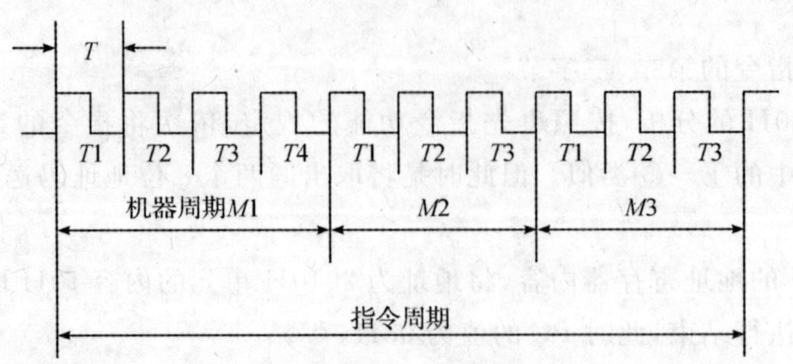

图 1-7　指令周期的组成

2. 微处理器的基本操作

微处理器的基本操作主要有取指令、存储器读、存储器写、I/O 读、I/O 写和中断等。对应于某一种基本操作，微处理器中的控制器发出一系列控制信号。这些控制信号具有确定的时间顺序。微型计算机的工作过程就是由这些基本操作组合而实现的。

第2章 计算机中常用的基本逻辑器件

2.1 逻辑值与电平

电子电路中的信号可以分为两大类:模拟信号和数字信号。

模拟信号:时间连续、数值也连续的信号。如正弦波等。

数字信号:时间上和数值上均是离散的信号。如矩形波、尖脉冲等。数字信号只有两个离散值,常用数字0和1来表示。注意,这里的0和1没有大小之分,只代表两种对立或相反的状态,称为逻辑0和逻辑1。

数字电路是对数字信号进行传输、处理的电子线路。数字电路的最大的特点就是其信号仅有1、0两种值,代表两种相反的状态。在实际的电子线路中用两个不同的电压代表这两种相反的状态。如我们可以用5 V来表示逻辑1,用0 V来表示逻辑0;当然也可以用0 V来表示逻辑1,用5 V来表示逻辑0。因此这两个电压值又常被称为逻辑电平,5 V为高电平,0 V为低电平。

综上所述,根据两个电平所表示的两个逻辑值(逻辑1和逻辑0)的不同,有以下两种逻辑体制:

(1)正逻辑体制规定:高电平为逻辑1,低电平为逻辑;

(2)负逻辑体制规定:低电平为逻辑1,高电平为逻辑0。

通常使用正逻辑体制。

2.2 TTL与CMOS晶体管电路特点

逻辑符号表示的电路功能须通过具体电子器件才能实现,各种类型的门电路就是实现逻辑功能的基本单元。门电路既有由三极管组成的三极管一三极管逻辑(TTL)集成门电路,亦有由金属氧化物绝缘栅型场效应管(MOSFET)构成的互补型(CMOS)集成门电路。

2.2.1 TTL系列集成电路型号

1. 74系列

标准系列,其典型电路与非门的平均传输延迟时间tpd=10 ns,平均功耗P=10 mW。

2. 74H

高速系列,是在74系列基础上改进得到的,其典型电路与非门的平均传输延迟时间tpd=6 ns,平均功耗P=22 mW。

3. 74S

肖特基系列，是在74H系列基础上改进得到的，其典型电路与非门的平均传输延迟时间tpd=3 ns，平均功耗 P=19 mW。

4. 74LS

低功耗肖特基系列，是在74S系列基础上改进得到的，其典型电路与非门的平均传输延迟时间 tpd=9 ns，平均功耗 P=2 mW。74LS系列产品具有最佳的综合性能，是TTL集成电路的主流，应用最广。

2.2.2 CMOS逻辑门电路系列

1. 基本的CMOS——4000系列

4000系列是早期的CMOS集成逻辑门产品，工作电源电压范围为3～18 V。由于具有功耗低、噪声容限大、扇出系数大等优点，已得到普遍使用。其缺点是工作速度较低，平均传输延迟时间为几十纳秒，最高工作频率小于5 MHz。

2. 与TTL兼容的高速CMOS——HCT系列

HCT系列电路主要从制造工艺上做了改进，工作速度得到大幅度的提高，平均传输延迟时间小于10 ns，最高工作频率可达50 MHz。HC系列的电源电压范围为2～6 V。HCT系列的主要特点是与TTL器件电压兼容，74HC/HCT系列与74LS系列的产品，只要最后3位数字相同，则两种器件的逻辑功能、外形尺寸、引脚排列顺序也完全相同，从而为以CMOS产品代替TTL产品提供了方便。

3. 先进的CMOS——AC(ACT)系列

AC(ACT)系列工作频率得到了进一步的提高，同时保持了CMOS超低功耗的特点。其中ACT系列与TTL器件电压兼容，电源电压范围为4.5～5.5 V。AC系列的电源电压范围为1.5～5.5 V。AC(ACT)系列的逻辑功能、引脚排列顺序等都与同型号的HC(HCT)系列完全相同。

CMOS集成电路与TTL集成电路相比较，除了具有静态功耗低(<100 mW)、电源电压范围宽(3～18 V)、输入阻抗高(>100 MΩ)、抗干扰能力强、温度稳定性好等优点外，还具有制作工艺简单、实现某些功能的电路结构简单、适宜于大规模集成的特点。CMOS器件的不足之处在于其工作速度比TTL器件低，且随工作频率升高，其功耗显著增大。但74HCT系列的CMOS集成电路平均传输延迟时间已接近相同功能的TTL电路，而且具有与TTL兼容的逻辑电平，相同功能型号的74HCT和74LS器件有相同的管脚分布，因而可以互换。

2.2.3 CMOS数字电路的特点

CMOS和TTL电路的结构、原理及制造工艺均有较大区别，因而其电路特点也有较大差别，以下就TTL和CMOS电路的几个主要参数进行比较。

1. 功耗

CMOS电路采用互补结构，工作时其中一个MOS管处于饱和导通，另一个MOS管处于截止状态，因而其电路功耗理论上为零，实际上，尚有微瓦量级的静态功耗，但相比于TTL电路则要低得多。CMOS门电路在电源电压V_{DD}=5 V时正常工作静态功耗小于5 μW,功耗低是CMOS电路的一个突出优点。TTL比CMOS电路功耗大,但随频率提高其功耗所增无几,而CMOS电路的功耗却随频率提高而急剧增大,即使这样,仍比TTL电路要小得多。CMOS电路一般用于较低工作频率的场合。

2. 抗干扰能力

门电路的抗干扰能力可用噪声容限来评价,它表示电路保持稳定工作所能抗拒外来干扰和本身噪声的能力。CMOS的电压传输特性较接近理想的开关特性,曲线转折区非常窄,直流噪声容限较高。例如,当电源电压V_{DD}为5 V时,标准4000系列CMOS电路的噪声容限最小值为1 V,而74LS系列的TTL电路的噪声容限值仅为300 mV。另外,对CMOS电路而言,电源电压越高,直流噪声容限越大,因而其抗干扰能力较强。

3. 电源电压范围宽

目前CMOS电路的系列较多,常用的有4000系列,其电源电压范围为3~18 V。对于高速系列和先进系列的CMOS门电路,其电源电压范围要窄一些。如高速系列的工作电源电压范围为3~6 V,先进系列为2~6 V。较宽的工作电源电压范围,给电路设计带来方便。

4. 工作速度

电路的工作速度一般用平均传输延迟时间tpd表示。它说明输出信号比输入信号在时间上落后了多少,也就是信号通过一级门所花费的时间。当然,希望tpd值越小越好。CMOS电路的工作速度比TTL电路要低约一个数量级。

5. 扇出系数

在实际应用中,要完成复杂的逻辑运算,一个门电路总是要驱动若干个其他门电路,因而后级门就成为前级门的负载。一个门能驱动的门的个数是有限制的,通常用能驱动同类门的最大个数来表示一个门的负载能力,这个数值叫做扇出系数N_o。由于CMOS电路的输入阻抗极高,在级连时几乎不取负载电流,因而其扇出系数要比TTL电路高出约一倍。对于低频工作情况,通常一个输出端可以带动50个以上输入端,因此在实际应用中几乎不需要考虑到扇出能力的限制。另外,驱动CMOS集成电路所需功耗甚微,与其他集成电路或分立器件接口连接十分方便,所消耗的驱动功率几乎可以忽略不计。

除上述特点外,CMOS电路还具有逻辑幅度大、成本低的特点。CMOS集成电路的输出逻辑摆幅近似等于工作电源电压值,即输出逻辑高电平约等于电源的高电平电位,逻辑低电平约等于电源的低电平电位。同时由于CMOS集成电路具有较高的集成度,能够把较复杂的逻辑线路集成在一块芯片上,从而降低设备制造成本。

2.3 简单门电路

用以实现基本逻辑运算的具体电路称为逻辑门电路,它是构成数字电路系统的最基本单元电路。常用的基本门电路有与门、或门、非门(反相器)、与非门和异或门等。其符号如图2-1所示。

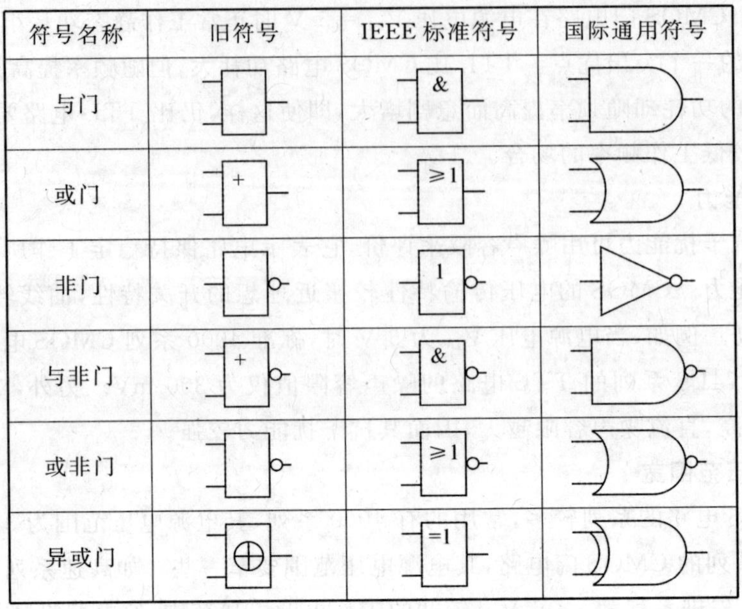

符号名称	旧符号	IEEE 标准符号	国际通用符号
与门		&	
或门	+	≥1	
非门		1	
与非门	+	&	
或非门		≥1	
异或门	⊕	=1	

图 2-1 常用基本门电路符号

2.3.1 与门

与门的逻辑功能是当所有输入端为逻辑 1 时输出才为 1，否则输出 0。其逻辑表达式为：$Y=A\cdot B$ 或 $Y=AB$。其真值表如表 2-1 所示。

表 2-1 与门真值表

输入		输出
A	B	Y
0	0	0
0	1	0
1	0	0
1	1	1

74LS08 芯片为 4-2 输入与门，内含 4 个 2 输入与门，其引脚图如图 2-2 所示。

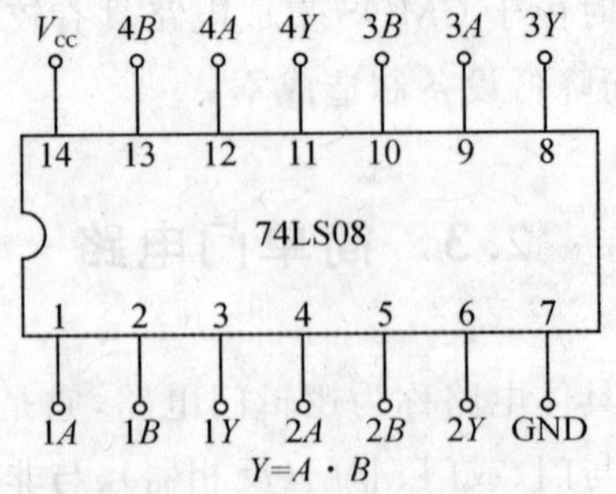

图 2-2 74LS08 引脚排列

2.3.2　或门

或门的逻辑功能是当有一个输入端为逻辑 1 时，输出就为 1，只有当所有输入端均为 0 时，输出才为 0。其逻辑表达式为：$Y=A+B$。其真值表如表 2-2 所示。

表 2-2　或门真值表

输入		输出
A	B	Y
0	0	0
0	1	1
1	0	1
1	1	1

74LS32 芯片为 4-2 输入或门，内含 4 个 2 输入或门，其引脚图如图 2-3 所示。

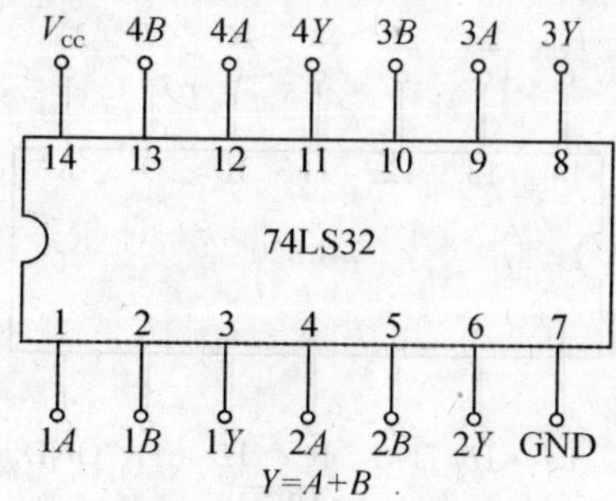

图 2-3　74LS32 引脚排列

2.3.3　非门(反相器)

非门只有一个输入端，当输入端为 1 时，输出为 0；反之，当输入端为 0 时，输出为 1。其逻辑表达式为：$Y=\overline{A}$。其真值表如表 2-3 所示。74LS04 芯片内含 6 个非门，其引脚图如图 2-4 所示。

表 2-3　非门真值表

输入	输出
A	Y
0	1
1	0

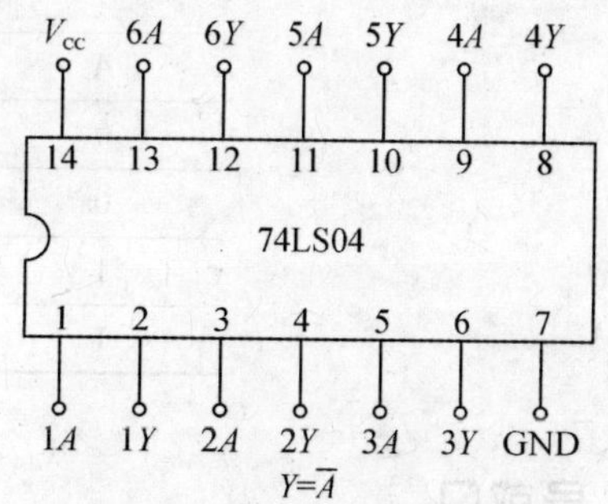

图 2-4　74LS04 的引脚排列图

2.3.4 与非门

与非门相当于与门和非门的组合。其真值表如表 2-4 所示。

表 2-4 与非门真值表

输入		输出
A	B	Y
0	0	1
0	1	1
1	0	1
1	1	0

74LS00 为 4-2 输入与非门，内含 4 个 2 输入与非门，其引脚图与 74LS08 类似。74LS20 为 2-4 输入与非门，内含 2 个 4 输入与非门，其引脚图如图 2-5 所示。

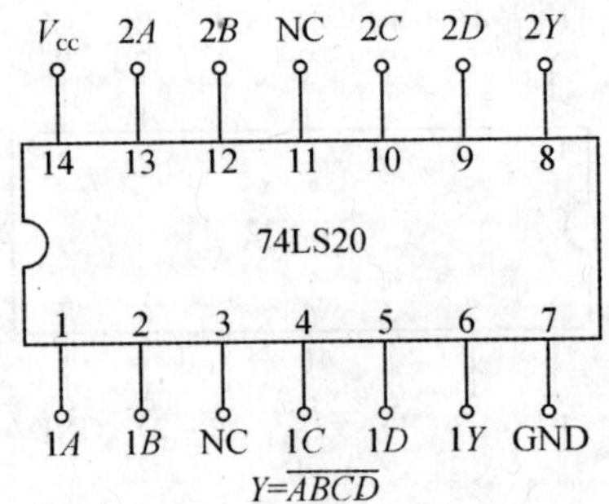

图 2-5 74LS20 的引脚排列图

2.3.5 或非门

或非门相当于或门和非门的组合。其真值表如表 2-5 所示。

表 2-5 或非门真值表

输入		输出
A	B	Y
0	0	1
0	1	0
1	0	0
1	1	0

2.3.6 异或门

异或门有两个输入端，当两个输入端相同时，输出为 0；反之，当两个输入端不同时，输出为 1。其真值表如表 2-6 所示。

表 2-6 异或门真值表

输入		输出
A	B	Y
0	0	0
0	1	1
1	0	1
1	1	0

74LS86 为 4-2 输入异或门，内含 4 个 2 输入异或门，其引脚图与 74LS32、74LS08 类似。

2.3.7 三态门与 OC 门

逻辑门电路的输出方式有图腾柱输出门、三态输出门（TS 门）和集电极开路输出门（OC 门）。图腾柱输出门也称推挽输出门，大部分的门电路都是这种模式，可直接输入或输出电流，但负载能力较差。一般 TTL 图腾式电路输出时，高电平拉电流负载为 400 μA 左右，低电平灌电流负载为 8 mA 左右。

三态门简称 TSL 门，是在普通门的基础上，加上使能控制信号和控制电路构成的。它的输出端除了高电平、低电平外，还有第三个状态，即高阻态，亦称禁止态。图 2-6 为三态非门的逻辑符号，其中 E 为控制信号端，也称使能端，高电平有效（也有控制端为低电平有效的电路），A 为信号输入端，Y 为输出端。

(a) 国标符号 (b) 国际通用符号

图 2-6 三态门符号

表 2-7 三态门状态表

控制	输入	输出
E	A	Y
0	X	高阻
1	0	1
1	1	0

当控制端 $E=0$ 时，输出端开路，电路处于高阻状态，此时信号无法从输入端 A 传到输出端 Y；当 $E=1$ 时，TSL 门的输出状态完全取决于输入信号 A 的状态，电路输出与输入的逻辑关系和一般非门电路相同，即：$Y=\overline{A}$，$A=0$ 时，$Y=1$；$A=1$ 时，$Y=0$。可见，该电路的输出有高阻态、高电平和低电平三种状态。

TTL 电路有集电极开路输出，称 OC 门；MOS 管也有和集电极对应的漏极开路的 OD 门，它们的输出叫开漏输出。OC/OD 门可以吸收很大的灌电流负载，但是不能直接向外输出电流。为了能输入和输出电流，使用时输出端要与电源接一上拉电阻。OC/OD 门一般用于输出缓冲/驱动器、电平转换器和大负载电流场合。

2.4 缓冲器与锁存器

2.4.1 缓冲器

缓冲寄存器又称缓冲器，主要起隔离选择和放大的作用。当用于输入时，其输入端与输入设备相连接，输出端与 CPU 的数据总线相连接，故它必须有三态的功能，当 CPU 执行读输入设备数据时，它能将输入设备上的数据送到数据总线；否则，它处于高阻态，使输入设备不影响数据总线的状态，从而起着隔离与选择的作用。由于 CPU 总线的带载能力问题，当系统有较多的内存芯片和 I/O 接口时，可通过它实现驱动，从而提高 CPU 总线的带载能力。常用的缓冲器有 74LS244、74LS245 等。

74LS244 是 TTL 八路同相三态缓冲器/线驱动器，无锁存功能，其 CMOS 器件对应为 74HC244。74LS244 的 8 个三态门分为二组，每组 4 个，分别由 1 $\overline{OC}$和 2 $\overline{OC}$控制，当 1 $\overline{OC}$、2 $\overline{OC}$为低电平时，三态门导通，否则输出端处于高阻态。

74LS244 的引脚排列如图 2-7(a)所示，逻辑图如图 2-7(b)所示，功能表如表 2-8 所示。

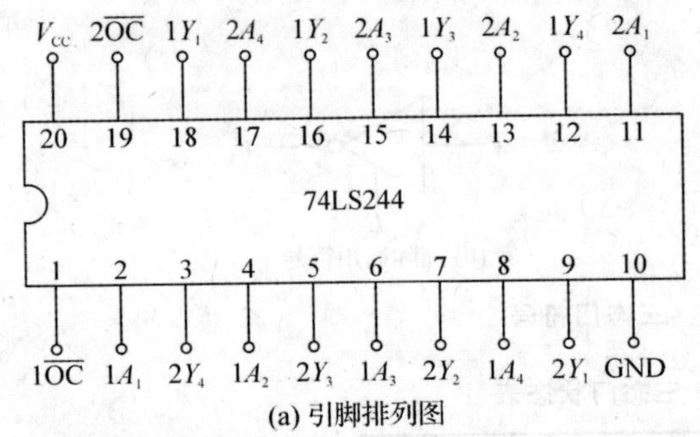

(a) 引脚排列图

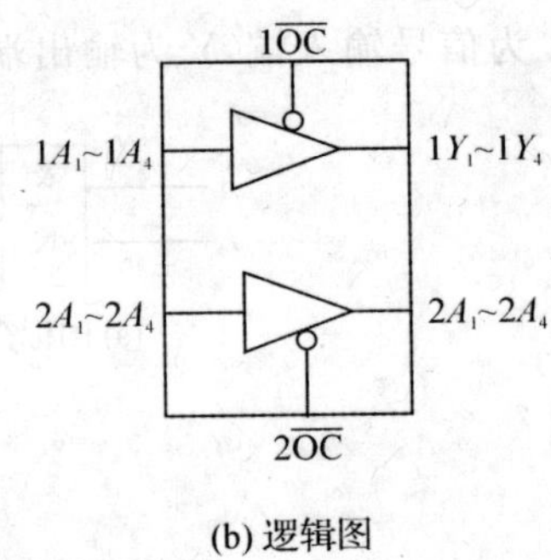

(b) 逻辑图

图 2-7 74LS244 的引脚排列和逻辑图

表 2-8 74LS244 功能表

$\overline{OC}$	A	Y
高电平	任意	高阻
低电平	A 数据传给 Y	

74LS244 可用于如地址总线这样的单向传输驱动的场合，而数据总线的传输是双向的，通常采用 74LS245 作为驱动。74LS245 有 16 个双向传送的数据端，即 $A_1 \sim A_8$、$B_1 \sim B_8$，另有两个控制端：使能端 $\overline{G}$、方向控制端 DIR，其引脚排列和逻辑图如图 2-8 所示，功能表如表 2-9 所示。当片选端 $\overline{G}$ 低电平有效时：若 DIR 为低电平，信号由 B 向 A 传输；DIR 为高电平时，信号由 A 向 B 传输(发送)。当 $\overline{G}$ 为高电平时，A、B 均为高阻态。

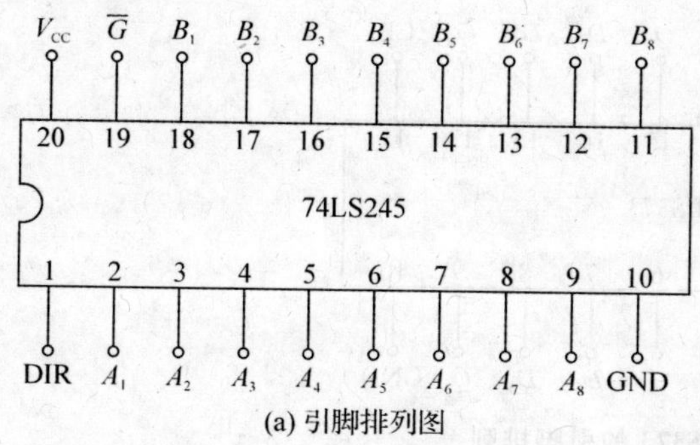

(a) 引脚排列图

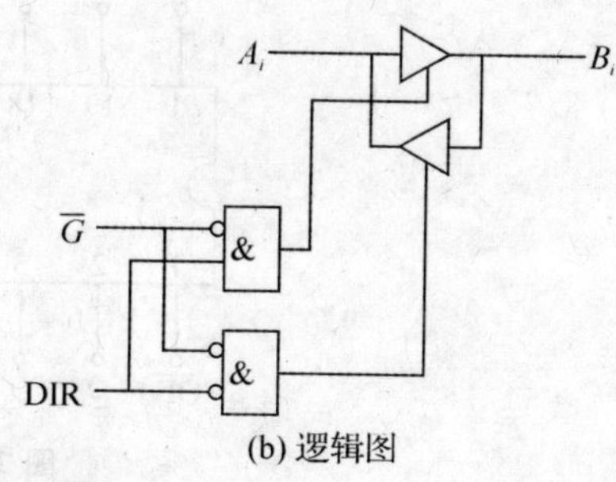

(b) 逻辑图

图 2-8 74LS245 的引脚排列和逻辑图

表 2-9 74LS245 功能表

$\overline{G}$	DIR	操作
低电平	低电平	B 向 A 传输
低电平	高电平	A 向 B 传输
高电平	任意	高阻

2.4.2 锁存器

锁存器是由多个 D 触发器构成的部件，当时钟控制端有效时，输出端 Q 等于输入端 D，直到下一时钟触发为止。它具有锁存功能。当它用作输出锁存时，可有效解决高速 CPU 与慢速输出设备的矛盾。在数据总线与地址总线合用引脚的场合，也可用它作为地址锁存器。常见的锁存器有 74LS273、74LS373 等。

74LS273 是 8 位数据/地址锁存器（8D 触发器），上升沿触发锁存。$D_1 \sim D_8$ 为数据输入端，$Q_1 \sim Q_8$ 为数据输出端，CP 上升沿触发，$\overline{\text{CR}}$低电平时清零，常用作 8 位地址锁存器。其引脚排列如图 2-9 所示，功能表如表 2-10 所示。

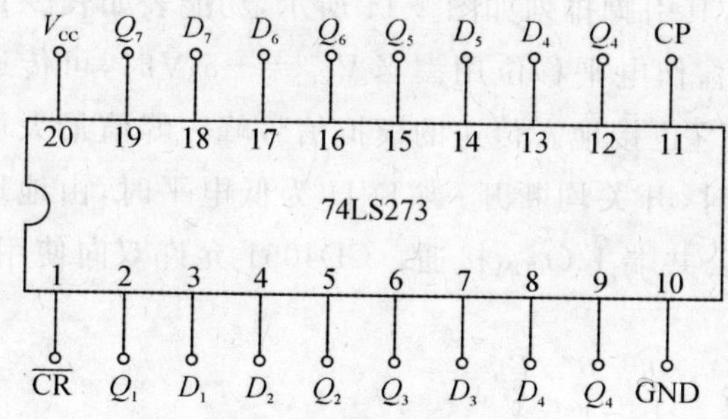

图 2-9 74LS273 的引脚排列

表 2-10 74LS273 功能表

$\overline{\text{CR}}$	CP	D_x	Q_x
低电平	任意	任意	低电平
高电平	上升沿	$Q_x = D_x$，锁存	

74LS373 是一个带三态缓冲输出的 8D 触发器，下降沿触发锁存。$\overline{\text{OE}}$为输出使能端，低电平有效。$D_1 \sim D_8$ 为数据输入端，$Q_1 \sim Q_8$ 为数据输出端，CP 下降沿触发。$\overline{\text{OE}}$为高电平时，无论 $D_1 \sim D_8$ 及 CP 端为何种状态，输出 $Q_1 \sim Q_8$ 全部呈高阻态；当$\overline{\text{OE}}$为低电平，且 CP 为下降沿时锁存。其引脚排列如图 2-10 所示，功能表如表 2-11 所示。

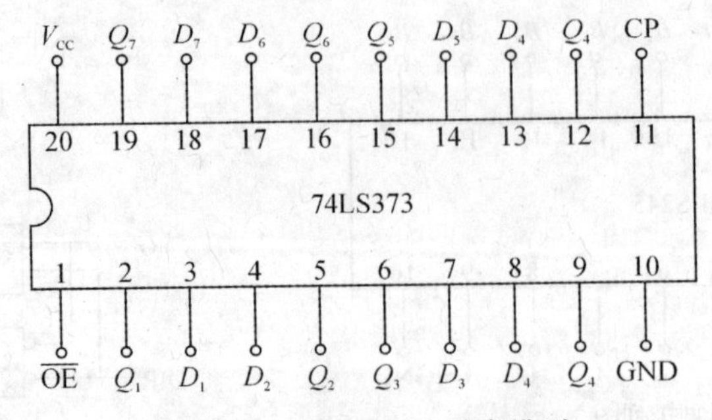

图 2-10 74LS373 的引脚排列

表 2-11 74LS373 功能表

$\overline{OE}$	CP	D_x	Q_x
高电平	任意	任意	高阻
低电平	下降沿	$Q_x = D_x$，锁存	

2.5 多路模拟开关与采样/保持器

2.5.1 多路模拟开关

在一个实际的微机测控系统中，可能需要对许多路模拟信号进行巡回检测，为了节省A/D转换器，可使用多路模拟开关。它可根据需要选择其中任意一路模拟量送入 A/D。

多路模拟开关有机械触点式和电子式两类。机械触点式的优点是触点导通电阻小，断开电阻大；缺点是开关速度慢，触点通断时易产生抖动，寿命也较短。电子式的优点是开关速度快，体积小，功耗低；缺点是有一定的导通电阻。目前，电子式多路模拟开关得到广泛的应用。

CD4051 是一种常用的 8 通道多路模拟开关，其引脚排列如图 2-11 所示，功能表如表 2-12 所示。直流供电电源 V_{DD} 接 5～15 V，V_{SS} 接地，V_{EE} 作电平移位用。当 $V_{EE}=-5$ V时，可传送 −5～5 V 的模拟信号；当不传送负电压信号时，V_{EE} 也接地。传送的模拟信号峰—峰值最大可达 15 V。INH 是禁止输入端，当 INH 为高电平时，开关均断开；当 INH 为低电平时，由地址线 A、B、C 的值通过 3-8 译码选择其中的一路与公共端 I/O_{COM} 接通。CD4051 允许双向使用，可以实现“八到一”或“一到八”的转换。

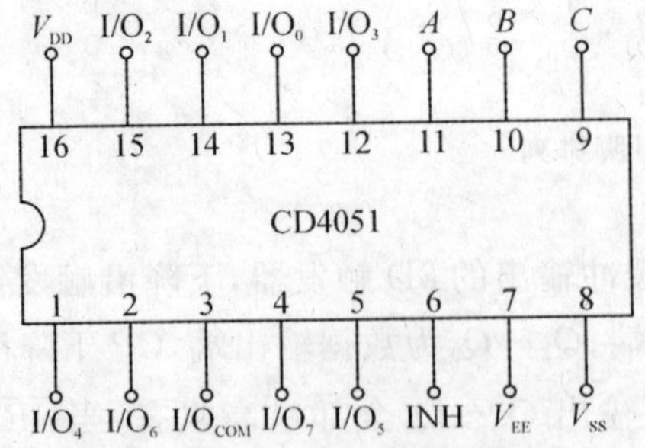

图 2-11 CD4051 的引脚排列

表 2-12　CD4051 功能表

INH	C B A	接通通道
0	0 0 0	I/O_0
0	0 0 1	I/O_1
0	0 1 0	I/O_2
⋮	⋮	⋮
0	1 1 1	I/O_7
1	X X X	无

2.5.2　采样/保持器

完成一次 A/D 转换是需要一定时间的，由于模拟量是连续变化的，若直接把模拟量接入 A/D 转换器，将无法保证 A/D 转换期间模拟量输入的稳定，从而导致 A/D 转换出现误差，特别是在高速、高精度检测系统中，这一问题就显得特别突出。使用采样/保持器可很好地解决这一问题。

采样/保持电路原理如图 2-12 所示，工作过程示意如图 2-13 所示。

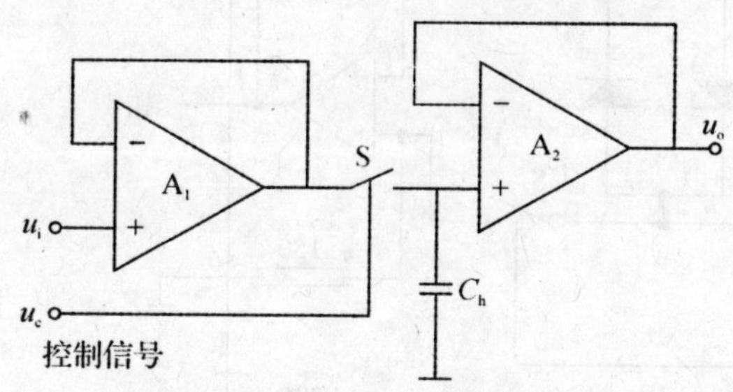

图 2-12　采样保持器电路原理

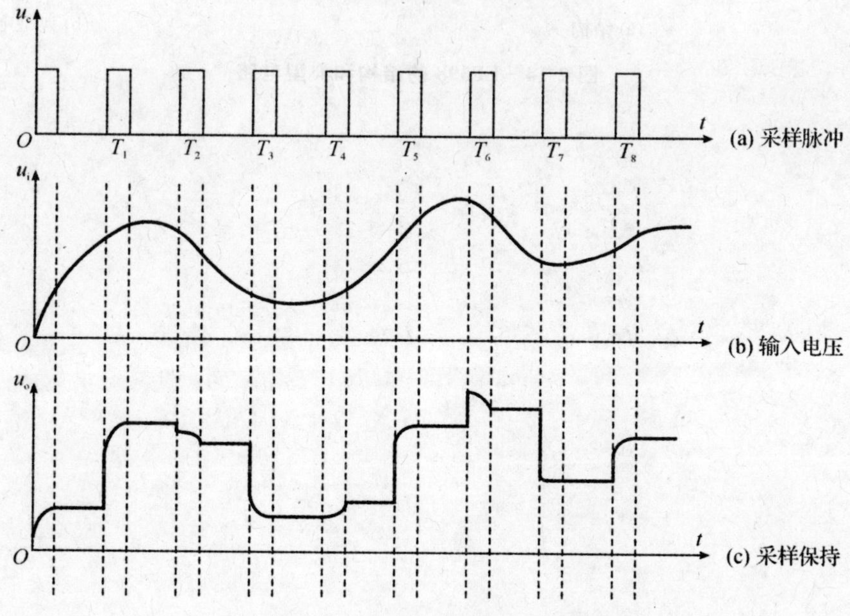

图 2-13　采样保持器工作示意

采样/保持器有两种工作方式：

1. 采样方式

在采样脉冲 u_c 的作用下，开关 S 闭合，输入电压 u_i 对保持电容 C_h 进行充电，给予足够的时间，使电容 C_h 两端电压达到 u_i，完成采样。采样期间 A/D 不转换。

2. 保持方式

使采样脉冲 u_c 无效，开关 S 断开，由于运算放大器 A_2 的输入阻抗很大，只要 C_h 容量足够大，放电时间常数就较长，使 C_h 两端电压在一定时间内基本保持不变，从而为 A/D 转换提供稳定的输入模拟电压。A/D 在保持期间进行转换。

LF398 是一种常用的高性能单片采样/保持器，其结构和典型应用电路如图 2-14 所示。正、负电源电压一般使用 +15 V 和 −15 V，C_h 使用 0.01 μF 的涤纶电容，7 引脚接地，8 引脚接采样脉冲，为高电平时，处于采样；为低电平时，处于保持。R_2 为输出调零电位器，当 $u_i=0$ 时，调节 R_2 使 $u_o=0$。

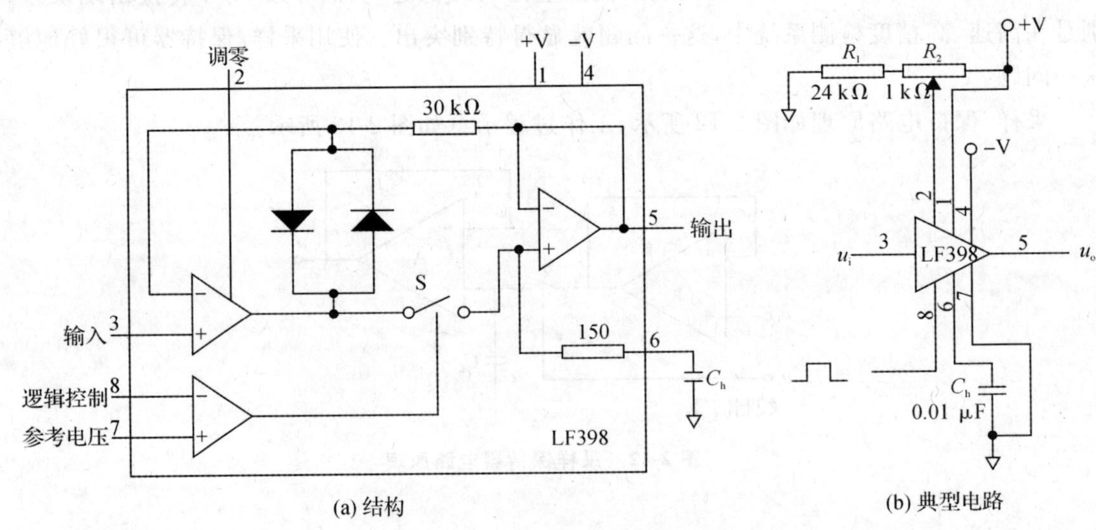

图 2-14　LF398 的结构和典型电路

第3章 系统扩展与接口基础

输入输出设备是计算机的重要组成部分，计算机与外界进行信息交换必须通过它们实现。但是，输入输出设备是无法同CPU直接连接的，必须通过I/O接口电路才能实现连接，从而达到交换信息的目的。

本章先介绍有关I/O接口的基础知识，主要内容有I/O接口的基本概念及功能结构、I/O传送方式、I/O接口编址、I/O端口译码等。

3.1 I/O接口概述

计算机中的接口是指一个部件与另一个部件之间的连接电路，它起着桥梁的作用，使部件与部件之间能够协调地交换信息。CPU与存储器之间需要存储器接口，CPU与I/O设备之间需要I/O接口电路。存储器接口相对比较固定、简单，而由于I/O设备的种类繁多，差异性也很大，因此I/O接口电路也多种多样，而且也比较复杂。有时在不至于误解的情况下，也把I/O接口电路简称为接口电路。

I/O接口是介于主机与I/O设备之间，用于使主机与I/O设备之间能够协调地交换信息的逻辑控制电路。I/O接口技术是用计算机组成一个实际应用系统的关键技术，一个计算机应用系统研制和设计的主要工作就是I/O接口的研制和设计。它包括硬件接口的设计和使硬件接口能按照设计要求工作的驱动程序的设计。因此，学好I/O接口技术对学好本课程有着极其重要的意义。

3.1.1 I/O接口的基本功能

不同的I/O设备对应I/O接口及其功能显然是各不相同的。但归根到底，I/O接口就是要解决外设与主机之间信息传送的匹配问题。因此，其功能可以归纳为以下四个方面：

1. 锁存作用

通常CPU的处理速度要远远快于I/O设备的处理速度。当CPU把一个数据发送给I/O设备时，它提供至数据总线的时间是很短暂的（通常为1 μs以下），然后数据总线就用来传输其他的信息。而对于一般I/O设备而言，这么短的时间它是来不及接收处理的。例如，CPU把要打印的字符数据送至打印机打印，仅仅在数据总线上维持1 μs左右，而打印机的启动时间需要毫秒及以上，也就是说，若不采取措施，则CPU传送给打印机的数据在打印机还没有完全启动便消失了，根本实现不了打印的功能。为此，可采用接口电路，在其中设置一个数据锁存器，将CPU输出的数据先“长久”锁存在数据锁存器，然后再由打印机慢慢地进行处理，这样，就解决了CPU的快速与外设慢速之间的匹配问题，如图3-1所示。

数据锁存器一般可由D型触发器组成，如74LS273锁存器。当CPU要把数据送至该输

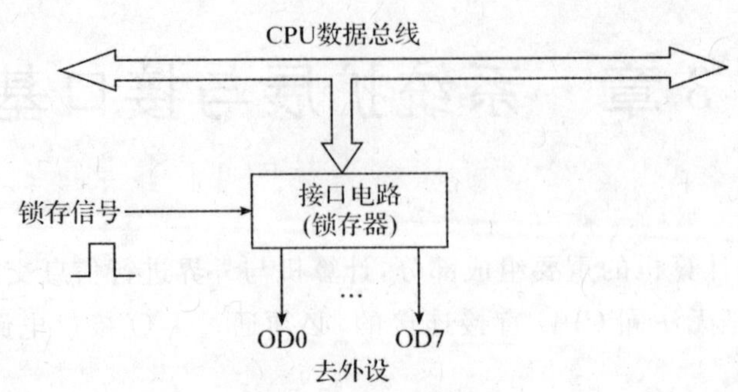

图 3-1 输出接口电路

出接口时，执行一条输出指令，完成以下功能：

(1)将该输出端口对应的地址送至地址总线；

(2)将要输出的数据提供至数据总线；

(3)发出输出控制信号(即 I/O 写控制信号)，此控制信号与对应的端口地址通过译码产生后的选通信号一起使“锁存信号”有效，从而把在数据总线上的数据锁存至数据锁存器。

显然，只要 CPU 不对该输出接口发送新的数据，则数据锁存器的内容可以一直保持不变，从而实现为慢速的外设提供数据。

2. 隔离与选择作用

在一个实际的微机应用系统中一般都有多台外部设备，如果把多个输入设备的数据直接挂接在 CPU 的数据总线上，则数据总线上的状态显然将是杂乱无章的，CPU 根本无法正常工作。因此，所有的输入设备的数据线都必须通过接口电路连接后再挂接到数据总线，而这一接口电路可由一组三态门电路实现。当 CPU 不对输入接口输入数据时，三态门处于高阻态，从而使各输入设备的数据不影响数据总线的状态，CPU 按照程序的功能正常地工作，这就是接口的隔离作用。

另一方面，CPU 应该要能实现在某一时刻将挂接在其上的任一输入设备输入其数据信息。为此，系统可事先对每一输入设备的数据口分配一个(也可多个)地址，即端口地址，不同的端口其地址是不一样的。当 CPU 要对某端口输入数据时，执行一条输入指令，完成以下功能：

(1)将对应的端口地址送至地址总线；

(2)CPU 发出对 I/O 设备的 I/O 读控制信号，此控制信号与对应的端口地址通过译码产生后的选通信号一起使三态门的“允许信号”有效，从而使输入设备上的数据信息通过三态门提供至数据线上；

(3)CPU 从数据总线上获取输入设备送至的数据信息，从而完成了数据的输入。

这就是 I/O 接口选择的作用。如图 3-2 所示，图中接口电路由一组三态门实现，如可用 74LS244。

3. 变换作用

外部设备的种类繁多，外设信息也是多种多样的，有数字量、模拟量(如连续变化的电流量、电压量)、开关量(两个状态的信息)等，而 CPU 只能处理数字量，因此需要接口电路的变换。

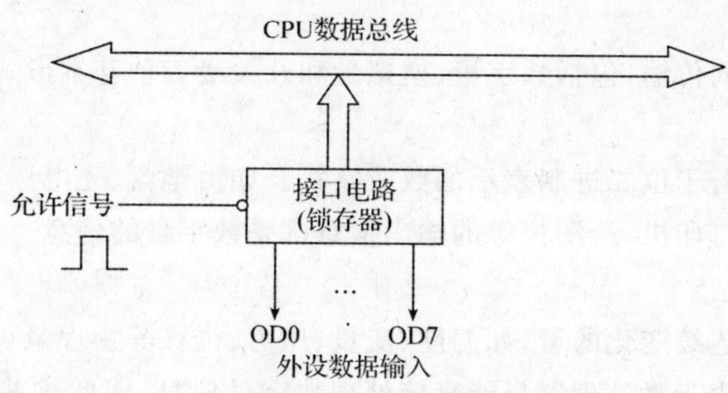

图 3-2　输入接口电路

外设的信息即使是数字量，其电平幅度也可能不同，因此就需要由接口电路来实现电平的转换。此外，即使数据电平相同，其数据格式也可能不同，如对于串行传输的外部设备，因为 CPU 的系统总线与 I/O 接口之间通常采用并行传送，这就需要由接口实现“CPU 并行输出 → 接口的并—串转换→ 对外设的串行转出”及“外设的串行输入→接口的串—并转换 →CPU 并行输入”。

4. 联络控制作用

为了使 CPU 与外设能协调地交换数据，一方面，CPU 必须知道外设所处的状态，如输入设备是否已把要输入的数据准备好，输出设备是否处于能接收数据的“空闲”状况，I/O 设备是否要求 CPU 对其进行 I/O 操作等信息；另一方面，外设也必须知道 CPU 是否要对其操作，要进行什么操作，对外设发出的操作请求信号是否得到 CPU 的响应等。总之，CPU 与外设间必须通过接口互相了解对方的状态及所发出的信号，才能实现正确、协调地交换信息，避免出错，并且提高工作效率。

3.1.2　CPU 与 I/O 设备之间的接口信息

CPU 与 I/O 设备之间的信息传送如图 3-3 所示。在 CPU 和 I/O 设备之间需要一个连接电路——接口电路。一个接口可以有一个以上的端口，以传送不同的信息。CPU 与 I/O 设备之间传送的信息可分为数据、状态和控制信息。

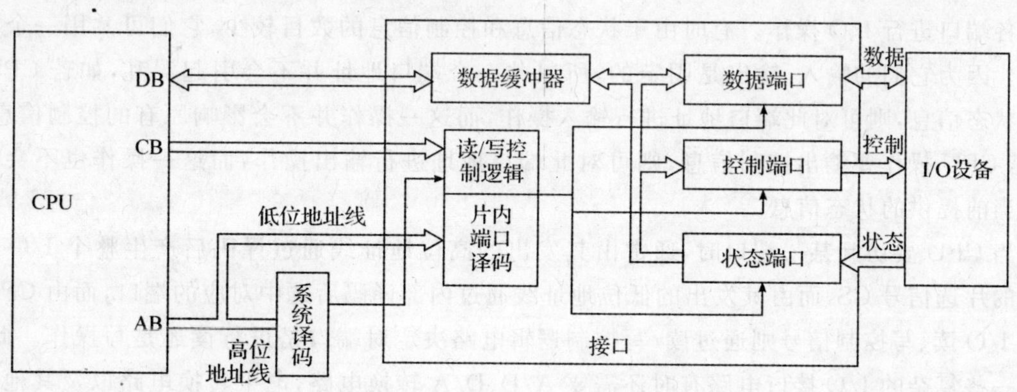

图 3-3　典型 I/O 接口电路

1. 数据信息

数据信息可以双向传输，包括数字量、模拟量和开关量三种基本形式。

(1)数字量

数字量信息是以若干位二进制表示的数或字符。如由键盘、光电读入机、拨码盘等读入的信息以及由微机送到打印机、绘图仪等的输出信息都是数字量的信息。

(2)模拟量

模拟量是随时间连续变化的量，如温度、流量、压力、位移等物理量可先通过传感器变换成对应的电压模拟量。由于微处理器只能直接处理数字量信息，因此这些模拟量信息在从外界输入微机前或微机处理后送到外界前都必须进行信息格式或电气特性的转换，如 A/D 转换、D/A 转换等。

(3)开关量

开关量是只有两个状态的量，如电路开关的断开与闭合、阀门的合与断等。一个开关量只需一位二进制数表示，微机字长如果为 16 位，则可以一次输入或输出 16 个开关量。

2. 状态信息

状态信息是外部设备向 CPU 提供外设当前工作状态的信息，CPU 通过输入状态信息了解外设工作的有关情况，从而决定是否对外设进行数据传送。

常见的外设状态信息有输入设备准备好信号(READY)、输出设备是否忙信号(BUSY)等。如果 CPU 检测到 READY 为 1，则说明输入设备已经备好给 CPU 输入的数据，CPU 便可对外设读取数据信息，否则，若输入设备没有准备好，CPU 就不会去读取外设的数据信息。如果 CPU 检测到 BUSY 为 1，说明输出设备正处于“忙”状态，目前无法接收 CPU 送来的数据信息，CPU 就不会向它发送数据，否则，则说明外设处于“空闲”状态，CPU 便可向该外设发送数据信息。

3. 控制信息

这是 CPU 向 I/O 设备输出的信息，主要用于设置 I/O 设备的工作方式、启动、停止等。

为了实现以上信息的交换，I/O 接口电路中通常要设置三个寄存器端口，即数据寄存器端口、控制寄存器端口和状态寄存器端口，并且给每个端口设置相应的端口地址，以便使 CPU 能对各端口进行 I/O 操作。有时由于状态信息和控制信息的数目较少，它们可共用一个端口地址。因为它们的输入、输出是固定的，所以共一个端口地址并不会引起混乱，如若 CPU 要输入状态信息，则可对此端口地址进行输入操作，而这一操作并不会影响原有的控制信息；同样，若 CPU 操作要输出控制信息，则可对此端口地址进行输出操作，而这一操作也不会影响外设当前提供的状态信息。

当 CPU 要访问某一端口时，通常由其发出的高位地址线通过译码后产生整个 I/O 接口电路的片选信号 CS，而由其发出的低位地址线通过内部译码后选中对应的端口，而由 CPU 发出的 I/O 读、写控制信号则通过读/写控制逻辑电路决定对端口是进行读还是写操作。此外，对于一些复杂的 I/O 接口电路有时还需要 A/D、D/A 转换电路，电平转换电路以及其他的联络控制逻辑电路。

从图 3-3 可知，无论是数据信息、状态信息，还是控制信息，它们都是通过系统的数据总线传送的。从广义上讲,数据信息、状态信息和控制信息都可称为数据信息。

3.1.3 I/O接口的分类

为了实现人机交互和各种形式的输入和输出,在不同的微机应用系统中,人们使用了各种各样的I/O设备,它们需要选用不同类型的接口与之配合才能正确、高效率完成数据传送及执行控制任务。常见的接口有以下几种类型:

1. 通用接口

通用接口能被多种常用I/O设备所使用,如并行接口芯片8255A、串行接口芯片8251A、定时/计数器芯片8253、中断控制器芯片8259A、DMA控制器芯片8237等。它一般为可编程的,功能很强。

2. 专用接口

专用接口芯片是为某种专用途或某种I/O设备而设计的,如软盘控制器8272、6843、μpd765,图形适配器8514/A等。

3. 人机交互接口

人机交互接口是指微机与操作人员之间相互传递信息的窗口,如键盘、鼠标、扫描仪、打印机、绘图仪等。

4. 输入通道接口

在微机测控系统中,需要将现场的信息输入至主机,通常要将由各类传感器产生的模拟量信号经转换成数字量后输入至CPU,这类接口通常包含多路模拟开关、采样保持器、A/D转换电路等,如ADC0809、AD574等。

5. 输出通道接口

在微机控制系统中,需要将CPU输出的数字量通过转换、驱动后用于控制一些执行机构。这类接口通常有功率驱动电路、D/A转换电路等,如三极管放大电路、中间继电器、DAC0832等。

3.2 I/O传送方式

主机与I/O设备间的数据传送,可以根据CPU运行的环境、外设传送的速度、一次传送数据量的多少、系统对I/O传送的实时性要求等情况不同而采用不同的传送方式。通常有以下五种传送方式:

(1)无条件传送方式;

(2)查询传送方式;

(3)中断传送方式;

(4)直接存储器存取(DMA)传送方式;

(5)专用I/O处理机方式。

其中,前三种方式都是在CPU的指令控制下进行传送的,因此也可以统称为CPU程序控制传送方式。第四种方式是在CPU让出对系统总线的控制权后,在DMA控制器控制下,存储器与外设之间直接进行传送信息。第五种方式是在 I/O 接口中设有 I/O 处理机，由 I/O 处理机完成主机与外设之间传送信息所需要的几乎所有的操作。

3.2.1 无条件传送方式

这是一种最简单的传送方式，它不考虑外部设备所处的状态，当 CPU 要进行 I/O 操作时直接执行一条 I/O 指令实现 I/O 操作。其工作原理如图 3-4 所示。

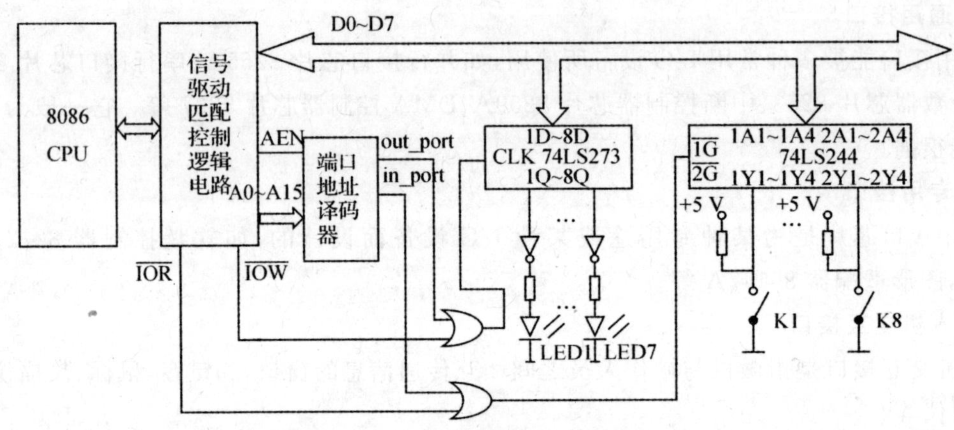

图 3-4 无条件传送方式的工作原理

通过执行：

```
MOV AL, 00H                    ;设置输出状态
MOV DX, out_port               ;指向输出口
OUT DX, AL                     ;输出数据
```

便可使 LED1～LED7 发光二极管全亮。

通过执行：

```
MOV DX, in_port                ;指向输入口
IN AL, DX                      ;输入数据
MOV key-status,AL              ;保存至存储单元
```

便可将 K1～K8 开关的状态输入至 key-status 单元中。

无条件传送方式的特点是：

(1)I/O 接口的软、硬件都最简单。

(2)易出错。当输入设备未处于数据“准备好”状态时，CPU 所输入的数据便是错误的；当输出设备未处于“空闲”状态时，CPU 所输出的数据也是无效的。

因此，无条件传送只适合 I/O 设备随时都处于就绪状态的情况下使用，如输入开关状态或输出控制 LED。

3.2.2 查询传送方式

在这种方式中，CPU 每当执行 I/O 操作之前，都必须对外部设备的状态进行检测，查看其是否处于就绪状态，如果已经处于就绪状态，则执行 I/O 指令实现 I/O 操作；如果不处于就绪

状态，则 CPU 继续反复查询，直到它查到外部设备已经处于就绪状态时，再执行 I/O 指令进行输入输出数据传送。其输入接口电路如图 3-5 所示。

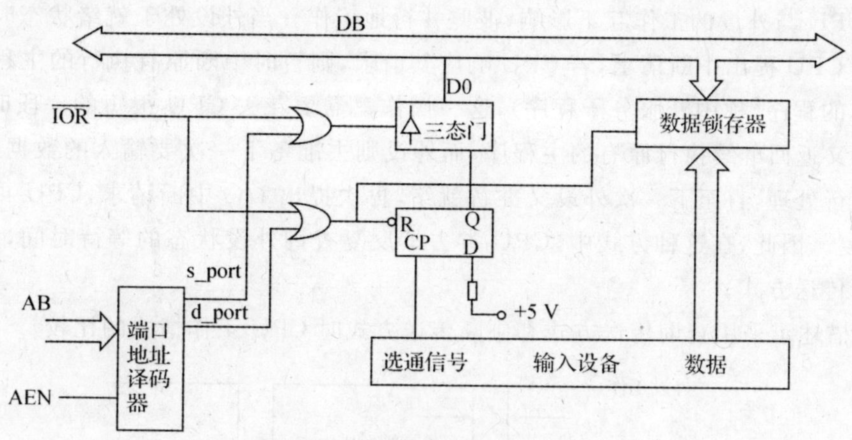

图 3-5 查询式输入接口电路

结合以下程序，便可实现查询方式的输入操作。

```
        MOV DX,s_port        ;指向状态口
STATUS: IN AL,DX             ;读入状态字
        TEST AL,01H          ;测试状态位
        JZ STATUS            ;D0=0,未准备好,继续查询等待
        MOV DX,d_port        ;D0=1,已准备好,指向数据口
        IN AL,DX             ;输入数据
        MOV DBUFFER,AL       ;保存数据
```

当输入设备将待输入的数据准备好时，发一选通脉冲信号，使状态触发器置为"1"，即"准备好"状态。CPU 要进行输入操作时，先读取状态触发器的内容，若为"1"，则对数据端口进行输入操作，同时将状态触发器清"0"，否则继续查询状态触发器。

查询传送方式的特点是：

(1)I/O 接口的软、硬件简单，但比无条件传送方式要复杂一些。

(2)传送可靠，不会出现传送错误。

(3)CPU 效率低下：通常外设的速度要比 CPU 的速度慢得多，因此在此方式中，CPU 为了实现一次 I/O 操作，将花去大量的时间用于查询等待。

(4)实时性差。通常一个实用系统都有多个 I/O 设备，CPU 只好采用轮流查询的方式实现 I/O 操作，这样，就无法实时地处理处于就绪状态的 I/O 设备。

查询传送方式由于接口简单又不会出错，所以在 CPU 资源不紧张、实时性要求不高的情况下，还是被大量采用。

3.2.3 中断传送方式

中断传送方式是一种效率高、实时性好的数据传送方式。在中断传送方式下，CPU 平时

不进行外设状态的查询，而在执行原有安排的（与传送无关的）程序（称主程序）时，外设则对准备输入的数据（对输入设备而言）或对原有由 CPU 输出的数据进行处理，在外设就绪前的这段时间内，CPU 与外设的工作互不影响，彼此并行地工作。当外设处于就绪状态时，外设通过接口电路向 CPU 提出中断请求，若 CPU 响应其请求，则暂时中断原有执行的主程序，转去执行 I/O 操作的程序（称中断服务子程序），这一操作只需要花去 CPU 很短的一段时间，待 I/O 操作完成后又返回继续执行原有的主程序，而外设则去准备下一次要输入的数据或将本次输出的数据进行处理，直至下一次外设又准备就绪，再次提出 I/O 中断请求，CPU 再去响应、服务，如此反复。因此，在这种方式中，CPU 省去了反复查询外设状态的等待时间，这种工作方式称为中断传送方式。

图 3-6 描述了采用查询传送方式和中断传送方式时 CPU 工作情况的比较。

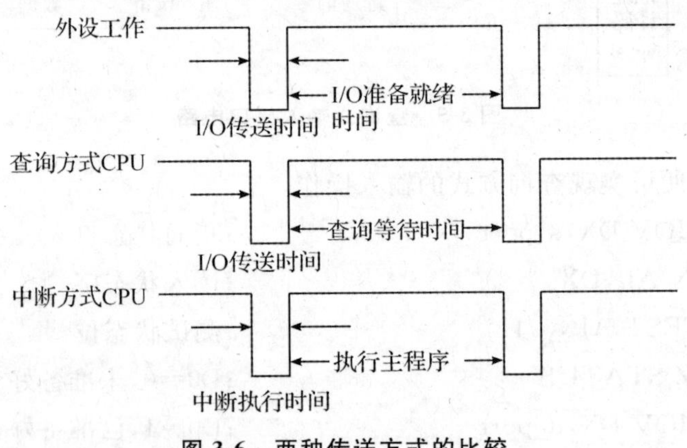

图 3-6　两种传送方式的比较

中断传送方式的特点是：

(1) CPU 工作效率高。在外设准备就绪期间，CPU 照样执行原有的主程序，只是在外设准备就绪后，CPU 才花较短的时间执行 I/O 中断服务程序，实现 I/O 操作，CPU 与外设实现并行工作。

(2)实时性好。在有多个 I/O 设备的系统中，一旦某个外设处于就绪状态，便可发出 I/O 中断请求，从而在很短的时间内便可得到 CPU 的响应，实现 I/O 操作。

(3)接口的软、硬件较复杂。它需要中断控制逻辑电路，需要较复杂的软件，因此，初学者往往感觉较难把握，在实际应用开发中，调试也比较困难。

中断传送方式由于具有 CPU 工作效率高、实时性好的优点，在 CPU 资源比较紧张、实时性要求比较高的场合往往被广泛采用。

3.2.4　存储器直接存取(DMA)方式

利用中断方式进行数据传送，可以提高 CPU 工作效率。但中断传送是由 CPU 通过程序来实现的，每次执行中断服务程序时 CPU 都要保护断点，在中断服务程序中需要保护现场，然后才能实现真正有意义的 I/O 传送操作，传送后还需要恢复现场、返回等。因此实现一次 I/O 传输 CPU 需要执行额外的十几条与 I/O 传送无关的操作。在高速、大批量数据传送的应用场合，使用中断传送方式中断次数过于频繁，CPU 不仅耗费大量与 I/O 传送无关操作的时间，而且往往无法满足高速 I/O 设备的传送要求。

存储器直接存取方式也称为 DMA 方式。它是利用 DMA 控制器使外设与内存之间直接快速地传送数据。

1. DMA 方式工作原理

图 3-7 为 DMA 方式工作原理图，图 3-8 为典型的 DMA 工作流程图。

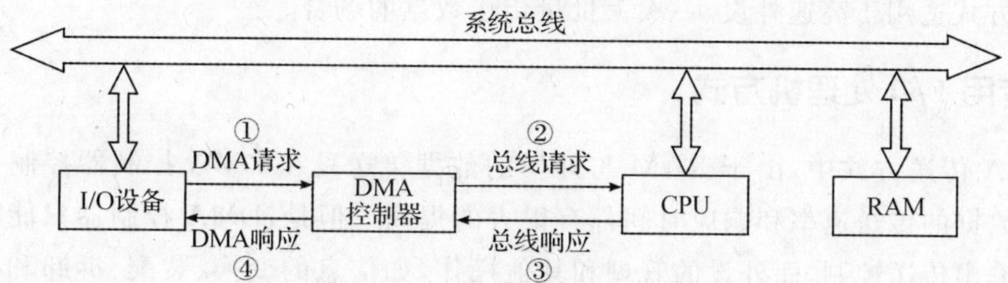

图 3-7 DMA 方式工作原理

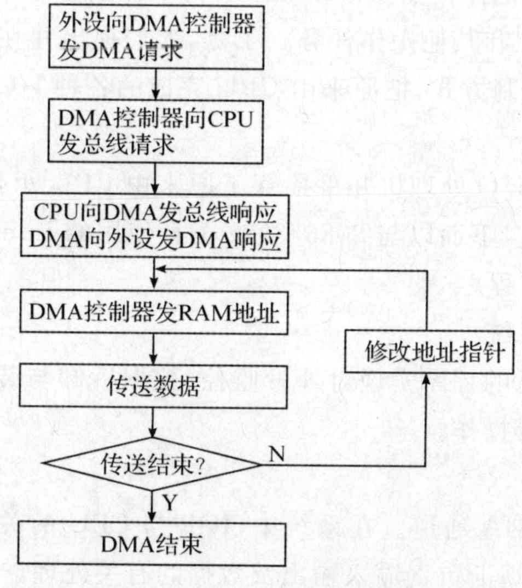

图 3-8 DMA 方式工作流程

在 DMA 方式传送前，CPU 必须对 DMA 控制器进行初始化设置，其内容包含规定传送模式、数据传送方向、传送的字块长度及 RAM 的首地址等信息。其传送过程如下：

(1)当 I/O 设备需要 DMA 传送时，向 DMA 控制器发出 DREQ(DMA 请求)信号；

(2)DMA 控制器收到 DMA 请求后，即刻向 CPU 发出 HOLD(总线请求)信号；

(3)CPU 在完成当前机器周期后，响应 DMA 请求，向 DMA 控制器发 HLDA(总线响应)信号，CPU 将系统总线的控制权交给 DMA 控制器，CPU 停止工作，并由 DMA 控制器向外设发出 DACK(DMA 响应)，转入 DMA 方式的数据传送；

(4)DMA 控制器根据事先初始化设置的 RAM 地址，向 RAM、外设发出 RAM 读(写)、外设写(读)控制信号，实现 RAM 与外接的数据传送；

(5)每传送一个字节(字)，DMA 控制器的地址寄存器加 1，字节计数器减 1，如此循环，直至将全部数据传送完毕。

2. DMA 方式特点

(1)速度快。由于在 DMA 传送期间,不是由 CPU 通过程序控制实现,而是在硬件(DMA 控制器)控制下实现数据传送,因此,其传送速度特别快,传送一个字节所需要的时间可达纳秒级,这是程序控制方式难以实现的。

(2)硬件复杂。DMA 控制器功能较多,电路比较复杂。

DMA 方式适用于高速外设、一次大批量传送数据的场合。

3.2.5 专用 I/O 处理机方式

在 DMA 传送方式中,由于 RAM 与外设的数据传送是在 DMA 控制器控制下直接实现的,因此对数据的传送速率和响应时间都有很大的提高。但是,DMA 控制器只能实现简单的数据输入/输出传送控制,而外设的管理和其他操作,如信息的变换、装配、拆卸和数码校验等功能操作却仍需由 CPU 来完成。随着计算机系统的不断扩大、外设的增多及外设性能的提高,CPU 对外设的管理和其他操作任务不断加重。为了提高整个系统的工作效率,CPU 需要摆脱对 I/O 设备的直接管理和其他操作任务。于是,人们提出并在实际应用中广泛采用了一种专用 I/O 处理机(IOP)控制方式,把原来由 CPU 完成的各种 I/O 操作与控制全部交给 I/O 处理机去完成。

在 I/O 处理机方式中,I/O 处理机几乎接管了原来由 CPU 承担的控制输入/输出操作及输入/输出信息的全部功能。下面以与 8086/8088 配合使用的 Intel8089 I/O 处理器芯片说明 I/O 处理机的功能和工作过程。

1. IOP 有自己的指令系统

它能通过独立执行自己的程序实现对外设监控、数据拆卸与装配、码制转换、数据块的错误检测与纠错及格式变换等操作。

2. 支持 DMA 传送

Intel8089 内有两个 DMA 通道。在系统中,IOP 与 CPU 的关系如图 3-9 所示。CPU 在宏观上指导 IOP,IOP 在微观上负责输入输出及数据的有关处理。

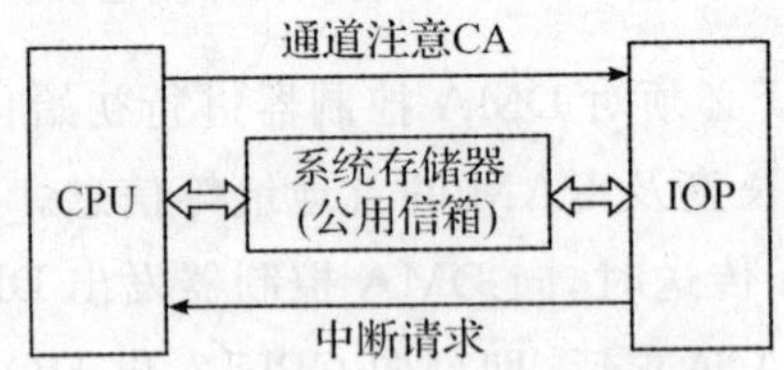

图 3-9 IOP 与 CPU 的信息交换

两者通过系统存储区(公共信箱)来交换各种信息,如命令、数据、状态以及 CPU 要 IOP 执行的程序代码所在的首地址等。当 CPU 将各种参数放入公共信箱后,用"通道注意"信号 CA(Channel Attention)通知 IOP,IOP 从信箱中获取参数,并进行有关操作。在操作完成后,IOP 在公共信箱中设置状态标志,等待 CPU 查询或向 CPU 发出中断请求信号,向 CPU 报告 I/O 系统的有关状态,再由 CPU 根据 I/O 系统出现的各种情况决定下步的处理。

专用I/O处理机传送方式的特点是CPU与IOP基本上处于并行工作状态，CPU可省去大量的I/O操作所需的时间，传送处理速度快，但其硬件最为复杂。它适合于高速、高性能的I/O设备传输场合。

3.3 I/O端口编址方式

为了实现CPU与I/O设备进行数据传送，在接口中通常要设置数据缓冲寄存器、控制寄存器和状态寄存器，这些能被CPU直接访问的寄存器称为I/O端口。一个系统中通常有多个I/O接口，一个I/O接口又有多个I/O端口。为了能正确识别区分不同的I/O端口，对每个端口也必须像存储器单元一样给予它们编号，这就是I/O端口的地址。CPU通过这些端口向接口电路中的寄存器发送命令、读取状态及传送数据。如何给I/O端口编制端口地址，使CPU能正确地访问它们，这便是I/O端口编址。I/O端口编址方式有两种方式：一种是I/O端口地址与存储器地址统一编址，即存储器映象方式；另一种是I/O端口地址与存储器地址分开独立编址，即I/O端口独立编址方式。

3.3.1 存储器映象编址方式

存储器映象编址方式是把每一个I/O端口都视作一个存储器单元，并分配给相应的存储单元地址，CPU访问I/O端口如同访问存储单元一样。在这种方式中，存储单元与I/O端口共享存储器空间，所有访问内存的指令同样适于访问I/O端口。如MC6800/68000系列、6502系列和MCS-51系列单片机等均为这种编址方式。

存储器映象编址方式的主要优点有：一是对I/O接口的操作与对存储单元的操作完全相同，所有存储单元的操作指令都可用来操作I/O端口，CPU不必设置专用的I/O指令。由于CPU对存储单元操作的指令比较多，功能也较强，因此对I/O端口操作的功能也比较强，使访问I/O端口的操作方便、灵活，除了可以对I/O端口进行传送数据外，还可对端口内容进行移位和算术逻辑运算等。二是可以使I/O接口的数目几乎不受限制，而只受总存储空间的限制，因此特别适合用于有大量I/O端口的大型测控系统中。三是使微机系统的读/写控制逻辑较简单，CPU只需要提供一种统一的对存储单元的读/写控制信号，减少CPU的引脚引出数。

这种方式的主要缺点有：一是占用了存储器的一部分地址空间，使可用的内存空间减少；二是I/O端口地址较长，这样不但增加I/O指令的长度，而且使I/O端口地址的译码电路变得较为复杂；三是通用性较差，随着集成电路技术的高速发展，CPU对存储单元的读/写周期可以达到几十纳秒，而这么短的读/写周期对于早期的I/O接口设备往往是无法正确操作的。

3.3.2 I/O端口独立编址方式

I/O端口独立编址方式是将I/O端口单独编址而不和存储器空间混合在一起，两者的地址空间是互相独立的，I/O端口空间不占用存储器空间。在这种方式中，CPU要设置专用的 I/O 指令访问 I/O 端口。如 Z80 系列、Intel 的 X86 系列等微处理器都设有专用 I/O 指令，因此它们可以使用这种编址方式，当然，这些 CPU 也可以采用存储器映象编址方式。

I/O 端口独立编址方式的主要优点有：一是 I/O 端口不占用存储器地址，故不会减少存储器地址空间；二是通常 I/O 地址所需要的空间较小，如设置 1024 个端口对一般微机系统就已绰绰有余，对 1024 个端口只需用 10 根地址线即可，因此其 I/O 地址线较少，这样不但能够减少I/O指令的长度，而且使 I/O 地址译码电路变得更为简单；三是使用 I/O 指令与存储单元访问指令有明显区别，从而使程序更加清晰，便于理解和调试。此外，使用这种方式其兼容性也较好。如 Intel 的 X86 系列微处理器，从 8086CPU 到 PentiumⅡ/Ⅲ/Ⅳ，存储器的读/写周期的时间变短了很多，但 I/O 专用指令的读/写周期并没有变短多少，这样即使是与 PC/XT 连接的 I/O 接口设备也能与 P4 的微机兼容。

I/O 端口独立编址方式的主要缺点有：一是 I/O 专用指令种类少，功能弱，通常只能实现由累加器与 I/O 端口之间进行简单的数据输入/输出传送，而不能直接用 I/O 指令实现对其较复杂的算术、逻辑等运算；二是使微机系统的读/写控制逻辑复杂，CPU 必须为存储器和I/O 端口提供两组读/写控制信号，增加了 CPU 的引脚数，如 8086/8088 CPU 在最小模式下除了提供读、写控制信号外，还须用 IO/M 来区分是对存储器读/写还是对 I/O 接口读写。在最大模式下，必须将 S2、S1、S0 三个总线周期状态信号经总线控制器 8288 译码分别产生存储器读、写控制信号 MEMR、MEMW 和 I/O 端口读、写控制信号 IOR、IOW。

3.3.3 PC 机 I/O 端口地址分配

在由 80X86 CPU 构成的系统中一般都采用 I/O 端口独立编址方式，I/O 地址线为 16 根，I/O 端口地址空间为 $2^{16}=65536=64$ k 个，8 位 I/O 端口地址范围为 0000H～0FFFFH。不过，由 80X86 CPU 构成的 PC 系列微机考虑到实际应用情况中，端口地址空间不必要有 64 k，因此仅使用低位地址 A0～A9 十根地址线进行部分译码，因此其可用端口地址总共只有 $2^{10}=$ 1024 个，并将前 256 个端口(地址范围为 000H～0FFH)专供系统板上的 I/O 接口芯片使用，如表 3-1 所示；将后 768 个端口(地址范围为 100H～3FFFH)供扩展槽上的 I/O 接口控制卡或做在主机板上的 I/O 接口电路使用(如目前通常把软、硬盘接口，串、并行接口，网卡适配器等均做在主机板上)，如表 3-2 所示。

对于 PC 系列兼容机，不同机型的 I/O 端口地址的分配只能做到大体一致，有些端口地址可能不同，用户在设计 I/O 接口卡时，应弄清该系统的 I/O 端口地址分配的实际情况，通常用户可使用保留的 I/O 地址如 300H～31FH 等。为了使所设计的接口板能够通用，避免与系统中其他 I/O 接口地址冲突，建议用户使用 300H～33FH 地址空间，并且在译码电路中设置一些跳线器，使得所设计的接口板应用的地址可在这一范围选择设置。

表 3-1 系统板上接口芯片的端口地址分配表

I/O 芯片名称	地址范围
DMA 控制器 1	000～001FH
DMA 控制器 2	00C0～00DFH
DMA 页面寄存器	0080～009FH
中断控制器 1	0020～003FH
中断控制器 2	00A0～00BFH
定时器	0040～005FH
并行接口芯片(键盘接口)	0060～006FH
RT/CMOS RAM	0070～007FH
协处理器	00F0～00FFH

表 3-2 I/O 接口控制卡的端口地址分配表

I/O 接口名称	地址范围
游戏控制卡	200～20FH
并行口控制卡 1	370～37FH
并行口控制卡 2	270～27FH
串行口控制卡 1	3F8～3FFH
串行口控制卡 2	2F8～2FFH
原型插件板(用户可用)	300～31FH
同步通信卡 1	3A0～3AFH
同步通信卡 2	380～38FH
单显 MDA	3B0～3BFH
彩显 CGA	3D0～3DFH
彩显 EGA/VGA	3C0～3CFH
软驱控制卡	3F0～3FFH
硬盘控制卡	1F0～1FFH
PC 网卡	360～36FH

3.4 I/O 端口的地址译码

为了使 CPU 能够访问指定的 I/O 端口，必须为所有的 I/O 端口分配不同的 I/O 端口地址。如何根据当 CPU 执行 I/O 指令时在地址总线上所提供的 I/O 端口地址及在控制总线上所提供的有关 I/O 读写操作的有关控制信号，通过一个电路产生一个选通信号用于选通对应的 I/O 端口，从而实现 CPU 与指定的 I/O 端口正确地传送数据，这便是 I/O 端口的地址译码问题，实现这一功能的电路便称为 I/O 端口地址译码电路。

I/O 端口地址译码电路的方法有多种，常见的有门电路译码法、译码器译码法、比较器译码法和通用逻辑阵列 GAL 译码法。

3.4.1 门电路译码法

门电路译码法是由各种门电路,如与门、或门、非门等电路组合实现 I/O 端口地址译码电路的功能。为了使电路简单,通常可选用带有多个输入的门电路。设计时先分配好 I/O 端口地址,然后分析其对应的各地址线的状态,画出真值表,利用组合逻辑电路实现。门电路译码法需要的芯片种类比较多,若为产生多个端口的读/写选通信号,则电路十分繁琐,因此,这种方法在实际应用中几乎不被采用。

3.4.2 译码器译码法

译码器译码法以译码器芯片为核心,结合有关门电路实现 I/O 端口地址译码电路的功能。常用的译码器芯片有 74LS138(三—八译码器)、74LS139(双二—四译码器)和 74LS154(四—十六译码器)等,其中 74LS138 最为常用。译码器译码法可方便地产生多个 I/O 端口读/写选通信号。

3.4.3 比较器译码法

比较器译码法是以比较器为核心,配上其他逻辑电路构成的。常用的比较器芯片有 74LS85(四位比较器)和 74LS688(八位比较器)。

比较器译码法可方便地改变所设计的 I/O 接口板占用的端口地址,因此,在实际应用中也较常被采用,具体内容请参阅相关资料。

3.4.4 通用逻辑阵列 GAL 译码法

通用逻辑阵列 GAL 译码法是以可编程通用逻辑阵列 GAL 为核心而构成的译码电路。在一片 GAL 芯片上就能实现具有多种功能的逻辑电路的组合,其原理与门电路译码法类似,但它只需要一片 GAL 芯片,大大简化了系统的电路,提高了可靠性。其最大的优点就是有利于保护设计者的知识产权,他人无法轻易仿制,因此,它在近年来的微机测控产品开发中得到比较广泛的应用。关于 GAL 的有关内容,请读者参阅其他相关资料。

I/O 端口译码电路的设计是设计 I/O 接口板一项非常重要的技术,设计者应搞清各种译码方法的原理,了解不同译码方法的优缺点,根据实际需要灵活选用。

3.5 中断系统

3.5.1 概述

中断是计算机中的一个十分重要的概念,在现代计算机中几乎都采用中断技术。CPU 和外设之间进行信息交换若采用查询方式,则 CPU 的大部分时间都浪费在反复查询上,同时无法适应一些实时性要求比较高的场合。为了解决这一问题,充分发挥计算机工作效率,便引入了中断系统。

3.5.2 中断基本概念

1. 中断

中断是指计算机在执行程序(主程序)的过程中,当出现异常情况或特殊请求(中断请求)时,CPU 暂时停止现行程序的运行(中断响应),转向对这些异常情况或特殊请求的处理(中断服务程序),待处理结束后再返回现行程序的间断处,继续执行原主程序。如图 3-10 所示。

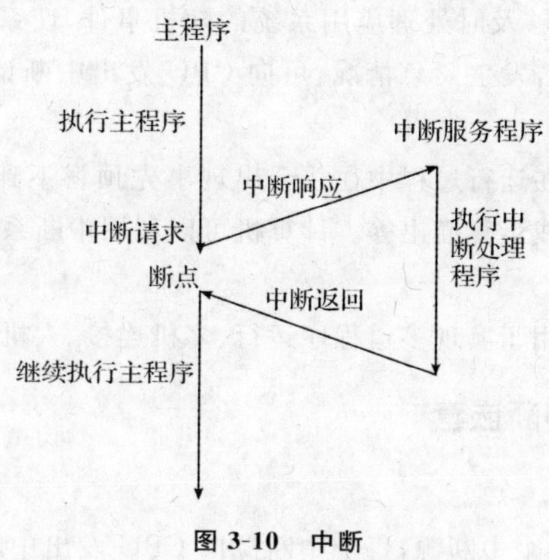

图 3-10 中断

2. 中断系统

为了实现中断功能而设置的各种硬件和软件,统称为中断系统。

3. 中断源

引起中断的原因或发出中断申请的来源,称为中断源。根据中断信号产生的来源可以分为硬件中断和软件中断。硬件中断多由外围设备和计算机系统控制器发出,软件中断一般由软件命令产生。硬件中断又有“可屏蔽中断”和“非屏蔽中断”之分。通常,CPU 内设置一中断允许触发器 IF,CPU 可通过软件的方法使 IF 设置为 1 或 0,当 IF=1 时,CPU 处于开中断;当 IF=0 时,CPU 处于关中断。对于可屏蔽中断,当 CPU 处于开中断时,才能对可屏蔽中断请求给予响应;当 CPU 处于关中断时,不响应可屏蔽中断请求。而非屏蔽中断则是指无论 CPU 是处于开中断还是关中断,都要对非屏蔽中断请求给予响应。非屏蔽中断请求一般用于特别紧急的事件,如电源掉电、内存出错等。

常见的硬件中断有:

(1)I/O 设备。当 I/O 设备需要进行 I/O 操作时,提出中断请求。

(2) 故障。当出现如电源掉电、存储器出错时,发出中断请求,CPU 便转去执行故障处理程序,如启动备用电源、报警等。

常见的软件中断有:

(1)在程序中,用中断指令产生中断。

(2)当运算溢出时,发出中断请求。

(3)调试程序而设置的中断源。调试程序时,为了检查中间结果,或为了寻找错误,往往采用在程序中设置断点或单步执行方式，这些都可以由中断系统来实现。

4. 中断的作用

(1)解决快速 CPU 与慢速外设之间的矛盾。

(2)并行操作。CPU 可以与多个外部设备并行工作。当某外设需要进行 I/O 操作时，发出中断申请，请求 CPU 中断主程序，CPU 暂停主程序的执行，转去执行 I/O 操作(中断处理)，待处理完毕后，CPU 恢复主程序的执行，外设也继续工作，从而提高了 CPU 的利用率。

(3)实时处理。CPU 能够及时处理应用系统的随机事件，使系统的实时性大大增强。如当计算机用于工业控制时，若发生紧急情况，可向 CPU 发出中断请求，CPU 可及时给予响应并加以处理。

(4)故障处理。计算机在运行过程中往往会出现事先预料不到的情况，或出现一些故障，如电源突然掉电、存储出错或运算溢出等。计算机可以利用中断系统自行处理，而不必停机或报告工作人员。

此外，中断技术还可以用于实现多道程序运行、多机连接、人机对话等。

3.5.3 中断优先权与中断嵌套

1. 中断优先权

一个系统中一般都有多个中断源，每个中断源向 CPU 发出中断请求信号是随机的，这样就有可能在同一时刻多个中断源同时向 CPU 发出中断请求，但 CPU 每次只能响应其中的一个中断请求。为解决这一问题，可根据中断源工作性质的轻重缓急，对各中断源事先确定其中断级别，即中断优先权。通常把任务紧迫和速度快的设备设置为高优先级。当不同优先级的中断源同时发出中断请求时，应先响应处理高优先级中断源发出的中断请求，待处理结束后再响应处理低优先权中断源发出的中断请求。

2. 中断嵌套

当 CPU 在执行一低优先级中断源对应的中断服务子程序时，若又有高优先级的中断源也提出了中断申请，则 CPU 就中断当前正在执行的中断服务子程序，转去响应处理高优先级的中断申请，待高优先级的中断服务子程序执行结束后，再继续执行低优先级的中断服务子程序，这就是中断的嵌套。如图 3-11 所示。

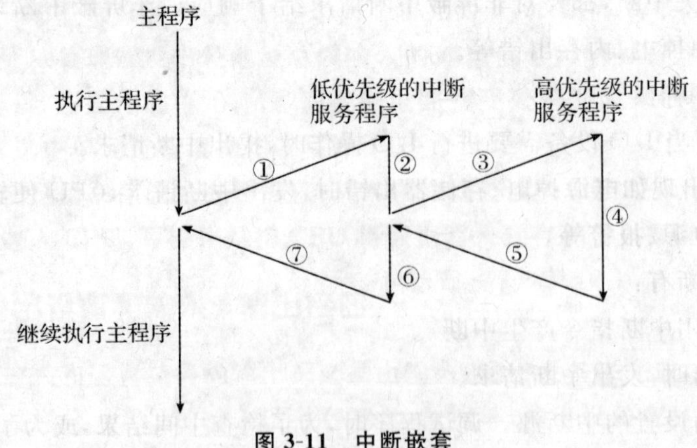

图 3-11 中断嵌套

3.5.4　中断处理过程

一个完整的中断处理过程主要包括以下过程：

1. 中断请求

中断请求是由中断源向CPU发出的中断要求，即请求CPU中断它正在执行的程序，以便为外设（或其他需要CPU来处理的中断源）服务。每一个中断源发出中断请求信号，直至CPU响应该中断后，方可清除中断请求。因此，要求每一个中断源有一个中断请求触发器。

2. 中断响应

若CPU符合中断响应的条件，便转入中断响应周期：

(1)发出中断响应信号。在当前指令执行完毕时，CPU向请求中断的中断源（如外设）发出中断响应信号。

(2)关中断。在CPU发出中断响应信号以后，接着自动将中断允许触发器IF清0，实现关中断，以禁止接受其他的中断请求。

(3)保护断点。保护断点就是保护当前程序计数器PC的值，即断点地址。CPU响应中断后，将断点地址压入堆栈保存，以便中断处理完毕后，能够返回主程序继续执行。

(4)获得中断服务程序入口地址。不同CPU在不同工作方式下，其中断服务程序入口地址的形成也不同，可由CPU产生，也可由CPU与中断接口共同产生。

(5)保护现场。为了使中断服务程序不影响主程序的运行，必须把断点处各有关寄存器的内容和标志寄存器的状态压入堆栈保护起来。

(6)执行中断服务程序。在软件控制下，完成中断源事先规定的中断服务，如实现CPU与外设的信息交换。

(7)恢复现场。恢复现场是把所保存的各个寄存器的内容和标志寄存器的状态从堆栈中弹出，送回CPU中相应的寄存器。

(8)返回。中断服务程序的最后一条指令必须是中断返回指令。通过中断返回指令的执行，把原来保存在堆栈中的断点地址弹出，送给程序计数器，使程序返回到原来的断点处继续执行。

3.5.5　中断响应的条件

不同CPU对于中断响应的条件不尽相同。一般地，对于可屏蔽中断请求，其响应条件主要有：

(1)没有DMA操作请求；

(2)没有非屏蔽中断请求；

(3)CPU处于开中断；

(4)没有优先级更高的中断源提出中断请求；

(5)CPU在执行一条指令结束后。

对于非屏蔽中断请求，其响应条件主要有：

(1)没有DMA操作请求；

(2)CPU 在执行一条指令结束后。

3.6 定时计数器应用基础

3.6.1 概述

在测控系统中,经常需要设置定时器和计数器,如需要定时中断去实现 I/O 操作,需要对外部脉冲进行计数等。在 PC 上,通过可编程定时/计数芯片 8254 实现日时钟计时、存储器刷新定时信号及为主机板上的扬声器提供可编程的音频信号。

定时功能的实现方法主要有:

(1) 软件延时。利用 CPU 执行一条指令需要一定的时钟数,编写一段延时程序,将执行程序段花费的时钟数乘以一个时钟周期的时间,就得到定时的时间。这种方法的缺点是要占用 CPU 大量宝贵的运行时间,且在流水执行的 CPU 和多任务系统中定时不易准确,也不通用,不便移植。

(2)硬件定时。采用不可编程器件,如分频器、单稳电路、简易定时电路等实现。其缺点是硬件连接后,定时时间不便修改。

(3)采用可编程器件。采用可编程的定时/计数芯片,使用软件与硬件相结合的方法构成灵活的定时电路,可有效解决单纯使用软件延时和硬件定时存在的问题。

3.6.2 可编程定时/计数器

1. 工作原理

可编程定时计数器工作原理如图 3-12 所示。GATE 为门控制信号,当它为 0 时,与门输出也为 0,减 1 计数器不工作,停止定时计数功能;当 GATE 为 1 时,CLK 可通过与门对减 1 计数器进行减 1 操作,CLK 每输入一个脉冲,减 1 计数器的值就减去 1。它可实现定时、计数两种工作方式。

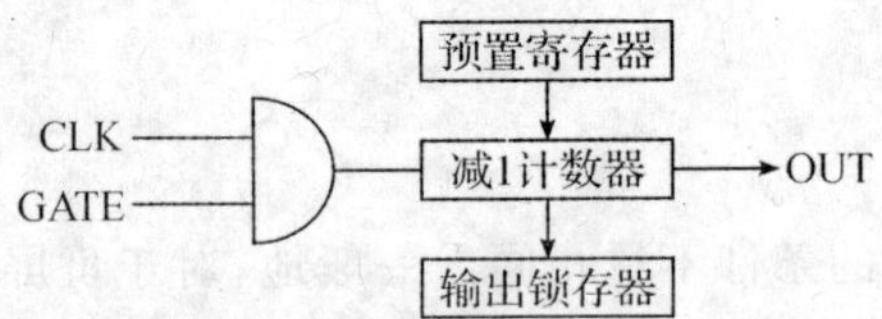

图 3-12 定时计数工作原理

(1)定时

通过软件编程的方法,设置预置寄存器的初值 N 并将其送入减 1 计数器,CLK 接高精度系统脉冲信号,其周期为 T,当减 1 计数器为 0 时,将在 OUT 引脚上输出一有效信号(可作为中断请求信号),从而实现定时,定时的时间为 $N\times T$。

(2)计数

通过软件编程的方法,设置预置寄存器的初值 N 并将其送入减 1 计数器,CLK 接外部待计数的具有随机性的脉冲信号，当减1计数器为0时，将在OUT引脚上输出一有效信号，便可知外部有 N 个脉冲输入，也可随时通过输出锁存器获得减1计数器的值 $N1$，$N-N1$ 的值便是外部输入的脉冲个数。

也可利用加1计数器实现定时计数，其原理与此类似，不再赘述。

2. 定时/计数器接口芯片8253/8254

8253/8254是Intel公司为解决与微处理器系统设计有关的定时/计数器件，其主要功能有：

(1)三个独立16位计数器；

(2)每个计数器可按二进制或十进制(BCD)计数；

(3)每个计数器可编程6种不同的工作方式，可满足大多数定时计数的需要；

(4)8253每个计数器计数频率最高为2 MHz，8254每个计数器计数频率最高可达10 MHz；

(5)可读回当前各计数器的内容。

其内部结构如图3-13所示，具体内容请查阅其他相关资料。

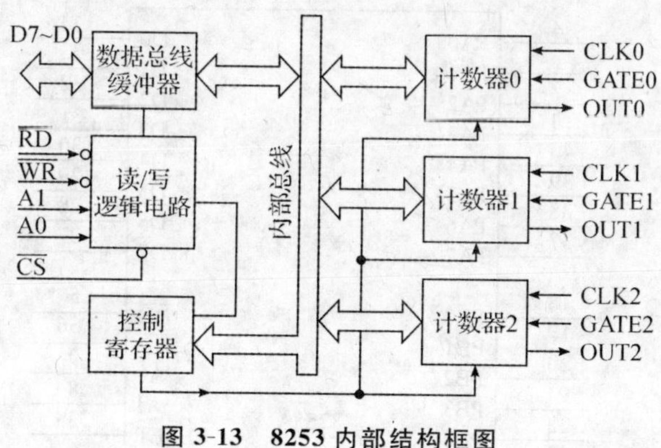

图3-13　8253内部结构框图

3.7　并行接口

3.7.1　概述

计算机系统的信息交换有两种形式：并行数据传输方式和串行数据传输方式。并行数据传输是以计算机的字长(通常是8位、16位或32位)为传输单位，一次传送一个字长的数据。并行传输是微机系统中最基本的信息交换方法，如系统板上各部件之间、接口电路板上各部件之间大多采用并行传输，它特别适合于外部设备与CPU进行近距离、大量和快速的信息交换，如CPU与并行接口打印机、磁盘驱动器等。

要实现CPU与外部设备数据的并行传输，就必须有并行接口电路。若应用系统需要的I/O口数量较少且功能单一时，如一般的开关状态输入和一般的LED、继电器等输出控制，则可使用74LS244、74LS273/74LS373等不可编程的接口芯片构成简单、实用、价廉的并行I/O口，其构成方法可参见图3-4。对于系统中需要大量I/O口且功能要求比较灵活的场合，则大多采用可编程的I/O接口芯片实现。

3.7.2 可编程并行输入/输出接口芯片 8255A

8255A 是为 Intel 公司的微处理器配套的通用可编程并行接口芯片，其基本功能有：

(1)3 个 8 位并行输入/输出端口，可利用编程方法设置 3 个端口是作为输入端口还是作为输出端口；

(2)8255A 能适应 CPU 与 I/O 接口之间的多种数据传送方式的要求，如无条件传送、查询方式传送、中断方式传送，与此相应，8255A 设置了方式 0、方式 1 以及方式 2；

(3)8255A 的 C 口比较特殊，除作数据口外，在工作方式 1 和 2 下，它的部分信号线被分配作专用的联络应答信号。

1. 8255A 芯片的引脚

8255A 芯片的引脚如图 3-14 所示。它有 40 根引脚，作为外设接口芯片，可分为与 CPU 或系统总线连接的引脚和与外设连接的引脚。

8255A

引脚	信号	信号	引脚
4	PA0	D0	34
3	PA1	D1	33
2	PA2	D2	32
1	PA3	D3	31
40	PA4	D4	30
39	PA5	D5	29
38	PA6	D6	28
37	PA7	D7	27
18	PB0	$\overline{RD}$	5
19	PB1	$\overline{WR}$	36
20	PB2	A0	9
21	PB3	A1	8
22	PB4	RESET	35
23	PB5	$\overline{CS}$	6
24	PB6		
25	PB7		
14	PC0		
15	PC1		
16	PC2		
17	PC3		
13	PC4		
12	PC5		
11	PC6		
10	PC7		

图 3-14　8255A 引脚

(1)与 CPU 或系统总线连接的引脚

①D7～D0：双向三态的数据线，用于传送 CPU 与 8255A 之间的数据、控制字和状态信息。它可与系统数据总线直接相连。

②RESET：复位信号，输入，当它为高电平有效时，将 8255A 复位，即将控制寄存器清零，3 个端口全部设置为输入方式。

③$\overline{CS}$：片选信号，输入，当它为低电平有效时，芯片被选中，表示 CPU 将访问 8255A。

④A1、A0：端口选择信号，输入，在$\overline{CS}$有效时，用于选择 8255A 内的 A、B、C 端口和控制

口。如表 3-3 所示。

表 3-3 $\overline{CS}$、A1、A0 的作用

$\overline{CS}$	A1	A0	选中对象
0	0	0	A 端口
0	0	1	B 端口
0	1	0	C 端口
0	1	1	控制口
1	X	X	未选中

⑤$\overline{RD}$:读信号,输入,在$\overline{CS}$有效,当它为低电平有效时,CPU 从 8255A 读取数据或状态信息。

⑥$\overline{WR}$:写信号,输入,在$\overline{CS}$有效,当它为低电平有效时,CPU 将数据或控制字写入 8255A 中。

(2)与外设连接的引脚

①PA7～PA0:A 端口数据线,双向,用于 8255A 与外设的数据传送。

②PB7～PB0:B 端口数据线,双向,用于 8255A 与外设的数据传送。

③PC7～PC0:C 端口数据线,双向。当 8255A 工作于方式 0 时,PC7～PC0 分为两组,每组 4 位,用于 8255A 与外设的数据传送;当 8255A 工作于方式 1 和方式 2 时,PC7～PC0 为 A 端口和 B 端口提供联络和中断信号,这时各引脚功能有专门的定义。

图 3-15 为一常用的 8255A 与 PC 系统总线和外设的连接图。各端口地址和工作状态如表 3-4 所示。

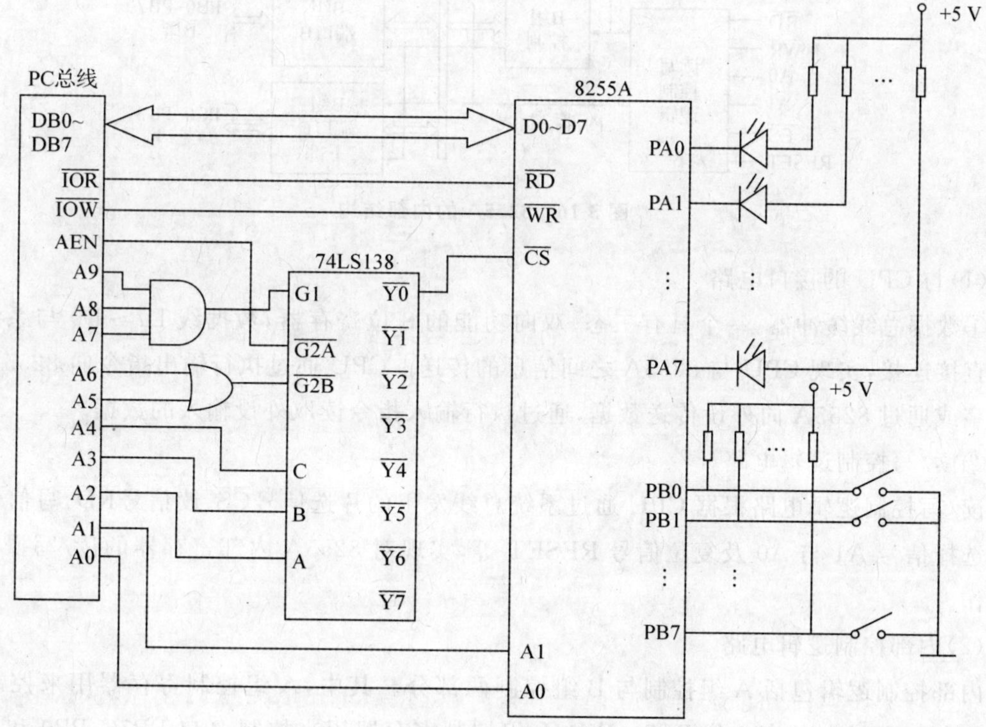

图 3-15 8255A 与 PC 总线和外设的连接

表 3-4　8255A 端口地址和工作状态

AEN	A9	A8	A7	A6	A5	A4	A3	A2	A1	A0	$\overline{CS}$	端口地址	$\overline{RD}$	$\overline{WR}$	操作	
0	1	1	1	0	0	0	0	0	0	0	0	380H	0	1	A 口→数据总线	输入操作
0	1	1	1	0	0	0	0	0	0	1	0	381H	0	1	B 口→数据总线	
0	1	1	1	0	0	0	0	0	1	0	0	382H	0	1	C 口→数据总线	
0	1	1	1	0	0	0	0	0	0	0	0	380H	1	0	数据总线→A 口	输出操作
0	1	1	1	0	0	0	0	0	0	1	0	381H	1	0	数据总线→B 口	
0	1	1	1	0	0	0	0	0	1	0	0	382H	1	0	数据总线→C 口	
0	1	1	1	0	0	0	0	0	1	1	0	383H	1	0	数据总线→控制口	
其他									X	X	1	其他	X	X	未对 8255A 操作	

2. 8255A 芯片的内部结构

8255A 的内部结构如图 3-16 所示，它由以下几个部分组成：

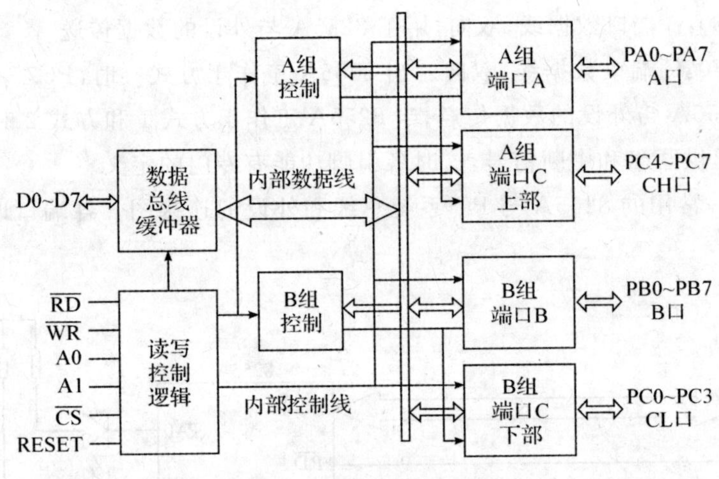

图 3-16　8255A 的内部结构

(1)与 CPU 的接口电路

①数据总线缓冲器：一个具有三态、双向功能的 8 位寄存器，数据线 D7～D0 与系统数据总线直接连接，实现 CPU 与 8255A 之间信息的传送。CPU 通过执行输出指令向 8255A 写入控制字或通过 8255A 向外设传送数据，通过执行输入指令读取外设输入的数据。

②读/写控制逻辑电路

读/写控制逻辑电路根据 CPU 通过系统总线发出的片选信号 $\overline{CS}$、读信号 $\overline{RD}$、写信号 $\overline{WR}$、端口选择信号 A1 与 A0 及复位信号 RESET 等，实现对 8255A 内部寄存器的读/写操作和复位操作。

(2)内部控制逻辑电路

内部控制逻辑包括 A 组控制与 B 组控制两部分。其中，A 组控制寄存器用来控制 A 口 PA7～PA0 和 C 口的高 4 位 PC7～PC4；B 组控制寄存器用来控制 B 口 PB7～PB0 和 C 口的低4位PC3～PC0。根据CPU发送来的控制字,决定A、B、C 3个端口的工作方式。

(3)并行I/O端口A、B、C

8255A片内有A、B、C 3个8位并行端口,A口和B口都有1个8位的数据输出锁存/缓冲器和1个8位数据输入锁存器,C口有1个8位数据输出锁存/缓冲器和1个8位数据输入缓冲器,用于存放CPU与外部设备交换的数据。CPU对3个数据端口既可以写入数据也可以读出数据,而对控制端口只能写入命令。

3. 8255A的工作方式

8255A有三种工作方式:方式0,基本输入/输出方式;方式1,选通输入/输出方式;方式2,双向输入/输出方式。

(1)8255A的编程控制字

①8255A方式控制字

CPU通过向8255A控制口写入方式控制字决定各端口的工作方式,方式控制字的格式如图3-17所示。

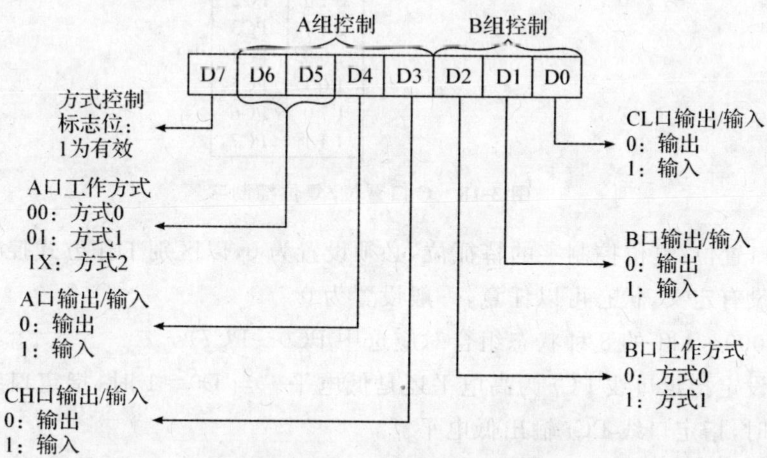

图3-17 8255A工作方式控制字

D7:方式控制字的特征位。必须设置为1,以区别C口置位/复位控制字。

D6、D5:设置A口的工作方式。D6D5=00为方式0,D6D5=01为方式1,D6D5=10或11为方式2。

D4:设置A口的数据传送方向。D4=1为输入,D4=0为输出。

D3:设置PC7～PC4的数据传送方向。D3=1为输入,D3=0为输出。

D2:设置B口的工作方式。D2=1为方式1,D2=0为方式0。

D1:设置B口的数据传送方向。D1=1为输入,D1=0为输出。

D0:设置PC3～PC0的数据传送方向。D0=1为输入,D0=0为输出。

例如,将8255A的A口设定为工作方式0输出,B口设定为工作方式0输入,PC7～PC4为输入,PC3～PC0为输出,则其工作方式控制字应设置为10001010B。设8255A的控制口地址为383H,则在80X86系统中,可通过以下指令实现:

```
MOV DX, 383H                ;设置控制寄存器端口地址
```

```
MOV AL, 0001010B        ;A 口方式 0 输出,B 口方式 0 输入,CH 口输入,CH 口输出
OUT DA, AL              ;将控制字写入控制端口
```

将控制字写入 8255A 的控制口称为对 8255A 的初始化。一般地,对所有可编程芯片,在使用时,首先都必须对其初始化,使其处于系统需要的工作模式。

②C 口置位/复位控制字

通过 8255A C 口置位/复位控制字,可使 C 口某一位口线 PCi(i=0～7)输出设置为高电平或低电平,以方便 8255A 用于逻辑控制。C 口置位/复位控制字的格式如图 3-18 所示。此操作对各端口的工作方式没有影响。

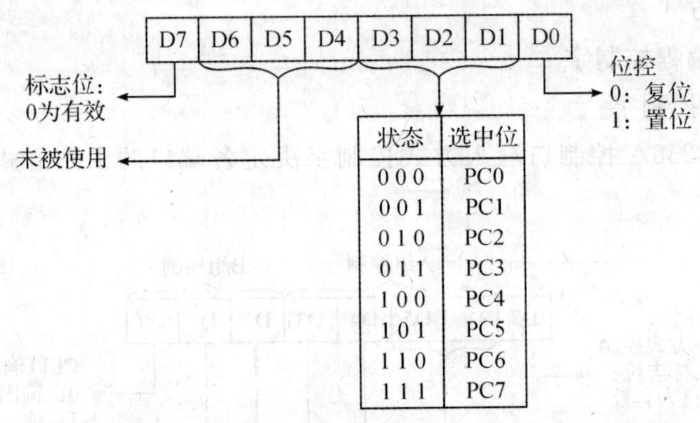

图 3-18　C 口置位/复位控制字

D7 为 C 口置位/复位控制字的特征位,必须设置为 0,以区别工作方式控制字。

D6～D4 没有定义,状态可以任意,一般设置为 0。

D3～D1:000～111 的 8 种状态组合对应选中 PC0～PC7。

D0:用来设定指定口线 PCi 为高电平还是低电平。当 D0=1 时,指定口线 PCi 输出高电平;当 D0=0 时,指定口线 PCi 输出低电平。

例如,将 PC5 口线输出状态设置为高电平,则置位/复位控制字为 00100000B。设 8255A 的控制口地址为 383H,则在 80X86 系统中,可通过以下指令实现:

```
MOV DX, 383H              ;设置控制寄存器端口地址
MOV AL, 00100000B         ;PC5 口线置位
OUT DA, AL                ;将控制字写入控制端口
```

注意,C 口置位/复位控制字也应写入控制口,而不是写入 C 口。

(2)8255A 的三种工作方式

①方式 0:基本输入/输出方式

方式 0 是 8255A 的基本输入/输出方式,其特点是与外设传送数据时,不设置专用的联络应答信号,用于实现无条件或查询 I/O 传送方式。

A、B 端口都可以工作在方式 0。A 口和 B 口工作在方式 0 时,每次都只能以 8 位数据格式进行输入或输出,此时,C 口的高 4 位和低 4 位可分别设置为数据输入或数据输出方式。

方式 0 的输入/输出时序如图 3-19 所示。输入时,外设将数据通过 8255A 送入 CPU;输出时,CPU 将数据锁存到 8255A 的输出端口,供外设使用。

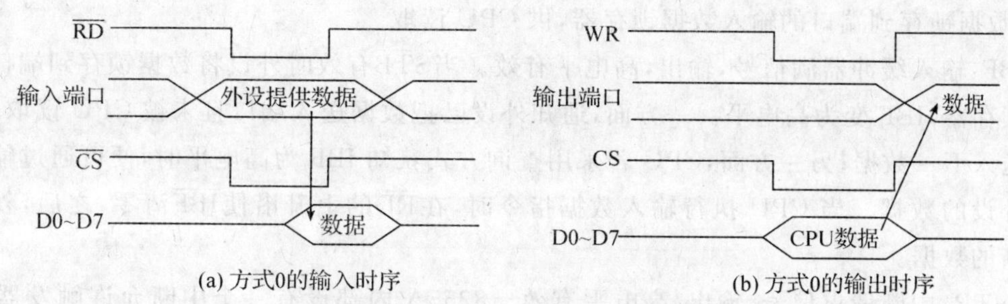

图 3-19　方式 0 的输入/输出时序

②方式 1:选通输入/输出方式

方式 1 是一种带选通信号的输入/输出工作方式,其特点是:与外设传送数据时,提供联络信号进行协调,用于实现查询或中断 I/O 传送方式。

A 口和 B 口工作在方式 1 数据输入时,C 口的引脚信号定义如图 3-20 所示。PC3、PC4 和 PC5 分别定义为 A 口的联络信号线 INTRA、$\overline{\text{STBA}}$和 IBFA;PC0、PC1 和 PC2 分别定义为 B 口的联络信号线 INTRB、IBFB 和$\overline{\text{STBB}}$;PC6、PC7 仍然如方式 0 时作为基本 I/O 线。

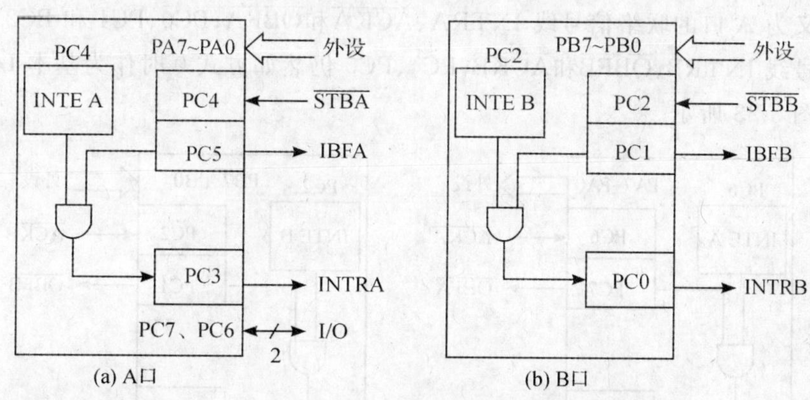

图 3-20　方式 1 输入数据时 C 口的定义

方式 1 输入时序如图 3-21 所示。

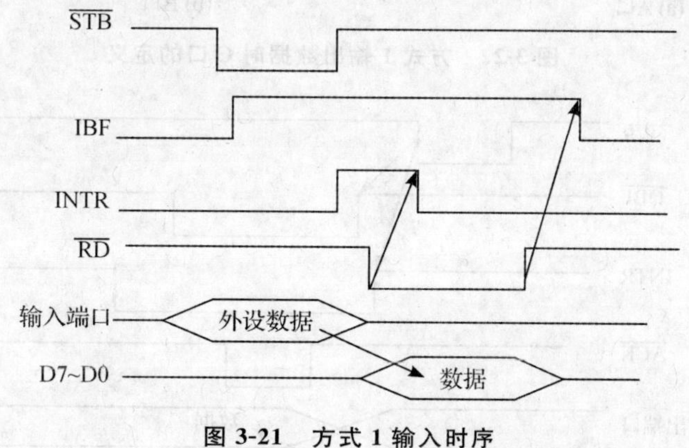

图 3-21　方式 1 输入时序

$\overline{\text{STB}}$:选通信号,输入,低电平有效。当外设把待输入的数据准备好后,向$\overline{\text{STB}}$发一个负脉冲，将数据锁存到端口的输入数据锁存器，供 CPU 读取。

IBF：输入缓冲器满信号，输出，高电平有效。当$\overline{\text{STB}}$有效时外设将数据锁存到端口的输入数据锁存器，IBF 变为高电平。一方面，通知外设已把数据送入端口且未被 CPU 读取，外设不得再送入下一数据；另一方面，CPU 若采用查询方式获知 IBF 为高电平时，便可通过输入指令获取外设的数据。当 CPU 执行输入数据指令时，在$\overline{\text{RD}}$的上升沿使$\overline{\text{IBF}}$清零，之后，外设又可送入新的数据。

INTR：中断请求信号，输出，高电平有效。8255A 内部设有一个中断允许触发器 INTE，当触发器为“1”时允许中断，为“0”时禁止中断。当允许中断时，在$\overline{\text{STB}}$的上升沿将使 INTR 变为高电平，向 CPU 发出中断请求信号，请求 CPU 来读取外设提供的数据，CPU 在中断服务程序中通过输入指令读取数据，在$\overline{\text{RD}}$的下降沿后自动将其清除为低电平。可通过 C 口置位/复位命令设置 INTE 的状态。注意，INTE 与$\overline{\text{STB}}$共用 PC4（A 口）或 PC2（B 口）是允许的，不会造成冲突，因为它们一个是使用其内部的输出锁存器，另一个是使用其输入缓冲器，在物理上是完全独立的，类似情况并不少见，请读者仔细领会。

A 口和 B 口工作在方式 1 数据输出时，C 口的引脚信号定义如图 3-22 所示。PC3、PC6 和 PC7 分别定义为 A 口的联络信号线 INTRA、$\overline{\text{ACKA}}$和$\overline{\text{OBFA}}$；PC0、PC1 和 PC2 分别定义为 B 口的联络信号线 INTRB、$\overline{\text{OBFB}}$和$\overline{\text{ACKB}}$；PC4、PC5 仍然如方式 0 时作为基本 I/O 线。方式 1 输出时序如图 3-23 所示。

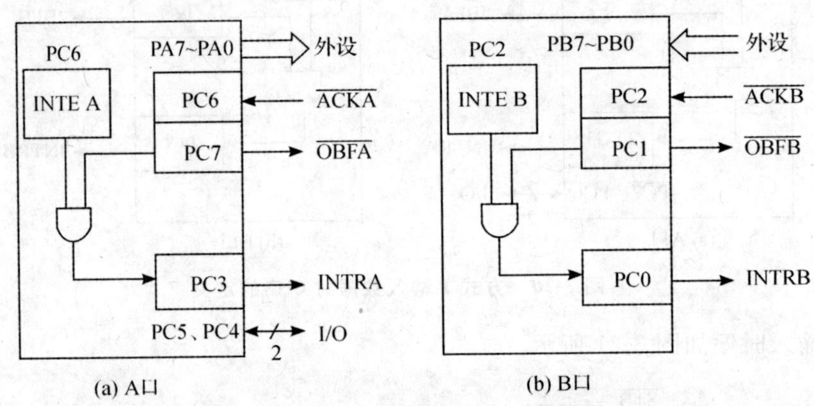

图 3-22　方式 1 输出数据时 C 口的定义

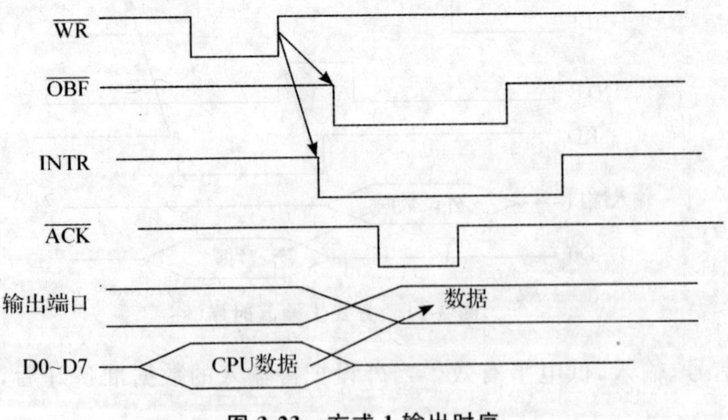

图 3-23　方式 1 输出时序

$\overline{OBF}$:输出缓冲器满指示信号,输出,低电平有效。当CPU通过输出指令将数据写入数据端口时,在$\overline{WR}$的上升沿使$\overline{OBF}$变为低电平。一方面,通知外设从输出锁存器去获取数据;另一方面,CPU若采用查询方式通过读取C口的数据获知$\overline{OBF}$为低电平时,将不会把下一个数据输出。当外设把CPU输出的数据取走后,$\overline{OBF}$又变为高电平,CPU又可输出新的数据。

$\overline{ACK}$:应答信号,输入,低电平有效。当外设得到$\overline{OBF}$为低电平有效时,便可从输出口获取数据,获取后通过$\overline{ACK}$发出一负脉冲作为应答信号,$\overline{ACK}$上升沿后,$\overline{OBF}$变为高电平无效,$\overline{CPU}$又可输出新的数据。

INTR:中断请求信号,输出,高电平有效。若中断允许触发器INTE为高电平允许中断,在$\overline{ACK}$的上升沿后将使INTR变为高电平,向CPU发出中断请求信号,请求CPU输出下一个数据,CPU在中断服务程序中通过输出指令输出数据,在$\overline{WR}$的上升沿后自动将其清除为低电平。可通过C口置位/复位命令设置INTE的状态。

③方式2:双向输入/输出方式

方式2为双向选通输入/输出方式,是方式1输入和输出的组合,即同一端口的信号线既可以输入又可以输出。只能使A口工作在方式2,这时C口的PC7~PC3被定义为A口工作在方式2时的联络信号线,其作用与方式1类似。PC2~PC0仍然如方式0时作为基本I/O线。A口工作在方式2时的C口引脚信号定义如图3-24所示。

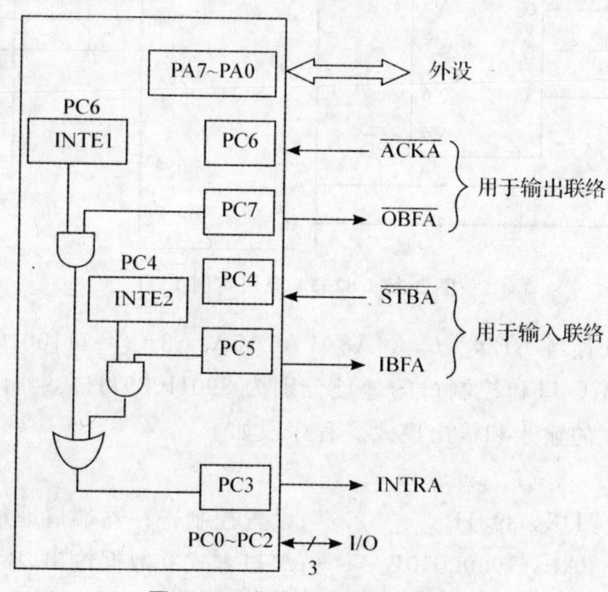

图3-24 方式2时C口的定义

PA7~PA0为双方向数据端口,既可以输入数据,又可以输出数据。

C口的PC7~PC3定义为A口的联络信号线,其中PC4和PC5作为数据输入时的联络信号线,PC4定义为输入选通信号$\overline{STBA}$,PC5定义为输入缓冲器满IBFA,其作用同方式1输入;PC6和PC7作为数据输出时的联络信号线,PC7定义为输出缓冲器满$\overline{OBFA}$,PC6定义为输出应答信号$\overline{ACKA}$,其作用同方式1输出;PC3定义为中断请求信号INTRA,输入和输出共用一个中断请求线PC3,但中断允许触发器有两个,即输入中断允许触发器为INTE2,由PC4写入设置;输出中断允许触发器为INTE1,由PC6写入设置。

4. 8255A 的应用实例

【例 3-1】 如图 3-25 所示，设有 8 个开关 K0～K7，8 个发光二极管 LED0～LED7，使用 8255A 作为输入/输出接口电路，实现：

(1)当 Ki 闭合时，对应的 LEDi 灭；Ki 断开时，对应的 LEDi 亮。

(2)当 K0、K1 同时闭合时，LED0～LED7 全亮；否则，LED0～LED7 全灭。

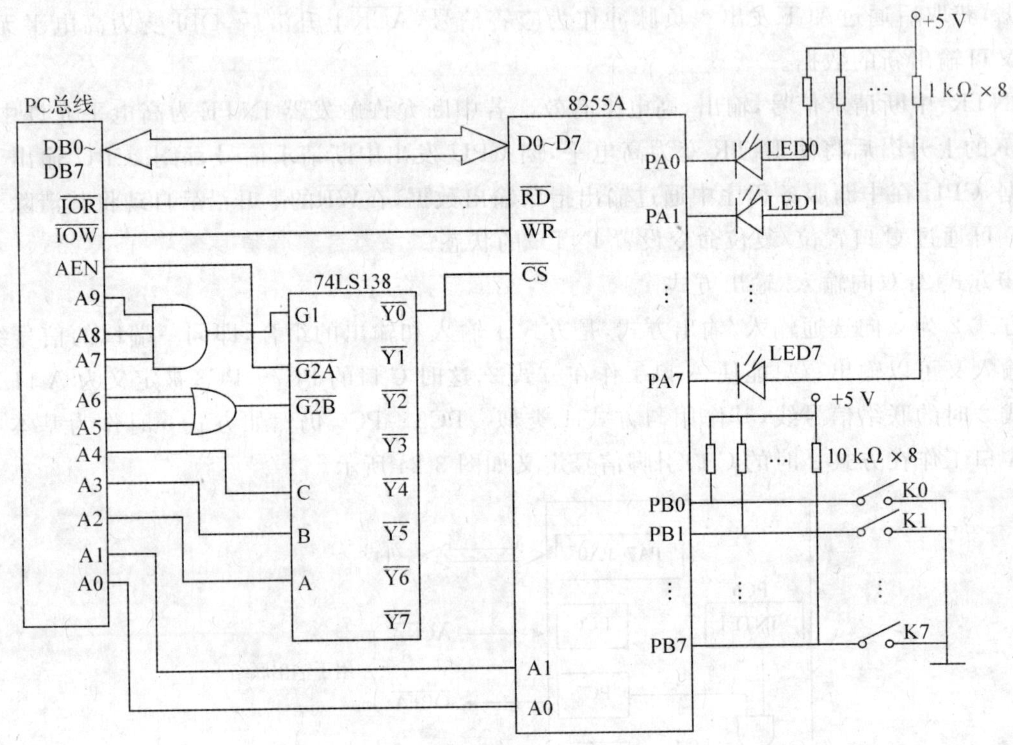

图 3-25 8255A 应用实例 1

由图 3-25 可知，只有当 AEN＝0，A9A8A7A6A5A4A3A2＝11100100 时，8255A 的 $\overline{CS}$ 才为 0，故 8255A 的 A、B、C 口和控制口的地址分别为 390H、391H、392H 和 393H。A 口和 B 口应分别设置为方式 0 的输入和输出模式。程序段如下：

(1)

```
    MOV    DX, 393H          ;设置控制寄存器端口地址
    MOV    AL, 10000010B     ;A 口方式 0 数据输出，B 口方式 0 数据输入
    OUT    DX, AL            ;将控制字写入控制口
    MOV    DX, 391H          ;设置 B 口端口地址
    IN     AL, DX            ;读取开关状态
    NOT    AL                ;求反，使输出符合要求
    MOV    DX, 390H          ;设置 A 口端口地址
    OUT    DX, AL            ;输出控制 LED
```

(2)

```
    MOV    DX, 393H          ;设置控制寄存器端口地址
```

```
        MOV   AL, 10000010B     ;A 口方式 0 数据输出,B 口方式 0 数据输入
        OUT   DX, AL            ;将控制字写入控制口
        MOV   DX,391H           ;设置 B 口端口地址
        IN    AL, DX            ;读取开关状态
        AND   AL, 03H           ;判断 K0、K1 状态
        JZ    NEXT              ;若 K0、K1 同时闭合时,LED0～LED7 全亮
        MOV   AL,0FFH           ;否则,LED0～LED7 全灭
        JMP   DONE
NEXT：  MOV   AL,0
DONE：  MOV   DX, 390H          ;设置 A 口端口地址
        OUT   DX, AL            ;输出控制 LED
```

【例 3-2】 使用 8255A 作为并行打印机的接口,采用查询方式将内存输出缓冲区中起始地址为 BUFFER 的 12 个字节数据送打印机输出。

(1)并行打印机工作时序

如图 3-26 所示,完成一个字节的数据输出过程是:

①CPU 把数据送给引脚 D0～D7;

②向数据选通信号$\overline{\text{STROBE}}$发一宽度不少于 0.5 μs 的负脉冲,打印机获得数据;

③打印机开始打印,并使 BUSY 为高电平,表示打印机正在打印,处于忙状态,CPU 不得输出新的数据;

④打印结束后撤销忙信号,即把 BUSY 置为低电平,同时使$\overline{\text{ACK}}$发出一负脉冲,作为打印结束的响应信号。

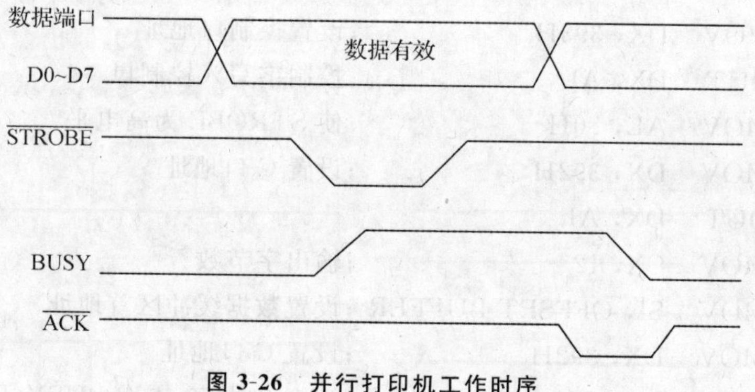

图 3-26 并行打印机工作时序

(2)方法 1

如图 3-27 所示,根据打印机的工作时序,可以让 A 口工作在方式 0 输出,使 PA0～PA7 与打印机的 D0～D7 相连接,用于输出打印数据;让 PC 口的 1 位口线 PC7 接$\overline{\text{STROBE}}$,用于 CPU 输出数据选通信号;让 PC 口的 1 位口线 PC2 接 BUSY,用于 CPU 查询打印机的工作状态。

程序:

```
DATA    SEGMENT
BUFFER  DB   'HELLO WORLD!'     ;12 个待输出数据
```

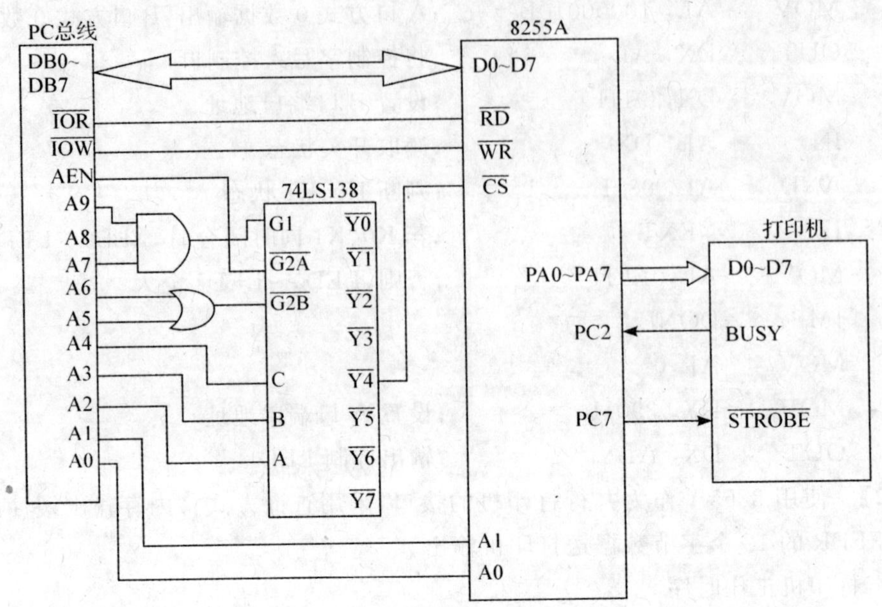

图 3-27 8255A 应用实例 2(方法 1)

```
DATA    ENDS
CODE    SEGMENT
ASSUM   CS:CODE, DS:DATA
START:  MOV   AX, DATA
        MOV   DS, AX
        MOV   AL, 10000001B         ;A 口方式 0 输出,CH 输出,CL 输入
        MOV   DX, 393H              ;设置控制口地址
        OUT   DX, AL                ;控制字写入控制口
        MOV   AL, 80H               ;使 STROBE 为高电平
        MOV   DX, 392H              ;设置 C 口地址
        OUT   DX, AL
        MOV   CX, 12                ;输出字节数
        MOV   SI, OFFSET BUFFER     ;设置数据缓冲区首地址
WAIT1:  MOV   DX, 392H              ;设置 C 口地址
        IN    AL, DX                ;读 C 口内容,查询 BUSY(PC2)信号
        AND   AL, 02H               ;判断 BUSY=1 否
        JNZ   WAIT1                 ;BUSY=1,打印机处于忙状态,等待
        MOV   AL, [SI]              ;BUSY=0,打印机处于空闲状态,输出数据
        MOV   DX, 390H              ;设置 A 口地址
        OUT   DX, AL                ;输出数据
        MOV   AL, 0                 ;使STROBE为低电平,送选通脉冲
        MOV   DX, 392H              ;设置 C 口地址
```

```
        OUT   DX, AL
        NOP                          ;使 STROBE 低电平维持时间达到 0.5 μs 以上
        NOP                          ;插入 NOP 的个数应根据 CPU 工作主频决定
        NOP
        MOV   AL, 80H                ;使 STROBE 为高电平
        OUT   DX, AL
        INC   SI                     ;修改数据缓冲区地址
        LOOP  WAIT1                  ;数据未传送完毕，继续传送
        MOV   AX,4CH                 ;数据传送完毕，返回 DOS
        INT   21H
        CODE  ENDS
        ENDS  START
```

(3)方法 2

如图 3-28 所示，根据打印机的工作时序，可以让 A 口工作在方式 1 输出，使 PA0～PA7 与打印机的 D0～D7 相连接，用于输出打印数据；让 PC 口中用于 A 口的联络控制信号 PC6 ($\overline{\text{ACKA}}$)与打印机的$\overline{\text{ACK}}$相连，让 PC 口的 PC4 接 BUSY，用于 CPU 查询打印机的工作状态。但要特别注意的是：PC7 ($\overline{\text{OBFA}}$) 与 $\overline{\text{STROBE}}$不能简单地直接相连，因为打印机只有在$\overline{\text{STROBE}}$处于上升沿后，才能开始打印，并且在打印结束后才从$\overline{\text{ACK}}$发出应答信号，从而使$\overline{\text{OBFA}}$变为高电平。若两者直接相连，将会出现当$\overline{\text{OBFA}}$变为低电平时，便一直等待$\overline{\text{ACKA}}$获得应答脉冲，但由于$\overline{\text{OBFA}}$($\overline{\text{STROBE}}$)没有变成高电平，所以打印机也不会发出应答脉冲，从而造成两者处于互相等待状态，即“死锁”。为解决这一问题，可将 PC7 与一单稳态触发器相连，通过 PC7 的下降沿，使单稳态触发器产生一负脉冲提供给$\overline{\text{STROBE}}$。图中使用一 RC 电路也可达到同样的效果，注意应选择好 R、C 参数，使负脉冲的宽度达到 0.5 μs 以上。

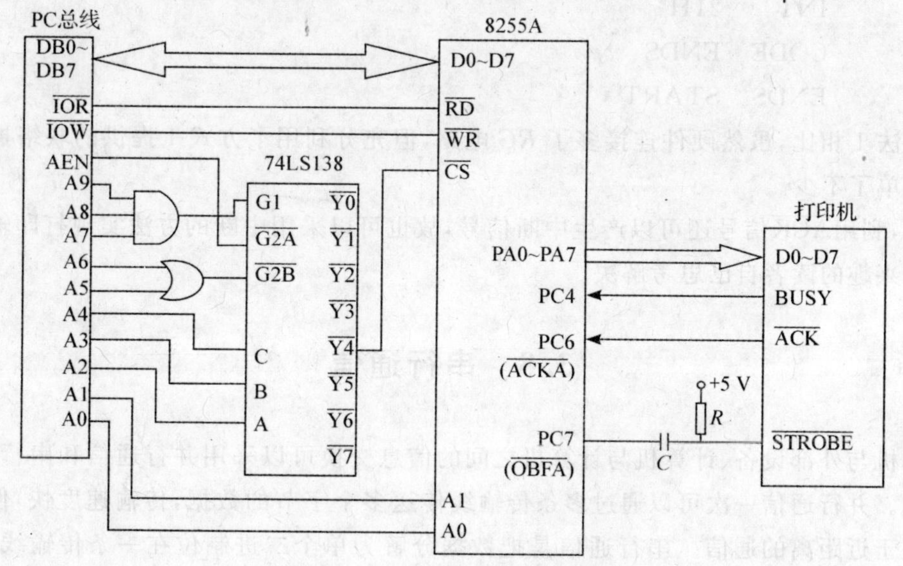

图 3-28 8255A 应用实例 2(方法 2)

程序：

```
DATA    SEGMENT
BUFFER  DB  'HELLO WORLD!'        ;12 个待输出数据
DATA    ENDS
CODE    SEGMENT
ASSUM   CS:CODE, DS:DATA
START:  MOV   AX, DATA
        MOV   DS, AX
        MOV   AL, 10101000B       ;A 口方式 0 输出,CH 输入
        MOV   DX, 393H            ;设置控制口地址
        OUT   DX, AL              ;控制字写入控制口
        MOV   CX, 12              ;输出字节数
        MOV   SI, OFFSET BUFFER   ;设置数据缓冲区首地址
WAIT1:  MOV   DX, 392H            ;设置 C 口地址
        IN    AL, DX              ;读 C 口内容,查询 BUSY(PC4)信号
        AND   AL,10H              ;判断 BUSY=1 否
        JNZ   WAIT1               ;BUSY=1,打印机处于忙状态,等待
        MOV   AL, [SI]            ;BUSY=0,打印机处于空闲状态,输出数据
        MOV   DX, 390H            ;设置 A 口地址
        OUT   DX, AL              ;输出数据
        INC   SI                  ;修改数据缓冲区地址
        LOOP  WAIT1               ;数据未传送完毕，继续传送
        MOV   AX,4CH              ;数据传送完毕，返回 DOS
        INT   21H
        CODE  ENDS
        ENDS  START
```

与方法 1 相比,虽然硬件连接多了 *RC* 电路,但充分利用了方式 1 提供的联络控制信号,使软件简单了不少。

另外,利用$\overline{ACK}$信号还可以产生中断信号,故也可以采用中断的方法实现打印输出,如何实现请有兴趣的读者自己思考解决。

3.8 串行通信

计算机与外部设备、计算机与计算机之间的信息交换可以采用并行通信和串行通信两种基本方式。并行通信一次可以通过多条传输线传送多个字节的数据,传输速度快,但成本高,它一般用于近距离的通信。串行通信是把数据分解为单个二进制位在一条传输线上依次传送,它比并行通信成本低,但速度较慢,通常用于远距离通信。

3.8.1 串行通信基本知识

1. 串行通信方式

在串行通信中，根据通信线路的数据传送方向，可分为单工、半双工和全双工三种通信方式。

(1)单工方式

如图 3-29(a)所示。在单工通信方式下，只允许数据按一个固定的方向传送。图中 A 只有发送器，只能发送；B 只有接收器，只能接收。不能从 B 发送数据给 A。

(2)半双工方式

如图 3-29(b)所示。在半双工通信方式下，通信双方既有发送设备，又有接收设备，故数据既可以从 A 传向 B，也可以从 B 传向 A。但传输线只有一条，在同一时刻，只允许一方发送，另一方接收，不能同时双向传输。通过发送和接收开关，控制通信线路上数据的传送方向。

(3)全双工方式

如图 3-29(c)所示。在全双工通信方式下，A 和 B 两端均可同时工作在发送和接收方式，在同一时刻，数据既可以由 A 发送给 B，也可以由 B 发送给 A。与半双工方式相比，全双工有两条传送线，不必进行收发切换，因而传送速率可成倍提高。

目前，在微机通信系统中，单工方式很少采用，大数是采用半双工或全双工通信方式。

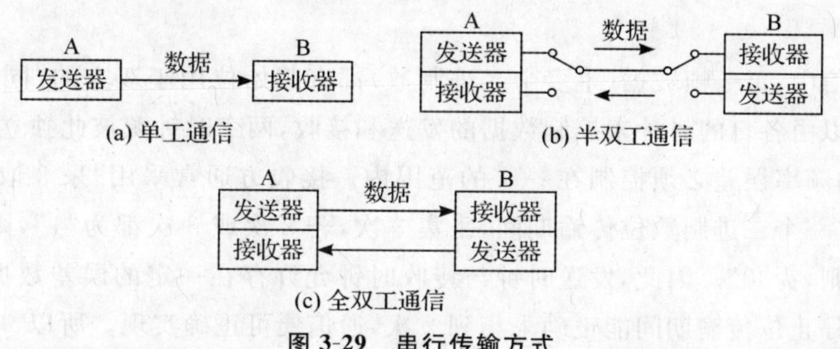

图 3-29 串行传输方式

2. 串行通信类型

串行通信分为串行异步通信和串行同步通信。

(1)串行异步通信

串行异步通信的数据格式如图 3-30 所示。在串行异步通信中，数据以字符或者字节为单位组成字符帧传送。字符帧由发送端逐帧发送，通过传输线被接收设备逐帧接收。一帧数据由起始位、字符数据、奇偶校验位和停止位组成。

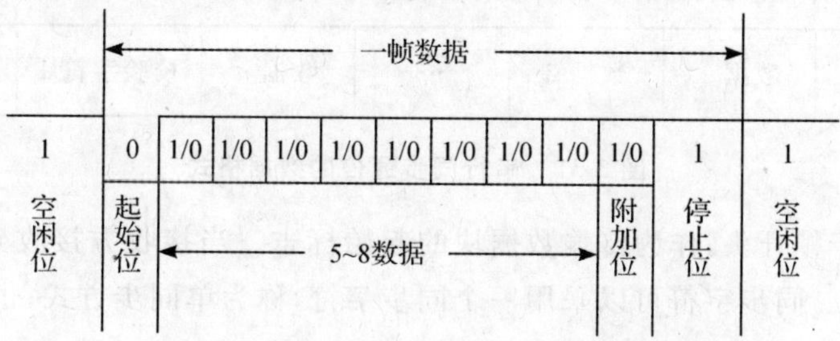

图 3-30 串行异步通信的数据格式

起始位：一帧数据的开始标志，占 1 位，低电平有效。

数据位：紧接着起始位，数据可以是 5～8 位，可根据需要通过编程设定，数据排列方式通常是低位在前、高位在后。

附加位：可以有也可以没有，选择带附加位时它占 1 位。当采用奇校验时，发送设备自动检测发送数据中所包含"1"的个数，如果是奇数，则校验位自动写"0"；如果是偶数，则校验位自动写"1"。当采用偶校验时，若发送数据中所包含"1"的个数是奇数，则校验位自动写"1"；如果是偶数，则校验位自动写"0"。接收设备按照约定的奇偶校验方式，校验接收到的数据正确与否。

停止位(stop bit)：根据字符数据的编码位数，可以选择 1 位、1.5 位或 2 位，由初始化编程设定。

异步通信是以字符为单位传送的，每传送一个字符，以起始位作为开始标志，以停止位作为结束标志，字符之间的间隔(空闲)传送高电平。

串行异步通信的工作过程是：通信开始后，接收设备不断检测传输线是否有起始位到来，当接收到一系列的"1"(空闲或停止位)之后，检测到第一个"0"，说明起始位出现，就开始接收所规定的数据位、奇偶校验位及停止位。经过接收器处理，将停止位去掉，把数据位拼装成为一个字节数据，经校验无误，则完成一帧数据的传输；若校验有误，则重新传输。当一个字符接收完毕后，接收设备又继续测试传输线，监视"0"电平的到来和下一个字符的开始，直到全部数据接收完毕。

在异步通信中，每一帧数据(十多个二进制数)都有起始位用于双方的"同步"，因此，发送端和接收端可以由各自的时钟来控制数据的发送和接收，两个时钟源彼此独立，互不同步。当然，两个时钟的频率误差必须控制在一定的范围内。接收方通常采用"采 3 取 2"法确定接收二进制数，即在一个二进制数位传输期间，采集 3 次，若 2 次或 3 次都为"1"，则将接收的数位确定为"1"；否则，为"0"。因此，发送时钟与接收时钟允许存在一定的误差数据，理论上，只要接收方保证在停止位传输期间能正确采集到 2 次，通信便可正确实现。所以，串行异步通信的优点是不需要同步时钟，对硬件要求比较低。其缺点是每帧数据中都有 30% 左右的多余信息，故传输速度慢，效率低。尽管如此，绝大多数的串行传输都采用异步方式，若没有特别说明，串行通信指的就是串行异步通信。

(2)串行同步通信

同步通信是一种连续串行传送数据的通信方式，一次通信传送一帧信息，但一帧信息里包含的字符数不同于异步通信中的字符帧，通常它含有多个字符。

同步通信中一帧信息由同步字符、数据字符和校验字符组成，如图 3-31 所示。

1～2 个同步字符	数据 1	数据 2	…	数据 n	校验字符 1	校验字符 2

图 3-31　串行同步通信的数据格式

同步字符：位于帧开头，作为传输数据块的起始标志。当接收方接收到同步字符后，就开始接收传输的数据。同步字符可以采用一个同步字符，称为单同步方式；也可以采用两个同步字符，称为双同步方式。

数据：连续的多个字符，各字符中没有其他起始位、停止位等附加信息。

校验字符：占用2个字节，用于校验传输数据的正确性。

串行同步通信的工作过程是：通信开始后，接收设备不断搜索同步字符，并与事先约定的同步字符进行比较，如相同，则说明同步字符已经到来，接收方就开始接收数据，并按规定的数据长度拼装成一个个数据字节，直至整个数据块接收完毕，经校验无传输错误时，结束一帧信息的传送。

同步通信的优点是：传输中附加信息占全部传输数据的比例要比异步通信低得多，因此其传输速度快，效率高。但是，同步通信的缺点是要求发送时钟和接收时钟必须保持严格的同步。在近距离通信时，收发双方可以使用同一时钟发生器，在通信线路中增加一条时钟信号线；在远距离通信时，可采用锁相技术，从数据流中提取同步信号，使接收方得到和发送方时钟频率、相位完全相同的接收时钟信号。因此，它对硬件的要求特别高，比较少被采用。

3. 数据传送速率

在串行异步通信中，数据传送的速率用波特率(baud rate)来表示，它是指每秒钟传送二进制数的位数(位/秒)，单位用 bps 或波特表示。

例如，如果定义传送的一字符帧信息包含1位起始位、7位数据、1位奇偶校验位和1位停止位10位信息，若每秒能传送240个字符，则其波特率为：240×10=2400 bps

在计算机通信中，常用的波特率标准有110、300、600、1200、2400、4800、9600、19200 bps等。波特率越高，传送速度越快。

数据传送的波特率决定了一个字符当中每个二进制数的位时间，位时间是指传送一个二进制位所需的时间，用 td 表示。如波特率为1200 bps时，其位时间为：td=1/1200 bps=0.83 ms。

3.8.2 串行接口标准

常见的串行通信技术标准有 EIA-232、EIA-422、EIA-485、20 mA 电流环、USB 和 IEEE 1394等，其中，EIA-232、EIA-422、EIA-485也称为RS-232、RS-422和RS-485。

1. RS-232C 串行接口标准

RS-232C是美国电子工业协会(EIA)制定的一种国际通用的串行接口标准，它是RS-232的改进版本。RS-232C是一种在低速率串行通信中增加通信距离的单端标准，采取不平衡传输方式，即所谓单端通信。RS-232的传送距离可达50英尺(约15米)，最高速率为20 kbps。它最初是为远程通信连接数据终端设备(DTE)和数据通信设备(DCE)制定的标准，目前已广泛用作计算机与终端或外部设备的串行通信接口标准。该标准规定了通信设备之间信号传送的机械特性、信号功能、电气特性及连接方式等。

(1)机械特性及信号功能

RS-232C采用DB25和DB9连接器。DB25定义两个通信信道：主信道和辅助信道。由于辅助信道的传输速率比主信道慢，一般不使用。RS-232C简化的连接器采用DB9。DB25和DB9连接器引脚信号及其功能如表3-5所示。

①PG：保护地，起屏蔽保护作用的接地端，一般应参照设备的使用规定，连接到设备的外壳或大地。DB9无此定义。

②TxD：发送数据，串行数据的发送端，由数据终端设备(DTE)发送给数据通信设备(DCE)。

③RxD：接收数据，串行数据的接收端，由数据通信设备发送给数据终端设备。

④RTS：请求发送，当数据终端设备准备好要发送的数据后，就发出有效的 RTS 信号，通知数据通信设备准备接收数据。

⑤CTS：允许发送（清除发送），当数据通信设备已准备好接收数据终端设备的传送数据时，发出 CTS 有效信号来响应 RTS 信号。RTS 和 CTS 是数据终端设备与数据通信设备间一对用于数据发送的联络信号。

⑥DSR：数据设备就绪，信号有效时表明数据通信设备已接通电源并连到通信线路上，已处在数据传输方式。

⑦DTR：数据终端就绪，信号有效时表明数据终端设备准备就绪。DSR 和 DTR 也可用作数据终端设备与数据通信设备间的联络信号。

⑧DCD：载波检测，由数据通信设备发送给数据终端设备。当本地调制解调器接收到来自对方的载波信号时，该引脚向数据终端设备发出有效信号。

⑨RI：振铃指示，由数据通信设备发送给数据终端设备。在调制解调器接收到对方的拨号信号期间，该引脚信号作为电话铃响的指示保持有效。

⑩GND：信号地，为所有的信号提供一个公共的参考电平。

⑪TxC：发送器时钟，控制数据终端发送串行数据的时钟信号。DB9 无此定义。

⑫RxC：接收器时钟，控制数据终端接收串行数据的时钟信号。DB9 无此定义。

在计算机通信系统中，数据终端设备通常指计算机或终端，数据通信设备通常指调制解调器。

表 3-5 DB25 和 DB9 连接器引脚信号及其功能

引脚		信号名称	传送方向	功能说明
DB25	DB9			
1		PG 保护地		保护地，一般与大地相连
2	3	TxD 发送数据	DTE → DCE	终端发送串行数据
3	2	RxD 接收数据	DTE ← DCE	终端接收串行数据
4	7	RTS 请求发送	DTE → DCE	终端请求通信设备切换到发送方向，逻辑 0 有效
5	8	CTS 允许发送	DTE ← DCE	通信设备已切换到发送方向，逻辑 0 有效
6	6	DSR 数据设备就绪	DTE ← DCE	通信设备准备就绪，逻辑 0 有效
7	5	SG(GND)信号地		信号公共地，双方应连接在一起
8	1	DCD 载波检测	DTE ← DCE	通信设备在通信链路上接收到正确的载波信号
20	4	DTR 数据终端就绪	DTE → DCE	终端设备就绪，通知通信设备接通通信链路
22	9	RI 振铃指示	DTE ← DCE	通信设备收到通信链路上的拨号呼叫信号

(2)电气特性

RS-232C 的电气特性规定了各种信号传输的逻辑电平，即 EIA 电平。对于 TxD 和 RxD 上的数据信号，采用负逻辑。即用－3～－25 V(通常为－3～－15 V)表示逻辑“1”，用＋3～＋25 V(通常为＋3～＋15 V)表示逻辑“0”。对于 DTR、DSR、RTS、CTS、CD 等控制信号，规定用－3～－25 V 表示信号无效，即断开(OFF)；＋3～＋25 V 表示信号有效，即接通(ON)。

显然，采用 RS-232C 标准电平与计算机连接时，它与计算机采用的 TTL 电平不兼容。TTL 是标准正逻辑，用+5 V 表示逻辑“1”，用 0 V 表示逻辑“0”。因此，RS-232C 的 EIA 电平与 CPU 的 TTL 电平连接时，必须进行电平转换。常见的电平转换芯片有 MC1488/MC1489 和 SN75150/SN75154 等，如图 3-32 所示。

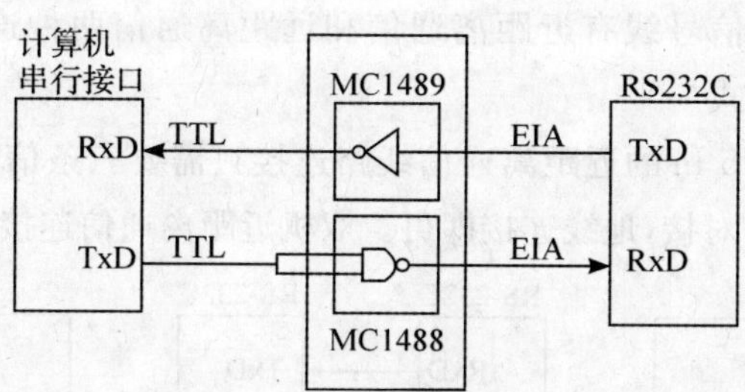

图 3-32　电平转换接口电路

MC1488 和 SN75150 芯片的功能是将 TTL 电平转换为 EIA 电平，MC1489 和 SN75154 芯片的功能是将 EIA 电平转换为 TTL 电平。计算机的串行接口(8250 或 16550)发送端 TxD 送出的 TTL 电平经 MC1488 转换为 EIA 电平后送给 RS-232C 的 RxD。RS-232C 发送端 TxD 送出的 EIA 电平经 MC1489 转换为 TTL 电平后送给计算机的串行接口的 RxD。

但是，MC1488 在工作时需要提供±12 V 电源。由美国美信（MAXIM）公司生产的 MAX232 和 MAX232A 把 MC1488 和 MC1489 功能集成到一块芯片上，且只需要+5 V 供电，因此目前已被普遍使用。MAX232 的内部结构及引脚信号如图 3-33 所示。

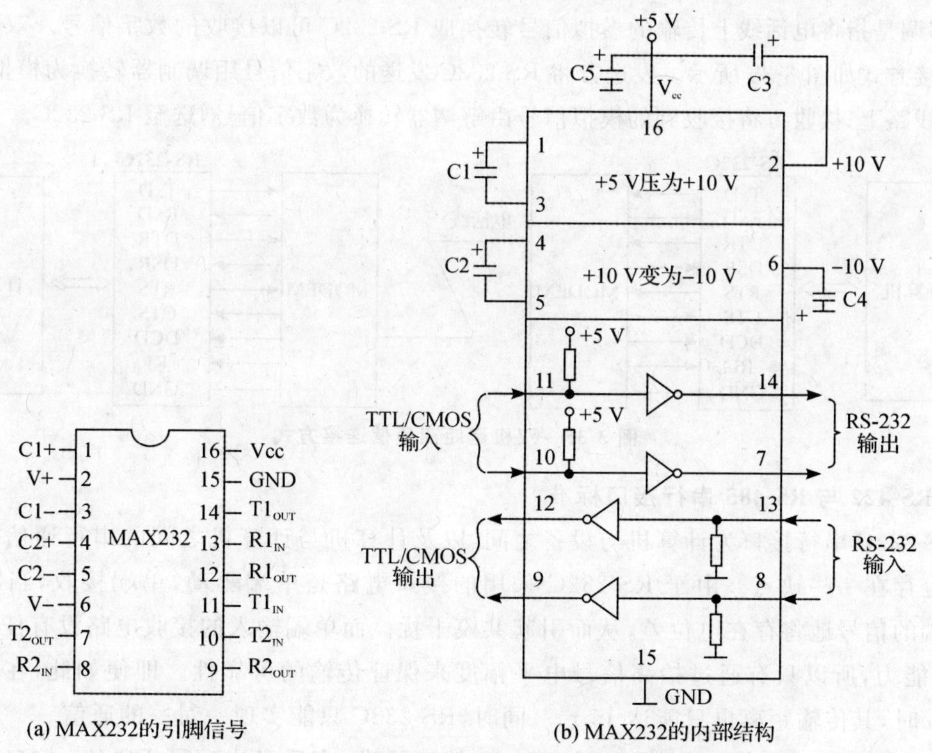

图 3-33　MAX232 引脚信号及内部结构

MAX232 芯片内集成了两个发送驱动器和两个接收缓冲器，同时还集成了两个电源变换电路，其中一个升压泵将＋5 V 提高到＋10 V，另一个则将＋10 V 转换成－10 V。芯片为单一＋5 V 电源供电，在应用时只需外接几个 1～10 μF 的电解电容，故使用十分方便。

(3)连接方式

RS-232C 通信接口的信号线有近距离通信和远距离通信两种连接方式。

①近距离通信连接方式

对于传输距离不超过 15 m 的近距离通信线路连接只需要三条信号线，即 TxD、RxD 和 GND，将通信双方的 TxD 与 RxD 对接，地线连接即可。双机近距离通信连接方式如图 3-34 所示。

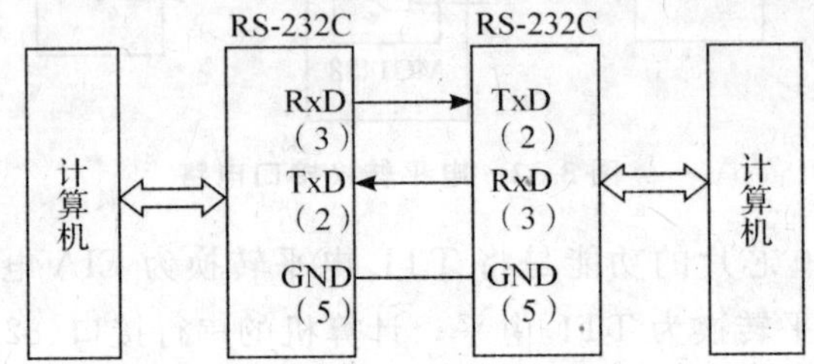

图 3-34 双机近距离通信连接方式

②远距离通信连接方式

在进行远距离通信时，必须借助公用电话网，但是电话线只能传输音频模拟信号，而 RS-232C 传送的是数字信号，故需要在通信双方加调制解调器(Modem)进行数字信号与模拟信号之间的转换。调制解调器中的调制是指将 RS-232C 的数字信号转换为电话线可以传输的模拟信号，而解调是指将电话线上传输的模拟信号转换成 RS-232C 可以接收的数字信号。双机远距离通信连接方式如图 3-35 所示。发送方将 RS-232C 发送的数字信号用调制器转换为模拟信号，送到电话线路上；接收方将接收到的模拟信号由解调器转换为数字信号，送至 RS-232C。

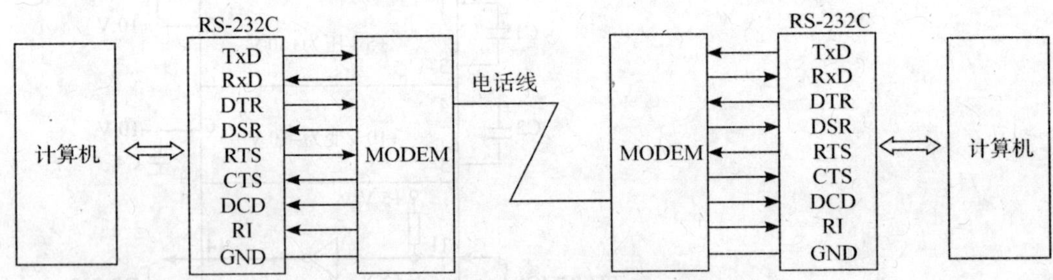

图 3-35 双机远距离通信连接方式

2. RS-422 与 RS-485 串行接口标准

RS-232C 串行接口为计算机与设备之间，以及计算机与计算机之间的串行通信提供了方便，但也存在一些缺点。由于 RS-232C 采用的接口电路是单端驱动，单端接收，当距离增大时，两端的信号地将存在电位差，从而引起共模干扰。而单端输入的接收电路没有任何抗共模干扰的能力，所以只有通过抬高信号电平幅度来保证传输的可靠性。即便如此，在不借助于 Modem 时，其传输距离也只能达 15 m。同时，RS-232C 只能实现一对一的通信。

为克服 RS-232C 的缺点，提出了 RS-422 接口标准，之后又出现了 RS-485 接口标准。工业测控系统中大量采用 RS-485。

(1)RS-422 串行接口标准

RS-422 标准全称是"平衡电压数字接口电路的电气特性",它定义了一种平衡通信接口,典型的接口电路如图 3-36 所示。其传输距离可达 4000 英尺(约 1219 米),传输速率可达 10 Mbps,并允许在一条平衡总线上连接最多 10 个接收器,即一个主设备,其余为从设备,所以 RS-422 支持一点对多点的双向通信。

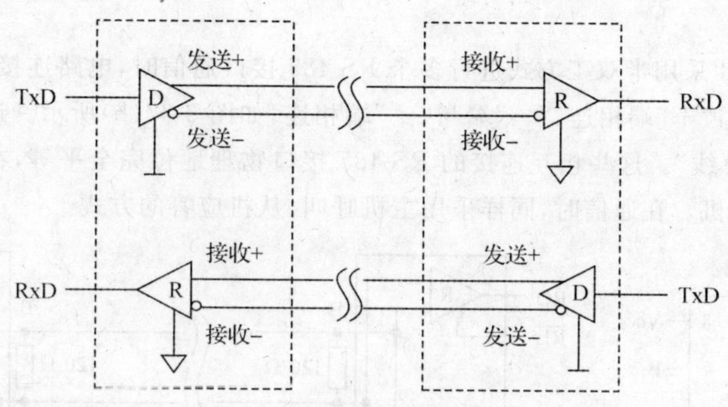

图 3-36 RS-422 典型接口电路

RS-422 标准的缺点是:因为其平衡双绞线的长度与传输速率成反比,所以在 100 kbps 速率以内,传输距离才可能达到最大值,即只有在很短的距离下才能获得最高传输速率。一般在 100 米长的双绞线上所能获得的最大传输速率仅为 1 Mbps。另外,它只有一个主设备,其余为从设备,从设备之间不能进行通信。

(2)RS-485 串行接口标准

为扩展应用范围,EIA 在 RS-422 基础上制定了 RS-485 标准。RS-485 许多电气规定与 RS-422 相仿,如都采用平衡传输方式,都需要在传输线上接终接电阻,最大传输距离约为1219 米,最大传输速率为 10 Mbps 等。但是,RS-485 可以采用二线方式,在传输距离较远的情况下可节省电缆的费用,同时增加了多点、双向通信能力,即允许多个发送器连接到同一条总线上,同时增加了发送器的驱动能力和冲突保护特性,扩展了总线共模范围。

RS-485 可以采用半双工和全双工通信方式,支持半双工通信的芯片有 SN75176、SN75276 和 MAX485 等,支持全双工通信的芯片有 SN75179、SN75180 和 MAX488 等。

MAX485 支持半双工通信方式,接收和发送的速率为 2.5 Mbps,最多可连接的标准结点数为 32 个,即芯片的驱动器能驱动 32 个标准 RS-485 负载。

①MAX485 芯片

MAX485 芯片引脚如图 3-37(a)所示,其功能如下:

RO:接收器输出引脚。当引脚 A 的电压高于引脚 B 200 mV 时,RO 输出高电平;当引脚 A 的电压低于引脚 B 200 mV 时,RO 输出低电平。

RE:接收器输出使能引脚。当 RE 为低电平时,RO 输出;当 RE 为高电平时,RO 处于高阻态。

DE:发送器输出使能引脚。当 DE 为高电平时,发送器引脚 A 和 B 输出;当 DE 引脚为低电平时,引脚 A 和 B 处于高阻状态。

DI:发送器输入引脚。当 DI 为低电平时,引脚 A 为低电平,引脚 B 为高电平;当 DI 为高电平时,引脚 A 为高电平,引脚 B 为低电平。

A:接收器输入/发送器输出"+"引脚。

B:接收器输入/发送器输出"-"引脚。

Vcc:芯片供电电源。

GND:芯片供电电源地。

②接口电路

MAX485 芯片采用半双工方式进行多个 RS-485 接口通信时,电路连接简单,只需要将各个接口的"+"端与"+"端相连、"-"端与"-"端相连,如图 3-37(b)所示。连接的两条线就是 RS-485 的"物理总线"。这些相互连接的 RS-485 接口物理地位完全平等,在逻辑上取一个为主机,其他的为从机。在通信时,同样采用主机呼叫、从机应答的方式。

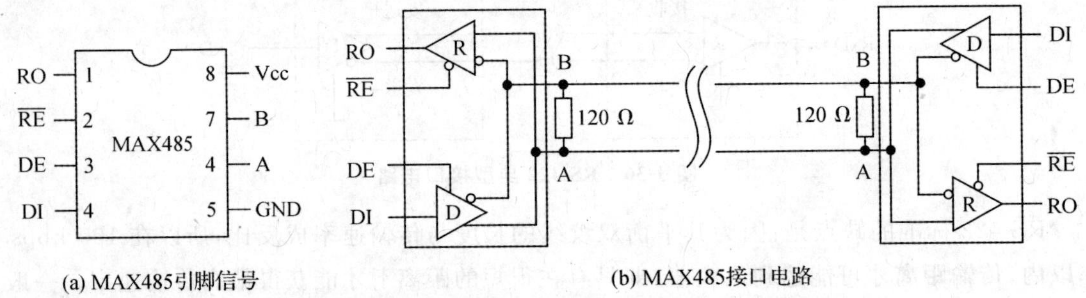

图 3-37 MAX485 引脚信号及接口电路

目前,市场上有现成的功能模块可将 RS-232C 标准转换成 RS-485 标准。

3. USB

USB 是英文 Universal Serial Bus 的缩写,即"通用串行总线"。USB 是一种串行总线系统,它的最大特性是支持即插即用和热插拔功能。USB 诞生于 1994 年,旨在统一外设接口,如打印机、外置 Modem、扫描仪、鼠标等的接口,以便用户进行便捷的安装和使用,逐步取代以往的串口、并口和 PS/2 接口等。

USB 的标准有 USB1.0、USB1.1、USB2.0 和刚发布不久的 USB3.0。各标准最大的差别在于数据传输速率方面,目前广泛应用的 USB2.0 的传输速度可以达到 480 Mbps,最多可以支持 127 个设备。而 USB 3.0 的传输速率理论上能达到 4.8 Gbps,比 USB 2.0 快 10 倍,外形和现在的 USB 接口基本一致,能兼容 USB 2.0 和 USB 1.1 设备。

USB 在 PC 上得到大量的应用,但在工业测控领域,使用 USB 接口的产品并不多见。因为在工业测控领域,人们更注重的是产品的可靠性和稳定性。由于 EIA 标准下的串行通信技术大多可以满足人们对工业设备传输的各种性能要求,而且,其产品价格非常低廉。相比之下,USB 价格较高,并且其即插即用的功能在工业通信中没有优势。因为工业设备连接好以后一般很少进行重复插拔,USB 特性的优越性不能很好地体现出来,也就得不到工业界的普遍认可。因此,在工业领域,EIA 标准依然占据统治地位。

4. IEEE 1394

IEEE 1394 是一种与平台无关的串行通信协议,分为两种传输方式:Backplane 模式和

Cable 模式。Backplane 模式的传输速率有 12.5、25 和 50 Mbps 3 种标准，可用于多数的高带宽应用。Cable 模式的传输速率有 100、200 和 400 Mbps 等，在 200 Mbps 下可以传输不经压缩的高质量数据电影。IEEE 1394 也称为高速串行总线。

IEEE 1394 的优点有：

(1)它是一种纯数字接口，在设备之间进行信息传输的过程中，数字信号不用转换成模拟信号，从而不会带来信号损失；

(2)速度快，可支持高品质的多媒体数据传输；

(3) 设备易于扩展，在一条总线中，可支持 63 个设备，并且 100、200 和 400 Mbps 的设备可以共存；

(4)产品支持热插拔，易于使用，用户可以在开机状态下自由增减 IEEE 1394 接口的设备，整个总线的通信不会受到干扰。

3.9 IIC 总线

3.9.1 IIC 总线概述

IIC 总线（Inter Integrated Circuit BUS）（或 I^2C 总线）是 Philips 公司于 20 世纪 80 年代初推出的一种串行扩展总线，主要用于同一电路板内各集成电路模块之间的连接。IIC 总线只有两条信号线，一条是数据线 SDA，另一条是时钟线 SCL。如今，Philips 公司和其他厂商提供了种类丰富的具有 IIC 总线接口的微控制器（MCU）、外围器件（如 I/O 口、实时钟电路 RTC、ADC、DAC、存储器等）和外设接口（如键盘、显示器、打印机等）。典型的 IIC 总线系统的基本结构如图 3-38 所示，即所有挂接在 IIC 总线的器件和接口电路的 SDA/SCL 同名端相连，所有的器件和接口都通过总线寻址。因此，IIC 总线是非常简单的电路扩展方式，不需另加总线接口电路，电路的简化省去了电路板上大量走线，减少了电路板面积，提高了可靠性，降低了成本。IIC 总线数据传输速率在标准模式下可达 100 kbps，快速模式下可达 400 kbps，高速模式下可达 3.4 Mbps，能够支持现有以及将来的高速串行传输应用，例如 EEPROM 和 Flash 存储器等。IIC 总线的驱动能力为 400 pF，通过驱动扩展可达 4000 pF。

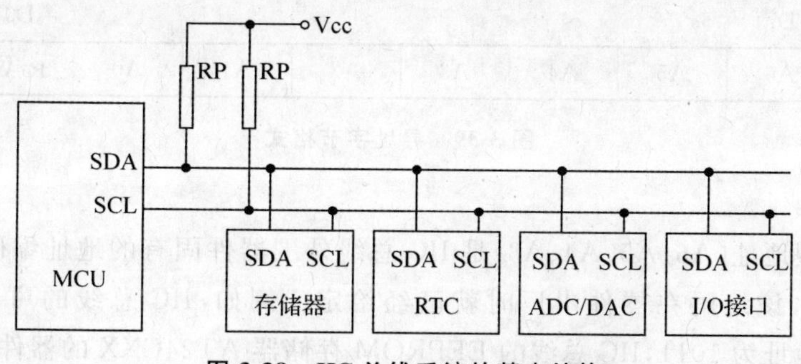

图 3-38 IIC 总线系统的基本结构

目前，IIC 总线已经被大多数的芯片厂家所采用，IIC 总线标准已经属于世界性的工业标准。

3.9.2 IIC 总线工作原理

1. IIC 总线的串行扩展

IIC 总线接口内部为双向传输电路，总线端口输出为开漏结构，故总线上必须接上拉电阻 RP。RP 可参考有关数据手册选择，通常可选 5～10 kΩ。

在 IIC 总线中，能提供时钟信号，对总线时序进行控制的器件称为主机（主控器），除主机外的其他设备均为从机（被控器）。主机负责总线上各个设备信息的传输控制，检测并协调数据的发送和接收。主机对整个数据传输具有绝对的控制权，其他设备只对主机发送的控制信息做出响应。主机通过从机地址访问从机，对应的从机做出响应，与主机通信。从机之间无法通信，任何数据传输都必须通过主机进行。

现在的很多 MCU 具有 IIC 总线接口，有的没有，在实际中，应根据不同的应用情况进行系统扩展。IIC 总线的协议允许构成多主机系统，当系统中有多个具有 IIC 总线接口的 MCU 存在时，会出现多主竞争的复杂状态，IIC 总线的软、硬件协议，以及具有 IIC 总线接口的 MCU 中的特殊功能寄存器保证了多主竞争的协调管理。在单主机方式的 IIC 总线系统中，总线上只有一个 MCU，其余都是带 IIC 总线的外围器件，该 MCU 一直控制总线，不会出现总线竞争。在这种情况下，MCU 可以选用具有 IIC 总线接口的，也可以选没有 IIC 总线接口的，如果没有 IIC 总线接口，可以用两根 I/O 口线来虚拟 IIC 总线接口。如果没有 IIC 总线接口的 MCU 要构成多主系统的虚拟 IIC 总线，就必须解决多主竞争状况，这几乎是不可能的。因此，在多主系统中，一定要使用带 IIC 总线接口的 MCU。

2. IIC 总线的寻址

在任何时刻，总线上只有一个主控器件实现总线的控制操作，对总线上的其他器件寻址，分时实现点—点的数据传输。因此，总线上每个器件都有一个固定的地址。IIC 总线上的 MCU 都可以成为主机，其器件地址由软件给定，存放在 IIC 总线接口的地址寄存器中，称为主机的从地址。只有在多主系统中，该 MCU 作为从机时，其器件地址才有意义。

IIC 总线上所有的外围器件都有规范的器件地址，在标准的 IIC 中定义从机地址是 7 位（扩展 IIC 允许 10 位地址），如图 3-39 所示。地址 0000000 一般用于发出通用呼叫或总线广播。器件地址和 1 个方向位构成 IIC 总线器件的寻址字节。

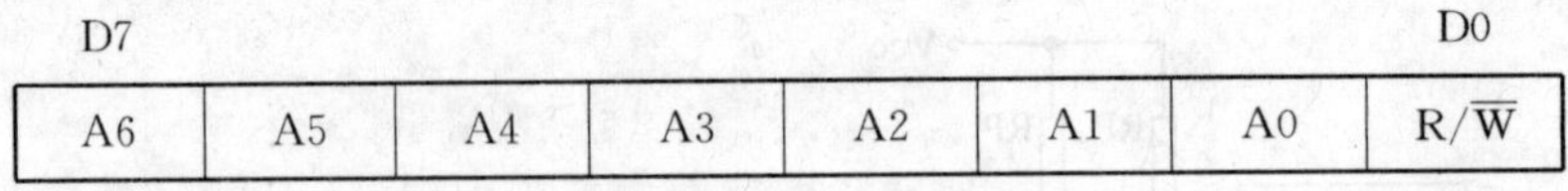

图 3-39 寻址字节格式

其中：

(1)器件类型地址（A6、A5、A4、A3）是 IIC 总线外围器件固有的地址编码，不同类型的器件有不同的编码，该编码在器件出厂时就已经给定。例如，IIC 总线的可编程频率合成器 DS1085 的器件地址为 1011，IIC 总线的 EEPROM 存储器 AT24CXX 的器件地址为 1010。

(2)器件选择地址（A2、A1、A0）用于一个系统中多个同类型器件的选择，一种是由 IIC 总线外围器件地址引脚在电路中接电源或接地的不同而形成的地址数据；另一种，器件没有地址引脚,其地址可以通过软件设置。

(3)数据方向位(R/$\overline{W}$)规定了总线上主机对从机的数据传送方向,"1"表示主机接收(读),"0"表示主机发送(写)。

3.9.3 IIC总线基本操作

1. IIC总线时序

IIC总线仅用两根信号线进行数据传送,因此,时序上有严格的要求,特别是在虚拟方式下,使用者应熟悉IIC总线的时序,才能准确编写模拟IIC总线数据传送的程序。IIC总线上数据传送的时序如图3-40所示。

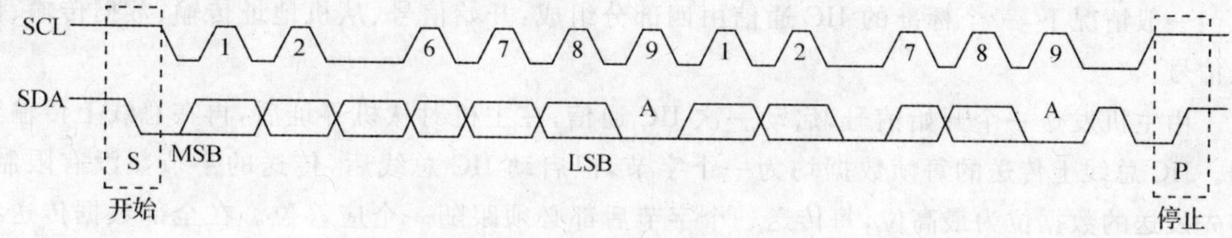

图3-40 IIC总线的数据传送时序

IIC总线为同步传输总线,总线信号完全与时钟同步。IIC总线上与数据传送有关的信号有开始信号(S)、停止信号(P)、应答信号(A)和数据传输信号。

(1)开始信号(S):在时钟SCL为高电平时,数据线SDA由高电平向低电平跳变,产生开始信号,启动IIC总线。当总线空闲的时候,例如,总线处于空闲状态(SDA和SCL都处于高电平)时,主机可以通过发送开始信号S建立通信。

(2)停止信号(P):在时钟SCL为高电平时,数据线SDA由低电平向高电平跳变,产生停止信号,停止IIC总线数据传送。

(3)应答信号(A):接收数据的器件在接收到8位数据后,向发送数据的器件发出特定的低电平脉冲。每一个数据字节后面都要跟一位应答信号,表示已收到数据。相应数据线上为低电平时为"应答"信号(A),高电平时为"非应答"信号($\overline{A}$)。应答信号在第9个时钟周期出现,这时发送器必须在这一时钟位上释放数据线,由接收设备拉低SDA电平来产生应答信号,由接收设备保持SDA高电平来产生非应答信号($\overline{A}$)。所以,一个完整的字节数据传输需要9个时钟脉冲。如果从机作为接收方向主机发送非应答信号,这样,主机方就认为此次数据传输失败;如果是主机作为接收方,在从机发送器发送完一个字节数据后,发送了非应答信号,从机就认为数据传输结束,并释放SDA线。不论是以上哪种情况都会终止数据传输,这时,主机或是产生停止信号释放总线,或是产生重新开始信号,开始一次新的通信。开始信号和停止信号都是由主控制器产生的,应答信号由接收器产生,总线上带有IIC总线接口的器件很容易检测到这些信号。

(4)数据传输信号:IIC总线以串行方式传输数据,从数据字节的最高位(MSB)开始传送,每一个数据位在SCL上都有一个时钟脉冲相对应。在时钟线高电平期间数据线上必须保持稳定的逻辑电平状态,高电平为数据1,低电平为数据0。只有在时钟线SCL为低电平时,才允许数据线 SDA 上的电平状态变化，如图 3-41 所示。

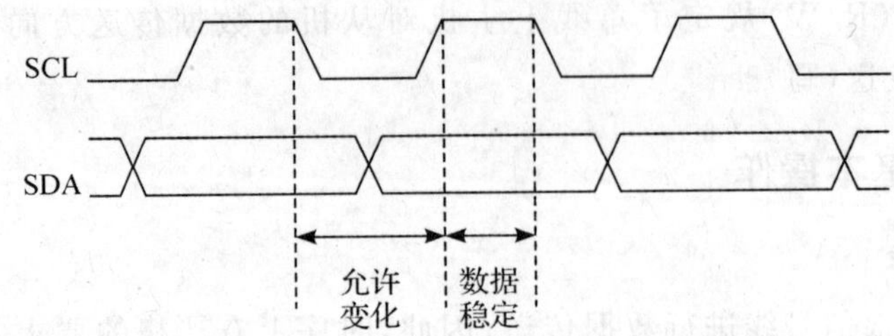

图 3-41　IIC 总线上数据的有效性

2. 数据传输过程

一般情况下，一个标准的 IIC 通信由四部分组成：开始信号、从机地址传输、数据传输、停止信号。

由主机发送一个开始信号，启动一次 IIC 通信；在主机对从机寻址后，再在总线上传输数据。IIC 总线上传送的每帧数据均为一个字节，但启动 IIC 总线后，传送的字节数没有限制。首先发送的数据位为最高位，每传送一个字节后都必须跟随一个应答位。在全部数据传送结束后，由主机发送停止信号，结束通信。在总线传送完一个字节后，可以通过控制时钟线为低电平，使传送暂停。例如，当某个接收器接收到一个字节数据后要进行一些其他工作而无法立即接收下一个数据时，可在应答信号后使 SCL 变低电平，迫使总线进入等待状态，直到接收器准备好接收新数据时，接收器再释放时钟线使数据传送得以继续正常进行。如果主机要求总线暂停，也可使时钟线保持低电平，控制总线暂停。

下面以主机发送和接收数据的操作说明 IIC 总线数据传输的过程。

(1)主机发送数据的操作格式

如图 3-42 所示，主机要向从机发送 2 个字节数据时，主机首先产生开始信号(S)，然后紧跟着发送一个寻址字节。该字节前 7 位为从机地址，最低位是数据方向位($R/\overline{W}$)，0 表示主机发送数据(写)。这时候主机等待从机的应答信号(A)，当主机收到应答信号时，发送第 1 个字节的数据，然后等待从机的应答信号，接着发送第 2 字节数据；最后，当主机收到第二字节发送后的应答信号时，产生停止信号(P)，结束传送过程。

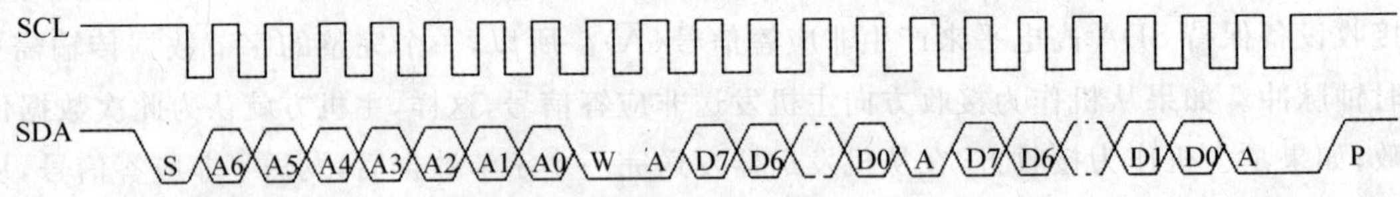

图 3-42　主机向从机发送数据过程

(2)主机接收数据的操作格式

如图 3-43 所示，主机要从从机接收 1 个字节数据时，主机首先产生开始信号(S)，然后紧跟着发送一个寻址字节。该字节前 7 位为从机地址，注意此时该字节的最低位为 0，表明是向从机写地址。这时候主机等待从机的应答信号(A)，当主机收到应答信号时，发送命令字节或要访问的地址(图中用 C7～C0 表示)，继续等待从机的应答信号，当主机收到应答信号后，改变通信模式(主机将由发送变为接收,从机将由接收变为发送),所以主机重新发送开始信号(S),然后紧跟着发送一个寻址字节。注意此时该字节的最低位为1,表明将主机设置成接收模式开始读取数据。这时候主机等待从机的应答信号,当主机收到应答信号时,就可以接收1个字节的数据。当接收完成后,主机发送非应答信号($\overline{A}$),表示不再接收数据,进而产生停止信号(P),结束传送过程。

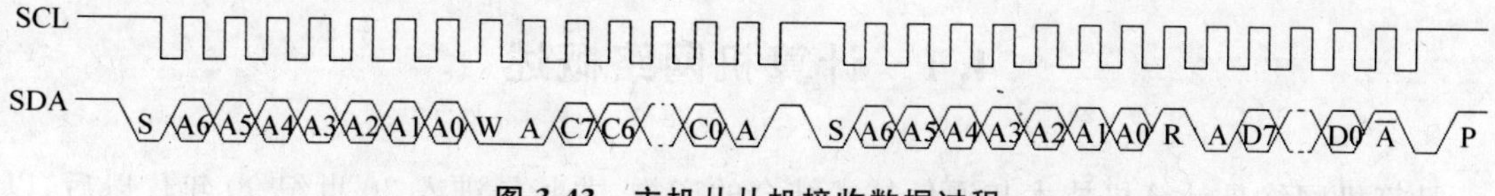

图3-43 主机从从机接收数据过程

当然,对于不同方式下的操作,上述时序会略有不同。有关IIC总线的详细原理、操作及应用,读者可参考相关文献及器件的数据手册。

第 4 章　计算机网络基础

4.1　计算机网络概述

计算机网络是计算机技术与通信技术结合的产物，尤其是进入 20 世纪 90 年代以后，以因特网为代表的计算机网络得到了飞速的发展，现在人们的生活、工作、学习和交往都已离不开计算机网络。目前多数控制系统也往网络化方向发展。

4.1.1　计算机网络的基本概念

1. 计算机网络的形成与发展

计算机网络的发展大致可分为以下四个阶段：

第一阶段为 20 世纪 50 年代。计算机技术与通信技术结合产生了面向终端的计算机通信系统。在 50 年代中期出现了“具有通信功能的单主机多终端系统”。在这种系统中，一台计算机通过通信线路与若干近地终端及远方终端连接，或多个终端共享一条通信线路和一台主机连接，形成由“终端—通信线路—计算机”构成的简单通信系统。这种系统中的终端设备都不具备独立的数据处理能力，因此还不是真正意义上的计算机网络。它实现了分布数据的集中处理，属于终端分布的计算机通信网。它的意义在于将计算机技术与通信技术结合，构成了计算机网络的雏形，为计算机网络的产生做好了技术准备，奠定了理论基础。

第二阶段为 20 世纪 60 年代。通过通信线路将分散在各地的计算机系统连接起来，这种通信网络最初的主要作用是进行计算机—计算机之间的信息交换和传递。随着应用要求的不断提高，在此基础上形成了实现资源共享和分布式处理的计算机网络。这一时期的典型代表是 ARPAnet。ARPAnet 不仅实现了不同主机之间的相互通信和资源共享，而且采用分组交换技术进行信息传输，并向用户提供电子邮件、文件传送和远程登录等服务。它首次提出并采用了由通信子网和资源子网构成的两级网络结构，它是计算机网络技术发展的一个重要的里程碑，对计算机网络技术的发展作出了重要贡献，并为 Internet 的形成奠定了基础。

第三阶段为 20 世纪 70 年代中期起。这一阶段的典型特征体现在两个方面：一是网络体系结构与协议标准化的研究，二是局域网技术的研究、应用与发展。

计算机技术与通信技术的密切结合和高度发展，以及价廉物美的个人计算机(PC)的问世，使得拥有多台计算机的企业和部门希望在这些计算机之间不仅仅能够通信，而且能够共享资源。因此，通信网络从仅具有通信功能的网络系统，发展为通过各种通信手段使分布在各地众多的计算机系统有机地连接在一起，以共享资源为目的，组成一个规模更大、功能更强、可靠性更高，由网络操作系统管理，遵循国际标准化网络体系结构的计算机网络。国际标准化组织 ISO 于 1984 年提出了一个能使各种计算机在全世界范围内互联成网络的标准框架，即开放系统互联参考模型，简称 OSI/RM。计算机网络的体系结构与协议进入标准化阶段。

第四阶段为 20 世纪 90 年代起。计算机网络开始进入其发展的第四阶段，主要标志包括：网络传输介质的光纤化、信息高速公路的建设、多媒体网络及宽带综合业务数字网的开发和应用、智能网络的发展、分布式系统的研究、高速以太网、快速分组交换技术、帧中继、异步传输模式、P2P 网络架构等。计算机网络达到高速、互联、智能化和广泛应用阶段。

2. 计算机网络的定义

计算机网络是计算机技术和数据通信技术紧密结合的产物，是将具有独立功能的多个计算机系统通过通信设备和线路连接起来，以功能完善的网络软件实现网络中资源共享和数据交换的系统。网络中的计算机既可以联网工作，也可以独立工作。

现代计算机网络是以“资源共享”的观点定义的。按照这一观点，要形成一个计算机网络，必须具备以下三个要素：(1)至少具有两台以上的自主计算机，并且这些计算机之间有相互通信和资源共享的需求；(2)各个计算机之间要使用通信线路相互连接；(3)要制定一套各方认可的接口规范和通信协议。

3. 计算机网络的功能

从定义中可以看出，计算机网络的功能至少应该包括：

(1)资源共享：用户可以共享网络中的部分或全部资源。

(2)数据通信：用户可以利用网络很方便地进行数据传递和信息交换。

(3)分布式处理：可以把大型的综合问题通过一些算法分解成一系列的小问题，分散到网络中的不同计算机上进行分布式计算。

(4)负载均衡：当某一台计算机负担过重时，可将任务转交给网络中空闲的计算机去处理，以提高网络系统的可用性。

(5)可靠性保证：各个计算机通过网络可以互为备份，以提高系统的可靠性。

4. 计算机网络的组成

完整的计算机网络系统是由网络硬件系统和网络软件系统两个部分组成的。其硬件系统部分包括：

(1)网络服务器：网络中的核心控制部件。

(2)网络工作站：网络用户的工作场所。

(3)各种网络通信传输介质和网络互联硬件设备。

软件系统部分则由具备网络通信、资源管理和各种网络应用服务功能的网络操作系统(NOS)及包含网络适配器驱动程序、子网协议和应用协议的各种网络协议软件组成。

对于计算机网络系统的各个组成部分，可以按照逻辑功能划分为两级结构：资源子网和通信子网。把计算机网络中实现资源共享的设备及其软件的集合称为资源子网，而把计算机网络中实现网络通信功能的设备及其软件的集合称为网络的通信子网。资源子网由负责数据处理的具有独立自主功能的计算机、终端机、终端控制器、联网外设、各种软件资源和数据资源组成，负责全网的数据处理业务，向网络用户提供各种网络资源与网络服务。通信子网由网络通信控制处理机、通信传输介质和线路、各种网络通信设备以及相关软件组成，负责全网数据传输、转发等通信处理工作。如图 4-1 所示。

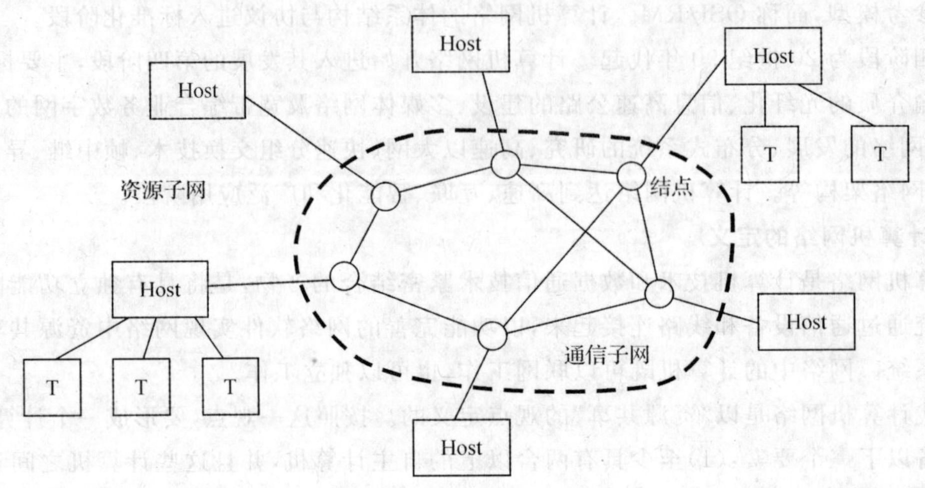

图 4-1 计算机网络逻辑功能

4.1.2 计算机网络的分类

计算机网络的分类可按多种方法进行:按照网络的覆盖范围大小分类,按照网络采用的传输技术分类,按照网络的用途分类,以及按照网络所隶属的机构或团体分类等。

按照网络的覆盖范围大小,可分为局域网、城域网和广域网三种类型。

1. 局域网(Local Area Network,LAN)

局域网的地理分布范围一般在 10 km 以内,局域网通常建立在某个机构所属的一个建筑群内,或大学的校园内,也可以是办公室或实验室几台计算机连成的小型局域网络。局域网连接这些用户的微型计算机及网络上作为资源共享的设备(如打印机等)进行信息交换,也可与广域网或城域网相连接,实现信息的远程访问和通信。

LAN 是当前计算机网络发展中最活跃一个分支,其特点是:

(1)覆盖范围有限。

(2)数据传输率高,一般在 10～100 Mbps,现在的高速 LAN 可达到千兆;信息传输的过程中延迟小,差错率低;同时易于安装,便于维护。

(3)拓扑结构一般采用总线型、环型和星型。

2. 城域网(Metropolitan Area Network,MAN)

城域网采用类似于 LAN 的技术,但规模比 LAN 大,地理分布范围在 10～100 km,介于 LAN 和 WAN 之间,一般覆盖一个城市或地区。其的特点是:

(1)大量使用外部信息资源(特别是 Internet 上的资源)。

(2)服务基于 Internet 技术:通常提供 WWW、E-mail、FTP、BBS、虚拟网等服务。

(3)组网基于 LAN 技术:以主机/服务器为中心,交换机为主要通信设备,独立的网络资源和管理系统,及专门铺设的线路。

(4)可由若干个 LAN 组成。

(5)带宽相对较高。

3. 广域网(Wide Area Network,WAN)

广域网也称为远程网,其涉及范围可达数千公里,可跨地区、国家,甚至全球联网,可以是一个国家或一个洲际网络,规模十分庞大而复杂。它的传输媒体由专门负责公共数据通信的机构提供,一般通过租用的专线接入公共数据通信网实现远程连接,以路由器为技术基础。因此,WAN通信一般称为“服务”(service),因为网络提供商(ISP)通常要对所提供的WAN服务收费。

按照网络采用的传输技术,又可分为广播式网络和点—点式网络两种类型。

4.1.3 计算机网络拓扑结构

计算机网络拓扑结构是指计算机网络的硬件系统的连接形式。在建立计算机网络时要根据准备联网计算机的物理位置、链路的流量、可靠性和投入的资金等因素来考虑网络所采用的布线结构。一般用拓扑方法来研究计算机网络的布线结构。拓扑(topology)是拓扑学中研究由点、线组成几何图形的一种方法,用此方法可以把计算机网络看作由一组结点和链路组成,这些结点和链路所组成的几何图形就是网络的拓扑结构。

计算机网络拓扑结构的常见类型主要有总线型、星型、环型和网型等。

1. 总线型

如图4-2所示,把各个计算机或其他设备均接到一条公用的总线上,各个计算机共用这一总线,而在任何两台计算机之间不再有其他连接,这就形成了总线的计算机网络结构。

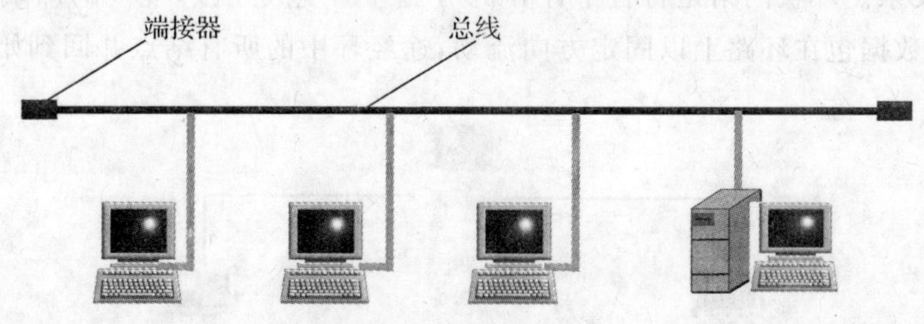

图4-2 总线型网络

在同一时刻,只能有一台计算机发送信息,网络上其他的计算机接收信息,这种接收只是被动地接收,不负责再生数据并将其往前发送,当总线超过一定的长度后,信号的质量将得不到保证,所以对网络总线的长度都有一定的限制。使用中继器可使总线的长度得到一定的延长。

总线型拓扑结构主要用于局域网络。它的优点是:安装简单,所需通信器材的成本低,扩展方便。主要缺点是:如果总线断开,网络就不可用;如果发生故障,则需要检测总线在各计算机处的连接,不易管理;由于总线网络受到信号损耗的影响,总线的长度受限制,设备分布的范围不可能很广。

2. 星型

如图4-3所示,星型拓扑结构的网络采用集中控制方式,每个结点都有一条唯一的链路与中心结点相连接,结点之间的通信都要经过中心结点并由其进行控制。

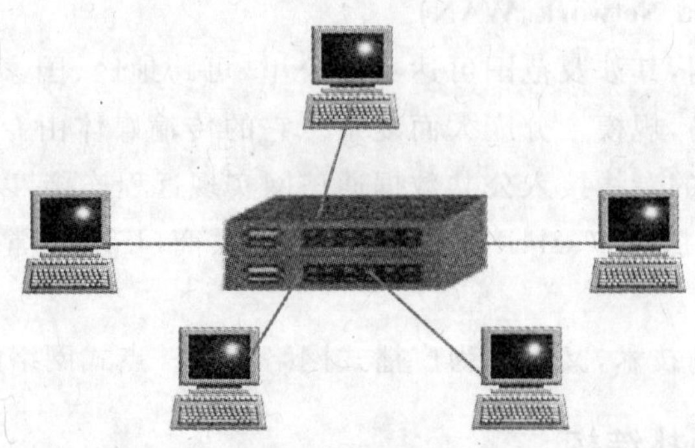

图 4-3　星型网络

在星状网络中，如果一台计算机或该机与中心结点（集线器）的连线出现问题，只影响该计算机的收发数据，网络的其余部分可以正常工作；但如果中心结点出现故障，则整个网络瘫痪。

星型拓扑的特点是结构形式和控制方法比较简单，便于管理，但线路总长度较长，成本高，而且可靠性较差，当中心结点出现故障时会造成全网瘫痪。

常见星状拓扑的网络有 100Base-T 以太网、ATM 网等。

3. 环型

如图 4-4 所示，环型拓扑为一封闭的环状，这种拓扑网络结构采用非集中控制方式，各结点之间无主从关系。环状网络是将各个计算机与公共的缆线连接，缆线的两端连接起来形成一个封闭的环，数据包在环路上以固定方向流动，途经环中的所有结点并回到始发结点。

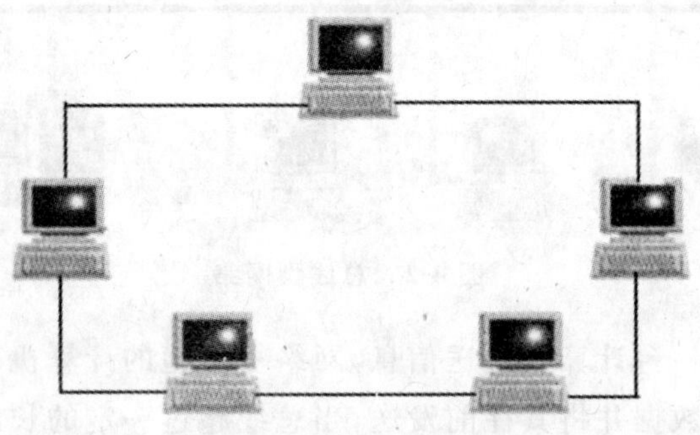

图 4-4　环型网络

由于计算机连接成封闭的环路，所以不需要端接器来吸收反射信号。信号沿环路的一个方向进行传播，通过环路上的每一台计算机。每台计算机都接收信号，并且把信号再生放大后再传给下一台计算机。当信息中所含的接收方地址与途经结点的地址相同时，该信息将被接收，否则不予理睬。环型拓扑的网络上任一结点发出的信息其他结点都可以收到，因此它采用的传输信道也叫广播式信道。

在环状网络中，一般通过令牌来传递数据。令牌依次穿过环路上的每一台计算机，只有获得了令牌的计算机才能发送数据。当某台计算机获得令牌后，就将数据加入到令牌中，并继续往前发送。带有数据的令牌依次穿过环路上的每一台计算机，直到令牌中的目的地址与某个计算机的地址相符合。收到数据的计算机返回一个消息，表明数据已被接收，经过验证后，原来的计算机创建一个新令牌并将其发送到环路上。

环状网络中信息流控制比较简单，信息流在环路中沿固定方向单向流动，两个计算机结点之间仅有唯一的通路，故路径选择控制非常简单。所有的计算机都有平等的访问机会，用户多时也有较好的性能。

环型拓扑网络的优点在于结构比较简单，方便安装，传输率较高；但单环结构的可靠性较差，当某一结点出现故障时，会引起通信中断。为提高可靠性，可采用双环结构，其中一个环作为备用环。

常见的采用环状拓扑的网络有令牌环网、FDDI（光纤分布式数据接口）和 CDDI（铜线电缆分布式数据接口）等网络。

4. 网型

如图 4-5 所示，每一个结点都有多条链路与其他结点相连。网型拓扑是容错能力最强的网络拓扑结构。通常，网状拓扑只用于大型网络系统和公共通信骨干网，如帧中继网络、ATM 网络或其他数据包交换型网络。这种拓扑结构的特点是可靠性非常高，但成本也高。

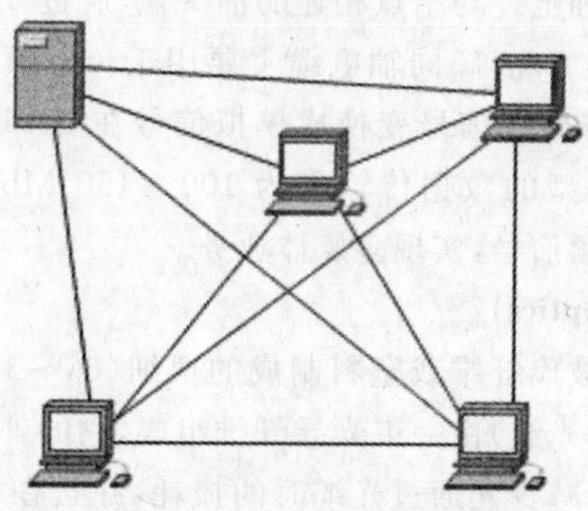

图 4-5 网型网络

4.1.4 网络传输介质

计算机网络中使用各种传输介质实现各种信息的传输和共享。各种介质在带宽、延迟、成本和安装维护难度等方面各不相同。下面介绍几种目前常用的传输介质及其特点。

1. 双绞线（twisted pair）

为了减少信号传输中串扰及信号放射影响的程度，将两根 0.015 英寸到 0.056 英寸的绝缘铜导线按一定的密度互相绞在一起形成双绞线。双绞线电缆则由一对或多对双绞线组成。双绞线电缆是模拟和数字数据通信最普通的传输介质，它的主要应用范围是电话系统中的模拟话音传输，最适合于较短距离的信息传输，当超过几千米时信号因衰减可能会产生畸变，这时就要使用中继器来放大信号及再生波形。双绞线的价格在传输介质中是最便宜的，并且安装简单，所以得到广泛的使用。双绞线可分为非屏蔽双绞线（Unshielded Twisted Pair，UTP）和屏蔽双绞线（Shielded Twisted Pair，STP）两种。在局域网中一般也采用双绞线电缆作为传输介质,其中非屏蔽双绞线按其性能分为五个不同的等级,级别越高性能越好。5类线是最高等级,价格也是最贵的,可支持的传输速率达100 Mbps;4类线的传输率达20 Mbps,3类线可达6 Mbps,通常用于局域网的10BASE-T结构;2类线和1类线等级最低,价格最便宜,主要是为话音和低速传输(低于5 Mbps)设计的,不宜在10BASE-T网段中使用。UTP连接两结点的最大距离应不超过100米。

2. 同轴电缆(coaxial cable)

同轴电缆由绕同一轴线的两个导体所组成,即内导体(单芯铜导线)和外导体(编织网状导体)。外导体的作用是屏蔽电磁干扰和辐射,两导体之间用绝缘材料隔离。同轴电缆的这种结构,使它具有高带宽和极好的抗干扰特性。同轴电缆的品种很多,从较低质量的廉价电缆到高质量的同轴电缆,质量差别很大。常用同轴电缆的型号有:粗缆(也称黄缆)RG-8或RG-11(50 Ω)、细缆RG-58A/U或C/U(50 Ω)、公用天线电视(CATV)电缆RG-59(75 Ω)等。特性阻抗为50 Ω的同轴电缆主要用于传输数字信号,叫作基带同轴电缆,其数据传输率一般为10 Mbps。其中粗缆的抗干扰性能最好,可作为网络的干线,但它的价格高,安装比较复杂。细缆比粗缆柔软,并且价格低,安装比较容易,故在局域网中使用较为广泛。同轴电缆段的两端都有一个BNC连接器,同轴电缆与结点相连的抽头处,通过T形连接器(也称T形接头)进行连接。特性阻抗为75 Ω的CATV同轴电缆主要用于传输模拟信号,叫作宽带同轴电缆。在局域网中可通过Modem将数字信号变换成模拟信号在CATV电缆中传输。对于带宽为400 MHz的CATV电缆,典型的数据传输率为100～150 Mbps。也可使用频分复用技术FDM来传输数字、声音和视频信号,实现多媒体业务。

3. 光导纤维电缆(fiber optics)

光导纤维是一种由石英玻璃纤维或塑料制成的很细(50～100 μm)而柔软并能传导光线的媒体。光导纤维电缆(简称光缆)由一束光导纤维组成,它的外面包一层折射率较低的材料,这样当光束进入芯线后,可以减少光通过光缆时的损耗,并且在芯线边缘产生全反射,使光束曲折前进。光缆中的光源可以是发光二极管LED或注入式激光二极管ILD,当光通过这些器件时发出光脉冲,光脉冲通过光缆从而传递信息。在光缆的两端都要有一个装置来完成光信号和电信号的转换。根据使用的光源和传输模式,光纤可分为多模光纤和单模光纤两种。多模光纤采用发光二极管产生荧光(可见光)作为光源,定向性较差。当光纤芯线的直径比光波波长大很多时,由于光束进入芯线中的角度不同,传播路径也不同,这时光束是以多种模式在芯线内不断反射而向前传播的。多模光纤的传输距离一般在2 km以内。单模光纤采用注入式激光二极管ILD作为光源,激光的定向性强。单模光纤的芯线直径一般为几个光波的波长,激光束进入芯线中的角度差别很小,能以单一的模式无反射地沿轴向传播。单模光纤的传输率较高,但比多模光纤更难制造,价格更高。光缆的优点是信号损耗小,频带宽,传输率高,并且不受外界电磁干扰,同时它本身没有电磁辐射,所以传输的信号不易被窃听,保密性能好,但是它的成本高并且连接技术比较复杂。光缆主要用于长距离的数据传输和网络的主干线路。

4. 无线电传输介质

无线电传输介质是通过空间来传输信息,主要有微波通信、激光通信和红外线通信三种。

(1)微波通信已广泛应用于电报、电话和电视的传播,目前,利用微波通信建立的计算机局域网络也日益增多。由于微波是沿直线传输的,所以长距离传输时要有多个微波中继站组成通信链路,而通信卫星可以看作是悬挂在太空中的微波中继站,可通过通信卫星实现远距离的信息传输。微波通信的主要特点是有很高的带宽(1～11 GHz),容量大,通信双方不受环境位置的影响,并且不需事先铺设电缆。

(2)激光通信的优点是带宽更高,方向性好,不受气候和环境的影响,保密性能好等。激光通信多使用于短距离的传输。

(3)红外线通信技术简单易用且实现成本较低,但由于红外线的直射特性,红外通信技术不适合传输障碍较多的地方,且其传输距离短,传输速率低,因而广泛应用于小型移动设备的近距离数据通信。

4.2 ISO/OSI 网络体系结构

计算机网络是一个十分复杂的系统,涉及计算机、通信等领域的多种技术。这样一个庞大而又复杂的系统要可靠、高效地运行,其各个部分就必须遵循一套严谨的结构化管理规则,为此,我们采用功能分层原理来实现各种网络体系结构。

4.2.1 协议和体系结构的概念

在网络中包含多种硬件和软件系统各异的计算机系统,要使它们之间能相互通信,就必须有一套通信管理机制使通信双方能正确地接收并理解对方所传输信息的含义。协议就是为实现网络中的这种数据交换而建立的规则、标准或约定。

协议由语义、语法和交换规则(时序)三部分组成,即协议的三要素。

语义:确定协议元素的类型,即规定通信双方要发出何种控制信息、完成何种动作以及作出何种应答。

语法:确定协议元素的格式,即规定数据与控制信息的结构和格式。

时序:规定事件实现顺序的详细说明,即确定通信过程中通信状态的变化,如通信双方的应答关系等。

计算机网络体系结构是网络层次结构模型与各层协议的集合,采用分层配对的结构,对计算机网络应该实现的功能进行了精确的定义。为了减少计算机网络的复杂程度,按照结构化设计方法,计算机网络将其功能划分为若干个层次(layer),较高层次建立在较低层次的基础上,并为更高层次提供必要的服务功能。网络中的每一层都起到隔离作用,使得低层功能具体实现方法的变更不会影响到高一层所执行的功能。

在网络分层体系结构中,每一层都由一些实体(entity)组成,这些实体抽象地表示了通信时的软件元素(例如进程或子程序)或硬件元素(例如智能I/O芯片等)。分层结构中相邻层之间存在着接口(interface),它定义了较低层向较高层提供的原始操作和服务。相邻层通过它们之间的接口交换信息。一般应使通过接口的信息量减到最少,使得两层之间尽可能保持其功能的独立性。

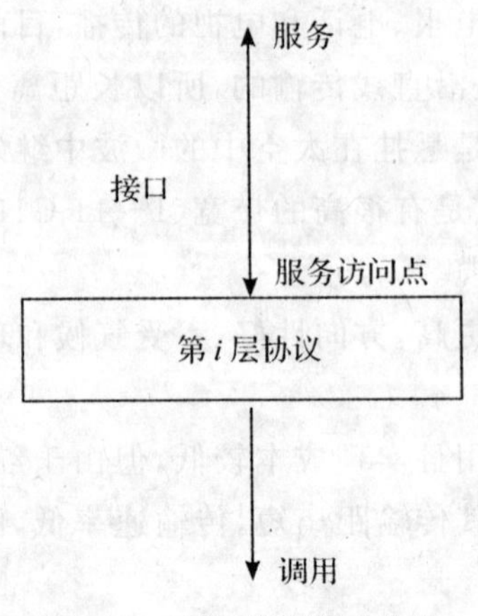

图 4-6 网络分层体系结构

两主机的相应层称为对等层(peer layer),它们所含的实体称为对等实体(peer entity)。在各对等层(或对等实体)之间并不直接传输数据,两主机之间传输的数据和控制信息是由高层通过接口依次传递到低层,最后通过最底层的物理传输媒体实现真正的数据通信,而各对等实体之间通过协议进行的通信是虚通信。

通过这个网络结构化层次模型可以看出,层次结构的主要特点是每一层都建立在前一层的基础上,较低层只是为较高一层提供服务,这样每一层在实现自身功能时,直接使用较低一层提供的服务,间接使用了更低层提供的服务,并向较高一层提供更完善的服务,同时屏蔽了具体实现这些功能的细节。

层次结构是描述体系结构的基本方法,而体系结构总是带有分层的特征。用分层的观点来定义计算机网络体系结构的好处在于:降低复杂性,标准化接口,方便模块化管理,确保可相互操作的技术,加快发展速度等。

计算机网络协议和体系结构相关的标准化组织常见的有:国际标准化组织 ISO(International Standard Organization)、国际电报电话咨询委员会 CCITT(Consultative Committee on International Telegraph and Telephone)、国际电信联盟 ITU(International Telecommunications Union)、电气和电子工程师协会 IEEE(Institute of Electrical and Electronic Engineers)、美国国家标准学会(ANSI)、Internet 体系结构委员会(Internet Architecture Board,IAB)等。

4.2.2 ISO/OSI 参考模型

为了实现不同厂家生产的计算机系统之间以及不同网络之间的数据通信,国际标准化组织 ISO(International Standards Organization)对当时的各类计算机网络体系结构进行了研究,并于 1981 年正式公布了一个网络体系结构模型作为国际标准,称为开放系统互联参考模型,即 OSI/RM(Reference Model of Open System Interconnections),也称为 ISO/OSI。这里的"开放"表示任何两个遵守 OSI/RM 的系统都可以进行互联。当一个系统能按 OSI/RM 与另一个系统进行通信时,就称该系统为开放系统。目前,OSI/RM 仍在不断完善之中,一些新的网络通信协议也都参照 OSI/RM 进行设计。

OSI/RM 只给出了一些原则性的说明,并不是一个具体的网络。其体系结构如图 4-7 所示。

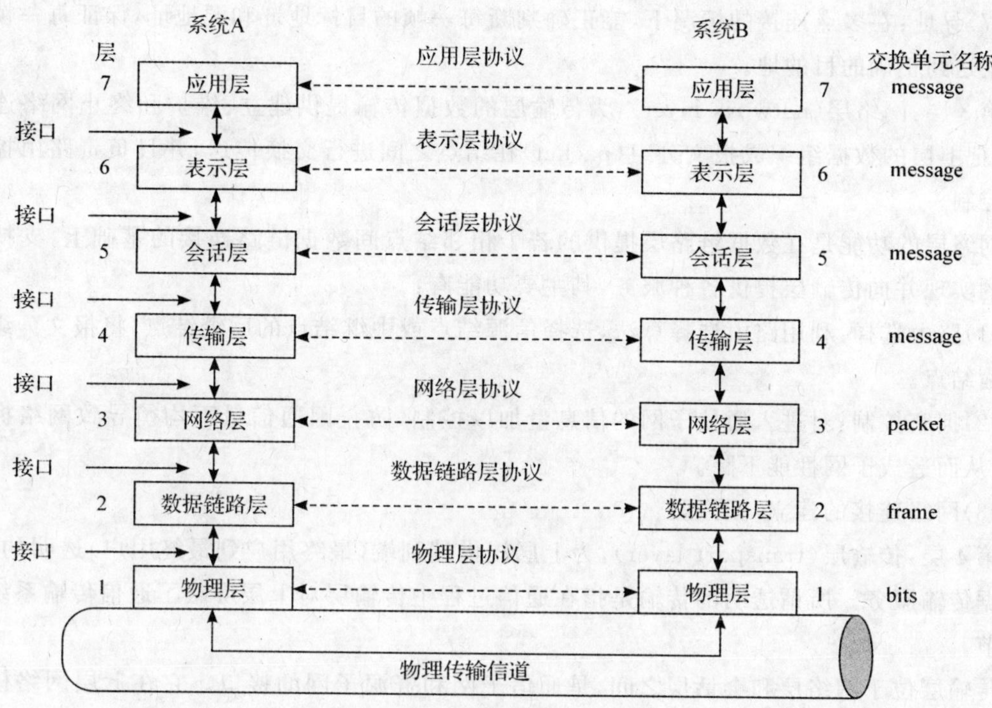

图 4-7　OSI/RM 网络体系结构

OSI/RM 的层次模型中，按照从下到上的顺序，各层的主要功能分别是：

第 1 层：物理层(physical layer)，利用物理传输介质为数据链路层提供物理连接，实现原始的数据比特流传输。常见的物理传输介质有同轴电缆、双绞线、光纤、通信卫星和微波等。物理层的功能表现在通过制定物理设备和传输介质之间的接口技术规范，实现物理设备之间的比特流在物理链路上的透明传输，以及建立、维持和释放物理连接的规则。物理层协议规定了传输媒体的类型，描述了与之相连的设备接口的机械、电气、功能和过程特性。这些接口和传输媒体必须保证发送和接收信号的一致性。常见的物理层接口标准有 EIA RS-232C、EIA RS-422、EIA RS-449 以及 CCITT 建议的 X. 21 等。

第 2 层：数据链路层(data link layer)，在物理层提供比特流服务的基础上，建立相邻结点之间的数据链路，通过差错控制提供数据帧(frame)在信道上无差错地传输，并进行数据流量控制。

数据链路层的功能主要包括：

(1)链路管理：数据链路的建立、维护和释放。

(2)帧同步：接收方能从收到的比特流中准确地区分出一帧的开始和结束位置。

(3)流量控制：当收方来不及接收数据时，必须能及时控制发出方的发送速率。

(4)差错控制：采用编码技术进行差错检验和控制。

(5)识别数据和控制信息：将帧内混合在一起的数据和控制信息分开。

(6)透明传输：能在数据链路上传输任意比特组合的数据，数据链路协议应能有效地区分数据信息和控制信息。

(7)寻址:在多点连接的情况下,能正确判断每一帧的目标地址和源地址,保证每一帧数据都能发送到正确的目的地。

第 3 层:网络层(network layer),为传输层的数据传输提供建立、维护和终止网络连接的手段,把上层的数据组织成报文分组(packet)在结点之间进行交换传送,并且负责路由控制和拥挤控制。

网络层的功能是在数据链路层提供的若干相邻结点间数据链路连接的基础上,支持网络连接的实现并向传输层提供各种服务,其主要功能有:

(1)路由选择:利用路由选择算法,选择信源结点或中继结点的后继结点,将报文分组传送到信宿结点。

(2)拥塞控制:对进入通信子网的信息量加以控制,防止因通信量不均衡导致网络拥塞或阻塞,从而造成子网性能下降。

(3)网络连接的建立与管理。

第 4 层:传输层(transport layer),为上层提供端到端(最终用户到最终用户)透明的、可靠的数据传输服务。所谓透明的传输是指在通信过程中传输层对上层屏蔽了通信传输系统的具体细节。

传输层位于网络层和会话层之间,是通信子网和资源子网的接口。它在七层网络模型的中间,起到承上启下的作用,是整个网络体系结构中的关键部分。其目标是利用网络层提供的服务向用户提供有效、高可靠且低价格的服务。其主要功能包括:

(1)建立、维护和拆除传输层连接;

(2)实现传输层地址到网络层地址的映射;

(3)实现端到端的顺序控制和流量控制;

(4)实现端到端的差错控制及恢复等服务。

第 5 层:会话层(session layer),为表示层提供建立、维护和结束会话连接的功能,并提供会话管理服务。会话层利用传输层提供的端到端的服务,向表示层或会话用户提供会话服务,这种服务主要是向会话服务用户提供建立连接并在连接上有序地传送数据。与传输层的进程通信不同的是,它还提供了许多增值服务,如交互式对话管理,允许一路交互、两路交换和两路同时会话等;管理用户登录;在两机器之间传输文件,进行同步控制等。

第 6 层:表示层(presentation layer),为应用层提供信息表示方式的服务,包括语法转换、数据格式的转换、加密与解密、压缩与解压缩等。

表示层向应用层提供的服务主要有:

(1)数据变换:指代码和字符组的变换,即把应用层送入的各种字符变换为相应的代码,以便在机器中使用。

(2)数据格式化:把输入的数据按照一定的格式加以组织和改变。

(3)语法选择:包括开始时对变换格式的选择,以及在后来的工作过程中对变换格式所进行的修改等。语法包括数据语法和图像语法两种。

第 7 层:应用层(application layer),为网络用户或应用程序提供各种服务,如文件传输、电子邮件(E-mail)、分布式数据库、网络管理等。

应用层是 OSI 参考模型的最高层，又是计算机网络与最终用户间的界面，它包含系统管理员管理网络服务涉及的所有问题和基本功能。它在 OSI/RM 下面六层提供的数据传输和数据表示等各种服务的基础上，为网络用户或应用程序提供完成特定网络服务功能所需各种应用协议。常用的网络服务包括文件服务、电子邮件(E-mail)服务、打印服务、集成通信服务、目录服务、网络管理服务、安全服务、多协议路由与路由互联服务、分布式数据库服务、虚拟终端服务等。网络服务由相应的应用层协议来实现。

在 OSI/RM 中，系统 A 的发送进程传输给系统 B 接收进程的数据是经过发送端的各层从上到下传递到物理信道，再传输到接收端的最低层，经过从下到上各层传递，最后到达系统 B 的接收进程。在数据传输的过程中，数据块在各层中的依次传递过程中长度有所变化，该过程称为“封装(Encapsulation)/解封”。系统 A 发送到系统 B 的数据，先进入最高层——应用层，加上该层的有关控制信息 AH(报文头 Header)，然后作为整个数据块传送到表示层，在表示层再加上控制信息 PH 传递到会话层，这样在以下的每一层都依次加上控制信息 SH、TH、NH、DH 传递到物理层，其中在数据链路层还要再加上尾部控制信息 DT，这样整个数据帧在物理层作为比特流通过物理信道传送到接收端。在接收端按照上述的相反过程，逐层去掉发送端相应层加上的控制信息，这样看起来好像是对方相应层直接发送来的信息，但实际上相应层之间的通信是虚通信。这个过程就像邮政信件的传递，加信封、加邮袋、邮车等，在各个邮递环节加封、传递，收件时再层层去掉封装。如图 4-8 所示。

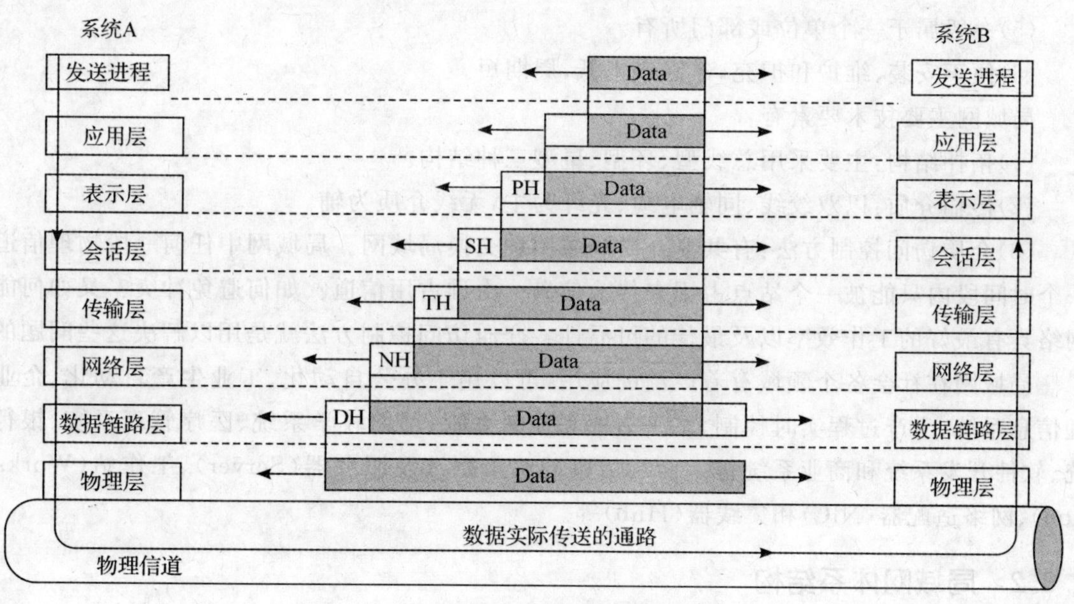

图 4-8 OSI/RM 数据传输

4.3 计算机局域网基础

局域网(LAN)在计算机网络中占有非常重要的地位,也是目前网络技术中发展最快的领域之一。

4.3.1 局域网概述

局域网是一种在较小的地理范围内将许多计算机及各种数据设备连在一起,实现数据传输和资源共享的计算机网络。

局域网的技术特点主要有:

(1)覆盖的地理范围小。通常分布在一座办公大楼或集中的建筑群内,例如在一个校园内,一般在几公里范围之内,至多不超过 25 公里。

(2)传输率高且误码率低。传输率一般在 10 Mbps 到几百 Mbps 之间,支持高速数据通信,目前已达到 1000 Mbps;传输方式通常为基带传输,并且传输距离短,故误码率低,一般在 10^{-8}～10^{-11} 范围内。

(3)主要以微型机为建网对象,通常没有中央主机系统,而带有一些共享的各种外设。

(4)根据不同的需要,为获得最佳的性能价格比,可选用价格低廉的双绞线电缆、同轴电缆或价格较贵的光纤以及无线介质等。

(5)一般属于一个单位或部门所有。

(6)便于安装、维护和扩充,建网成本低,周期短。

局域网主要技术要素有:

(1)拓扑结构:主要采用总线型、环型、星型三种结构。

(2)传输介质:以双绞线、同轴电缆、光纤为主,无线介质为辅。

(3)介质访问控制方法:有共享介质局域网和交换局域网。局域网中任何一段物理信道在一个时间段内只能被一个站点占用来传输信息。由谁占用信道?如何避免冲突?又如何能使网络具有最好的工作效率以及最佳的可靠性?介质访问控制方法就是用以解决这些问题的。

局域网在社会各个领域有着广泛的应用,可以用于办公自动化、工业生产自动化、企业管理信息系统、生产过程实时控制、军事指挥和控制系统、辅助教学系统、医疗管理系统、银行系统、软件开发系统和商业系统等。而局域网的组成则涉及服务器(Server)、工作站(Workstation)、网络适配器(NIC)和集线器(Hub)等。

4.3.2 局域网体系结构

1980 年 2 月 IEEE(Institute of Electrical and Electronics Engineers)成立了 802 局域网标准委员会,专门从事局域网的标准化研究工作。IEEE 802 委员会相继推出了一系列局域网标准,称为 IEEE 802 标准系列。IEEE 802 标准对局域网的标准化起到了巨大的作用。目前,大多数著名的网络产品,尽管其高层软件和网络操作系统各不相同,但由于低层采用了标准协议,故可实现互联。

IEEE 802 模型与 OSI/RM 模型的对应关系如图 4-9 所示。LAN 的层次结构仅对应于 OSI/RM 的物理层和数据链路层。

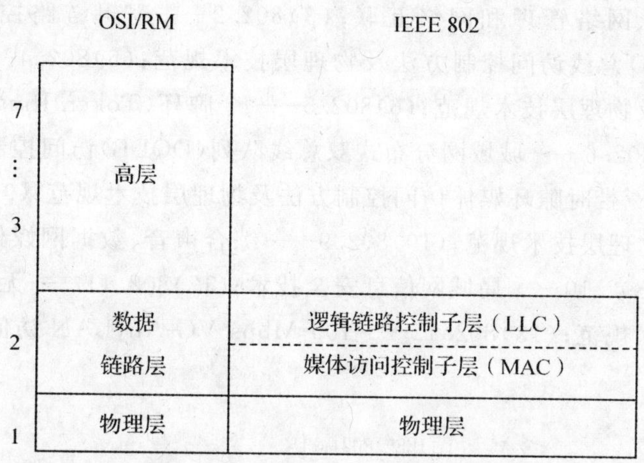

图 4-9 IEEE 802 模型与 OSI/RM 模型的对应关系

LAN 物理层和 OSI/RM 物理层的功能一样，主要处理物理链路上传输的 bits 流，实现 bits 的传输与接收、同步前序的产生和删除等，建立、维护、撤销物理连接，规定机械、电气和过程的特性。该层规定了所使用的信号、编码、传输媒体、拓扑结构和传输速率。

由于传统的局域网多点共享传输介质，因此必须提供相应机制来控制对传输介质的访问。由于局域网中传输介质的多样性，为了使数据链路层能更好地适应多种局域网标准，802 将局域网的数据链路层拆成两个子层：逻辑链路控制 LLC (Logical Link Control)子层和媒体访问控制 MAC (Medium Access Control)子层。这种功能分解的目的主要是使数据链路功能中涉及硬件的部分和与硬件无关的部分分开，便于设计并使得 IEEE 802 标准具有可扩充性，有利于将来接纳新的媒体访问控制方法。

MAC 子层的主要功能是：通过 MAC 地址（也称物理地址）唯一标识一个结点；控制对传输媒体的访问，负责管理基于多个源链路和多个目的链路上的通信；在发送数据时将数据装配成帧，在接收数据时将数据帧拆封；选择介质的访问控制方式，如 CSMA/CD、Token Bus、Token Ring、FDDI 等，以解决信道上的信号碰撞；使用循环冗余校验(CRC)检验链路上传输的正确性；各种 MAC 子层向 LLC 子层提供一致的接口服务，使得 LLC 子层对各种物理介质的访问在 MAC 子层完全透明。MAC 子层和物理层功能的全部内容都反映在网卡上。

LLC 子层向高层提供一个或多个逻辑接口或称为服务访问点(Service Access Point，SAP)逻辑接口，它具有帧接收和发送功能。发送时将要发送的数据加上地址和循环冗余校验 CRC 字段等构成 LLC 帧；接收时把帧拆封，执行地址识别和 CRC 校验功能，并具有帧顺序、差错控制和流量控制等功能。该子层还包括某种网络层功能，如数据报、虚电路和多路复用。LLC 子层提供了两种链路服务：一是无连接 LLC，二是面向连接 LLC。无连接 LLC 是一种数据报服务，信息帧在 LLC 实体间进行交换时，无需在对等层之间事先建立逻辑链路，对这种 LLC 帧既不确认，也无任何流量控制和差错恢复，支持点—点、多点和广播通信。面向连接的 LLC 提供服务访问点之间的虚电路服务，在任何信息帧交换前，在一对 LLC 实体间必须建立逻辑链路，在数据传输过程中，信息帧依次发送，并提供差错恢复和流量控制功能。

IEEE 802 标准之间的关系如图 4-10 所示，主要包括：(1)802.1A——概述和体系结构；(2)802.1B——寻址、网络管理和网络互联；(3)802.2——逻辑链路控制(LLC)协议；(4)802.3——CSMA/CD 总线访问控制方法及物理层技术规范；(5)802.4——令牌总线(Token Bus)访问控制方法及物理层技术规范；(6)802.5——令牌环(Token Ring)访问控制方法及物理层技术规范；(7) 802.6——城域网分布式双总线队列(DQDB)访问控制方法及物理层技术规范；(8)802.7——宽带时隙环媒体访问控制方法及物理层技术规范；(9)802.8——光纤网媒体访问控制方法及物理层技术规范；(10)802.9——综合声音、数据网媒体访问控制方法及物理层技术规范；(11)802.10——局域网信息安全技术；(12)802.11——无线 LAN 媒体访问控制方法及物理层技术规范；(13)802.12——100 Mbps VG-AnyLAN 访问控制方法及物理层技术规范。

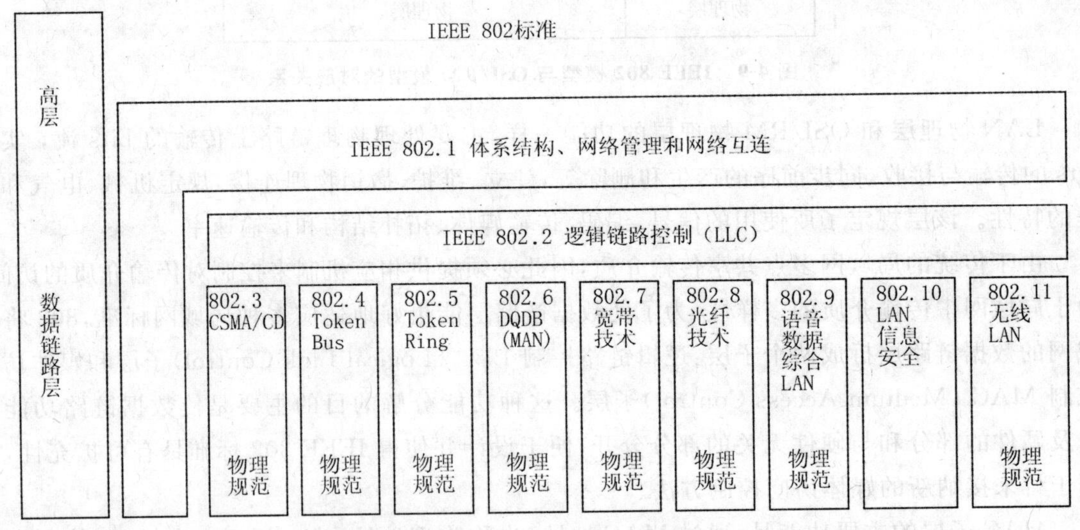

图 4-10 IEEE 802 标准之间的关系

4.3.3 以太网技术

IEEE 802.3 标准协议规定了总线网的 CSMA/CD 访问方法和物理层技术规范，以太网便是采用该标准协议的网络。以太网是 1975 年由美国 Xerox 公司研制成功的，它采用无源电缆作为总线传输信息，并以历史上表示传播电磁波的以太(Ether)命名。

标准以太网采用总线型拓扑结构，网络中的所有计算机串接在一条称为总线的公共信道上。总线是一条支持多点访问的共享广播信道。总线上的所有计算机可以平等地访问总线，任何一台计算机发送到总线上的信号可以被总线上的所有计算机检测到。为了实现一对一的通信，以太网为网络中的每台计算机分配了一个独一无二的地址。在发送的数据帧中嵌入接收站的地址。网络中的计算机仅在检测到与自己的地址相符的数据帧时才予以接收，并按规定链路协议给源站点返回一个响应。用这种操作方法，在信道上可能有两个或更多的设备在同一瞬间都发送帧，从而在信道上造成了帧的重叠而出现差错，这种现象称为冲突。

IEEE 802.3 定义了带冲突检测的载波侦听多点访问法 CSMA/CD(Carrier Sense Multiple Access With Collision Detection)及其物理层的技术规范，该协议是一种采用随机访问技术的竞争型媒体访问控制方法。它起源于 20 世纪 60 年代末期美国夏威夷大学的无线分组交换网 ALOHA 协议，适用于总线布局和星型布局。

CSMA/CD 的工作原理：发送数据前，先侦听信道是否空闲，若空闲，则发送数据；在发送数据时，边发送边继续侦听，若监听到冲突，则立即停止发送数据，等待一段随机时间后，再重新尝试。可归纳为“先听后发，边发边听，冲突停发，退避重发”。

CSMA/CD 控制规程主要是通过竞争的方式使得结点获得总线的使用权，解决在公共通道上以广播方式传送数据中可能出现的数据碰撞问题。其主要包含四个处理内容，即载波侦听、发送、冲突检测、冲突处理。

(1)载波侦听：通过专门的检测机构，在结点发送信息帧之前先侦听一下总线上是否有数据正在传送，并根据检测的结果，按一定算法原则(“X 坚持”算法)决定是否等待和如何发送。

(2)发送：当确定要发送后，通过发送机构向总线发送数据。

(3)冲突检测：发送结点在发出信息帧的同时，还必须监听介质，判断是否发生冲突。

(4)冲突处理：当确认发生冲突后，进入冲突处理程序。若是在发送前的侦听中发现线路忙，则等待一个延时后再次侦听，若仍然忙，则继续延迟等待，一直到可以发送为止。每次延时的时间由退避算法确定。若是在发送过程中发现数据碰撞，则先发送阻塞信息，强化冲突，再进行侦听工作，以待下次重新发送。

所谓“冲突”，是指不同站点发出的信号在共享介质上互相叠加导致失真的现象。“冲突检测”就是计算机边发送数据边检测信道上的信号电压大小。当几个站同时在总线上发送数据时，总线上的信号电压摆动值将会增大(互相叠加)。当一个站检测到的信号电压摆动值超过一定的门限值时，就认为总线上至少有两个站同时在发送数据，表明产生了冲突。发送数据的站点一旦发现发生冲突，除了立即停止发送数据外，还要再继续发送若干比特的人为干扰信号以强化冲突，以便让所有结点都知道现在已经发生了碰撞。

为了使结点在发送数据时能检测到所有的冲突，必须使数据帧的长度足够长，要保证相距最远的两个结点，当其中一个结点发送数据结束之前能发现另一结点可能发送的数据，即使结点的最小数据帧传输时延达到总线的传播时延的两倍($T\geqslant 2t$)。因此，不同的以太网类型规定了各自的最短、最长数据帧长度。

为了减少再次冲突的可能性，一个站点在检测到冲突而停止发送后，必须随机等待一段时间才能重新尝试发送，这种处理方法称为退避处理。把计算等待的随机时间的算法称为退避算法，其一般计算步骤为：令 $k=\min$ (冲突次数，10)，取随机数 $r, r\in(0,1,\cdots,2^k-1)$；重传的时间间隔 $T=r\times 2t$，t 为网络的传播时延，最大重传次数为 16 次(超过 16 次做特殊处理)。

CSMA/CD“X 坚持”算法可以分为：

(1)非坚持型：如果信道空闲，立即发送信息，否则随机等待一段时间再尝试。

(2)p-坚持型：如果信道空闲，则以概率 p 发送信息，以概率 $1-p$ 等待；如果信道忙，则继续监听总线，等到空闲再以概率 p 发送。

(3)1-坚持型：如果信道空闲，立即发送信息，否则继续监听总线，等到空闲再发送。

CSMA/CD 协议采用竞争的方法强占对媒体的访问权。它的优点是:结构简单,网络维护方便,增、删结点容易,网络在轻负载的情况下效率较高。其缺点是:随着网络中传递信息量的增加,即重载时,冲突概率增加,性能明显下降。另外,为了满足最小帧长的要求,额外增加的填充字段也浪费了信道容量的开销。它适合于对数据传输实时性要求不高的应用环境,如办公自动化领域。

4.3.4 令牌传递网

以太网的媒体访问控制方法采用总线竞争方式,具有结构简单,在轻载情况下延迟小等优点,但随着负载的增加,冲突概率增加,性能明显下降。令牌传递网媒体访问控制是利用令牌技术,避免冲突以提高信道的利用效率。令牌传递(Token Passing)法是一类确定性的受控访问法。受控访问的特点是网络上的站点不能随机地访问介质,而必须服从一定的控制。它通过令牌控制站点对介质的访问,基于不同类型物理网络的拓扑结构,定义了多种令牌传递访问法。典型的令牌传递网络有令牌总线网(Token Bus)、令牌环网(Token Ring)和光纤分布式数字接口(FDDI)。

1. 令牌总线网

IEEE 802.4 定义了令牌总线网的技术规范,它使用令牌传递总线访问法(Token Passing Bus),适用于总线布局和星型布局。ARCnet 是 DataPoint 公司于 1977 年推出的附加资源计算机网络(Attached Resource Computer Network),它是令牌总线网的典型代表。令牌总线网的工作原理是在总线的基础上,通过在网络结点之间有序地传递令牌(特定短帧)来分配各结点对共享型总线的访问权力,形成闭合的逻辑环路。完全采用半双工的操作方式,只有获得令牌的结点才能发送信息,其他结点只能接收信息。为了保证逻辑闭合环路的形成,每个结点都动态地维护着一个连接表,该表记录着本结点在环路中的前驱、后继和本结点的地址,每个结点根据后继地址确定下一占有令牌的结点。

令牌传递总线访问法的基本思想是:网上各个结点的物理布局虽然并非环形,但它们按一定的顺序形成一个逻辑环;每个结点在环上有一个逻辑位置,此逻辑位置与结点的物理位置无关;令牌在此逻辑环上传递,但数据信息的帧仍在总线上双向传送;一个站点要发送数据,必须持有令牌;持有令牌的站点发送完数据帧或发送的帧达到限定个数时,必须将令牌转移给逻辑环上的后继结点;网上只能有一个令牌。

令牌总线的特点包括:各站对媒体有公平的访问权;信道访问延迟具有确定值;无冲突产生且无最小帧长度的限制;提供多级优先服务;重负载下信道效率不会下降。

2. 令牌环网

IEEE 802.5 定义了令牌环网的技术规范。它是 IBM 公司在 20 世纪 80 年代设计出的网络,是 IBM 公司局域网的主要技术,其市场份额仅次于以太网。它使用令牌传递环访问法(Token Passing Ring),编码格式为差分曼彻斯特编码,适用于环形拓扑。令牌环网的工作原理是:类似令牌总线网,在环中以一个特殊标记的信息为令牌(Token),并且保证环上只有一个 Token 在运行。环上的站点只有获得令牌才能发送信息帧。令牌有“空”(例如为 01111111)和“忙”(例如为 01111110)两种状态,空令牌表示没有被占用,否则表示令牌正在携带信息发送。在一个站点占有令牌期间,其他站点只能处于接收状态。在网络工作的过程中,令牌沿环传送,从环路上的一个站点传到下一个站点(实际上,令牌是从一个站点的环接口装置通过它们之间的链路传递到另一个环接口装置)。当空令牌传送至正待发送信息的站点时,该站点将其改为忙令牌,并将要发送的信息帧附在忙令牌的后面,送入环路中传输。由于令牌是忙状态,所以其他站不能发送信息帧。信息帧到达目的站点后,由目的站点将其复制下来,然后在帧格式的结束分界符ED字段中标注上正确接收ACK信号,或经校验发现信息出错则标注NAK信号(此时放弃复制的信息),接下来再将该信息帧送到环上继续传送。中间站点(非源、目的站点)不对信息帧做任何处理,只是接通环接口让信息帧继续向前传送。当信息帧绕环一周回到源站点后,由源站点从环上撤出该帧放到缓冲区中并释放令牌,然后检查该帧中目的站点的应答信号,若为NAK则等到下一次空令牌到来再重发刚才的信息帧。

令牌环网的物理实现采用如下技术:拓扑结构为环形布局;介质访问控制采用Token Passing Ring访问法;物理拓扑与逻辑拓扑完全一致;符合IEEE 802.5通信标准;传输介质使用IBM标准的1、2类STP双绞线(最大距离100 m)或3类UTP双绞线(最大距离45 m);令牌环网集线器分为多站访问部件MAU或SMAU,而令牌环网卡则包含4 Mbps和16 Mbps两种。

令牌传递访问法的特点包括:同一时刻,环上只有一个数据帧在传输,不会产生碰撞冲突;传递方法可靠,传送帧的最大延迟可确定;可进行优先级控制;在重负载下利用率高,传输的距离不会影响其性能以及公平访问的特点。但环形网结构复杂,并存在网络的监控和可靠性等问题。

3. 光纤分布式数字接口

光纤分布式数字接口(Fiber Distributed Data Interface, FDDI)是一种以光纤作为传输媒体的高速令牌环网,它是1982年由美国国家标准化协会(ANSI)X3T9.5委员会制定的高速环形局域网标准。该标准和令牌环网媒体访问控制标准IEEE 802.5十分相似,但由于FDDI采用光纤作为传输媒体,故可以获得较高的数据传输率。FDDI和IEEE 802.5的特点比较如表4-1所示。

表4-1 FDDI和IEEE 802.5的特点比较

特性	FDDI	IEEE 802.5
拓扑结构	双环结构	单环结构
媒体类型	多模、单模光纤	屏蔽双绞线
数据传输率	100 Mbps	4 Mbps 或 16 Mbps
编码方式	4B/5B 编码	差分曼彻斯特编码
时钟	分布式时钟	集中式时钟
信道分配	令牌循环时间	优先级和保留位
环上帧数	可有多个	一个

FDDI标准只描述了对应于OSI/RM的最低两层——物理层和数据链路层的功能,规定

了光纤传输媒体、光信号收发器、信号传输率和编码、媒体访问控制协议帧格式、分布式管理协议和允许采用的网络拓扑结构等规范。FDDI 标准中的物理层定义了两个子层，分别是物理协议子层 PHY 和物理媒体相关子层 PMD，PMD 又包含了 PDM、SMF-PMD 和 SPM 三个子标准。数据链路层定义了 HRC 和 P-MAC 两个子标准，另外还定义了一个跨越物理层和数据链路层的 SMT 子标准。FDDI 采用了一种新的 4B/5B 编码技术，在这种编码技术中，每次对四位数据进行编码，每 4 位数据编码成 5 位的符号，用光是否存在来代表 5 位符号中每一位是 1 还是 0。与曼彻斯特编码相比，这种编码技术使效率提高了 80%，对 100 Mbps 的光纤网，只需 125 MHz 的元件就可实现。这个效率的提高十分可观，可以大大节省元件的费用。

FDDI 的工作原理和令牌环网的工作原理十分相似：当站点获得令牌后，才可以发送信息。在令牌的释放和产生这一点上两者有所不同：令牌环中只有持有令牌的帧绕环一周回到源结点后才释放令牌，即产生一个新令牌送到环路上，在环路中永远只保持一个令牌在传送；而 FDDI 规定发送站将信息全部发送到环路上以后，立即发送一个新的令牌到环路上，这样在环路上就可以同时有几个帧在环中传输，从而大大提高了环路的利用率。在接收信息时，各站点从上游邻接站点接收帧并发送到下游相邻站点。如果帧的目的地址与站 MAC 的地址匹配，并且没有发现错误，则该帧就被复制到缓冲区中再作处理，并且根据接收帧的情况置该帧 FS 字段中的有关状态位。帧绕环一周回到源发送站后，检查帧状态 FS 字段内容就得知此次发送是否成功。源结点负责回收发送的信息帧，并将其从环中清除。

令牌总线网和令牌环网适合于对数据传输实时性要求比较高的应用环境，如生产过程控制领域。FDDI 多用作校园环境的主干网。

4.3.5 高速局域网技术

1. 快速以太网

IEEE 802.3 委员会于 1992 年开始制定快速以太网的标准，并于 1995 年 6 月正式把它定为 IEEE 802.3u。它继承了 802.3 的 MAC 访问控制技术（CSMA/CD）、帧格式、接口以及退避算法，只是将传输速度从 10 Mbps 提高到了 100 Mbps，支持共享式、交换式、半双工和全双工的操作。它可以直接利用原有的线缆设施，从而支持 10 Mbps 至 100 Mbps 的无缝连接和自然过渡。

(1)100 Base-FX

使用两对 62.5 μm 多模光纤时，若采用半双工通信方式，结点最大间距为 412 m；若采用全双工通信方式，最大传输距离为 2 km。使用单模光纤时，若采用全双工通信方式，最大传输距离为 10 km。采用 4B/5B NRZI 编码方案。

(2)100 Base-TX

使用两对 150 STP 或 Cat 5 UTP，结点最大间距为 100 m，可支持半双工或全双工的通信方式。编码方案为：4B/5B NRZI→ NRZ 扰频→MLT-3 级编码。

(3)100 Base-T4

采用 8B/6T NRZ 编码。使用 4 对 Cat 3、4、5 UTP 作为传输介质，一对用于数据发送，两对用于双向数据传输，一对用于数据接收和冲突检测。结点最大间距为 100 m。

2. 千兆以太网

千兆以太网类似于100 M以太网，仍然采用CSMA/CD的MAC访问技术，支持共享式、交换式、半双工和全双工的操作，主要用于构建主干网和连接超级服务器（需要1000 Mbps网卡）。千兆以太网工作在半双工方式时，必须进行冲突检测。由于数据率提高了，因此只有减小最大电缆长度或增大帧的最小长度，才能保证在帧的发送期间检出所有的冲突。千兆以太网仍然保持一个网段的最大长度为100 m，但采用了“载波延伸(Carrier Extension)”的办法，使最短帧长仍为64字节（这样可以保持兼容性），同时将争用时间（冲突窗口）增大为512字节的时延。当发送的MAC帧长不足512字节时，就用一些特殊字符填充在帧的后面，使MAC帧的发送长度增大到512字节，但这对有效载荷并无影响。接收端在收到以太网的MAC帧后，要将所填充的特殊字符删除后才向高层交付。当很多短帧要发送时，第一个短帧要采用上面所说的载波延伸的方法进行填充。随后的一些短帧则可一个接一个地发送，只需留有必要的帧间最小间隔（96位时）即可。这样就形成可一串分组的突发，直到达到1500字节或稍多一些为止。当千兆以太网工作在全双工方式时（即通信双方可同时进行发送和接收数据），不使用载波延伸和分组突发。

(1)1000 Base-T

由IEEE 802.3ab定义。采用PAM-5（5级脉冲放大调制）编码在每个线对上传输250 Mbps，信号速度为1000 Mbps。使用4对Cat 5 UTP作为传输介质，全双工通信方式，要求所有的四个线对收发器端口必须使用混合磁场线路。最大传输距离为100 m。

(2)1000 Base-X

由IEEE 802.3z定义。采用8B/10B NRZI方案，信号速度达1.25 Gbps。1000 Base-SX使用62.5 μm或50 μm多模光纤，短波(850 nm)，最大传输距离为220～550 m。1000 Base-LX可使用62.5 μm或50 μm多模光纤，长波(1300 nm)，最大传输距离为550 m；也可使用9 μm单模光纤，最大传输距离为5000 m。1000 Base-CX使用150 Ω STP作为传输介质，最大传输距离为25 m。

3. 万兆以太网

2002年6月12日802.3以太网标准组织批准了万兆(10 G)以太网标准的最后草案——IEEE 802.3ae。它与10 Mbps、100 Mbps和1 Gbps以太网的帧格式完全相同，还保留了802.3标准规定的以太网最小和最大帧长，便于升级，但不再使用铜线而只使用光纤作为传输媒体；只工作在全双工方式，没有争用问题，也不使用CSMA/CD协议。为了使10 G以太网的帧能够插入SONET/SDH(OC-192/STM-64)帧的有效载荷中，要使用可选的广域网物理层。为了和SONET/SDH相连接，采用另一种数据率——9.95328 Gbps。IEEE 802.3ak是IEEE的同轴电缆万兆以太网建议标准。802.3ak也称10GBase-CX4，规定在CX4（即四对双轴铜线）上传输。该标准适用于短距离(300英尺)传输。10 G以太网的出现，使得以太网的工作范围已经从局域网（校园网、企业网）扩大到城域网和广域网，从而实现了端到端的以太网传输。这种工作方式的好处是：成熟的技术，互操作性很好，在广域网中使用以太网时价格便宜，统一的帧格式简化了操作和管理。

4.3.6 无线局域网

无线局域网(Wireless Local Area Network,WLAN)正在获得越来越广泛的应用。它去除了传统网络中的网络传输线缆,利用微波等无线技术进行信息传递。无线局域网是20世纪90年代计算机网络与无线通信技术相结合的产物,它提供了使用无线多址信道的一种有效方法来支持计算机之间的通信,并为通信的移动化、个人化和多媒体应用提供了潜在的手段。

无线局域网的特点有:

(1)安装便捷。无线局域网的安装工作简单,不需要布线或开挖沟槽,安装时间只是安装有线网络时间的零头。

(2)覆盖范围广。无线局域网的通信范围不受环境条件的限制,最大传输范围可达到几十公里。

(3)经济节约。WLAN不受布线连接点位置的限制,具有传统局域网无法比拟的灵活性,可以避免浪费。

(4)易于扩展。WLAN有多种配置方式,能够根据需要灵活选择,能胜任从只有几个用户的小型网络到上千用户的大型网络,并且能够提供"漫游"(roaming)服务。

(5)传输速率高。WLAN的数据传输速率现在已经能够达到54 Mbps,传输距离可远至20 km以上。

目前,无线局域网采用的传输介质主要是无线电波(包括扩频技术、直接序列扩频、跳频式扩频、窄带技术等)与红外线。

在WLAN中,通信协议是指由IEEE提出的802.11协议族。1997年6月,第一个无线局域网标准IEEE 802.11(又称为Wi-Fi,Wireless Fidelity无线保真)正式颁布实施,传输速率只有1~2 Mbps,传输距离为100 m。它规范了三种传输技术:直接序列扩频(DSSS 2.4 GHz ISM频带)、跳频式扩频(FHSS 2.4 GHz ISM频带)和红外线(Infrared,IR)。1999年以后几年内又相继推出了IEEE 802.11b、IEEE 802.11a、IEEE 802.11g等标准。IEEE 802.11e及IEEE 802.11g是下一代无线LAN标准,被称为无线LAN标准方式IEEE 802.11的扩展标准,是在现有的802.11b及802.11a的MAC层追加了QOS功能及安全功能的标准。

无线局域网的拓扑结构包括:

(1)自组织网络(Ad-Hoc网络,即对等网络):由一组具有无线网卡的计算机组成,这些计算机以相同的工作组名、扩展服务集标识号ESSID和密码等,按对等的方式相互直接连接,在WLAN的覆盖范围之内,进行点对点与点对多点的通信。自组织网络是一种满足临时需求的对等网络,无集中的无线接入点,主要用于军事用途,网络抗毁性好,建网容易,费用较低。

(2)基础结构网络(Infrastructure Network):具有无线网卡的无线终端,以无线接入点AP为中心,通过无线网桥AB、无线接入网关AG、无线接入控制器AC和无线接入服务器AS等与有线网网络连接起来,可以组建多种复杂的无线局域网接入网络,实现无线移动办公的接入。在基础结构型WLAN的拓扑结构中,移动结点在基站(BS)的协调下接入无线信道。基站的一个重要作用是将移动结点与现有的有线网络连接起来。当基站执行这项任务时,称为接入点(AP)。基础结构网络的优点在于网络中站点的布局受环境的限制较小,而缺点在于其抗毁性较差,且由于基站(BS)的采用增加了网络成本。实际应用中,基站一般充当无线局域网与有线主干网的转接器(AP)。

4.3.7 交换式局域网

20 世纪 90 年代初,随着计算机性能的提高及通信量的剧增,传统的共享式局域网已经愈来愈超出了自身的负荷,交换式局域网技术应运而生。交换式网络不像共享式网络那样把数据包广播到每个结点,而是在结点间沿着指定的路径传输数据包。这相当于一个并行网络系统,多对不同的源结点和目标结点之间可以同时进行通信,而不会发生冲突,大大提高了网络的可用带宽。因此,交换技术的加入可以建立地理位置相对分散的网络,使局域网交换机的每个端口可并行、安全、同时地互相传输信息,而且使局域网可以高度扩充。

交换式局域网的核心设备是局域网交换机,局域网交换机可以在它的多个端口之间建立多个并发连接。典型的交换式局域网是交换式以太网,它的核心部件是以太网交换机。以太网交换机可以有多个端口,每个端口可以单独与一个结点连接,也可以与一个共享式以太网集线器连接。如果每个端口只连接一台计算机结点,那么在任何一对结点之间都不会有冲突。若一个端口连接一个共享式以太网局域网,那么在该端口的所有站点之间会产生冲突,但该端口的站点和交换机其他端口的站点之间不会产生冲突。

局域网交换机按照所执行的功能不同可以分为两种:

(1)二层交换:执行桥接功能,根据 MAC 地址转发数据,交换速度快,但控制功能弱,没有路由选择功能。

(2)三层交换:根据网络层地址(如 IP)转发数据,具有路由功能。三层交换是二层交换与路由功能的有机组合。

交换机的交换方式主要有以下 4 种:

(1)直通交换:接收帧时,一旦检出帧的目的地址,就立即转发,即直通到目的端口。这种方式产生的时延很小。其缺点是无法进行差错检验,不能对帧进行过滤。在物理信道具有较好可靠性的情况下,直通交换效率较高。

(2)存储转发交换:先接收整个帧并存储在缓冲区中,再执行帧检验,确认无差错之后再转发。这种交换方式既可以对帧进行差错检验,实现帧的过滤,又可以进行不同 MAC 协议之间帧的格式转换。当在交换机的两个不同速率的端口之间进行交换时,必须采用存储转发方式。这种方式的缺点是时延较长。

(3)无分段交换:也称为改良交换。这种方式开始接收一帧时,先存储在缓冲区中直到头 64 个字节接收完毕。因为大部分冲突帧的头 64 个字节会发生损坏,因而对头 64 个字节进行冲突检测。若未发现冲突,就将帧的其余部分直接转发到目的端口。无分段交换是上述两种技术的综合,它的处理速度比存储转发方式快,但比直通式慢。

(4)智能交换模式:智能交换模式集中了直通式和存储转发式两者的优点。只要可能,交换机总是采用直通式模式,但是一旦网络出错率超过了事先设定的阈值,交换机将采用存储转发模式,当网络出错率下降后,又重新开始直通式模式。

目前的以太网基本上都是交换式以太网。

4.3.8 虚拟局域网

虚拟局域网(Virtual Local Area Network，VLAN)是指在物理网络基础架构上，利用交换机和路由器的功能，以软件的方法将网络中的结点按工作性质与需要划分成若干个“逻辑工作组”，每个逻辑工作组就是一个虚拟局域网。虚拟局域网的优点是可以限制广播范围，并能够形成虚拟工作组，动态管理网络，从而有助于控制流量，减少设备投资，简化网络管理，提高网络的安全性。

VLAN 的特点有：

(1)一个 VLAN 的广播域可以跨越不同的交换机。这意味着 VLAN 并不局限于某一网络或物理范围。VLAN 中的用户可以位于一个园区的任意位置，甚至位于不同的国家。

(2)支持任意站点的组合，一个站点可以属于多个 VLAN。

(3)隔离广播，控制网络的广播风暴。采用 VLAN 技术，可将某个交换端口划到某个 VLAN 中，而一个 VLAN 的广播风暴不会影响其他 VLAN 的性能。

(4)提高网络的安全性。共享式局域网之所以很难保证网络的安全性，是因为只要用户插入一个活动端口，就能访问网络。而 VLAN 能限制个别用户的访问，控制广播组的大小和位置，甚至能锁定某台设备的 MAC 地址，因此 VLAN 能确保网络的安全性。

(5)简化网络管理，减少管理成本。网络管理员能借助于 VLAN 技术轻松管理整个网络。VLAN 的建立、修改和删除都十分简便。例如，需要为完成某个项目建立一个工作组网络，其成员可能遍及全国或全世界，网络管理员只需设置几条命令，就能在短期内建立该项目的 VLAN，其成员使用 VLAN 就像在本地使用局域网一样。VLAN 大大减轻了网络管理和维护工作的负担，降低了网络的维护费用。

(6)为网络设备的移动和变更提供了有效的手段。简化了移机、增机，设备的变更无需改动网络的物理连接，只需在管理工作站上设置即可。

在交换机上划分 VLAN 的方法可以大致分为 4 类：

(1)基于端口：根据交换机的端口来划分 VLAN，实际上是某些交换端口的集合。基于端口的 VLAN 是划分虚拟局域网最简单也是最有效的方法，网络管理员只需要管理和配置交换端口，而不管交换端口连接什么设备。属于同一 VLAN 的端口可以不连续，同时一个 VALN 可以跨越多个以太网交换机。由于端口划分是目前定义 VLAN 的最广泛的方法，IEEE 802.1Q 规定了依据以太网交换机端口来划分 VLAN 的国际标准。这种划分方法的优点是定义 VLAN 成员时非常简单，只要将所有的端口都定义一下就可以了。它的缺点是如果某个 VLAN 的用户离开了原来的端口，到了一个新的交换机的某个端口，那么就必须重新定义。

(2)基于 MAC 地址：根据每个主机的 MAC 地址来划分 VLAN，这种 VLAN 是一些 MAC 地址的集合。其最大优点是当用户的物理位置移动时，即从一个交换机端口换到其他的交换机端口时，不用重新配置。所以，可以认为这种根据 MAC 地址划分的方法是基于用户的 VLAN。

这种方法的缺点是初始化时所有的用户都必须进行配置，如果有几百个甚至上千个用户的话，配置的工作量很大。而且这种划分的方法也导致了交换机执行效率的降低，因为在每一个交换机的端口都可能存在很多个 VLAN 组的成员，这样就无法限制广播包了。另外，对于经常更换网卡的用户来说，他们可能必须不停地配置。这就会给管理带来难度。

(3)基于网络层划分 VLAN：根据每个主机的网络层地址或协议类型（如果支持多协议）划分。虽然这种划分方法是根据网络地址（如 IP 地址）划分的，但它不是路由，与网络层的路由毫无关系。它虽然查看每个数据包的 IP 地址，但由于不是路由，所以，没有 RIP、OSPF 等路由协议，而是根据生成树算法进行桥交换。

这种方法的优点是用户的物理位置改变时不需要重新配置所属的 VLAN，而且可以根据协议类型来划分 VLAN，这对网络管理者来说很重要。另外，这种方法不需要附加的帧标记来识别 VLAN，这样可以减少网络的通信量。基于网络层的 VLAN 采用路由器中常用的方法。

这种方法的缺点是效率低，因为检查每一个数据包的网络层地址是需要耗费时间的。

(4)根据 IP 组播划分 VLAN：IP 组播实际上也是一种 VLAN 的定义，即认为一个组播组就是一个 VLAN。这种划分方法将 VLAN 扩大到了广域网，因此具有更大的灵活性，而且也很容易通过路由器进行扩展。这种方法不适合局域网，主要是由于其效率不高。

4.4 网络互联

20 世纪 80 年代，局域网技术迅猛发展，越来越多的个人计算机进入了网络环境，实现了彼此之间的信息交换和资源共享。但是由于局域网本身的距离限制，连接的站点有限；另外，由于不同的用户选择的局域网的类型也各不相同，因此，不同的局域网之间就像一座座彼此分离的孤岛，无法相互通信。网络互联的目的就是采用适当的技术和设备将孤立的局域网连接起来，使不同网络中的计算机能够实现相互通信和资源共享，实现多个网络之间的互联、互通和互操作。不同网络在拓扑结构、网络设备、传输介质、速率/带宽、主机类型、网络操作系统等方面的不同，使不同网络具有各不相同的特性。为了实现不同网络中的任意两台主机之间的通信，网络互联必须协调不同网络所提供的服务、使用的协议、编址方案、分组大小，是否可进行多路广播、QoS 与差错恢复，是否可实现安全机制、超时控制等各方面的差异。

4.4.1 网络互联类型

从互联网络的覆盖区域来看，网络互联的类型可分为：

(1)局域网互联。有本地局域网互联（LAN1-LAN2）和远程局域网互联（LAN1-WAN-LAN2）。本地局域网之间可通过中继器、网桥、交换机、路由器等网络设备实现互联。远程局域网之间可通过点到点的链路或分组交换网络进行互联。使用的网络设备可以是网桥、路由器或网关。如果是同构的局域网，可以采用隧道技术进行远程互联。

(2)局域网与广域网互联（LAN-WAN）。局域网与广域网之间实现互联的主要设备是路由器和网关。通常要进行协议的转换。

(3)广域网互联（WAN-WAN）。广域网之间也可以通过路由器或网关实现互联，使连入广域网的主机或局域网之间能够相互共享资源。

从 OSI 层次模型的观点出发,网络互联的层次可分为物理层、数据链路层、网络层和高层四种。与之对应的网络互联设备分别是中继器(Repeater)、网桥(Bridge)、路由器(Router)和网关(Getway),如图 4-11 所示。

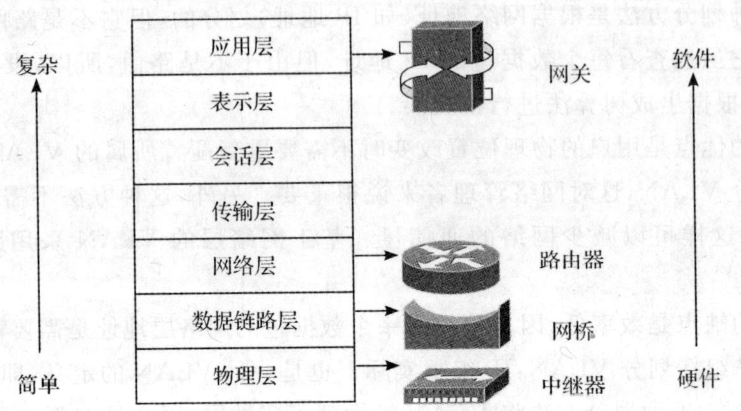

图 4-11 网络互联的层次与互联设备

(1)物理层互联。物理层互联属于中继互联,使用中继器连接若干个电缆段。中继器又称为转发器,其功能就是在不同电缆段之间复制位信号。

(2)数据链路层互联。数据链路层互联属于桥接互联,是使用网桥连接多个使用兼容地址方案的物理网络。网桥的功能是在物理网络之间存储转发帧。

(3)网络层互联。网络层互联属于路由互联,使用路由器连接若干个逻辑网络。路由器的核心功能是在逻辑网络之间进行数据包的存储转发。它支持通用的网际互联协议(如 IP 协议)和各种路由协议(Routing Protocol)。

(4)高层互联。高层互联是使用网关连接不同体系结构的网络。网关也称为网间协议变换器,它涉及 OSI 模型的七个层次,由适当的硬件和软件构成。注意,由于历史的原因,许多关于 TCP/IP 的文献将网络层的路由器称为网关,但实际上二者的功能并不相同。

纵观网络互联的各个层次可知,物理层的互联技术最为简单。中继器只是一个简单的信号转发设备,无需任何软件支持。而越往高层,所用的设备越复杂,对软件的依赖性也越强。实际上,除了中继器以外,网桥、路由器、网关均由独立的计算机担任。

4.4.2 网络互联设备

1. 中继器和集线器(Hub)

中继器工作在 OSI 模型的物理层,其功能是在不同电缆段之间转发位信号。网络中的物理信号会随着传输距离的增加而衰减,为了扩大信号的传输距离,可以采用中继器对信号进行调理放大。中继互联的实质是对网络进行距离上的物理扩展。中继器接收物理网络上的所有信号(包括冲突信号),经过调理、再生、放大,再发送出去,从而扩展网络的跨距。中继器将原本分离的多个较小的物理网络(或网段)合并成一个较大的物理网络。因此,从严格意义上讲,用中继器扩展网络不是真正的网络互联。

中继器的特性包括：

(1)中继器工作在物理层，仅对信号进行透明的整理、再生、放大，不涉及协议的转换。因此，中继互联的网段必须采用一致的数据链路协议。

(2)中继器主要用于线性电缆系统(如以太网)，但也可以用于扩展令牌环网的距离。

(3)中继器连接的以太网不能形成环路。由于以太网采用的是CSMA/CD介质访问法，网络中的信息没有固定的流动方向，每个独立的以太网就是一个冲突域(CSMA/CD域)，如果形成环路，会导致信号的循环叠加而出错。

(4)中继器连接的各个网段上的结点地址不能相同。

(5)中继器不能无限延长网段。中继器虽然可以延长网段，但延长的距离受到网络MAC协议的时延、距离等限制。在一个10 Mbps的标准以太网中，最多使用4个中继器，连接5个电缆段，且其中只有3个网段可以连接计算机，其余2个是纯粹用于扩展距离的链路。此称为以太网的5-4-3规则。

共享式集线器是特殊的多端口中继器。它将任一端口收到的数据信号转发到所有其他端口。一个集线器对应一个或多个共享网段。共享式集线器分为以下两类：

(1)单网段集线器：集线器的所有端口都连接到其内部的一个共享网段上。市场上价格便宜的集线器大多属于这一类。这种集线器连成的网络外观看似一个星状网络，但内部实质上是一条共享的总线，因此这种网络拓扑结构也称为星状总线结构。

(2)多网段集线器：采用集线器背板，支持多个共享网段。集线器的端口分别连接到其内部的不同网段上，各网段是分离的冲突域和广播域，需要外接网桥或路由器来互联。

随着网络技术的发展，出现了交换式集线器和智能型集线器，可以支持不同的局域网协议，甚至还可以配置网桥模块和路由器模块，但这些集线器已经不属于中继器。

中继器虽然价格低廉，易于使用，无需任何配置即可工作，但由于其本身特性的限制，存在以下缺点：

(1)中继器工作在物理层，不能均衡负载，不能阻止广播风暴的发生。

(2)中继器将分离的多个物理网络(或网段)合并成一个物理网络。如果合并前的每个网段是独立的小冲突域，中继互联后它们被合并成一个大的冲突域。合并后，冲突的概率增加了，网络的效率将下降。

(3)如果各个网段的介质访问法不同，即使只是速率不同，也不能在物理层进行中继互联。随着网络交换技术的发展，中继器和共享式集线器已经逐渐被其他网络设备所取代。

2. 网桥

网桥工作在OSI模型的数据链路层，其功能是在物理网络之间转发帧。网桥可连通两个使用兼容地址方案的物理网络，从逻辑上把它们连接为单一的网络，使一个物理网络上的用户可以透明地通过网桥访问另一个物理网络上的资源。

与中继器相比，网桥具有以下特点：

(1)可实现不同类型的局域网互联。两个不同类型的局域网，只要它们的网络层协议相同，且MAC协议的地址方案兼容，就可以通过网桥连通为一个逻辑网络。例如，采用IP协议的以太网和令牌环网之间就可以通过网桥互联。而中继器只能连接两个MAC协议完全相同的物理网络。

(2)可实现大范围的局域网互联。网桥工作在数据链路层,它不受 MAC 定时特性的限制,连接的距离几乎无限。例如,相距甚远的两个局域网可以通过一对远程网桥实现互联。

(3)网桥有存储转发功能,可依据帧的目标 MAC 地址和网桥内部的转发表(Forwarding Table)判断是否需要转发,从而对帧进行过滤。网桥还可对帧进行差错检验,隔离错误,提高了局域网的性能。

(4)网桥能够隔离冲突,提高了网络的效率和可靠性。两个分离的共享局域网是两个分离的冲突域,二者用网桥连通时只是从逻辑上连成一个局域网,即二者在逻辑上属于同一广播域,但二者对应的冲突域并未合并,网桥在其间起到了隔离的作用。网桥只转发应该转发的帧。因此,一个网络中的两个站点之间的通信,不会影响其他网络中的站点之间的通信。

使用网桥也存在一些不利之处:

(1)网桥不能隔离广播,不能阻止广播风暴的发生。

(2)网桥工作在 OSI 模型的第二层,只能涉及数据链路上的相邻结点,无远程结点的路选功能。

(3)网桥无 TTL(生存期)递减机制。当网络中存在桥接环路时会很危险。

网桥有许多种类,从不同的角度有不同的分类:

(1)从应用上可划分为本地网桥、远程网桥和主干网桥。本地网桥用于连接两个或多个本地局域网;远程网桥是一对网桥,它通过广域链路连接远距离的局域网;主干网桥连接高速主干线路和低速的局域网。

(2)从桥接技术上可划分为透明桥和源路由桥。

(3)从协议变换的角度划分为封装桥和翻译桥。封装桥也是一种隧道技术,它由一对网桥和中间网络构成,用于连接同种类型的局域网。一个局域网的帧通过网桥封装在中间网络的帧中送达另一个局域网,在目的局域网中拆封后再传给目标主机。翻译桥可以进行帧的格式转换,用于连接不同类型的局域网。

3. 路由器

路由器运行在 OSI 模型的网络层,其核心功能是在多个网络之间寻找一条最佳传输路径,将报文分组(Packet,包)有效地传送到目的站点。实际上,路由器将互联网络分成多个逻辑网络,而每个逻辑网络是一个独立的广播域。

路由器的作用主要有:

(1)网络互联。路由器支持各种局域网和广域网接口,主要用于互联局域网和广域网,实现不同网络间互相通信。

(2)数据处理。提供包括分组过滤、分组转发、优先级、复用、加密、压缩和防火墙等功能。

(3)网络管理。路由器提供包括配置管理、性能管理、容错管理和流量控制等功能。

路由器根据某种度量尺度(Metric)来决定到达目的地的最佳路径。不同的路由算法使用不同的度量尺度来决定最佳路径。成熟的路由算法能够综合多个度量尺度进行路径选择。常用的度量尺度包括跳距(Hop Count)、可信度(Reliability)、延迟(Delay)、带宽(Bandwidth)、负载(Load)、通信代价(Communication Cost)和最大传输单元 MTU(Maximum Transmission

Unit)等。为了完成路径选择,路由器采取某种路由算法来建立并维护路由表,路由表中保存着子网的标志信息、网上路由器的个数和下一个路由器的名字等内容。实际上,路由器并不知道到达目标主机的完整路径,只知道要到达目标网络,下一跳应走哪一个路由器。路由表包含一组目标网络到下一跳路由器的映射信息,它告知路由器如何获得到达指定目的地的最佳路径。

根据路由表中的路由信息的建立策略,可将路由分为静态路由和动态路由两类。

(1)静态路由:由系统管理员在路由运行之前根据网络的当前状况手工配置好固定的路由表。当网络的拓扑状态发生变化时,它不会随之改变,只能由网络管理员进行手工修改。这要求网络管理员具有丰富的经验,并且熟悉网络拓扑结构。使用静态路由的算法设计简单,对路由器的开销较少,可以人工控制路由信息的更新,适用于网络交通相对可预言、网络设计相对简单的小型互联网环境。但是,因为静态路由系统不能对网络变化作出反应,因此,不适用于大型、复杂、不断改变的网络环境。

(2)动态路由:采用某种路由算法根据网络的实际情况自动建立路由信息。路由器之间通过适时地交换路由更新信息或网络链路状态信息来维护它们的路由表。路由更新通常涉及整个或者一部分的路由表。动态路由算法分析收到的路由更新消息,如果确认网络发生了改变,就引发重新计算最佳路由,并根据计算结果实时调整和维护路由表,以适应网络的拓扑结构和通信流量的变化。许多路由算法能够利用收到的网络链路状态信息创建完整的网络拓扑,从而计算出到达目的地的最佳路由。动态路由的优点是可以自动根据网络的实际情况来生成路由表,并且能够对网络的变化作出反应,实时更新路由表,因而适用于大型、复杂多变的互联网络环境。

动态路由选择是基于路由协议实现的,而路由算法对路由协议起着至关重要的作用。算法的设计目标、度量尺度和类型会影响路由协议的运作方式,不同的算法将导致不同的寻径结果。路由算法通常要综合考虑算法的最优化、简单性、健壮性、快速收敛性和灵活性等。常见的动态路由算法有距离矢量路由算法和链路状态路由算法。

距离矢量路由(Distance-Vector Routing)算法简称 D-V 算法,也称为 Bellman-Ford 算法。该算法计算网络中链路的距离矢量,然后根据计算结果进行路由选择。其基本思想是在相邻路由器之间周期性地交换各自的路由表副本。当网络的拓扑结构发生变化时,路由器之间也会及时互通有关的变更信息。路由表中的每一条记录就是从该路由器到达某个目标网络的最佳路由,其中包含目标网络号、到达目的地路径上的下一路由器的入口地址和该路由的距离矢量。每个路由器周期性地将其路由表副本完整地传给所有相邻路由器,当一个路由器收到某个邻居的路由表时,将其中的路由信息与自身的路由表进行比较,如果找到一条新路由,就将它加入自身的路由表中;若找到一条比当前路由更好的路由,则用其替换本表中的路由,同时将新路由的距离矢量与该路由器和邻居之间的距离矢量相加的结果作为新路由的距离矢量,并在下一周期将更新后的路由表副本传给所有其他邻居。这样一级一级地传递下去,直到全网同步。在该算法中,每个路由器都不了解整个网络的拓扑结构,它们只知道与自己相连的网络情况,并根据从邻居处获得的信息更新自己的路由表。典型的距离向量路由选择协议有 IGRP、RIP 等。尽管该算法管理上比较简单,易于实现,但存在以下问题:路由更新报文包含整个路由表的副本，需要耗费大量的时间用于交换和记录信息，因此算法的收敛速度较慢；如果网络规模较大，当路由信息迅速改变时，某些结点可能无法及时更新，从而拥有不正确的路由信息，因此该算法的网络规模伸展性差；算法容易产生路由循环，必须采取有效的预防措施。

链路状态路由(Link-State Routing)算法简称 L-S 算法，也称为最短路径优先(Shortest Path First，SPF)算法。该算法的目的是得到整个网络的拓扑结构，从而计算出最佳路由。其基本思想是使每个路由器中维持着一份最新的关于整个网络的拓扑数据库，即 SPF 树。树的根结点就是该路由器本身。各路由器定期地检查所有直接链路的状态(是否活动和可达)，将获得的信息组成链路状态报文(Link-State Packet，LSP)发给网上的所有其他路由器。每个路由器收到链路状态报文 LSP 时，按照其中的信息逐步建立或更新自己的网络拓扑数据库，再根据网络拓扑数据库判断每个目标网络是否可达，并计算最短路径，以更新路由表。在链路状态路选算法的操作过程中，每个路由器必须发现它的邻居路由器，获得它们的网络地址；测量它到各个邻居路由器的传输代价(或延迟)；组装一个 LSP 报文分组，包含它刚获得的链路状态信息；将 LSP 报文发送给网络中的所有其他路由器；计算它到每个网络的最短路径。典型的链路状态路由选择协议有 OSPF 等。

D-V 算法和 L-S 算法的差别主要体现在以下几个方面：(1)D-V 算法不了解整个网络的拓扑结构，而 L-S 算法清楚地知道整个网络的拓扑结构。(2)D-V 算法根据从邻居处获得的信息计算路由的距离矢量，算法简单，但不能保证信息可靠；而 L-S 算法根据 LSP 维持网络拓扑数据库，计算最短路径，算法复杂，需要占用较多的 CPU 时间和内存空间，但由于 LSP 的信息是发送者直接验证的，且在传输过程中不改变，保证可靠。(3)路由更新报文包含整个路由表，报文长，与网络规模成正比，因而网络规模的伸展性较差；链路状态报文 LCP 只包含一个路由器的直接链路状态，报文短，与网络规模无关。(4)D-V 算法的收敛速度较慢，容易产生路由循环；反之，L-S 算法的收敛速度较快，不容易产生路由循环。总之，两种算法各有千秋，前者适用于小型互联网，而后者适用于大型互联网。

与网桥相比，路由器具有以下特点：

(1)支持各种网际互联协议，适合连接异种网络，如 TCP/IP 网络、Appletalk 网络、IPX 网络等。

(2)具有最佳路由选择能力。路由器支持多种路由协议，可动态生成路由表，并能根据互联网络当前状况的变化，动态更新和修改路由表，从而实现最佳路由选择。

(3)可动态过滤网络信息，拒绝恶意数据的访问，有利于网络的安全保密。

(4)有更强的隔离能力，可有效隔离局域网的广播，阻止广播风暴传播到整个互联网络。

(5)有较好的拥塞控制能力，可均衡负载，进行流量控制。

(6)适合连接大型网络，便于网络管理控制，但在简单局域网环境下，路由器互联的数据交换效率比桥接方式低。

在实现局域网和广域网之间的互联或广域网之间的互联时，必须通过路由器。另外，不同虚拟网络间的数据交换也必须通过路由器。路由器提供了网络层互联的机制，实现了将报文分组从一个逻辑网络发送到另一个逻辑网络。所谓路由就是指将报文分组发送的路径信息。

路由功能就是指选择一条从源网络到目的网络的路径，并进行数据包的转发。路由选择是实现高效通信的基础。在运行TCP/IP协议的网络中，每个报文分组都记录了该分组的源IP地址和目的IP地址。路由器通过检查分组的目的IP地址，判断如何转发该数据包，以便对传输中的下一跳路由作出判断。

4. 网关

网关又称为网间协议变换器，它涉及OSI模型的全部七层，用于连接不同体系结构的网络，或实现主机与网络的连接，在它们之间进行高层协议的转换。网关是软件和硬件结合的产品，在所有互联设备中最为复杂。它必须容纳不同网络间的各种差异，进行互联网间的协议转换，执行报文存储转发及流量控制，提供虚电路接口及相应的服务，支持应用层互通及互联网间的网络管理等。由于应用协议的复杂性，网关仅能对特定应用协议进行转换，且转换的速度较慢。常见的网关有：

(1)电子邮件网关：支持不同邮件系统之间的数据传输。

(2)IBM主机网关：实现PC机与IBM大型主机之间的数据交换。

(3)IP电话网关：实现IP网络与PSTN的接口。

(4)因特网网关：用于管理局域网和因特网之间的通信，如防火墙等。

4.5 TCP/IP协议

传输控制协议/互联网络协议(Transmission Control Protocol/Internet Protocol，TCP/IP)是由许多协议组成的一套网络通信标准协议。它是目前国际上异种机、异种网互联的一个工业标准，所以实际上已成为几乎所有现代网络计算机必备的协议。

TCP/IP协议具有以下特点：

(1)开放的协议标准，可以免费使用，并且独立于特定的计算机硬件与操作系统，可以运行在局域网、广域网、互联网中。

(2)连接独立的网络形成一个虚拟的网，统一的网络地址分配方案，使得网中所有TCP/IP设备都具有唯一的IP地址。

(3)标准化的高层协议，可以提供多种可靠的用户服务。

(4)TCP和UDP向网络应用程序提供了高层的数据传输服务，通过IP来传输数据包，并能选择合适的路由将数据包传送到目的地。

4.5.1 TCP/IP模型

TCP/IP的体系结构分为四层，从下到上分别是：网络接口层、网际层(互联网络层)、传输层和应用层。它们与OSI参考模型之间的对应关系如图4-12所示。

Internet的迅速发展使TCP/IP已成了事实上的网络互联标准。这种分层模型的协议隐藏了通信底层的细节，有利于提高效率。程序员仅需与高级协议抽象打交道，而不必把精力放在诸如硬件配置等细节问题上。使用高层抽象编制的程序独立于机器结构或网络硬件，从而可以使任意一对拥有TCP/IP协议栈的机器实现通信。TCP/IP参考模型与协议族之间的关

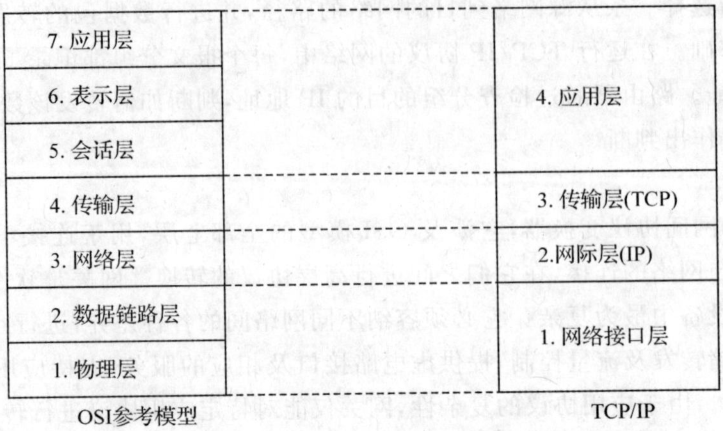

OSI参考模型	TCP/IP
7. 应用层	4. 应用层
6. 表示层	
5. 会话层	
4. 传输层	3. 传输层(TCP)
3. 网络层	2.网际层(IP)
2. 数据链路层	1. 网络接口层
1. 物理层	

图 4-12　TCP/IP 的体系结构与 OSI 参考模型的对应关系

系如图 4-13 所示。

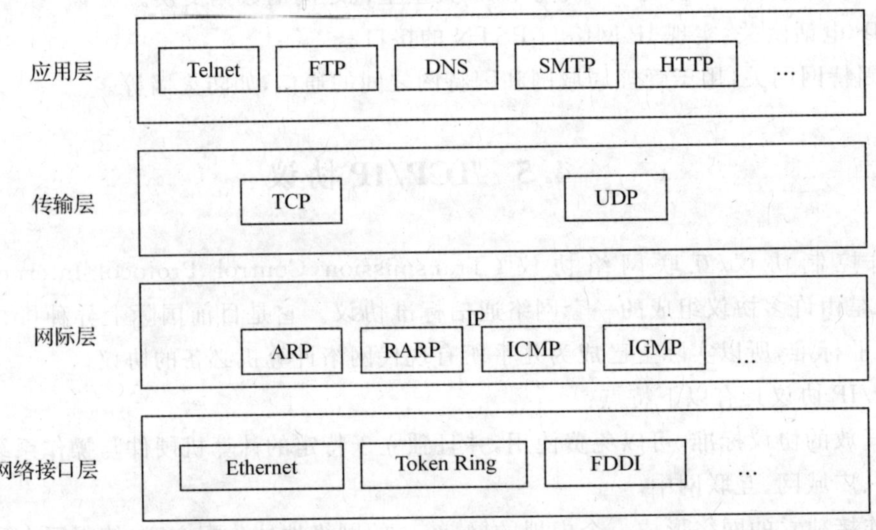

图 4-13　TCP/IP 参考模型与协议族之间的关系

4.5.2　网络接口层

TCP/IP 模型中，最底层的网络接口层相当于 OSI 的物理层和数据链路层的整合，通常包括操作系统中的设备驱动程序和计算机中对应的网络接口卡。实际上，该层在 TCP/IP 模型中并未作详细规定，只是要求能够提供给其上层(网际层)一个访问接口，以便在其上传递 IP 分组。其具体的实现方法随着网络类型的不同而不同。

4.5.3　网际层(互联网络层)

网际层相当于 OSI 的网络层，不过它是针对网际网络环境设计的，具有更强的网际通信能力。它是整个 TCP/IP 协议栈的核心，主要功能是把分组发往目标网络或主机。该层运行的协议包括 IP、ARP、RARP、ICMP 和 IGMP 等。

1. IP 协议

IP 协议是网际层最重要的协议，负责在通信子网范围内实现跨越互联网络的主机间的相互通信，即数据报的转发和交付。IP 协议运行在 TCP/IP 互联网中的所有主机和路由器上，定义了网络层交换报文分组的格式，提供了网络层地址（即 IP 地址）供终端结点使用。IP 协议本身不具备路由选择功能，根据路由协议的选路结果（路由表中的路由信息）在互联网络的不同主机间实现分组的转发和交付。IP 协议提供的是无连接、不可靠、尽力而为的数据报服务。在数据报传送过程中，若目的主机直接连接在本网中，IP 可直接通过网络将数据报传给目的主机；若目的主机在远地网络，则 IP 通过本地 IP 网关（路由器）传送数据报，网关通过下一网络将数据报传到目的主机或下一网关，依此类推，直到把数据报传送到目的主机或被丢弃。IP 协议可以运行在任何一种标准的数据链路协议之上，而且可以为任何一种传输协议提供服务。

在无连接服务中，通信双方不需要经过连接；每个分组都必须携带完整的目的结点地址；各分组在系统中是独立传送的；数据分组传输过程中，目的结点接收的数据分组可能出现乱序、重复与丢失的现象。无连接服务的可靠性比较差，但是协议相对简单，通信效率较高。

（1）IP 数据报

IP 数据报由报头和数据两部分构成。其中，基本报头 20 字节，加上选项字段后可扩充至 60 字节，而数据报总长最多可达 64 k 字节。其结构如图 4-14 所示。

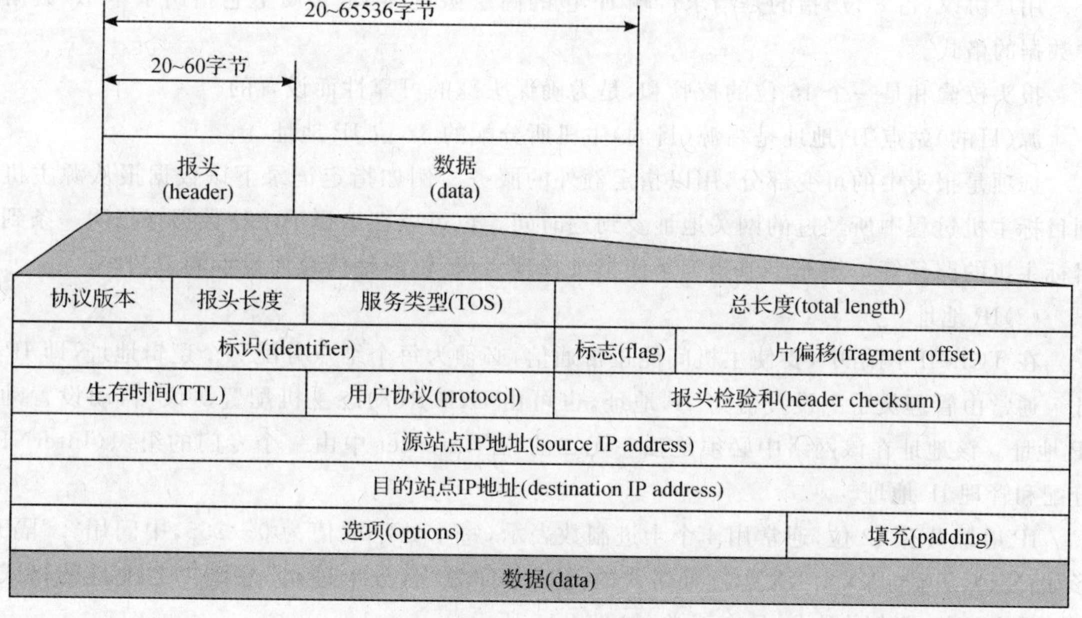

图 4-14　IP 数据报

协议版本（占 4 位）指该 IP 协议的版本号。不同版本的 IP 协议其报头的格式不完全相同。

报头长度（占 4 位）指数据报头标的长度。它包括到地址为止的 20 个字节的固定部分，以 4 个字节为一个单位长度，如果没有选择和填充区，其值为 5。

服务类型（占 8 位）用来说明对本数据报传输的要求。前三位用来表示数据报的优先级，

“0”表示一般优先级，“7”表示网络控制优先级；第四位固定为“0”；其他四位分别代表 D(Delay)、T(Throughput)、R(Reliability)和 C(Cost)，当它们全部置“1”时表示用户要求该分组以最短的延时(D)、最大的吞吐率(T)、最高的可靠性(R)和最少的费用(C)来传输。它们只是反映了用户的要求，在可能的情况下网络尽量满足。

总长度(占 16 位)包括报头及数据区的总长度，以字节为单位计算。16 位的数据报标识符作为该数据报的唯一标志，一般用一个计数器的值来设置。因为 IP 数据报在传输的过程中受到某些物理网络帧长的限制，可能被分成若干个段，每一段作为一个小的 IP 包在网络中传输，这些小的 IP 包的报头中的标识符是一样的。标识符可用于识别哪些段是属于原来的一个大数据报的。

标志部分包括三位，但其中一位未用，一位代表该数据报允不允许被分段，另一位表示该 IP 包是否是一个数据报的最后一段。因此，分段后的 IP 包除最后一段外的标志部分都发生了改变。

片偏移(占 13 位)指出该数据报中的数据在原来数据报中的位置，其值以 8 个字节为单位计算。

生存时间(占 8 位)指允许该分组存在的时间。数据报在传输过程中，随着时间的流逝，网关和主机要从该域减去所消耗的时间，一旦该域小于或等于零，则该分组被删除，网关向源主机发回出错信息。

用户协议(占 8 位)指的是请求传输 IP 包的高层协议类型，实质上它指出了本 IP 数据报中数据的格式。

报头校验和是一个 16 位的校验和，是为确保头部的可靠性而设置的。

源(目的)站点 IP 地址是指源(目的)主机所分配的 32 位 IP 地址。

选项是报头中的可变部分，用以指定额外的服务。例如指定记录下该数据报从源主机传到目标主机过程中所经过的网关地址及到达时间。也可以在选择项中给数据报指明一条到达目标主机的路径等。填充字节是为了使报头长度为 32 位的整倍数而设置的。

(2)IP 地址

在 TCP/IP 网络中，要使主机间能正常通信，必须为每个结点分配一个逻辑地址，即 IP 地址。通常由管理员手工设置静态 IP 地址，也可由 DHCP(动态主机配置协议)自动设置动态 IP 地址。该地址在该网络中必须是独一无二的，在 Internet 中由一个专门的组织(InterNIC)分配和管理 IP 地址。

IP 地址共有 32 位，通常用 4 个十进制数表示，每个数字取值为 0～255，中间用“.”隔开，形如:XXX. XXX. XXX. XXX，这种格式的地址亦称为“点分十进制”地址。IP 地址的格式由网络号和主机号共同形成，具有五类，如图 4-15 所示。

A 类地址的网络地址空间有 7 bit，允许 126 个不同的 A 类网络，起始地址为 1～126，0 和 127 两个地址用于特殊目的。每个 A 类网络的主机地址数多达 2^{24} 个，最多可容纳 $2^{24}-2$ 台主机。适用于有大量主机的大型网络。

B 类地址的网络地址空间为 14 bit，允许 2^{14} 个不同的 B 类网络，起始地址为 128～191。每个 B 类网络的主机地址数为 2^{16}，最多可容纳 $2^{16}-2$ 台主机。适用于国际性大公司和政府

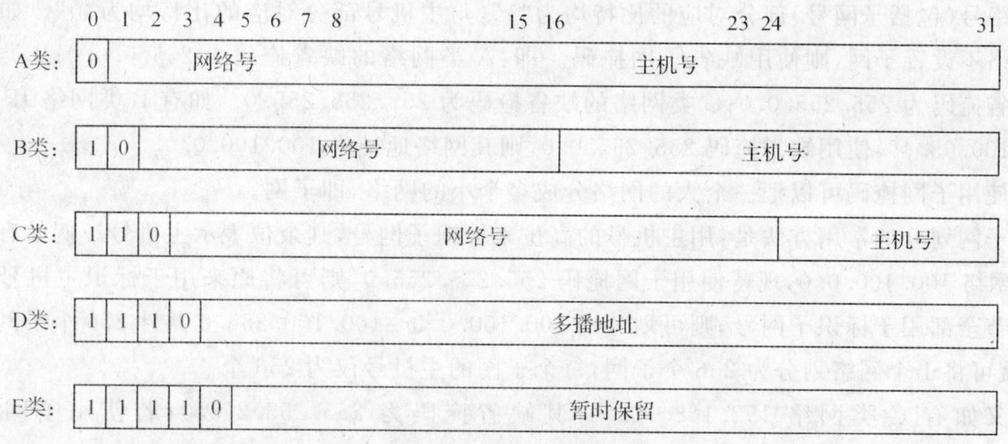

图 4-15　IP 地址格式

机构等。

C 类地址的网络地址空间为 21 bit，允许多达 2^{21} 种不同的 C 类网络，起始地址为 192～223。每个 C 类网络的主机地址数为 256，最多可容纳 254 台主机。适用于一些小公司或研究机构。

D 类地址不标识网络，此类地址的起始地址为 224～239，即主机的地址范围为 224.0.0.0～239.255.255.255。用于特殊用途，如多播。

E 类地址暂时保留，用于某些实验和将来使用，其起始地址为 240～255。

可见，根据高 4 位的 IP 地址可确定其对应的类型。

在使用 IP 地址时，还要知道下列地址是保留作为特殊用途的，一般不使用：

全 0 的网络号码，表示"本网络"；全 1 的网络号码，部分路由器将它作为广播地址；全 0 的主机号码，标识一个网络，表示该 IP 地址是某个网的网络地址；全 1 的主机号码，表示为广播地址，即对该网络上所有的主机进行广播；全 0 的 IP 地址，即 0.0.0.0，代表本主机地址；网络号码为 127.X.X.X，X 为 0 至 255 之间的任意数，这种地址用于网络软件测试及本机进程间通信，称为回送(Loopback)地址；全 1 的 IP 地址 255.255.255.255，代表本网络内部广播地址，称为有限广播地址。

(3)子网掩码

IP 协议为每一个网络连接分配一个 IP 地址。如果某台主机有多个网络连接，则要为它分配多个 IP 地址，同一主机上的多个连接的 IP 地址之间并没有必然的联系。IP 地址并不是标识某台机器，而是标识一台主机与网络的一个连接。

IP 协议要求，在同一个网络中主机 IP 地址的网络号应该是相同的。如在使用 B 类 IP 地址的网络中，可容纳 6 万多台的主机，而在 A 类中，更可容纳多达 1600 万多台的主机。但是，在实际的一个物理网络中，往往其主机个数比较有限。这样就造成了：一方面，宝贵的 IP 地址资源已近枯竭；另一方面，大量的 IP 地址被闲置浪费。为解决这一问题，提出了地址掩码和子网的概念。

掩码是与 IP 地址对应的 32 位二进制数，用来区分 IP 地址中的网络号和主机号。掩码中与网络号(包括子网号)部分对应的比特均为"1",与主机号部分对应的比特均为"0"。如果一个网络不设置子网,则使用缺省子网掩码。即:A类网络的缺省掩码为255.0.0.0;B类网络的缺省掩码为255.255.0.0;C类网络的缺省掩码为255.255.255.0。如有B类网络IP地址100.100.65.49,使用缺省掩码255.255.0.0,则其网络地址为100.100.0.0。

使用子网掩码可以把一个大的网络分成多个小的网络,即子网。

子网划分的常用方法是:用主机号的高位来标识子网号,其余位表示主机号。例如有一个B类网络100.100.0.0,现若使用子网掩码255.255.255.0,则可将原来用于标识主机号的第三字节全部用于标识子网号,则可划分出100.100.0.0～100.100.255.0共计256个子网。这样,就可将1个网络划分为256个子网,每个子网的主机号仅为256个。

又如有C类网络192.168.189.0,其缺省掩码为255.255.255.0,若使用子网掩码255.255.255.192(192=11000000B),则可将原来用于标识主机号的第四字节的高2位用于标识子网号,划分出192.168.189.0、192.168.189.64、192.168.189.128和192.168.189.192共计4个子网,每个子网的主机号仅为64个。子网地址扩展了IP地址中的网络地址部分,减少了主机地址的数量。IP地址与子网掩码按位逻辑"与"所得结果便是该IP地址所在网的网络地址。判断两台主机是否在同一个子网中,可按照以上方法获得各自的网络地址,若网络地址相同,则说明在同一个子网中,否则就不在同一个子网中。

引入子网的概念,就是将主机地址进一步划分成子网地址和主机地址,通过灵活定义子网地址的位数,可以控制每个子网的规模。子网间通过跨子网的路由器相互连接,减少了每个子网上的网络通信量,便于网络管理,同时提高了IP地址的利用率,解决物理网络本身的限制问题。

(4)IPv6

以上介绍的IP实际上是IPv4,只能支持32位(4字节)的地址长度,因此所能分配的地址数目是有限的。随着Internet用户数的爆炸性增长,可以使用的IPv4地址空间已经越来越少。为了从根本上解决IP地址资源不足的问题,提供更加广阔的网络发展空间,人们对IPv4进行改进,推出功能更加完善和可靠的IPv6。IPv6的特点是:

(1)IP地址的长度为128,即有2^{128}个地址,具有更大的地址空间;

(2)使用更小的路由表,提高了路由器转发数据包的速度;

(3)增加了增强的组播支持以及对流的支持,使得网络上的多媒体应用有了长足发展的机会,为服务质量(QoS)控制提供了良好的网络平台;

(4)网络的管理更加方便和快捷;

(5)具有更高的安全性。

IPv6已经开始在小范围的网络环境内开始试用,在不久的将来,它将逐步取代IPv4。

2. ARP和RARP协议

在同一个物理网络中,主机之间的通信是通过数据链路层中的物理MAC地址相互访问的,而在TCP/IP网络中采用的逻辑IP地址仅用于网际层,物理网络无法识别。从用户间通信的角度看,往往知道的是通信双方的逻辑地址(软件识别);而从网络间通信的角度看,真正使用的只能是设备的物理地址(硬件识别)。这就需要在通信时实现逻辑地址与物理地址的相互“映射(Mapping)”。映射的方法包括：

①静态映射。即人工建立一个物理地址与逻辑地址的对照表(地址映射表)。其缺点是网络发生变化时(如更换网卡或加入新站时),需对该对照表及时进行人工更新。

②动态映射。即由主机等通过地址解析协议,在高速缓存中自动建立一个物理地址与逻辑地址的地址映射表。在 TCP/IP 网络中,通过 ARP 将逻辑地址映射成物理地址,通过 RARP 将物理地址映射成逻辑地址。

(1)ARP(Address Resolution Protocol,地址解析协议)

ARP 的工作原理是:当主机试图发送数据报时,先检查机上 ARP 高速缓存中的地址映射表,如果找不到所需的 IP-MAC 地址项,则由 IP 自动调用 ARP 操作,产生一个带有源 MAC 地址、源主机 IP 地址和目标主机 IP 地址的 ARP 请求帧,然后将该请求帧在本地网上广播,IP 地址与请求帧的目标主机 IP 地址相同的主机将接收该帧,并向源主机以单播方式发送一个包含本身 MAC 地址的 ARP 响应帧。这样,双方主机便可获得对方的 MAC 地址,从而在 ARP 高速缓存中增加一个 IP-MAC 地址映射记录,此后双方即可按 MAC 地址通信。

(2)RARP(Reverse Address Resolution Protocol,反向地址解析协议)

由于 IP 地址记录在计算机的硬盘中,而 MAC 地址是记录在计算机的网卡上的,因此无盘工作站在启动后只有自己的 MAC 地址而没有 IP 地址,这样就无法使用 TCP/IP 协议与其他的站点进行通信。为了获得 IP 地址,站点首先以广播的方式发出 RARP 请求帧,RARP 服务器就会根据请求帧中的 MAC 地址为该站点分配一个 IP 地址,然后组织一个 RARP 响应包发送回去。RARP 包与 ARP 包格式类似,唯一的差别是:RARP 请求帧中只有源 MAC 地址,没有 IP 地址。RARP 协议主要用于获取无盘工作站的 IP 地址。

3. ICMP 协议

使用不可靠、无连接的 IP 协议传送数据,优点是可以高效地利用网络资源,缺点是缺少出错报告和出错纠正功能,以及缺少主机和管理查询功能。ICMP(Internet Control Message Protocol,网际控制报文协议)正是为了解决这些问题而设计的,它和 IP 协议一起工作,用于报告 IP 层的错误以及传输 IP 层控制信息。ICMP 报文可提供多种服务,如测试 IP 报文可达性和状态、报告不可达 IP 报文、数据报流量控制、网关路由改变请求、检测循环路由或超长路由及报告错误数据报报头等。ICMP 报文通常是由发现对方报文有问题的站发出的。它属于网际层协议,其信息封装在 IP 数据报内。

4. IGMP 协议

IGMP(Internet Group Management Protocol,互联网络主机组管理协议)用于建立和管理多播(组播)组。利用 IGMP 协议,多播路由器可以判断出在它所直接相连的网段中是否存在多播组的成员。如果存在多播组成员,多播路由器就可以向上级多播路由器发送消息,申请加入一个多播组,并将上级多播路由器发送过来的多播数据包转发给多播成员主机。

4.5.4 传输层

网际层协议只提供了点到点的通信,而传输层协议提供一种端到端的服务,即应用进程之间的通信。传输层是应用层和网际层之间的接口,它为应用层上的应用提供两类服务:可靠的面向连接服务(Connection-Oriented Service)和不可靠的无连接服务(Unreliable Connectionless Service)。一般地,应用层协议运行在操作系统之上,而传输层协议集成在操作系统之中。当设计网络应用程序时,设计人员必须要指定其中的一种传输协议。

1. 接口与套接字

在多任务系统中,主机完全可能同时运行多个使用TCP或UDP协议的应用程序,在网际层的IP协议中,使用IP地址只能表示数据包属于哪一台主机,而无法标识出数据包属于主机中的哪一个应用程序。为此,在传输层协议中引入协议端口(Protocol Port)和套接字(Socket)的概念来解决这一问题。

在TCP/IP网络中,使用端口号(Port Numbers)作为进程间的通信标识,端口号用16位二进制数表示,取值范围为0~65535。在同一时刻,一台主机上的端口号与进程一一对应。端口号是由不同的主机上的TCP或UDP协议独立分配的,无法做到全网唯一;而把IP地址和端口号结合在一起,就能做到全网唯一了。我们把IP地址和端口号结合在一起称为套接字。在端到端的通信中,其使用的传输层协议一定是一样的,这样只要把协议名称、源套接字和目的套接字结合在一起就可以唯一标识一个通信连接。

使用TCP协议的应用程序包含为其他主机提供服务和使用其他主机提供的服务两种,前者称为服务程序,后者称为客户程序。客户程序可以根据需要任意选择端口号;而服务程序则使用一些公认端口(Well Known Ports),如FTP端口号为21,HTTP端口号为80,电子邮件协议SMTP的端口号为25,Telnet的端口号为23等。当客户程序需要向服务程序请求服务时,可按照以上规则向服务端对应的套接字发送数据。当一台运行TCP协议服务程序的服务器从端口号23接收到数据时,就会将数据提交给Telnet服务程序。

2. 传输控制协议TCP

网际层的IP协议提供的服务是不可靠的无连接的数据传送服务,当传送过程中出现差错、发生故障或网络负载过重时,分组可能会丢失,数据可能被破坏。而TCP协议可利用底层的IP协议为端到端提供可靠的面向连接服务,它建立并维护网络上两个通信进程间的连接。

(1)TCP协议的特征

①面向连接的可靠传输服务

TCP是一种面向连接的协议,在传输数据之前必须先在通信双方的传输实体(应用进程)之间建立一条虚电路连接,此后两个进程之间交换的所有报文数据都通过这一虚电路传送,传输结束再拆除虚电路。TCP的可靠数据流传输服务的基础是“带重传的肯定确认技术”。TCP通过三种简单的方法来实现差错控制:校验和、确认和超时重传。接收方根据校验和的内容来检查报文段是否受损,并丢弃受损的报文段。TCP使用确认的方法来证实收到了某些数据。TCP不使用否认,若一个报文段在超时截止期之前未被确认,则被认为是已受损伤或丢失。发送方每发出一个报文段就同时启动一个定时器,若在定时器限定的时间内没有收到对方的确认信息,就重发刚才发出的报文段。

②连续保序的字节流传输

TCP将上层的各种数据报文一律视为无结构的字节流来传输。用户数据的边界由收发双方约定并在用户进程中实现。为了实现连续保序的传输,TCP对发送的每一个字节数据赋与一个数据编号(即序号)。在建立连接时,双方要商定初始序号。

发送方 TCP 从发送端的应用程序中接收字节流,将它分为大小适当的报文段(Segments),然后按顺序发送到网络上;接收方 TCP 按顺序接收报文段,提取出其中的数据,然后把这些数据作为一个字节流传送给接收端的应用程序,使接收方应用程序收到的字节流与发送方应用程序发出的完全一样。在此过程中,发送方将发送端应用程序"写入"的待发送数据存放到发送缓冲区,当累积到足够多的数据时,将它们组成大小合理的报文段,再发送到网上,这样可提高传输效率,减少网络流量;接收方将接收的报文段数据存放在接收缓冲区中,等待接收端的应用程序来"读取"。如图 4-16 所示。

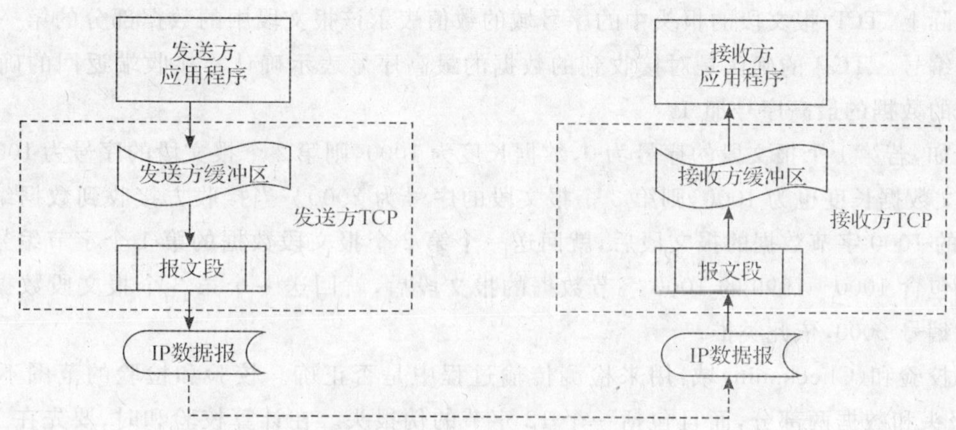

图 4-16 TCP 数据传输过程

注意:由于 TCP 是基于 IP 协议实现的,IP 协议提供的是不可靠的服务,因此顺序发出的报文段可能丢失,也可能不按顺序到达。TCP 只按顺序接收报文段,对于不按顺序到达的报文段一律丢弃。

③全双工服务

TCP 提供全双工服务,一个 TCP 连接支持两个通信的高层协议之间的双向数据传递,即两个应用程序彼此连接后,它们都可发送和接收数据。

(2)TCP 报文的格式

TCP 报文的格式为报文段,由报头和数据两部分构成,如图 4-17 所示。

<table>
<tr><td colspan="8">0　　　　　　　　　　15</td><td>16　　　　　　　　　31</td></tr>
<tr><td colspan="8">源端口号</td><td>目标端口号</td></tr>
<tr><td colspan="9">序列号</td></tr>
<tr><td colspan="9">确认号</td></tr>
<tr><td>头长度</td><td>保留</td><td>URG</td><td>ACK</td><td>PSH</td><td>RST</td><td>SYN</td><td>FIN</td><td>窗口大小</td></tr>
<tr><td colspan="8">校验和</td><td>紧急指针</td></tr>
<tr><td colspan="9">选项及填充字节</td></tr>
<tr><td colspan="9">数据</td></tr>
</table>

图 4-17 TCP 报文格式

其中，报头部分 20(基本)～60(加上选项)字节。TCP 协议报头由多个域组成，现将几个比较重要的域简单介绍如下：

①源端端口号(Source Port Number)域和目的地端口号(Destination Port Number)域：分别标识发送方和接收方的应用进程，端口号与 IP 地址一起构成套接字，用于识别发送方和接收方的通信端点。

②序号(Sequence Number)域和确认号(Acknowledgment Number)域：32 位的序号域用来指示当前数据块在整个传输数据中的位置，而 32 位的确认号域用来表示接收端希望接收的下一个字节的编号。

实际上，TCP 报文段的报头中的序号域的数值表示该报文段中的数据部分的第一个字节的数据编号。TCP 的确认是对接收到的数据的最高序号表示确认。接收端返回的确认号是已收到的数据的最高序号加 1。

例如，若第 1 个报文段的序号为 0，数据长度为 1000，则第 2 个报文段的序号为 1000；若第 2 个报文数据长度也为 1000，则第 3 个报文段的序号为 2000。当接收方接收到数据编号为 0～999 的 1000 字节数据的报文段后，就回送一个第 2 个报文段数据的第 1 个字节编号 1000；接收到包含 1000～1999 的 1000 字节数据的报文段后，就回送一个第 3 个报文段数据的第 1 个字节编号 2000，依此类推。

③校验和(Checksum)域：用来检测传输过程中是否正确。校验和检验的范围不仅包括 TCP 报头和数据两部分，而且包括一个 12 字节的伪报头。在计算校验和时，要先在 TCP 报文段的前面加上伪报头再求和。伪报头仅用于计算校验和，不向下传送。其格式如图 4-18 所示。

0　　　　7	8　　　　15	16　　　　　31
源 IP 地址		
目标 IP 地址		
填充(0)	协议号(6)	TCP 报文段长度

图 4-18　计算校验和时的 TCP 伪报头

④标志(Flag)域：6 位标志位中的(Urgent Pointer，URG)标志置“1”时，表示紧急指针有效，说明本报文段中包含必须立即交付的“紧急数据”(Urgent)。紧急数据指针(Urgent Data Pointer)域中的值给出了紧急数据的最后一个字节数据的编号，表明本报文段中到该字节为止的数据都必须立即交付。遇到这种情况时接收方 TCP 就必须将紧急数据立即提交给高层的应用进程。确认(Acknowledgment，ACK)标志用来表示确认号(Acknowledgment Number)的值是否有效。推送 PSH(Push)功能标志为 1 时表示整个报文段的数据都是紧急数据，接收端应该把数据立即送到高层。RST(Reset)标志为 1 时表示复位 TCP 连接，主要用于由于主机崩溃或其他原因出现连接错误时。SYN(Synchronize)标志为 1 时表示建立连接，让连接双方同步序列号。当 SYN＝1 且 ACK＝0 时，表示该数据包为连接请求；当 SYN＝1 且 ACK＝1 时，表示接受连接。FIN 标志等于 1 时表示数据已发送完毕，希望释放连接。

⑤窗口大小(Window Size)域：16 位的窗口域用于数据流的流量控制。域中的值表示接

收端从确认号所指示的字节开始可接收的数据字节数。窗口值变大时可提高传输速度，接收方通过改变窗口的大小可调节发送方发送数据的速度，从而实现对数据流量的控制。

TCP 报文段中的数据部分是可选的。在一个连接建立和一个连接终止时，双方交换的报文段就仅有 TCP 首部。如果一方没有数据要发送，也使用没有任何数据的首部来确认收到的数据。在处理超时，也会发送不带任何数据的 TCP 报文段。

(3)TCP 连接

TCP 连接包括三个阶段：连接建立、数据传送和连接拆除。TCP 用三路握手(Three-way Handshake)过程建立一个连接，用四路握手(Four-way Handshake)过程来拆除一个连接。

TCP 是一种面向连接的协议，需要在源进程和目标进程之间建立一个虚拟信道，此后同一进程的所有报文段都通过这一虚拟信道发送。对于程序来说，虚拟信道好像一条专用线路，而实际上是由数据流传输服务提供的可靠的虚拟连接，不同的数据报的传输路径可能不同，故这种虚拟信道也称为“虚电路”。

①连接

服务器端(Server)打开一个套接字(Socket)用于监听来自客户端(Client)的连接请求。当客户端需要进行 TCP 连接时，首先发送一个 SYN 报文段(SYN 为 1)指明客户端要连接的服务器的端口以及初始顺序号 ISN；服务器端发回包含服务器的初始顺序号 ISN 的 SYN 报文段(SYN 为 1)作为应答，同时，将确认号设置为客户的初始顺序号加 1 以对客户的 SYN 报文段进行确认(ACK 也为 1)；客户端必须将确认号设置为服务器的 ISN 加 1 以对服务器的 SYN 报文段进行确认(ACK 为 1)，该报文通知服务器端双方已完成连接建立。通过三次握手协议可以确保连接双方做好传输准备，并使双方统一初始顺序号。

②数据传送

在 TCP 的数据传送状态，很多重要的机制保证了 TCP 的可靠性和强壮性。它们包括：使用序号，对收到的 TCP 报文段进行排序以及检测重复的数据；使用校验和来检测报文段的错误；使用确认和计时器来检测和纠正丢包或延时。

TCP 采用“带重传功能的肯定确认”技术进行数据传输。接收方收到数据之后必须向发送方回送确认信息 ACK。发送方对发出的每个分组都保存一份记录，在发送下一个分组之前等待确认信息。同时，发送方在发出报文段的同时启动一个定时器，并在定时器的定时期满而确认信息还没有到达的情况下，重发刚才发出的报文段。

TCP 可以检测损坏的、丢失的、乱序的和重复的报文段，对差错进行纠正，从而实现差错控制(Error Control)功能。用于错误检查的方法有检验和、确认和超时。TCP 通过检查报头中序列号来防止报文段的乱序和重复接收，从而使接收方应用程序获得的报文序列与发送方发送的次序完全一致。

③拆除连接

拆除连接的过程通常又称为“四次握手”。当某一端的应用进程希望结束通信过程时，该端的 TCP 首先发送 FIN＝1 的报文段请求拆除连接；另一端的 TCP 收到 FIN 报文段时发送 ACK＝1 的报文段给予确认，同时告知上层的应用进程“对方将要停止传输数据”；如果本端还有数据未发，可以继续发送数据。发送结束时，也向发起方发出 FIN＝1 的报文段；发起方收到对端 FIN 报文段,发出 ACK=1 的报文段表示确认,连接拆除。

3. 用户数据报协议 UDP

UDP 协议不提供端—端的确认和重传功能,不保证信息包一定能到达目的地,因此它是一种不可靠的协议。应用开发人员选择 UDP 时,应用层协议软件几乎直接与 IP 通信。若要实现可靠的传输,必须在应用程序中采取确认和重传等措施。

(1)UDP 协议的特征

①UDP 是一个无连接协议,传输数据之前发送方和接收方不建立连接,发送方要发送数据时直接加上 UDP 报头后就发送出去。发送端数据传送的速度仅仅受应用程序生成数据的速度、计算机的能力和传输带宽的限制。在接收端,UDP 把每个报文放在队列中,应用程序每次从队列中读一个报文。

②由于传输数据不建立连接,因此也就不需要维护连接状态,因此一台服务机可同时向多个客户机传输相同的消息,适合用于组播。

③UDP 信息包的标题很短,只有 8 个字节,相对于 TCP 的 20 个字节,信息包的额外开销较小,效率高。

④吞吐量不受拥挤控制算法的调节,只受应用软件生成数据的速率、传输带宽、源端和终端主机性能的限制。UDP 广泛用在多媒体应用中。

(2)UDP 报文的格式

UDP 报文的格式由报头和数据两部分构成,如图 4-19 所示。

0　　　　15	16　　　　31
源端口号	目标端口号
报文长度	校验和
数据	

图 4-19　UDP 报文格式

16 位的源端口号和目标端口号的作用同 TCP 协议。报文长度包括 8 个字节的报头和数据,以字节为单位;校验和通过计算 UDP 数据报和一个称为伪报头(并不独立存在的包,其 IP 地址从 IP 数据报的报头中获取)的数据得到,如果该字段值为 0,表明不进行校验。伪报头格式如图 4-20 所示。

0　　　　7	8　　　　15	16　　　　31
源 IP 地址		
目标 IP 地址		
填充(0)	协议号(17)	UDP 报文长度

图 4-20　计算校验和时的 UDP 伪报头

其中填充段为全 0,协议指协议类型编码,UDP 类型为 17,报文长度指 UDP 报文的长度,不包括伪报头。如果 UDP 校验和是正确的,则基本可认为 UDP 的数据、UDP 的端口以及通信双方的 IP 地址是正确的。UDP 校验和是保证数据正确的唯一手段。伪报头只供计算校验和用。

(3)TCP/UDP 协议的比较

UDP 协议为应用层协议提供不可靠的无连接数据报传输服务。UDP 协议利用底层的 IP 协议来传送报文,既不提供确认手段对传送的报文实行端对端的确认,也不保证报文按序到达,同时也不提供流控手段控制两站点之间数据传输的流量。一个使用 UDP 的应用程序必须承担以上所有的任务。UDP 以提供尽可能小的控制开销为目标,DNS(域名解析系统)在进行域名检索时采用 UDP 协议实现,而在进行域名数据库的同步时采用 TCP 协议实现。这是因为前者需要快速交付,而后者要求可靠传输。此外,SNMP(简单网络管理协议)、TFTP(简单文件传输协议)等均采用 UDP 协议。

TCP 协议则提供可靠的面向连接的数据流传输服务。为此,它也付出了比较大的开销。TCP 在进行数据传输时,首先会在源端点和目的端点之间建立一条连接,如果连接建立失败,数据就不会传送。对于传输的每个报文,TCP 都需要源端点向目的端点发送确认信息。如果在适当的间隔内源端点收不到确认,源端点会重新发送未被确认的报文。不管下层的 IP 数据报是否按序到达目的主机,TCP 都会保证数据按照原有的发送顺序传递给应用程序。

此外,TCP 还提供了流量控制和拥塞控制,避免了因接收缓冲区溢出或者网关拥塞而导致的大量数据重传。

4.5.5 应用层

应用层的功能是使用户能够实现对互联网络的访问。它向用户提供各种服务接口和支持,如电子邮件、远程文件访问和传送、共享数据库管理及其他分布式信息服务。换言之,应用层提供分布式信息处理服务及用户应用进程访问等的服务途径。应用层由若干称为服务元素的实体组成,其中有些应用元素为许多应用程序所共用,称为公共应用元素(CASE);有些提供特别的服务,与特定的应用相关,称为特定应用程序服务元素(SASE)。同时,应用层向用户提供一组常用的网络服务应用协议,特别是 Internet 的应用信息服务,如:虚拟终端协议 TELNET,允许一台机器上的用户登录到远程机器上并进行工作;文件传输协议 FTP,提供将数据从一台机器上移动到另一台机器上的方法;域名系统服务 DNS,用于把主机名映射到网络地址;超文本传输协议 HTTP,用于在万维网 WWW 上获取主页;电子邮件服务 E-mail;NEWS 新闻组服务等。这些网络服务应用协议的具体内容将在下节进行详细介绍。

4.6 Internet 和 Intranet 基本知识

通常,将采用网络互联路由器和相关技术实现互联的网络集合称为互联网(internet),包括内联网(Intranet,也称为企业网)和外联网(Internet,因特网)。Internet 是基于 TCP/IP 协议建立起来的全球最大的、开放的、由众多网络和主机相互连接而成的国际互联网。它拥有数千万台计算机和几亿个用户,是全球信息资源的超大型集合体,也是信息社会中进行信息交流和获取知识的有力工具。而 Intranet(内联网)则是 Internet 概念与技术在企业内部网络中的具体应用。

4.6.1 Internet 及其应用

Internet 起源于 20 世纪 60 年代中期由美国国防部高级研究计划局(ARPA)资助的 ARPANET,此后提出的 TCP/IP 协议为 Internet 的发展奠定了基础。1986 年美国国家科学基金会(NSF)的 NSFNET 加入了 Internet 主干网,由此推动了 Internet 的发展。但是,Internet 的真正飞跃发展应该归功于 20 世纪 90 年代的商业化应用。此后,世界各地无数的企业和个人纷纷加入,终于发展演变成今天成熟的 Internet。

1. Internet 的结构及其特点

(1)Internet 的结构

Internet 不是一个单一的计算机网络,而是由众多不同类型的计算机网络构成的互联网络。因特网采取了一种分层互联的结构,是一系列自治系统(Autonomous System)的集合。自治系统是由同一机构管理,使用同一组选路策略的路由器的集合。每个自治系统中包含了处于一个机构管理之下的若干网络和路由器。一个大的自治系统通常又可分为几个较小的路由域。这些区域可以配置一至多个边界路由器。

Internet 中的协议通常采用客户端/服务器工作模式。凡是使用 TCP/IP 协议,并能与 Internet 的任意主机进行通信的计算机,无论何种类型、采用何种操作系统,均可看成是 Internet 的一部分。

(2)Internet 的主要特点

①灵活多样的入网方式。这是由于 TCP/IP 成功地解决了不同的硬件平台、网络产品、操作系统之间的兼容性问题。

②采用了分布网络中最为流行的客户端/服务器模式,大大提高了网络信息服务的灵活性。

③将网络技术、多媒体技术融为一体,体现了现代多种信息技术互相融合的发展趋势。

④方便易行,任何地方仅需通过电话线、普通计算机即可接入 Internet。

⑤向用户提供极其丰富的信息资源,包括大量免费使用的资源。

⑥具有完善的服务功能和友好的用户界面,操作简便,无需用户掌握高深的计算机专业知识。

2. Internet 的接入方式

Internet 是分布在全球的 ISP(Internet Service Provider,Internet 服务提供商)通过高速通信干线连接而成的网络。普通用户的计算机接入 Internet 实际上是通过线路连接到 ISP 提供的本地某个网络上,ISP 为普通用户提供 Internet 接入服务。我国大的 ISP 有中国电信、中国网通、中国联通、CERNET 等。

ISP 通过专线和 Internet 上的其他网络连接,保证 24 小时连续的网络服务。接入专线可以使用光缆、公共通信线路等,接入技术主要有 X.25、帧中继、DDN 和 ATM 等形式。

普通用户计算机通过接入网接入 ISP 的方式主要有 PSTN、ISDN、ADSL、LAN、DDN、Cable-Modem 和无线接入等。

下面介绍各种常见接入方式及其特点。

(1)PSTN 拨号

PSTN(Published Switched Telephone Network,公用电话交换网)技术是利用 PSTN 通过调制解调器拨号实现用户接入的方式,目前最高的速率为 56 kbps。由于电话网非常普及,用户终端设备 Modem 便宜,只要家里有电脑,把电话线接入 Modem 就可以直接上网,经济方便,曾经是接入的主要手段。但是,由于其速率远远不能够满足宽带多媒体信息的传输需求,因此,目前这种接入方式已逐步被淘汰。

(2)ISDN 拨号

ISDN(Integrated Service Digital Network,综合业务数字网)接入技术俗称"一线通",它采用数字传输和数字交换技术,将电话、传真、数据、图像等多种业务综合在一个统一的数字网络中进行传输和处理。用户在上网的同时可拨打电话、收发传真。ISDN 基本速率接口有两条 64 kbps 的信息通路和一条 16 kbps 的信令通路,简称 2B+D,当有电话拨入时,它会自动释放一个 B 信道来进行电话接听。用户使用 ISDN 需要专用的终端设备,主要由网络终端 NT1 和 ISDN 适配器组成,其价格比 Modem 贵。ISDN 的极限带宽为 128 kbps,不能满足高质量的 VOD 等宽带应用,目前这种接入方式也已逐步被淘汰。

(3)ADSL

ADSL(Asymmetrical Digital Subscriber Line,非对称数字用户环路)是一种能够通过普通电话线提供宽带数据业务的技术。ADSL 配上专用的 Modem 即可实现数据高速传输。ADSL 支持上行速率 640 kbps~1 Mbps,下行速率 1~8 Mbps,其有效的传输距离在 3~5 公里范围内。它是继 Modem、ISDN 之后的一种使用电话线的高效接入方式。

(4)LAN

LAN 方式接入是利用以太网技术,采用光缆+双绞线的方式进行综合布线。其具体实施方案是:中心机房的出口通过光缆或其他介质接入城域网;中心机房铺设光缆至单元楼的交换机,然后使用五类双绞线铺设至用户。它可为用户提供 10 Mbps 以上的共享带宽,也可根据用户的需求升级到 100 Mbps。目前这种接入方式已比较普及。

(5) DDN

DDN(Digital Data Network,数字数据网)将数字通信技术、计算机技术、光纤通信技术以及数字交叉连接技术有机地结合在一起,为用户提供一个高速度、高质量的通信环境。它可向用户提供点对点、点对多透明传输的数据专线出租电路,为用户传输数据、图像、声音等信息。DDN 的通信速率可根据用户需要在 $N\times 64$ kbps($N=1\sim 32$)之间进行选择。它具有速度快、质量好的特点,但费用较高。它主要用于集团用户。

(6)Cable-Modem

Cable-Modem(线缆调制解调器)是近年开始使用的一种超高速 Modem,它利用现成的有线电视(CATV)网进行数据传输。Cable-Modem 连接方式可分为两种:对称速率型和非对称速率型。前者的 Data Upload(数据上传)速率和 Data Download(数据下载)速率相同,都在 500 kbps~2 Mbps 之间;后者的数据上传速率在 500 kbps~10 Mbps 之间,数据下载速率为 2~40 Mbps。随着有线电视网的发展壮大,通过 Cable-Modem 利用有线电视网访问 Internet 已成为越来越受业界关注的一种高速接入方式。

(7)无线接入

无线接入由于不需要专门进行管道线路的铺设,为一些光缆或电缆无法铺设的区域提供了业务接入的可能,缩短了工程项目的时间,节约了管道线路的投资。同时,随着 Internet 以及无线通信技术的迅速普及,使用手机、移动电脑等随时随地上网已成为移动用户迫切的需求,随之而来的是各种使用无线通信线路上网技术的出现。目前常见的无线接入方式有 WLAN(Wireless LAN,无线局域网)、固定宽带无线接入(MMDS/LMDS)技术等。在一些嵌入式设备(如手机)上的无线接入方式有 GPRS(General Packet Radio Service,通用分组无线服务技术)、WCDMA(Wideband Code Division Multiple Access,宽带分码多工存取)和 3G 等(the 3rd Generation,第三代移动通信技术)。

3. Internet 的关键技术

Internet 综合使用了各种技术、协议和标准,其中 TCP/IP 是 Internet 的核心技术,利用 TCP/IP 协议可以方便地实现多个网络的无缝连接。而标识技术则分别从主机 IP 地址、域名系统和统一资源定位器、用户 E-mail 地址等方面帮助 Internet 对其各个组成部分和应用服务进行定位。

4. Internet 的各种应用

Internet 能够提供给用户的应用非常丰富,常见的应用包括:

(1)域名系统(DNS)

在 Internet 上,利用 IP 地址可唯一标识一台主机。但是 IP 地址是数字式的,难于记忆和理解,于是人们发明了用一种易于记忆和理解的字符标识名即“域名”代替 IP 地址。域名由几个部分组成,如 www. fjut. edu. cn,其中 cn 代表中国(China),edu 代表教育网(Education),fjut 代表福建工程学院(Fujian University of Technology),www 代表全球网(或称万维网,World Wide Wed),整个域名合起来就代表中国教育网上的福建工程学院的 WWW 站点。

用域名标识一台主机比用 IP 地址直观、易记忆,但不能直接使用域名寻址,因为通信件在收发数据时使用的是 IP 地址。当用户使用主机域名进行通信时,必须利用域名系统(DNS,Domain Name System)将域名映射成 IP 地址。这种将主机域名映射成 IP 地址的过程叫作域名解析,包括正向解析(从域名到 IP 地址)和反向解析(从 IP 地址到域名)。DNS 的域名采用层次结构,形成规则的树形层次结构的名字空间,与因特网中组织机构的层次相对应。域名系统是一个分布式数据库系统,它的资源记录分布在因特网中数以百万计的分布式主机数据库中。DNS 采用 Client/Server(客户端/服务器)工作模式。用户向本地域名服务器发出查询,本地域名服务器向上级服务器查询,逐级查到各服务器,最终可查出域名所对应的 IP 地址等信息。

域名应得到 Internet 注册管理机构——网络信息中心 NIC(Network Information Center)的承认。每个域名必须对应一组 IP,且是唯一的。

(2)万维网(WWW)

万维网(World Wide Web,简称 WWW)即环球信息网,是运行在 Internet 上的,集文本、声音、图像、视频等多媒体信息于一身的全球分布式信息资源检索系统,是 Internet 上的一项重要应用。用户通过浏览器(Browser)可在 Internet 上搜索和浏览自己感兴趣的信息。

WWW的网页(Web Page)文件采用超文本标记语言HTML(Hyper Text Markup Language),并在超文本传输协议HTTP(Hype Text Transmission Protocol)的支持下运行。超文本中不仅含有文本信息,还包括各种多媒体信息(故超文本又可称为超媒体),更重要的是超文本中隐含着指向其他超文本的链接,这种链接称为超链接(Hyper Links)。利用超文本,用户能轻松地从一个网页链接到其他相关内容的网页上,而不必关心这些网页分散在何处的主机中。

万维网以客户端/服务器方式工作。WWW浏览器作为客户端程序,其主要功能是使用户获取Internet上的各种资源。常用的浏览器有Internet Explorer(IE)和Netvigator等,其组成结构包括客户程序、解释程序以及管理这些客户和解释程序的控制程序。运行着万维网服务器程序、存放着万维网信息资源文档的一系列Internet上的计算机作为万维网服务器(Web Server)。用户通过浏览器以HTTP协议向Web服务器发出请求,服务器根据客户请求内容进行响应,将保存在Web服务器中的某个文档发送给客户。同时,浏览器将它取回的每一个页面副本都放入本地磁盘的缓存中,从而当用户用鼠标点击某项内容时,浏览器首先检查磁盘的缓存,若缓存中保存了该项则直接从缓存中得到该项副本而不必从网络获取,从而明显地改善浏览器的运行特性。统一资源定位符(Universal Resource Locator,URL)是WWW进行资源定位的标准格式,它给资源的位置提供了一种抽象的识别方法。实际上,URL是对因特网上可获得的任何资源的位置和访问方法的一种简洁的表示,只要能够对资源定位,系统就可以对资源进行各种操作。URL的一般形式由访问协议、主机名和文件路径等构成。

(3)电子邮件服务E-mail

电子邮件服务E-mail是Internet上应用最广泛和最受用户欢迎的一种服务。用户只要能与Internet连接,具有能收发电子邮件的程序及个人的E-mail地址,就可以与Internet上具有E-mail的所有用户方便、快速、经济地交换电子邮件。E-mail可以在两个用户间交换,也可以向多个用户发送同一封邮件,或将收到的邮件转发给其他用户,其内容除文本外,还可包含声音、图像、应用程序等各类计算机文件。此外,用户还可以邮件方式在网上订阅电子杂志,获取所需文件,参与有关的公告和讨论组,甚至还可浏览WWW资源。

E-mail系统按照客户端/服务器方式工作,由以下三部分构成:

①用户代理。是用户与E-mail系统的接口,属于电子邮件应用程序,用来编辑、产生、发送、接收、阅读和管理邮件。常用的收发电子邮件的软件有Exchange、Outlook Express、Foxmail等。大多数浏览器也都包含收发电子邮件的功能。

②邮件服务器。是E-mail系统的核心构件,其上运行的邮件传输代理程序负责在不同的邮件服务器之间传送分发邮件,并向发信人报告邮件传送的情况,同时还要负责管理用户账号和邮箱。

③电子邮件协议。它规范了E-mail系统的客户与服务器之间的信息交换过程。常见的电子邮件协议有简单邮件转输协议(Simple Mail Transfer Protocol,SMTP)、邮局协议(Post Office Protocol,POP)、因特网报文存取协议(Internet Message Access Protocol,IMAP)和电子邮件扩充协议(Multipurpose Internet Mail Extensions,MIME)等。

(4)远程终端协议TELNET

远程通信网络 TELNET(TELecommunication NETwork)是 Internet 远程登录服务的一个简单的远程终端协议。该协议定义了远程登录用户与服务器交互的方式,允许用户在一台联网的计算机上登录到一个远程分时系统中,然后像使用自己的计算机一样使用该远程系统。要使用远程登录服务,必须在本地计算机上启动一个客户应用程序,指定远程计算机的名字或 IP 地址,在 Internet 上通过 TCP 与之建立连接。一旦连接成功,本地计算机就像一个终端,可直接访问远程计算机系统的资源。远程登录软件允许用户直接与远程计算机交互,通过键盘或鼠标操作,客户应用程序将有关的信息发送给远程计算机,再由服务器将输出结果返回给用户。用户退出远程登录后,用户的键盘、显示控制权又回到本地计算机。一般可以通过 Windows 等操作系统的 TELNET 命令作为客户端程序进行远程登录。

(5)文件传输协议 FTP

FTP(File Transfer Protocol)协议是 Internet 上文件传输的基础,也是 TCP/IP 中使用最广泛的应用之一,通常所说的 FTP 是基于该协议的一种服务。FTP 文件传输服务允许 Internet 上的用户将一台计算机上的文件传输到另一台上,文本文件、二进制可执行文件、声音文件、图像文件、数据压缩文件等几乎所有类型的文件都可以使用 FTP 传送。FTP 实际上是一套文件传输服务软件,它以文件传输为界面,使用简单的 get 或 put 命令进行文件的下载或上传,如同在 Internet 上执行文件复制命令一样。大多数 FTP 服务器主机都采用 Unix 或 Linux 操作系统,但普通用户通过 Windows 操作系统也能方便地使用 FTP。

FTP 通常采用交互式的人机对话工作方式,使用客户端/服务器模式,一个 FTP 服务器可同时为多个客户端进程提供服务。服务器进程主要由一个主进程负责接受新的客户请求并启动相应的从属进程,负责处理具体的客户请求。FTP 在客户端和服务器之间需要建立双重 TCP 连接:一条是由客户端发起的“控制连接”(服务端口为 21)用来传输 FTP 命令,在整个会话期间一直保持打开;另一条是服务器端发起的“数据连接”(服务端口为 20)用来传输 FTP 数据。因此,主进程的工作步骤为:首先,打开 21 端口,使客户进程能够连接上,然后等待客户进程发出连接请求,进而启动从属进程来处理客户进程发来的请求,从属进程对客户进程的请求处理完毕后即终止,但从属进程在运行期间根据需要还可能创建其他一些子进程,最终回到等待状态,继续接受其他客户进程发来的请求。主进程与从属进程的处理是并发进行的。

FTP 要求客户在建立连接时必须给出服务器上的合法账号,但同时 Internet 上存在着众多的匿名 FTP 服务器。所谓匿名服务器,指的是不需要专门的用户名和口令就可进入的系统。用户连接匿名 FTP 服务器时,可以“anonymous(匿名)”为用户名,以自己的 E-mail 地址作为口令登录。登录成功后,用户便可以从匿名服务器上下载文件。匿名服务器的标准目录为 pub,用户通常可以访问该目录下所有子目录中的文件。考虑到安全问题,大多数匿名服务器不允许用户上传文件。

(6)简单网络管理协议 SNMP

网络管理是通过一定的技术手段,为保证网络能提供正常的服务而进行的一系列维护和操作活动。它是对硬件、软件和人力的使用、综合与协调,是对网络资源进行监视、测试、配置、分析、评价和控制,以便能以合理的价格满足网络用户的一些需求,如实时运行性能、服务质量等。由 ISO 定义的网络管理的基本功能包括故障管理、配置管理、安全管理、性能管理和计费管理五部分。网络管理的模型包括管理者(Manager)、被管对象(Managed Object)、管理代理(Agent)、管理信息库(MIB)和网络管理协议。网络管理协议是管理程序和代理程序之间进行通信的规则,目前广泛采用的网络管理协议就是由IETF在1990年制定的简单网络管理协议SNMP(Simple Network Management Protocol)及其后来发展出的第二、三版,其最重要的指导思想就是要尽可能简单,可实现统计、配置、测试、差错检测和恢复等功能。SNMP采用轮询和应答的方式进行工作,通过集中或分布式的控制方法对整个网络进行控制和管理。SNMP是基于无连接的UDP的应用协议,因此在网络上传送SNMP报文的开销较小,但由于UDP自身特性导致不保证可靠交付。在运行代理程序的服务器端用161端口来接收get或set报文和发送响应报文(与之通信的客户端则使用临时端口),而在运行管理程序的客户端则使用162端口来接收来自各代理的trap报文。

4.6.2 Intranet及其应用

1. Intranet的结构与特点

由于TCP/IP、HTML及Web等技术也可以用于企业内部信息网的建设,由此便引发了Intranet应用的高潮。Intranet按字面直译就是“内部网”的意思,为了与互联网Internet对应,通常将之译成“内联网”。这是一组在特定机构范围内使用的互联网络,这个机构的范围大可到一个跨国企业集团,小可到一个部门或小组,它们的地理分布不一定集中或只限定在特定的区域内。所谓“内部”,只是就机构职能而言的一个逻辑概念。由于采用的是Internet上早已成熟的标准技术,Intranet使得机构内涉及多种平台的网络应用开发不必再拘泥于传统的客户机/服务器技术,从而使开发工作变得十分简单。而且,用户端只需要配置一个一般用户都熟悉的浏览器软件,这样就使开发投资和培训费用也大大降低了。Intranet技术一问世就受到了各类机构组织和企业的极大欢迎。现在全球几乎80%的Web服务器都与Intranet应用有关,可以说Intranet已成为当前机构和企业计算机网络的新热点。

Intranet的结构通常由一组沿用Intranet协议的、采用客户端/服务器模式的内部网络组成,其服务器端是一组Web服务器,用以存放Intranet上共享的HTML标准格式信息以及应用,而客户端则为配置有浏览器的工作站,用户通过浏览器以HTTP协议提出存取请求,Web服务器则将结果回送到原始客户。Intranet中Web服务器的分布组织方式不仅有利于降低系统的复杂度,也便于开发和维护管理。由于Intranet采用标准的网络协议,使得内部信息必要时能随时方便地发布到公共的Internet上去。考虑到安全性,可以使用Firewall(防火墙)将Intranet与Internet隔离开来,从而既可提供对公共Internet的访问,又可防止机构内部机密的泄露。

Intranet的特点:

(1)开放性和可扩展性。由于采用了TCP/IP、FTP、HTML、Java等一系列标准,Intranet具有良好的开放性,可以支持不同计算机、不同操作系统、不同数据库、不同网络的互联。在这些异构平台上,各类应用可以相互移植,相互操作,使它们有机地集成为一个整体。在此基础上,应用的规模也可以增量式扩展,先从关键的小应用着手,在小范围内实施取得效益和经验后,再加以推广和扩展。Intranet的开放性和可扩展性使之成为构筑机构组织级信息公路的主流。对内方面，Intranet 可将机构内部各自封闭的局域网信息孤岛连成一体，实现机构组织级的信息交流、资源共享和业务运作；对外方面，可方便地接入 Internet，使 Intranet 成为全球信息网的成员，实现世界级信息交流和资源共享。

(2)通用性。主要表现在 Intranet 的多媒体和多应用集成方面。在 Intranet 上，用户可以利用图、文、声、像等各类信息，实现机构组织所需的各种业务管理和信息交流。Intranet 从客户终端、应用逻辑和信息存储三个层次上支持多媒体集成。在客户端，Web 浏览器允许在一个程序里展现各种多媒体信息；在应用逻辑层，Java 提供交互的、三维的虚拟现实界面；在信息存储层，面向对象数据库为多媒体的存储和管理提供了有效的手段。利用 TCP/IP、Web、Java 和分布式面向对象等开放性技术，Intranet 能支持不同内容应用在不同平台上的集成，这些应用可运行在同一机构组织的不同部门，也可运行在不同机构组织之间。

(3)简易性和经济性。Intranet 的性能价格比远高于其他内部通信方式。由于采用开放的协议和技术标准，大部分机构组织的现存平台，包括网络和计算机，均可得到继续利用。作为 Intranet 的基本组成，Web 服务器和浏览器不仅价格较低，而且安装配置简易。作为开发语言，HTML 和 Java 等容易掌握和利用，开发周期较短。另外，Intranet 可扩展性不仅支持新系统的增量式构造，从而降低了开发风险，而且支持与现存系统的接口和平滑过渡，可充分利用已有资源。超文本的界面统一标准，操作简易友善，超链接使用户只需简单地操纵鼠标就可浏览和存取所需的信息。Intranet 的简易性和经济性不仅表现在开发和使用上，而且也表现在管理和维护上。在 Intranet 的客户端上没有应用系统的程序代码，所以维护更新和管理可以方便地在服务器上进行。

(4)安全性。由于 Intranet 通常主要限于内部使用，因此，它的安全性比较好，这是 Intranet 区别于 Internet 的最大特征之一。Intranet 的实现基于 Internet 技术，两个地理位置不同的部门或子机构也可能利用 Internet 相互连接。在这种情况下，为保证它的安全性，必须采用加密数据、设置防火墙、控制职员随意接入 Internet 等措施，以防止内部数据泄密、篡改和黑客入侵等。

虽然 Intranet 具有传统网络无可比拟的优点，但由于 Intranet 的发展仍处于初级阶段，不少方面尚未成熟，其存在的主要问题有：

(1)规划不足。由于 Intranet 的简易性和经济性，诱使各类机构和企业在无缜密规划的情况下纷纷仓促上马，以致造成失控状态。为避免混乱，Intranet 实施前应该根据本机构的特点和现状进行统一规划，并制定相应的详细实施步骤。

(2)安全风险。只要有接入 Internet 的可能，Intranet 的风险总是存在的。但是，如果能谨慎地设计安全系统，并充分利用如防火墙、公有密钥和私有密钥等成熟的安全性技术，风险是可以控制的。

(3)信息管理。Intranet 的优点之一是其信息可以让机构内的所有成员共享，但由此也引发了越权访问、信息泄漏及存在大量垃圾数据等问题。为此，必须加强对信息管理的重视。

(4)开发方法和策略缺少。目前尚无成熟的方法和策略可用于 Intranet 的规划、设计和实施，大多开发工作只能借助于旧有的方法和策略，这样不利用于系统开发的质量和效益。

2. Intranet 的应用

Intranet 的应用目前已经历了第一代的信息共享与通信应用、第二代的数据库与工作流应用和第三代的以业务流程为中心的应用。

(1)信息共享与通信。第一代 Intranet 将 Internet 的应用移植到机构组织内部，实现信息共享和快捷通信。信息共享将机构内部的信息网转换成了全球性的信息网，实现了高效、无纸的信息传输。信息共享应用不仅将大量的文件、手册转换成了电子形式，从而减少了印刷、分发成本和传播周期，而且也营造了开放的企业文化。通过 Intranet，领导可以直接与员工交流，及时了解和掌握企业运作和市场营销情况。通常，信息共享应用是一组采用 HTML 编制的静态 Web 页面，其中包含丰富的多媒体信息，页面之间通过超链实现透明的浏览和切换。这些信息可以根据用户的身份和需要动态地产生或定制。与传统的媒体相比，Intranet 的信息共享应用不仅范围广，价格便宜，更新及时，更重要的是媒体丰富，可按需点播。初期 Intranet 应用的另一个内容是通信。通信应用可分为共同工作和独立工作两种方式。共同工作方式不管参与者是否在同一地点，他们必须在同一时间一起工作，这类应用的目的在于增强合作和交流的效率。常见的共同工作通信方式有日程安排、电话会议、视频会议、电子系统、白板系统及交谈系统。独立工作方式则不关心参与者在何时何地进行工作。常见的独立工作通信方式有电子邮件、讨论组、支持小组工作的文档编辑工具等。

(2)数据库与工作流应用。第二代 Intranet 应用的主要技术特点是将 Web 和数据库相结合。在传统的网络应用系统中，数据库的存取一般需要专门的用户端软件，检索所得的结果难以为大多数用户所接受。通过通用网关接口 CGI(Common Gateway Interface)将 WWW 与数据库结合起来后，充分利用 WWW 提供的友好、统一和易用的界面，使访问数据库变得更加容易。由于用户使用的是统一的 WWW 浏览器界面，而不是各种各样的用户端软件，所以数据库的管理和支持人员可以集中精力在数据库建设上，而不必过多关心对用户端的支持。

(3)以业务流程为中心的应用。Intranet 技术虽然给机构的信息化建设带来了巨大的活力，但仍然不能使现代企事业摆脱这样的尴尬：一方面单位对 IT 的投资越来越大，另一方面预期的效益总不能兑现。导致 IT 技术不能发挥其潜在效能的主要原因是传统网络应用系统仅使人工作业自动化，但并未改变原有的工作和管理方式。简单地对现有流程自动化，无论采用何种技术，都只会加剧混乱的程度。解决这个问题的唯一途径是将新的管理理念和先进的 Intranet 技术有机地结合起来，对现有业务流程进行重新分析、重组、优化和管理，以顾客为中心，将流程中和每一项工作综合成一个整体，使之顺畅化和高效化，以协调内部业务关系和活动，提高对外界变化的反应能力，改善服务质量，降低经营和管理成本，这就是第三代以业务流程为中心的 Intranet 应用的目标。所谓业务流程，是指与顾客共同创造价值的相互衔接的一系列活动，也称为价值流。业务流程几乎包含了企事业单位所有运行操作，按内容可分为客户关系管理、供应链、知识及决策管理等。业务流程具有时间、成本、柔性、客户满意度等可测量和分析的指标，因此，单位的业绩可由业务流程的指标来体现。无论是分析流程还是重新设计，均可对流程的指标进行测量和评价。这些指标的定义、测量、收集和分析是控制业务流程的关键技术。以业务流程为中心的第三代 Intranet 集成了多种先进的 IT 技术，如基于 Web 的多层客户/服务器技术、数据仓库(DW)、计算机电话集成技术(CTI)、分布对象技术

(DOT)、安全和保密技术等。

Internet 与 Intranet 相比,主要差别在于:前者强调开放性,因为其服务对象是所有 Internet 用户,整个网络在管理上不隶属于任何组织或个人,用户使用简单的设备(如 Modem)就可以自由接入;后者则注重网络资源的安全性,因为其服务对象是某一单位或组织内部的所有或部分人员,所以要有独立的网络软硬系统、严格的管理制度和专门的管理技术人员,并且为了达到安全保密的目的,要采取加密、认证、防火墙等安全管理措施。此外,Intranet 组网投资高,需要进行认真规划和优化。

4.7 C/S 结构与 B/S 结构

随着网络技术的不断发展,尤其是基于 Web 的信息发布和检索技术、Java 计算技术以及网络分布式对象技术的飞速发展,导致了很多应用系统的软件体系结构从 C/S(Client/Server 的简称,客户机/服务器模式)结构向更加灵活的多级分布结构演变,使得软件系统的网络体系结构跨入一个新阶段,即 B/S 结构。基于 Web 的 B/S(Browser/Server 的简称,浏览器/服务器模式)结构其实也是一种客户端/服务器结构,只不过其客户端是浏览器,为了区别于传统的 C/S 结构,才将其称为 B/S 结构。目前,应用系统的开发已发展到大量应用新技术如 Web Service 的阶段,C/S 与 B/S 结构的系统在拥有自身优势的同时,也有一定的不足。对于用户来讲,对客户端应用程序的要求越来越高,既要求保持原有客户端程序的操作方便性,又要求具有 Web 界面风格。虽然在某种意义上,一些开发商在客户端程序上嵌入 Web 界面,但其客户端程序的处理功能却比原来的 C/S 结构的客户端程序处理功能大大降低,并没有解决 Web 界面对业务的笨拙处理,不具备灵活性和人性化。因此,认识到这些结构的特征,对于应用系统开发过程中的选型十分关键。

4.7.1 C/S 结构概述

C/S 结构是一种软件系统体系结构,通过它可以充分利用客户端和服务器两端硬件环境的优势,将任务合理分配到 Client 端和 Server 端来实现,降低了系统的通信开销。传统的软件系统多以此作为首选设计标准,服务器通常采用高性能的 PC、工作站或小型机,并部署大型数据库系统,如 Oracle、Sybase、Informix 或 SQL Server 等,而客户端需要安装专用的客户端软件。这种 C/S 结构虽然采用的是开放模式,但仅限于系统开发一级的开放性,在特定的应用中无论是 Client 端还是 Server 端都还需要特定的软件支持。由于没能提供用户真正期望的开放环境,C/S 结构的软件系统需要针对不同的操作系统开发不同的版本,加之系统的更新换代速度很快,很难适应百台电脑以上的局域网用户同时使用,其代价高,效率低。

由于可视化开发工具的推广,两层结构的 C/S 得到了大量的应用。它由两部分构成:前端是客户机,即用户界面,结合了表示与业务逻辑,接受用户的请求,并向数据库服务提出请求,通常采用 PC 机;后端是服务器,即数据管理,运行数据库管理系统,提供数据库的查询和管理,并将数据提交给客户端以便于其最终对数据进行计算后将结果呈现给用户。两层结构的 C/S 还要提供完善的安全保护及对数据的完整性处理等操作,并允许多个客户同时访问同一个数据库。在这种结构中，服务器的硬件必须具有足够的处理能力，这样才能满足各客户的要求。

C/S 结构在技术上很成熟，它的主要特点是交互性强，具有安全的存取模式，网络通信量低，响应速度快，利于处理大量数据。其优点有：

(1)能充分发挥客户端 PC 的处理能力，很多工作可以在客户端处理后再提交给服务器，由于客户端实现与服务器的直接相连，没有中间环节，因此响应速度快；

(2)操作界面友好，形式多样，可以充分满足客户自身的个性化要求；

(3)具有较强的事务处理能力，能实现复杂的业务流程。

其缺点有：

(1)需要专门的客户端安装程序，分布功能弱，针对点多面广且不具备网络条件的用户群体，不能够实现快速部署安装和配置；

(2)兼容性差，若采用不同平台工具，需要重新改写程序；

(3)开发成本较高，需要具有一定专业水准的技术人员才能完成。

4.7.2 B/S 结构概述

B/S 结构是随着 Internet 技术的发展，对 C/S 结构的一种改进结构。在这种结构下，用户工作界面是通过 Web 浏览器来实现的，极少部分事务逻辑在前端(Browser)实现，主要事务逻辑在服务器端(Server)实现。它主要是利用不断成熟的 Web 浏览器技术，结合浏览器的多种 Script 语言(VBScript、JavaScript 等)和 ActiveX 技术，采用通用浏览器实现原来需要复杂专用软件才能实现的强大功能，节约了开发成本，大大简化了客户端的载荷，减轻了系统维护与升级的成本和工作量，降低了用户的总体成本。在 B/S 体系结构系统中，用户通过浏览器向分布在网络上的多个服务器发出请求，服务器对浏览器的请求进行处理，将用户所需信息返回到浏览器。而数据请求、加工、结果返回以及动态网页生成、对数据库的访问和应用程序的执行等工作全部由 Web Server 完成。随着 Windows 将浏览器技术植入操作系统内部，这种结构已成为当今应用软件的首选体系结构。B/S 结构的应用程序相对于传统的 C/S 结构应用程序是一个非常大的进步。它能实现不同的人员，从不同的地点，以不同的接入方式访问和操作共享的数据库，还能有效地保护数据平台，管理访问权限，数据库服务器也更安全。特别是在 Java 这样的跨平台语言出现之后，B/S 架构管理软件的开发和应用更加方便、快捷和高效。

B/S 结构分为表示层、应用层和数据层等三层。表示层作为用户输入和获取数据的窗口，一般由 Web 浏览器和处理请求的模块组成；数据层定义和维护数据的完整性和安全性，响应访问数据的请求，通常由大型的数据库服务器实现；而应用层则是联系表示层和数据层的桥梁，响应表示层的用户请求，执行任务并且从数据层获取必要的数据传送给表示层。这种三层结构在层与层之间相互独立，任何一层的改变不会影响其他层的功能。

两层结构的 C/S 向三层结构的 B/S 发展主要得益于中间件(Middleware)技术的成熟，中间件作为构造三层结构应用系统的基础平台，提供了以下主要功能：负责客户机与服务器间、服务器与服务器间的连接和通信；实现应用与数据库的高效连接；提供一个三层结构应用的开发、运行、部署和管理的平台。

B/S结构的优点：

(1)具有分布性特点，可以随时随地进行查询、浏览等业务处理，而不用安装任何专门的软件；

(2)业务扩展简单方便，通过增加网页即可增加服务器功能；

(3)维护简单方便，只需要改变网页，即可实现所有用户的同步更新，可以实现客户端零维护；

(4)开发简单，共享性强。

B/S结构的缺点：

(1)个性化特点明显降低，无法实现具有个性化的功能要求；

(2)存在数据安全性问题；

(3)对服务器要求过高，数据传输速度慢，页面动态刷新，响应速度明显降低；

(4)无法实现分页显示，给数据库访问造成较大的压力；

(5)功能弱化，难以实现传统模式下的特殊功能要求，如大批量数据输入、应答式报表输出等比较困难；

(6)实现复杂的应用有较大的困难。虽然可以用ActiveX、Java等技术开发较为复杂的应用，但是相对于发展已非常成熟的C/S的一系列应用工具来说，这些技术的开发复杂，没有完全成熟的技术工具可供使用。

4.7.3 C/S结构与B/S结构的比较

1. 硬件环境

C/S建立在局域网的基础上，通过专门服务器提供连接和数据交换服务，所处理的用户不仅固定，并且处于相同区域，要求拥有相同的操作系统。B/S建立在广域网的基础上，有比C/S更广的适应范围，一般只要有操作系统和浏览器就行，与操作系统平台关系小，面向不可知的用户群。

2. 结构

C/S软件一般采用两层结构，而B/S采用三层结构。这两种结构的不同点是两层结构中客户端参与运算，而三层结构中客户端并不参与运算，只是简单地接收用户的请求，显示最后的结果。由于三层结构中的客户端并不需要参与运算，所以对客户端的计算机电脑配置要求较低。虽然B/S采用了逻辑上的三层结构，但在物理上的网络结构仍然是原来的以太网或环形网，这样，第一层与第二层结构之间的通信、第二层与第三层结构之间的通信都需占用同一条网络线路，网络通信量大。而C/S只有两层结构，网络通信量只包括Client与Server之间的通信量，网络通信量低。因此，C/S处理大量信息的能力要优于B/S。

3. 处理模式

B/S的处理模式与C/S相比，大大简化了客户端，只要装上操作系统、网络协议软件以及浏览器即可，这时的客户机成为瘦客户机，而服务器则集中了所有的应用逻辑。

4. 构件重用

在构件的重用性方面，C/S程序从整体进行考虑，具有较低的重用性。而B/S对应的是多重结构，要求构件具有相对独立的功能，具有较好的重用性。

5. 系统维护

系统维护是在软件生存周期中开销最大的一部分。C/S程序由于其本身的整体性，必须整体考察并处理出现的问题。而B/S结构，客户端不必安装及维护，当需要升级时，只需更新服务器端的软件，不必更换客户端软件，实现系统的无缝升级，这样就减轻了系统维护与升级的成本和工作量。

6. 安全性

由于C/S采用配对的点对点的结构模式，并采用适用于局域网、安全性比较好的网络协议，安全性可得到较好的保证。C/S一般面向相对固定的用户群，程序更加注重流程。它可以对权限进行多层次校验，提供了更安全的存取模式，对信息安全的控制能力很强。一般高度机密的信息系统宜采用C/S结构。而B/S采用点对多点、多点对多点的开放结构模式，并采用TCP/IP这一类运用于Internet的开放性协议，其安全性只能靠数据服务器上管理密码的数据库来保证，所以B/S对安全以及访问速度比C/S有更高的要求。而Internet技术中这些关键的安全问题远未解决。

7. 速度

由于C/S在逻辑结构上比B/S少一层，对于相同的任务，C/S完成的速度比B/S快，使得C/S更有利于处理大量数据。

8. 交互性

交互性强是C/S固有的一个优点。在C/S中，客户端有一套完整的应用程序，在出错提示、在线帮助等方面都有强大的功能，并且可以在子程序间自由切换。B/S虽然由Javascript、VBScript提供了一定的交互能力，但比C/S的一整套客户应用要弱。C/S的信息流单一，而B/S可处理如B-B、B-C、B-G等信息并具有流向的变化。

C/S结构与B/S结构各具优缺点，必须客观地分析两种结构，在应用过程中结合实际情况进行系统的选型与构建，才能够开发出高效、安全、适用的网络应用系统。对于大型应用系统的开发，通常也可采用两种结构相结合的模式。

4.8 网络安全基础

4.8.1 网络安全概述

网络系统的开放性和网络系统自身存在着缺陷，使网络安全问题已成为网络世界里的一个焦点问题。

1. 网络安全的定义

网络安全是指网络系统的硬件、软件及系统中的数据受到保护，使之免受偶然或恶意的破坏、更改和泄密，保证系统能连续、可靠、正常地运行。网络安全包括：

(1)计算机网络实体的安全：在一定的环境下，保护计算机网络设备免受毁坏、替换、盗窃和丢失等。

(2)网络系统运行安全：在实体安全的前提下，保证网络系统不受偶然或恶意因素的影响，能够连续、可靠、正常地运行,使网络服务不中断。

(3)信息安全:防止网络上的信息资源被故意或偶然地泄露、更改、破坏,确保信息的保密性、完整性和可用性。

2. 网络安全的要素

网络安全的主要要素有:

(1)保密性(Confidentiality):保护数据或信息不被非授权的用户、实体或过程访问或泄露。

(2)完整性(Integrity):保证信息不会被非法地改动和销毁。

(3)可用性(Availability):保证网络资源随时可被合法用户访问,并可按需要使用。

(4)真实性(Authenticity):保证信息及其来源的真实可靠性和准确性。

(5)可控性(Controllable):对信息的传播及内容具有控制能力。

3. 网络安全威胁与攻击

常见的网络安全威胁与攻击有:

(1)截获:非授权用户通过某种非法手段获得网络信息,破坏系统的保密性。如搭线窃听、非法拷贝等。

(2)篡改:非授权用户不仅获得资源的访问权,而且对文件或传输的信息进行篡改,破坏系统的完整性。如改变数据文件中的数据或篡改网上传输的信息等。

(3)拒绝服务 DoS:毁坏系统资源,切断通信线路,或使文件系统变得不可用,使合法用户无法正常获得网络服务,破坏系统的可用性。

(4)伪造:非授权用户将伪造的数据插入到正常系统中,破坏系统的真实性。如以冒名顶替的方式与合法真实的用户进行通信或在网络上散布一些虚假信息等。

4. 网络安全技术

网络安全保障技术主要有:

(1)信息加密:数据存储加密、数据传输加密、数据完整性鉴别和密钥管理等。

(2)访问控制与口令技术。

(3)安全防御:防火墙技术、防病毒技术以及对网络介质和通信链路的保护。

(4)安全审计和管理:网络实时监控、安全策略审计和漏洞扫描。

4.8.2 防火墙

1. 防火墙的概念

防火墙(Firewall)是用来连接被保护的内部网络(Intranet)和外部网络(Internet)并控制两个网络之间相互访问的一个或一组系统。如图 4-21 所示,它执行一定的安全策略,能限制被保护的网络与 Internet 网络之间,或者与其他网络之间进行的信息存取、传递操作,以防止发生不可预测的、潜在破坏性的侵入,实现网络的安全保护。防火墙本身具有较强的抗攻击能力,是提供信息安全服务,实现网络和信息安全的基础设施。

防火墙包括用于网络连接的软件和硬件以及控制访问的方案,是一类防范措施的总称。这类防范措施简单的可以只用路由器实现,复杂的可以用主机甚至一个子网来实现。它可以在IP层设置屏障,也可以用应用层软件来阻止外来攻击。

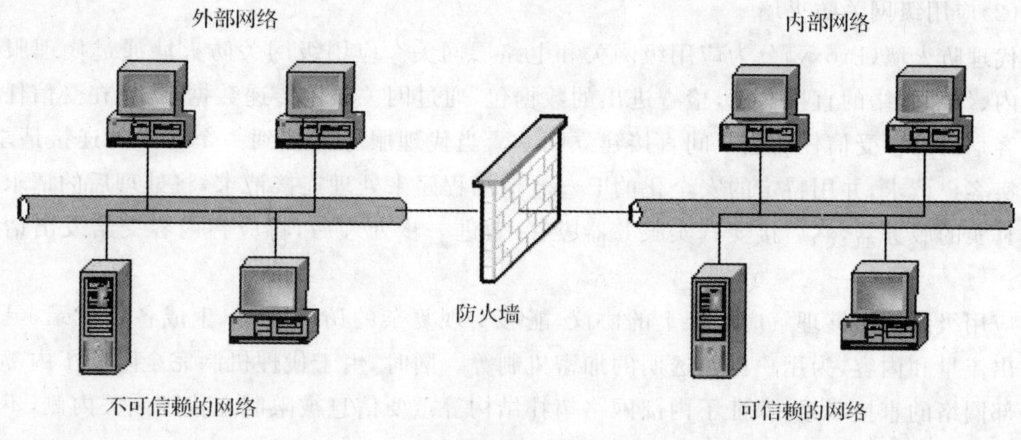

图4-21 防火墙

2. 防火墙的功能

(1)网络安全的有效屏障

一个防火墙能极大地提高一个内部网络的安全性。它可以过滤不安全的服务和非法用户,禁止未授权的用户访问,控制对特殊站点的访问,从而降低安全风险。

(2)强化网络安全策略

通过以防火墙为中心的安全方案配置,能将所有安全软件(如口令、加密、身份认证、审计等)配置在防火墙上。与将网络安全问题分散到各个主机上相比,防火墙的集中安全管理更有效,也更经济。

(3)对网络存取和访问进行监控审计

防火墙能记录网络之间的访问情况,提供网络使用情况的统计数据。当发生可疑操作时,可进行适当的报警,并提供网络是否受到监测和攻击的有关信息。

(4)隐蔽内部细节

内部网络的一些细节情况往往会暴露某些安全漏洞,如Finger(远程用户信息服务)、DNS服务等,使用防火墙可以隐蔽这些内部细节。

3. 防火墙的分类

按照防范方式的不同,防火墙有多种类型,但主要可分为两大体系:包过滤防火墙和代理防火墙。

(1)包过滤防火墙

包过滤防火墙也称为网络级防火墙,其采用的数据包过滤(IP Filtering或Packet Filtering)技术是在网络层对数据包进行选择,选择的依据是系统内设置的过滤逻辑,即访问控制表(Access Control Table),通过检查数据流中每个数据包的源地址、目的地址、端口号、协议或它们的多个组合等,确定是否允许该数据包通过。一个路由器便是一个"传统"的包过滤防火墙。数据包过滤防火墙逻辑简单,价格便宜,易于安装和使用,网络性能和透明性好。

但是,包过滤防火墙也有不少的缺点,如访问控制定义复杂,容易出现因配置不当带来问题。另外,它只检查IP包头的内容,不检查包内的正文信息内容,不能理解更高协议层的信息，容易造成数据驱动式攻击的潜在危险。

(2)应用级网关防火墙

代理防火墙(Proxy)分为应用级网关和电路层网关。应用级网关防火墙通过代理服务器隔离内、外部网络的直接连接，检查进出的数据包，通过网关复制传递数据，防止在受信任服务器和客户机与不受信任的主机间直接建立联系。当代理服务器得到一个客户的连接请求时，将核实客户请求，并用特定的安全化的 Proxy 应用程序来处理连接请求，将处理后的请求再传递到真实的服务器，然后接受真实服务器应答，做进一步处理后，将应答内容交给发出请求的客户。

应用级网关能够理解应用层上的协议，能够实现复杂的访问控制，生成各项记录，灵活控制进出流量和内容，为用户提供透明的加密机制等。同时，由于代理机制完全阻断了内部网络与外部网络的直接联系，保证了内部网络拓扑结构等重要信息被限制在代理网关内侧，不会外泄，从而减少了黑客攻击时所需的必要信息。

但是，应用级网关防火墙对每一种协议都需要相应的代理软件，使用时工作量大，效率不如包过滤防火墙；当一项新的应用加入时，如果代理服务程序不支持，则此应用不能使用。解决的方法之一是自行编制特定服务的代理服务程序，但工作量大，且技术水平要求很高，一般的应用单位无法完成。

(3)电路级网关

电路级网关用来监控受信任的客户或服务器与不受信任的主机间的 TCP 握手信息，这样来决定该会话是否合法。电路级网关在 OSI 模型中会话层上过滤数据包。此外，电路级网关还提供一个重要的安全功能：通过代理服务器运行着一个叫作“地址转移”的进程，将网络内部的 IP 地址映射到一个“安全”的 IP 地址。电路级网关属于代理防火墙。

但是，电路级网关也存在着一些缺陷，因为该网关是在会话层工作的，因而无法检查应用层级的数据包。

(4)规则检查防火墙

规则检查防火墙是一种复合型防火墙，它结合包过滤防火墙、电路级网关和应用级网关的特点。同包过滤防火墙一样，规则检查防火墙能够在网络层上通过 IP 地址和端口号等过滤进出的数据包；也像电路级网关一样，检查 SYN 和 ACK 标记及序列数字是否逻辑有序；还像应用级网关一样，可以在应用层上检查数据包的内容，查看这些内容是否符合内部网络的安全规则。它通常有以下两种方案：

①屏蔽主机防火墙体系结构。如图 4-22 所示，在该结构中，分组过滤路由器或防火墙与 Internet 相连，同时将一个运行应用级网关软件的计算机系统，即堡垒主机安装在内部网络。通过在分组过滤路由器或防火墙上过滤规则的设置，堡垒主机成为 Internet 上其他结点所能到达的唯一结点，确保内部网络不受未授权外部用户的攻击。

②屏蔽子网防火墙体系结构。如图 4-23 所示，该结构将堡垒主机放在一个子网内，两个分组过滤路由器放在这一子网的两端，使这一子网与 Internet 及内部网络分离。在屏蔽子网防火墙体系结构中，堡垒主机和分组过滤路由器共同构成了整个防火墙的安全基础。

由于影响网络安全的因素很多，防火墙并非万能，仍存在着一定的局限性：

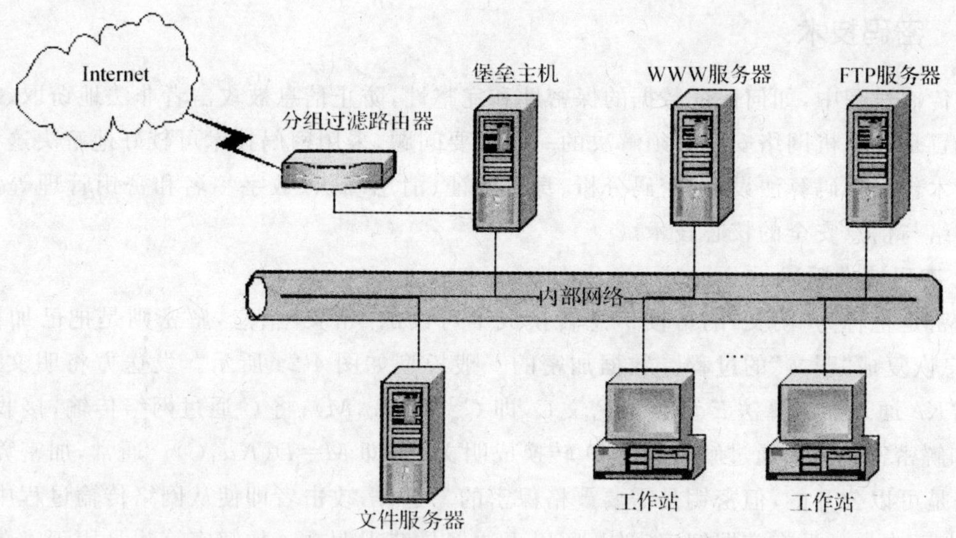

图 4-22 屏蔽主机防火墙体系结构

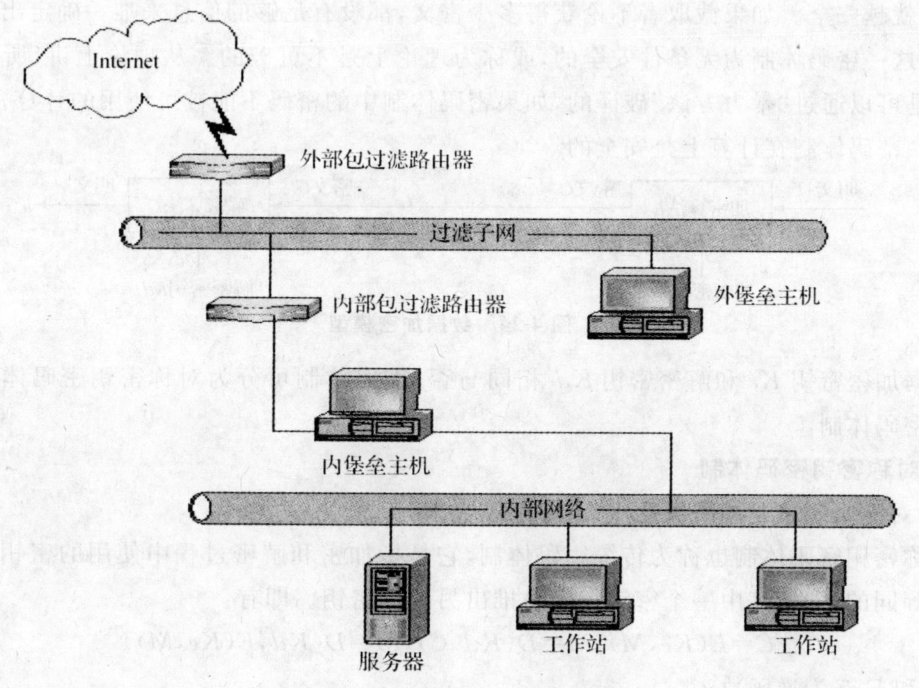

图 4-23 屏蔽子网防火墙体系结构

(1)不能防范绕过防火墙的攻击；

(2)一般的防火墙不能防止受到病毒感染的软件或文件的传输；

(3)不能防止数据驱动式攻击；

(4)难以避免来自内部的攻击。

因此，防火墙只是网络安全防范策略的一部分，并不能解决所有网络安全问题。

4.8.3 密码技术

在传输过程中,如何保证数据的保密性和完整性,防止信息被攻击者非法地窃取、篡改、伪造和假冒是计算机网络安全必须解决的一个重要问题,采用密码技术可较好地解决这一问题。密码技术包括密码算法设计、密码分析、身份认证、消息确认、数字签名和密钥管理等,已成为保证网络与信息安全的核心技术。

1. 密码技术概述

加密是把称为"明文"的可读信息转换成不可读的"密文"信息,解密则是把已加密的"密文"信息恢复成"明文"的过程。数据加密的一般模型如图 4-24 所示。发送方将明文 M 和加密密钥 Ke 通过加密算法 E 转换成密文 C,即 $C=E(Ke,M)$;将 C 通过网络传输;接收方将密文 C 和解密密钥 Kd 通过解密算法 D 转换成明文 M,即 $M=D(Kd,C)$。通常,加密算法和解密算法是可以公开的,但密钥是需要严格保密的。这样,攻击者即使从网络传输过程中获得密文,但由于攻击者没有掌握解密密钥,所以无法轻易获得明文。加解密算法是用于隐藏和还原信息的可计算过程,算法越复杂,密文就越安全。在加密技术中,密钥是不可缺少的,密钥越复杂,密文就越安全。如果截取者不论获得多少密文,都没有足够的信息来唯一确定出对应的明文,则称这一密码体制为无条件安全的,或称为理论上是不可破的。从理论上讲,所有的密码体制都是可以通过"暴力方法"破译的,如果密码体制中的密码不能被可使用的计算资源破译,则称这一密码体制在计算上是安全的。

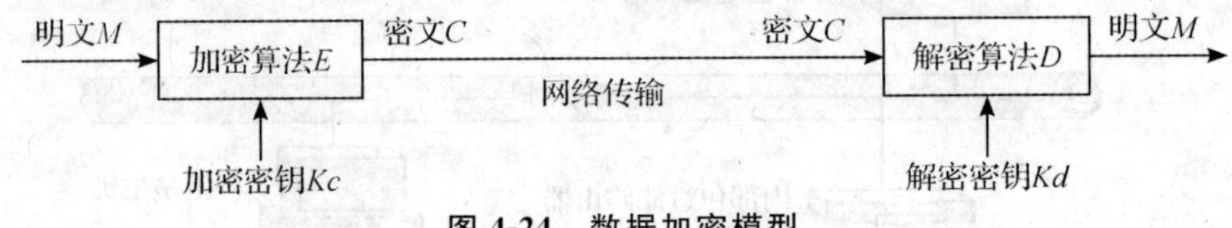

图 4-24 数据加密模型

根据加密密钥 Ke 和解密密钥 Kd 相同与否,密码体制可分为对称密钥密码体制和非对称密钥密码体制。

2. 对称密钥密码体制

(1)对称密钥密码体制概述

对称密钥密码体制也称为传统密码体制,它是指加密和解密过程中使用的密钥相同或本质上是等同的,即从其中一个密钥很容易推出另一个密钥。即有:

$$C=E(Ke,M),M=D(Kd,C),M=D(Kd,E(Ke,M))$$

其中 D 和 E 互为逆函数。

对称密钥密码体制中算法是公开的,通信双方都必须获得这把密钥。其安全性依赖于:第一,加密算法必须是足够强壮的,仅仅基于密文本身去解密信息在实践上是不可能的;第二,加密方法的安全性依赖于密钥的秘密性,因此,必须保证密钥的秘密性。

对称密钥密码体制具有加解密速度快、安全强度高、使用的加密算法比较简单高效、密钥简短和破译困难等优点。但是,它也存在明显的缺陷,主要有:

①由于通信双方都必须掌握密钥并且严格保密,因此密钥的分发和管理非常复杂,代价也很高昂。对于具有 n 个用户的网络,需要有 $n(n-1)/2$ 个密钥,在 n 不是很大的情况下,对称密钥密码体

制是有效的;但是对于大型网络,当用户群很大、分布很广时,密钥的分配和保存就成了大问题。

②无法解决认证和数字签名等问题。

(2)DES 算法

对称密钥密码体制中最著名的是美国数据加密标准 DES、高级加密标准 AES 和欧洲数据加密标准 IDEA。

DES 采用一种迭代的分组密码,使用 64 bit 的密钥,其中 8 位为校验位,实际只有 56 bit。在加密前,先对整个明文进行分组,每一个组长为 64 bit;然后对每一个 64 bit 二进制数据进行加密处理,产生一组 64 bit 的密文数据;最后将各组密文串接起来,即得出整个密文。64 bit 的明文数据经过初始置换、16 次迭代和逆初始置换三个主要阶段,最后输出得到 64 位密文。其基本思想是反复依次应用传统密码体制中的替代密码和换位密码的方法,提高其强度。DES 算法仅使用最大为 64 位的标准算术和逻辑运算,运算速度快,密钥容易生成,除了使用软件方法实现外,也可使用专用芯片实现。

但是,由于 DES 实际上只采用 56 bit 的有效密钥,随着计算机系统能力的不断发展,使用暴力穷举法已成为可能,其安全性比它刚出现时要弱得多。其改进算法有三重 DES,它使用两个密钥执行三次 DES 算法。

DES 目前正逐步被 AES 和 IDEA 所替代。AES 的分组长度和密钥长度都是可变的,可独立确定为 128、192、256 bit。IDEA 使用 128 bit 密钥,每次加密一个 64 bit 位的数据块。

3. 非对称密钥密码体制

(1)非对称密钥密码体制概述

非对称密钥密码算法也称为公开密钥密码算法,它使用一对密钥,即公钥 PK 和私钥 SK,公钥是公开的,而私钥是必须严格保密的。PK 与 SK 是成对生成的,具有相关性,但从 PK 计算出 SK 在实践上是不可行的,反之亦然。其加解密算法都是公开的。通信双方在通信时,为实现通信的保密性,可利用对方的公钥 PK 将要加密的明文 M 通过加密算法 E 进行加密形成密文 C,然后将密文通过网络发送给对方,对方收到后,利用自己的私钥 SK 通过解密算法 D 进行解密,获得明文 M。为了实现数字签名,发送方可利用自己的私钥进行加密,接收方就可用发送方的公钥进行解密。即有:

若 $C=E(\mathrm{PK},M)$,则 $M=D(\mathrm{SK},C)$,即 $M=D(\mathrm{SK},E(\mathrm{PK},M))$;

若 $C=E(\mathrm{SK},M)$,则 $M=D(\mathrm{PK},C)$,即 $M=D(\mathrm{PK},E(\mathrm{SK},M))$。

且有:$M\neq D(\mathrm{PK},E(\mathrm{PK},M))$,$M\neq D(\mathrm{SK},E(\mathrm{SK},M))$,即无法使用公钥解密使用公钥加密的密文。

非对称密钥密码算法的优点是密钥分发与管理简单。对于具有 n 个用户的网络,每个用户只需保管好自己的一个密钥,各自的公钥可通过公开公布或直接发送给对方。对于需要实现数字签名的,发送方可将 PK 提交给第三方的验证机构,然后由第三方验证机构公开发布或直接发送给接收方。非对称密钥密码算法的最大缺点是密钥对产生很麻烦,加解密算法开销大,处理速度慢,效率低。因此,它主要用于对少量重要敏感信息(如密钥)进行加密和数字签名与验证等。

(2)RSA 公开密钥密码算法

RSA 是被研究得最广泛的公钥算法,被普遍认为是目前最优秀的公钥方案之一。它是第一个既能用于数据加密也能用于数字签名的算法。

RSA 公开密钥密码算法的安全性基于：要把两个大素数（2^{100} 以上）的积分解为两个大素数是很困难的。其基本原理是：

①选取两个不同的大质数 p 和 q（保密）；

②计算乘积 $n=p*q$（公开），$\varphi(n)=(p-1)*(q-1)$（保密）；

③从 $[0,\varphi(n)-1]$ 中任选一个与 $\varphi(n)$ 互质的整数 e（公开）；

④令 $de=1 \bmod \varphi(n)$，根据 e、p 和 q 计算出 d（保密）；

⑤(n,e) 即为公钥（公开），(n,d) 即为私钥（保密）；

⑥将明文 M 加密为密文 C 的计算方法为：$C=M^e \bmod n$；将密文 C 解密为明文 M 的计算方法为：$M=C^d \bmod n$。

由于大质数 p 和 q 是保密的，当 p 和 q 很大时，很难从 n 分解出 p 和 q，不知道 p 和 q，就无法从 n 和 e 中推出 d。

对称密钥密码体制和非对称密钥密码体制各有优缺点，因此，人们在实际应用中，经常采用混合加密体制，即用非对称密钥密码技术在通信双方之间传送对称密钥密码体制中的密钥，而用对称密钥密码技术实现实际数据的传输。这样既解决了对称密钥密码体制中密钥分发的困难，又解决了非对称密钥密码体制中加解密速度慢的问题。

(3)数字签名

在双方通信中，除了要进行保密通信外，还要防止冒名、抵赖和伪造等，这就需要数字签名。数字签名必须保证：

①接收者能够核实发送者对报文的签名；

②发送者事后不能抵赖对报文的签名；

③接收者不能伪造对报文的签名。

可以使用 RSA 算法实现数字签名。其原理是利用 $X=E(\mathrm{PK},D(\mathrm{SK},X))$，即使用私钥 SK 对 X 进行解密算法操作后得到的报文，只要使用其对应的公钥 PK 进行加密算法后，即可获得 X。如图 4-25 所示。其中 SKA 与 PKA 及 SKB 与 PKB 分别为发送方 A 的私钥与公钥及接收方 B 的私钥与公钥。发送方 A 将明文 X 利用 SKA 进行解密运算，获得 $D(\mathrm{SKA},X)$，然后使用接收方的 PKB 进行加密运算后获得 $E(\mathrm{PKB},D(\mathrm{SKA},X))$ 并通过网络传输发送给接收方；接收方先使用自己的 SKB 进行解密，获得 $D(\mathrm{SKA},X)$，再使用发送方的 PKA 进行加密算法，便获得 X。在这个过程中，接收者可以确认 X 是由发送方 A 发出的，若发送方 A 要抵赖，接收方只需把 $D(\mathrm{SKA},X)$ 提供给第三方即可，因为只有 A 掌握 SKA，他人是无法制作 $D(\mathrm{SKA},X)$ 的；同样，接收方也无法伪造出 X，因为接收方没有 SKA，他是无法伪造出 $D(\mathrm{SKA},X)$ 的。

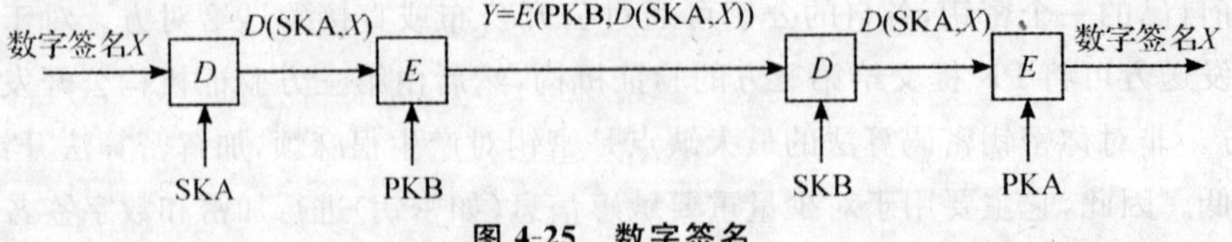

图 4-25 数字签名

若传输过程无需保密，则 A 可直接把 $D(\mathrm{SKA},X)$ 发送给 B，B 直接使用 PKA 进行加密算法即可。

(4)报文鉴别

在信息安全领域中,使用加密可有效对付被动攻击(窃听),而要对付主动攻击(篡改和伪造),则可使用报文鉴别。有许多报文并不需要保密,但接收者必须能容易地鉴别出报文的真伪。这时可以采用报文鉴别,其原理是:

①发送端将报文 M 经过报文摘要算法运算后得出固定长度的报文摘要 $H(M)$,然后对 $H(M)$ 进行加密,得出 $E(PK,H(M))$,并将其追加在报文 M 后一起发送出去;

②接收端将 $E(PK,H(M))$ 解密还原为 $H(M)$,再将收到的报文进行报文摘要运算,得到 $H'(M)$;

③若 $H(M)=H'(M)$,则可断定收到的报文是正确的,否则,则说明报文已被篡改。

报文摘要的优点是仅对短得多的定长报文摘要 $H(M)$ 进行加密,这比对整个长报文 M 进行加密要节省得多。将 M 和 $E(PK,H(M))$ 合在一起是不可伪造的,是可检验的和不可抵赖的。

报文摘要算法必须满足:

①任给一个报文摘要值 X,若想找到一个报文 Y 使得 $H(Y)=X$,则在计算上是不可行的;

②对任意两个报文 A 和 B,$H(A)$ 和 $H(B)$ 在实际上不可能相等。

最常用的报文摘要算法是 MD5。MD5 是将整个文件当作一个大文本信息 M,通过其不可逆的字符串变换算法产生唯一的 MD5 信息摘要。MD5 可以为任何文件(不管其大小、格式、数量)产生一个独一无二的 128 bit 的"数字指纹",128 bit 的 MD5 信息摘要中的每一比特都是 M 的每一比特非常敏感的函数。2004 年 8 月前,它被公认为可以满足报文摘要算法的要求。但是,在 2004 年 8 月 17 日的美国加州圣巴巴拉的国际密码学会议(Crypto'2004)上,中国山东大学的王小云教授作了破译 MD5 算法的报告,并公布了 MD 系列算法的破解结果。

结合 RSA 算法与 MD5 可实现报文加密与数字签名功能,如图 4-26 所示,通信双方 A 与 B 不但可以实现加密通信,而且可以防止抵赖、篡改和伪造。其原理请读者自行分析。

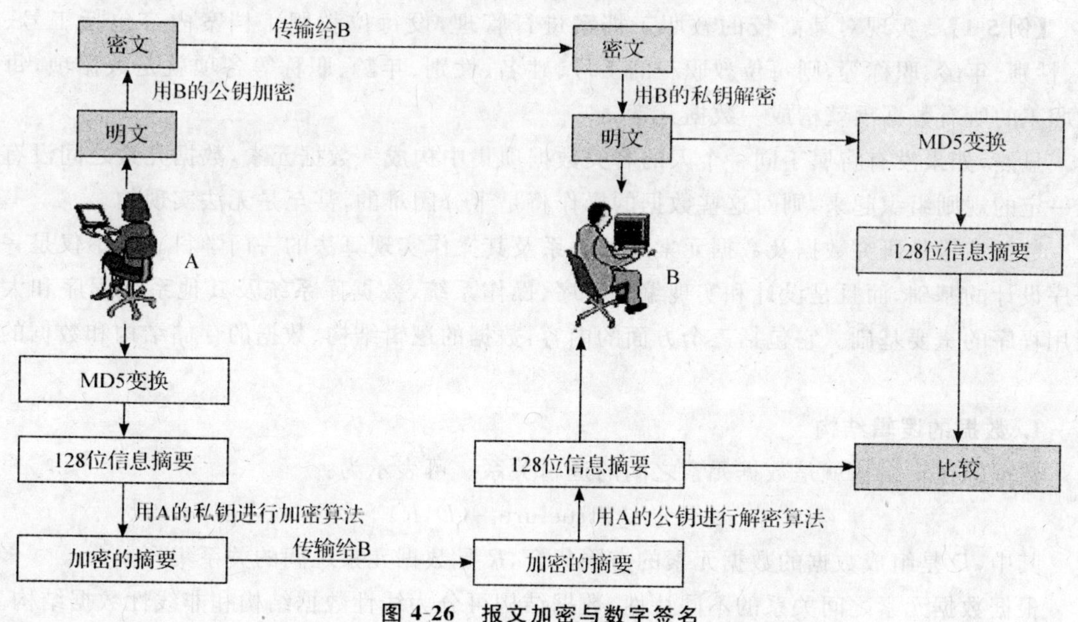

图 4-26　报文加密与数字签名

第 5 章　数据结构与算法基础

5.1　数据结构与算法的概念

随着计算机科学与技术的发展，计算机技术已渗透到国民经济的各行各业和人们日常生活的方方面面。计算机已不仅用于数值计算，而且更多地用于非数值计算，其加工处理的对象从纯粹的数值数据发展到字符、文字、表格、声音、图形、图像等各种复杂的具有一定结构的数据。为了更有效地处理各种数据，开发出高清晰、高效率、高可靠的软件，就必须对处理数据的特性、数据间的关系以及数据在计算机中的表示与操作进行深入的研究。这就是“数据结构”这门学科形成和发展的背景。

5.1.1　数据结构基本概念

数据(Data)是指计算机可以保存和处理的信息。

数据元素(Data Element)是构成数据的基本单位，在计算机程序中通常作为一个整体进行处理。一个数据元素可以由一个或多个数据项组成。数据元素也称为元素、结点(Node)或记录(Record)。

数据项(Data Item)是指数据中不可分割的、含有独立意义的最小单位，也称字段(Field)或域。

【例 5-1】　实现对某高校的教职工档案进行管理，设每位教职工档案内容包括工号、姓名、性别、年龄、职称等，则每位教职工的工号、姓名、性别、年龄、职称等各项就是数据项，每位教职工的所有数据项就构成一数据元素。

显然，如果没有将属于同一个人的有关数据项集中构成一数据元素，数据元素之间没有按照一定的规则组织起来，则对这些数据的操作将是十分困难的，甚至是无法实现的。

数据结构是研究数据及数据元素之间关系及其操作实现算法的一门学科。它不仅是一般程序设计的基础，而且是设计和实现编译程序、操作系统、数据库系统及其他系统程序和大型应用程序的重要基础。它包括三个方面的内容：数据的逻辑结构、数据的存储结构和数据的运算。

1. 数据的逻辑结构

数据的逻辑结构就是数据元素之间的逻辑关系。可表示为：

$$\text{Data\_Structure}=(D,R)$$

其中，D 是组成数据的数据元素的有限集合，R 是数据元素之间的关系集合。

根据数据元素之间关系的不同特性，数据结构可分为线性数据结构和非线性数据结构。

(1)线性结构的逻辑特征是除第一个结点和最后一个结点外，其他所有结点都有且只有一个直接前驱和一个直接后继结点。

(2)非线性结构的逻辑特征是一个结点可能有多个直接前驱和直接后继。

2. 数据的存储结构

数据的逻辑结构是面向应用问题的,是从用户角度看到的数据的结构。数据必须在计算机内存储,数据的存储结构(Storage Structure)研究数据元素和数据元素之间的关系如何在计算机中表示,是逻辑数据的存储映象,是面向计算机的。

实现数据的逻辑结构到计算机存储器的映象有多种不同的方式。通常,数据在存储器中的存储有四种基本的映象方法:

(1)顺序存储结构(Sequential Storage Structure):把逻辑上相邻的结点存储在物理位置相邻的存储单元里,结点间的逻辑关系由存储单元的邻接关系来体现。由此得到的存储表示称为顺序存储结构,它主要用于线性数据结构,非线性的数据结构也可以通过某种线性化的方法来实现顺序存储。

(2)链式存储结构(Linked Storage Structure):把逻辑上相邻的两个元素存放在物理上不一定相邻的存储单元中,结点间的逻辑关系是由附加的指针字段表示的。链式存储结构的特点就是将存放每个数据元素的结点分为两部分:一部分存放数据元素(称为数据域);另一部分存放指示存储地址的指针(称为指针域),借助指针表示数据元素之间的关系。

(3)索引存储结构(Index Storage Structure):在存储结点信息的同时,建立附加的索引表。索引表中的每一项称为索引项。索引项的一般形式是:(关键字,地址),关键字是能唯一标识一个结点的数据项,地址则指向结点信息的存储位置。

(4)散列存储结构:根据结点的关键字值计算出该结点的存储地址,即在数据元素与其在存储器上的存储位置之间建立一个映象关系 F,根据关键字值和映象关系 F 就可以得到它的存储地址,即 $D=F(E)$,E 是要存放的数据元素的关键字值,D 是该数据元素的存储位置。哈希表是散列存储结构中最常用的一种方法。

3. 数据的运算

数据的运算是定义在数据逻辑结构上的操作,每种数据结构都有一个运算的集合。常用的运算有检索、插入、删除、更新、排序等。运算的具体实现要在对应的存储结构上进行。

5.1.2 算法

研究数据结构的目的在于获得好的算法设计。

1. 算法及其特征

算法(Algorithm)是对某一问题求解步骤的一种描述。它具有以下五个特征:

(1)输入(Input):算法有零个或多个输入;

(2)输出(Output):算法执行结束后,至少有一个输出;

(3)确定性(Definiteness):算法的每一步都有确切的定义,没有二义性;

(4)可执行性(Effectiveness):算法的每一步都是可操作的;

(5)有穷性(Finiteness):算法必须在执行有穷步之后结束。

2. 算法的描述

描述一个算法有多种方法，常用的描述方法有自然语言、伪码、流程图、类-PASCAL 语言、C 语言等。本章使用 C 语言作为描述算法的工具。

3. 算法的性能标准

算法的性能主要有以下几个标准：

(1)正确性(Correctness)：算法的执行结果应与预先规定的功能和性能相符合；

(2)简明性(Simplicity)：一个算法应当思路清晰，易于阅读、理解与交流，便于调试、修改和扩充；

(3)健壮性(Robustness)：一个好的算法不但在输入正确的情况下能得到正确的输出，而且在输入不合法数据时，也应能做适当处理(如给予输出提示信息)，不至于引起严重后果；

(4)效率(Efficiency)：一个好的算法应尽量缩短运行时间，尽量少地占用存储空间，即有高的时间效率和空间效率。

5.1.3 算法分析

评价一个算法的优劣，除了正确性、简明性和健壮性外，算法的时空效率是极其重要的。算法分析的目的在于通过对算法执行时间和占用空间的分析，寻求算法的优化。因此，算法分析主要就是分析算法的时间复杂度和空间复杂度。

时间复杂度：依据算法编制成程序后，在计算机上运行时所消耗的时间。

空间复杂度：依据算法编制成程序后，在计算机执行过程中所需要的最大存储空间。

1. 时间复杂度

一个算法的时间复杂度是指随着问题规模的变化，算法运行时间的变化情况。它是被处理问题规模的函数。时间复杂度一般都采用渐近时间复杂度表示。

定义：设 $f(n)$ 和 $g(n)$ 是定义在正整数 n 上的正函数，如果存在两个正常数 c 和 n_0，使得当 $n \geqslant n_0$ 时，有 $f(n) \leqslant cg(n)$，则记作 $f(n)=O(g(n))$。

大 O 记号(Bit-Oh Notation)用以表达一个算法运行时间的上界。当一个算法具有 $O(g(n))$ 的运行时间时，是指该算法在计算机上的实际运行时间不会超过 $g(n)$ 的一个常数倍。

使用大 O 记号表示的算法的时间复杂度，称为算法的渐近时间复杂度(Asymptotic Complexity)。

定理：如果 $f(n)=a_m n^m + a_{m-1} n^{m-1} + \cdots + a_1 n + a_0$ 是 m 次多项式，则 $f(n)=O(n^m)$。

证明：取 $n_0=1$，当 $n \geqslant n_0$ 时，有：

$$
\begin{aligned}
f(n) &= a_m n^m + a_{m-1} n^{m-1} + \cdots + a_1 n + a_0 \\
&\leqslant |a_m| n^m + |a_{m-1}| n^{m-1} + \cdots + |a_1| n + |a_0| \\
&\leqslant (|a_m| + |a_{m-1}|/n + \cdots + |a_1|/n^{m-1} + |a_0|/n^m) n^m \\
&\leqslant (|a_m| + |a_{m-1}| + \cdots + |a_1| + |a_0|) n^m
\end{aligned}
$$

取 $c=|a_m|+|a_{m-1}|+\cdots+|a_1|+|a_0|$，得 $f(n) \leqslant c\, n^m = O(n^m)$，定理得证。

【例 5-2】 下面算法实现求一个数组元素的累加和，计算该算法的时间复杂度。

```
int sum(int list[],int n)
```

```
{                                          /*执行次数*/
  int sum=0.0;
  for (int i=0; i<n; i++)                  /*=n+1*/
    sum += list[i];                        /*=n*/
  return sum;                              /*=1*/
}
```

时间复杂度为：$(n+1)+n+1=2n+2$，记为$O(n)$。

【例 5-3】下面过程实现两矩阵乘法，计算该过程的时间复杂度。

```
                                           /*执行次数*/
for(i=0; i<n; i++)                         /*=n+1*/
  for(j=0; j<n; j++)                       /*=n(n+1)*/
  {
    c[i][j]=0;                             /*=n²*/
    for(k=0; k<n; k++)                     /*=n²(n+1)*/
      c[i][j]+=a[i][k]*b[k][j];            /*=n³*/
  }
```

时间复杂度为：$n+1+n(n+1)+n^2+n^2(n+1)+n^3=2n^3+3n^2+2n+1$，记为$O(n^3)$。

从例 5-2 和例 5-3 可看出，可以通过算法中重复执行次数最多的语句的频度来估算算法的时间复杂度。

常见的渐近时间复杂度以及大小关系如下：

$$O(1)<O(\log_2 n)<O(n)<O(n\log_2 n)<O(n^2)<O(n^3)<O(2^n)$$

2. 空间复杂度

一个算法的实现所占用的存储空间主要包括指令、常数、变量所占用的存储空间，输入数据所占用的存储空间，以及算法执行时必需的辅助空间。前两种空间是计算机运行时所必需的。通常，把算法在执行时所需的辅助空间的大小作为分析算法空间复杂度的依据。

与算法时间复杂度的表示一致，也用辅助空间大小的数量级来表示算法的空间复杂度，仍然记为$O(x)$。常见的几种空间复杂度有$O(1)$、$O(n)$、$O(n^2)$、$O(n^3)$等。

事实上，一个问题的算法实现，时间复杂度和空间复杂度往往是相互矛盾的，要降低算法的执行时间就要以使用更多的空间为代价，要节省空间就可能要以增加算法的执行时间为代价，两者很难兼顾。因此，只能根据具体情况有所侧重。同时，还必须注意算法的清晰性。除非在一些特殊场合，否则，在现代程序设计中，并不提倡一味强调算法的效率而牺牲算法的清晰性。

5.2 线性表

5.2.1 线性表的定义及操作

线性表(Linear-list)是$n(n\geqslant 0)$个数据元素的有限序列。

记为：$(a_1, a_2, \cdots, a_{n-1}, a_n)$。

其中元素个数 n 称为表的长度，$n=0$ 时，称此线性表为空表。

表元素又称为结点，其内容可以是一个简单类型的数据，也可以是一复杂结构的数据，如可以是一整数，也可以是表示一个人的档案信息。但在同一个线性表中的元素，其数据类型是完全一样的。

线性表中各元素在表中的位置确定了它们在表中的先后次序。若 $n \geqslant 1$，则 a_1 为第一元素，a_n 为最后一个元素。元素 a_{i-1} 先于 a_i，称 a_{i-1} 为 a_i 的前驱，a_i 为 a_{i-1} 的后继。第一个元素 a_1 无前驱，最后一个元素 a_n 无后继，其他元素 a_i（$1<i<n$）均有且只有一个直接前驱 a_{i-1} 和一个直接后继 a_{i+1}。

【例 5-4】 由 26 个大写英文字母组成的线性表为：(A,B,C,…,Z)。

【例 5-5】 教职工档案信息组成的线性表：

工号	姓名	性别	年龄	职称
201	陈斌	男	25	助教
210	张平	女	30	讲师
260	李武	男	28	讲师
320	王闽	男	40	教授

线性表的基本操作主要有：

(1)Initiate(L)：初始化线性表 L，设置为空表；

(2)Length(L)：求线性表的表长；

(3)Get(L,i)：取线性表中的第 i 个元素；

(4)Location(L,x)：确定数据元素 x 在表中的位置；

(5)Insert(L,i,x)：在线性表中第 i 个元素之后（或之前）插入一个新元素 x；

(6)Delete(L,i)：删除线性表中的第 i 个元素；

(7)Empty(L)：判断线性表是否为空；

(8)Clear(L)：将已知的线性表清理为空表。

线性表的操作还有对有序表的插入和删除，按某种要求重排线性表中各元素的顺序，按某个特定值查找线性表中的元素，及两个线性表的合并等。

5.2.2 线性表的顺序存储结构

线性表的顺序存储结构就是将线性表的元素按其逻辑次序依次存放在一组地址连续的存储单元里，简称顺序表。

由于线性表的所有数据元素的数据类型完全一样，因此每个元素在存储器中占用的空间大小相同，假设线性表第一个元素存放的地址为 $\mathrm{LOC}(a_1)$，每个元素占用的空间大小为 L 个字节，则元素 a_i 的存放地址为：

$$\mathrm{LOC}(a_i)=\mathrm{LOC}(a_1)+L*(i-1)$$

可见，只要确定了顺序表的起始地址，顺序表中任一数据元素都可以随机存取，所以线性表的顺序存储结构是一种随机存取的存储结构。

通常可用一结构体来描述顺序表：

```
#define MAXLEN 200                          /* 数据元素个数的最大值 */
typedef int ElemType;                       /* 可根据需要定义为其他数据类型 */
typedef struct {
  ElemType elem[MAXLEN];                    /* 数组域 */
  int length;                               /* 表长域 */
} Sqlist;                                   /* 结构体类型名 */
```

结构体里的 ElemType 代表数据元素的类型，可以是一简单数据类型（如表示一个整型数），也可以是用于表示多个数据项的结构类型（如个人档案信息）。elem 是一维数组名，用于存放表中各数据元素。MAXLEN 代表数组的容量，应根据问题的规模设置，并留有一定的余量。length 是线性表的长度，用于存放表中数据元素的实际个数。Sqlist 是 typedef 定义的结构体类型名，在此之后可以用它说明结构体变量，用于描述一实际顺序表。

例如：Sqlist s；

说明 s 是结构体类型的变量，用于存放一实际顺序表。下面算法的线性表顺序存储结构均以此结构表示。

1. 元素的插入算法

已知顺序表$(a_1,a_2,\cdots,a_{i-1},a_i,\cdots,a_n)$，要在第 i 个位置插入一个元素 x，使线性表变为$(a_1,a_2,\cdots,a_{i-1},x,a_i,\cdots,a_n)$，其算法思路是：

(1) 将第 n 至第 i 个元素逐个后移一个存储位置，腾出第 i 个位置空间；

(2) 将 x 插入到第 i 个位置；

(3) 线性表的长度加 1。

【算法 5-1】

```
int insert(Sqlist *v,int i,ElemType x)
    /* 将元素 x 插入到线性表 v 中的第 i 个位置，若插入成功，则返回 1；否则，返回 0 */
{
  int j;
  if((i<1)||(i>v->length+1)||(v->length== MAXLEN))
  {
    printf(" Error! \n");                 /* 插入位置出错或线性表已满 */
    return 0;
  }
  for(j=v->length-1;j>=i-1;j--)          /* 将第 n 至第 i 个元素逐个后移一个存储位置 */
    v->elem[j+1]=v->elem[j];
  v->elem[i-1]=x;                         /* 插入元素 x */
  v->length =v->length+1;                 /* 线性表长度加 1 */
  return 1;
}
```

2. 元素的删除算法

已知顺序表($a_1,a_2,\cdots,a_{i-1},a_i,a_{i+1},\cdots,a_n$),要删除第 i 个元素 a_i,线性表变为($a_1,a_2,\cdots,a_{i-1},a_{i+1},\cdots,a_n$),其算法思路是:

(1)将第 $i+1$ 至第 n 个位置上的元素依次向前移动一个存储单位;

(2)将线性表的长度减 1。

【算法 5-2】

```
int delete(Sqlist  * v, int i)
                    /* 将线性表 v 中的第 i 个元素删除,若删除成功,则返回 1;否则,返回 0 */
{
  int j;
  if((i<1)||(i > v->length))
  {
    printf("Error! \n");                    /* 要删除的元素不存在 */
    return 0;
  }
  for(j=i; j<= v->length-1; j++)    /* 将第 i+1 至第 n 个元素逐个前移一个存
                                        储位置 */
    v->elem[j-1]=v->elem[j];
  v->length--;                              /* 线性表长度减 1 */
  return 1;
}
```

可见,在顺序存储结构的线性表中某个位置上插入或删除一个数据元素时,其算法时间主要耗费在元素的移动上,而移动元素的个数取决于插入或删除元素的位置。

假设 p_i 是在第 i 个元素之前插入一个元素的概率,而此时移动元素的次数是($n-i+1$),插入位置 i 的取值范围是$[1,n+1]$,则在长度为 n 的线性表中插入一个元素时所需移动元素次数的平均值为:

$$E_{\text{in}}=\sum_{i=1}^{n+1}p_i(n-i+1)$$

假设 q_i 是删除第 i 个元素的概率,而此时移动元素的次数是($n-i$),删除位置 i 的取值范围是$[1,n]$,则在长度为 n 的线性表中删除一个元素时所需移动元素次数的平均值为:

$$E_{\text{de}}=\sum_{i=1}^{n}q_i(n-i)$$

如果在线性表的任何位置插入或删除元素的概率相等,即

$$p_i=\frac{1}{n+1},q_i=\frac{1}{n}$$

则

$$E_{\text{in}}=\frac{1}{n+1}\sum_{i=1}^{n+1}(n-i+1)=\frac{n}{2}$$

$$E_{de}=\frac{1}{n}\sum_{i=1}^{n}(n-i)=\frac{n-1}{2}$$

其算法的时间复杂度均为 $O(n)$。

5.2.3 线性表的链式存储结构

线性表的顺序存储结构的特点是逻辑关系上相邻的两个元素在物理位置上也是相邻的。因此,可以随机存取表中任一元素,存储位置可用一个简单、直观的公式来表示。其缺点是:

(1)在做插入或删除操作时,需移动大量元素(平均要移动一半的元素),效率较低;

(2)在给长度变化较大的线性表预先分配空间时,必须按最大空间分配,使存储空间不能得到充分利用;

(3)必须连续存放;

(4)表的容量难以扩充,实际应用中可能出现容量不足的情况。

一般情况下,线性表的顺序存储结构适合于表中元素变动较少的线性表,否则,则应使用链式存储结构。

1. 单链表

线性表的链式存储结构的特点是用一组任意的存储单元存储线性表中的数据元素,这组存储单元可以是连续的,也可以是不连续的。这样,逻辑上相邻的元素在物理位置上就不一定是相邻的。为了能正确反映元素的逻辑顺序,就必须在存储每个元素的同时,存储其直接后继元素的存储位置。这时,存放数据元素的结点至少应包括两个域:一个域存放该元素的数据,称为数据域(data);另一个域存放后继结点在存储器中的地址,称为指针域或链域(next)。这种链式分配的存储结构称为链表。数据元素的结点结构如下:

```
typedef int ElemType ;
typedef struct node{
  ElemType data;                /* 数据域,可以是其他基本数据类型或构造类型 */
  struct node * next;
} NODE;
```

一般情况下,链表中每个结点可以包含若干个数据域和指针域。若每个结点中只有一个指针域,则称此链表为线性链表或单链表,否则称为多链表。

【例 5-6】 设有线性表:(mouse, cattle, tiger, rabbit, snake),用不带头结点链表表示如图 5-1 所示,用带头结点链表表示如图 5-2 所示。

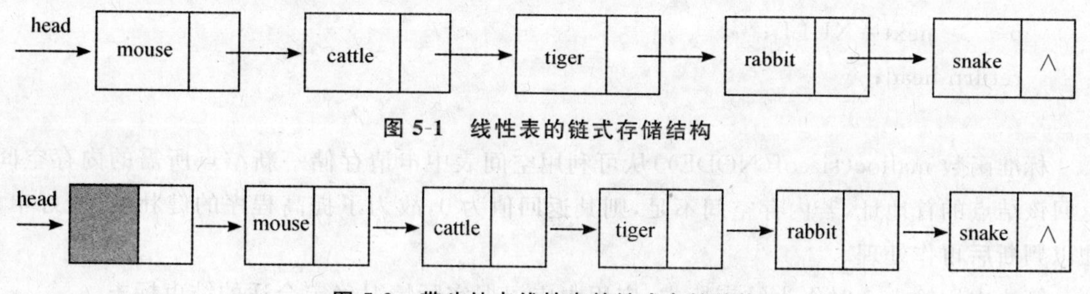

图 5-1 线性表的链式存储结构

图 5-2 带头结点线性表的链式存储结构

在逻辑状态示意图 5-1 中，结点的指针域用箭头指示，用于表示线性链表结点间的相邻关系。逻辑结构的表示非常形象、清晰。在此单链表中，head 是指向单链表中第一个结点的指针，我们称之为头指针；最后一个元素 snake 所在结点不存在后继结点，因而其指针域为“空”（用 NULL 或 ∧ 表示）。

可见，用单链表表示线性表时，数据元素之间的逻辑关系是由结点中的指针指示的，逻辑上相邻的两个数据元素其存储的物理位置不要求相邻，因此，这种存储结构为非顺序映象或链式映象。在使用中，我们只关心数据元素的逻辑次序，而不必关心它的真正存储地址。

为了简化链表的算法，通常在单链表第一个元素所在的结点之前附设一个结点，即头结点。头结点的指针域用于存储第一个元素所在结点的位置；数据域可以不存储任何信息，也可以存储如线性表的长度等附加信息。若线性表为空表，则头结点的指针域为“空”。以下算法中均使用带头结点的链表。

2. 单链表的运算

(1)单链表的建立

【算法 5-3】

```
NODE * creatlink()
{
  NODE * head, * p, * s;
  int num;
  s=(NODE * )malloc(sizeof(NODE));
  s -> next=NULL;
  head=s, p=s;
  scanf("%d", &num);
  while (num!=0)
  {
    s= (NODE * )malloc(sizeof(NODE));
    s->data=num;
    p->next=s;
    p = s;
    scanf("%d", &num);
  }
  p -> next=NULL;
  return head;
}
```

标准函数 malloc(sizeof(NODE))从可利用空间表中申请存储一新结点所需的内存空间，返回该结点的首地址，若内存空间不足，则其返回值为 0，故为了提高程序的健壮性，最好申请加以判断后再作处理。

算法中用输入 0 时作为结束标志，应用中应根据实际情况确定合适的结束标志。

算法 5-3 采用“尾插入”法，即将新结点插入到链表的最后一个元素后。也可采用“前插入”法，即将新结点插入到链表的第一个元素前，请读者自行编写。

(2)单链表的查找

链表存储结构不是一种随机存取结构，要查找单链表中的一个结点，必须从头指针出发，沿结点的指针域逐个往后查找，直到找到要查找的结点为止。

【算法 5-4】

```
NODE *Location(NODE *head, ElemType x)
/*在头指针 head 中查找数据元素 x 的位置，若查到，返回其位置；否则，返回 NULL */
{
  NODE *p;
  p=head -> next;
  while((p!= NULL)&&(p -> data != x))
    p=p -> next;
  return p;
}
```

(3)单链表的插入

设有线性表$(a_1,a_2,\cdots,a_{i-1},a_i,\cdots,a_n)$，用带头结点的单链表存储，头指针为 head，要求在线性表中第 i 个元素 a_i 之前插入一个值为 x 的元素。

算法思路：将指针 p 指向元素 a_i 的前驱结点 a_{i-1}，生成一个数据域为 x 的新结点 s，修改结点 p 和结点 s 的指针域，将 x 插在 a_{i-1} 与 a_i 之间。即 s->next = p->next；p->next = s。插入结点 s 后单链表的逻辑状态如图 5-3 所示。

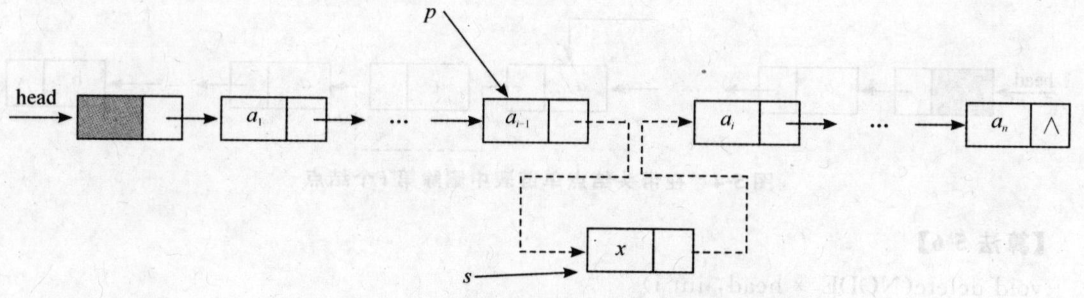

图 5-3 在带头结点单链表中插入值为 x 的元素

【算法 5-5】

```
void insert(NODE *head, int i, ElemType x)
{
  NODE *p, *s;
  int j=0;
  p = head;
  while((p!= NULL)&&(j < i-1))          /*使 p 指向第 i-1 个结点*/
  {
```

```
        p=p-> next;
        j++;
    }
    if((p == NULL)||(j > i-1))
        printf("i 值不合法 \n");
    else
    {
        s= (NODE *)malloc(sizeof(NODE));
        s-> data=x;
        s-> next=p -> next;
        p-> next=s;
    }
}
```

(4)单链表的删除

设有线性表$(a_1,a_2,\cdots,a_{i-1},a_i,\cdots,a_n)$，将结点$a_i$从链表中删除。

算法思路：将指针p指向元素a_i的前驱结点a_{i-1}，然后改变链接，即只要将待删除结点的指针域内容赋与p结点的指针域即可。

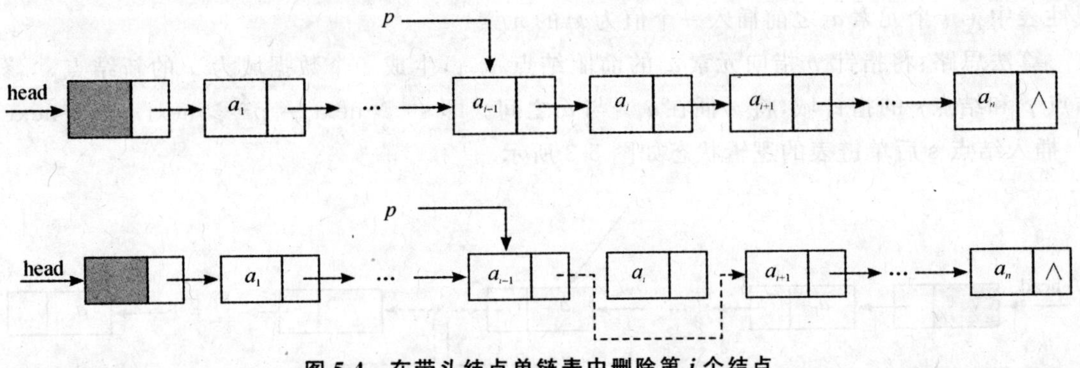

图 5-4　在带头结点单链表中删除第 i 个结点

【算法 5-6】

```
void delete(NODE * head, int i)
{
    NODE * p, * s;
    int j=0;
    p = head;
    while((p->next != NULL)&&(j < i-1))
    {
        p=p-> next;
        j++;
    }
```

```
if((p == NULL)‖(j > i-1))
    printf("i 值不合法 \n");
else
{
    s= p -> next;
    p-> next=s-> next;
    free(s);
}
}
```

标准函数 free(s)将 s 指向的结点归还给可利用空间表。

3. 循环链表和双向链表

(1)循环链表

将最后一个结点的指针域指向头结点的链表称为循环链表。从循环链表中任一结点出发均可找到表中其他任一结点。为使运算方便,循环链表一般也都设表头结点。

(2)双向链表

在每个结点上除数据域 data 外,设置两个指针域,其中一个指针域 prior 指向其前驱结点,另一个指针域 next 指向其后继结点,就得到双向链表。

双向链表通常也可设置头结点,也可将双向链表的头结点和尾结点链接起来组成双向循环链表。

在双向链表中,可从任一结点出发,分别可往前或往后查找其他任一结点。与单链表相比,双向链表的插入与删除等操作更加简单。当然,双向链表增加了一个指向前驱结点的指针域,即增加了存储空间的开销。

设 p 是指向链表中任一结点的指针,则有:

p->next->prior = p->prior->next = p

插入。在双向链表中第 i 个结点前插入元素 x。

思路:搜索插入位置,找到第 i 个结点用指针 p 指示,然后申请新结点 s 并改变链接。

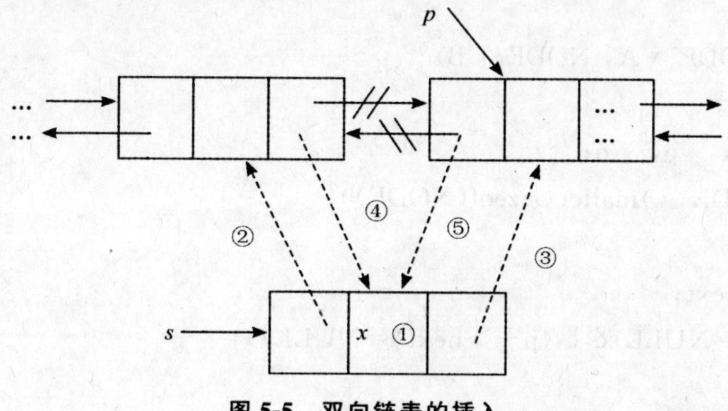

图 5-5 双向链表的插入

插入时相关操作序列为:

①s－＞data＝x；

②s－＞prior＝p－＞prior；

③s－＞next＝p；

④(p－＞prior)－＞next＝s；

⑤p－＞prior＝s；

删除。在链表中删除第 i 个结点。

思路：找到删除位置 p，然后改变链接，最后释放被删结点 p。

删除时相关操作序列为：

(p－＞prior)－＞next＝p－＞next；

(p－＞next)－＞prior＝p－＞prior；

4. 应用举例

【例 5-7】 设计算法：求头指针为 head 的单链表中的结点数目。

```
int length(NODE * head)
{
  NODE * p;
  int i=0;
  p = head-> next;                    /* 指向第一个结点 */
  while(p != NULL)
  {
    p = p -> next;
    i++;
  }
  return i;
}
```

【例 5-8】 设计算法：将一个带头结点的单链表 A 分解为两个带头结点的单链表 A 和 B，使得 A 表中含有原表中序号为奇数的元素，B 表中含有原表中序号为偶数的元素，且保持其相对顺序。

```
void disA(NODE * A, NODE * B)
{
  NODE *r, *p, *q;
  *B=(NODE *)malloc(sizeof(NODE));
  r= *B;
  p=A->next;
  while((p!=NULL)&&(p->next!=NULL))
  {
    q=p->next;
    p->next=q->next; r->next=q; r=q; p=p->next;
```

```
    }
    r->next=NULL;
    p->next=NULL;
}
```

5.3 栈

5.3.1 栈的定义及操作

栈是一种特殊的线性表，它只能在表的一端进行插入和删除操作。其中允许进行插入和删除操作的一端称为栈顶(top)，而表中固定的一端称为栈底(bottom)。栈中元素个数为零时称为空栈。例如，线性表 s 为：

$$s=(a_0,a_1,\cdots,a_n)$$

当我们把它看作栈来使用时，可以描述为图 5-6 所示的形式。其中，a_1 是栈底元素，a_n 是栈顶元素。入栈是指插入数据元素，出栈是指删除数据元素。

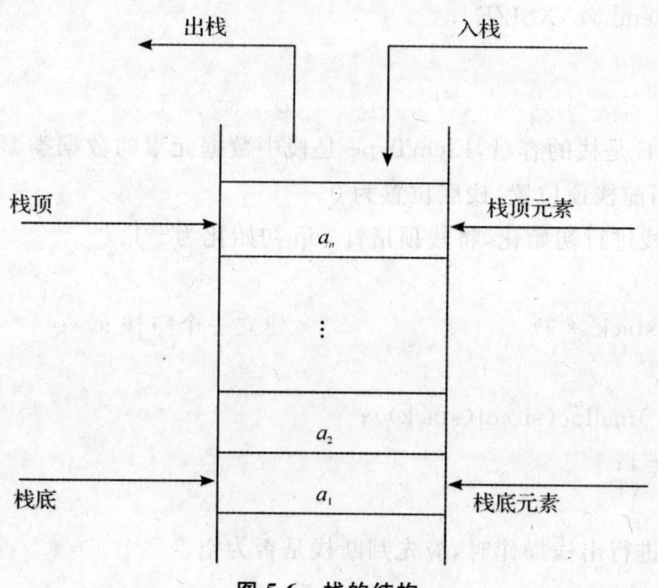

图 5-6 栈的结构

从图 5-6 中可以看出，入栈是把数据元素放在栈顶，即最后入栈的数据元素在栈顶，而出栈是把栈顶的数据元素删除。因此，对于栈来说，最后入栈的数据元素最先出栈，故把栈称为后进先出(LIFO,Last In First Out) 或先进后出(FILO,First In Last Out)的数据结构。

在中断系统、子程序调用等场合都离不开栈。

栈的基本操作有：

(1)initstack(s)：初始化空栈 s；

(2)empty(s)：判定 s 是否为空栈；

(3)push(s,x)：入栈操作，将数据元素 x 插入到栈 s 的栈顶；

(4)pop(s):出栈操作,若栈 s 不是空栈,则取出栈顶元素。

5.3.2 栈的表示和实现

栈是线性表的一种特例,因此,表示线性表的方法同样适用于栈。

1. 栈的顺序存储结构——顺序栈

利用一组地址连续的存储单元依次存放自栈底到栈顶的数据元素,同时设置指针 top 指示栈顶元素的当前位置。空栈的栈顶指针值为-1。设用数组 datatype elements[MAXSIZE]表示栈,则对非空栈,elements [0]为最早进入栈的元素,elements [top]为最迟进入栈的元素,即栈顶元素。

当 top=MAXSIZE-1 时,表示栈满,此时若有元素入栈,则产生栈的"上溢(overflow)";反之,top=-1 表示栈空,若此时再进行出栈操作,则将发生"下溢(underflow)"。

栈的顺序存储结构定义为:

```
#define MAXSIZE 200                /* 栈中数据元素个数的最大可能值 */
typedef int ElemType ;
typedef struct{
  ElemType elem[MAXSIZE];
  int top;
}stack;
```

其中,MAXSIZE 是栈的容量,ElemType 是栈中数据元素的数据类型(如可为 int 型或其他类型),top 指示当前栈顶位置,栈底位置为 0。

(1)置空栈:将栈进行初始化,将栈顶指针 top 初始化为-1。

【算法 5-7】

```
void initstack(stack *s)                    /* 建立一个空栈 s */
{
  s=(stack *)malloc(sizeof(stack));
  s->top=-1;
}
```

(2)判栈空:在进行出栈操作时,应先判断栈是否为空。

【算法 5-8】

```
int empty(stack *s)                    /* s 是否为空栈,若是返回 1,否则返回 0 */
{
  if (s->top==-1) return (1);
  else return (0);
}
```

(3)进栈:将数据元素 x 压入栈顶。

【算法 5-9】

```
int push (stack *s, ElemType x)        /* 压栈,若成功返回 1,否则返回 0 */
```

```
{
  if (s－＞top==MAXSIZE－1)
  {
    printf ("Stack Overflow\n");          /＊上溢＊/
    return (0);
  }
  s－＞top++;
  s－＞elem[s－＞top]=x;
  return (1);
}
```

(4)出栈:首先判断栈是否为空,若空则表示出栈失败,返回0;否则返回1。

【算法5-10】

```
int pop(stack ＊s , ElemType ＊x)          /＊x存放出栈的数据元素＊/
{
  if(empty(s))
  {
    printf("Stack Underflow\n");          /＊下溢＊/
    return(0);
  }
  ＊x= s－＞elem[s－＞top];
  s－＞top－－;
  return (1);
}
```

2. 栈的链式存储结构——链栈

对于顺序栈来说,其最大缺点是:栈的容量不易确定,在实际应用中可能导致浪费存储空间,也可能导致栈的容量不足,产生上溢现象。采用链式存储结构可较好解决顺序栈存在的问题,当然,这也使栈中的每个元素增加一个指针域,操作也复杂一些。

栈的链式存储结构结点类型与单链表相同,其算法读者可参照单链表和顺序栈的有关内容自行编写。

5.4 队列

5.4.1 队列的定义及操作

队列(queue)也是一种特殊的线性表。它只允许在表的一端进行插入操作,而在另一端进行删除操作。允许删除操作的一端称为队头(front),允许插入操作的一端称为队尾(rear)。

在队列中,先进入的成员总是先离开队列,后进入的成员总是后离开队列。因此,队列亦称作先进先出(First In First Out)的线性表,简称为 FIFO 表。

在键盘的输入、操作系统中的批处理调度等场合都需要建立队列。

当队列中没有元素时称为空队列。在空队列中依次加入元素 a_1, a_2,…,a_n之后,a_1是队头元素,a_n是队尾元素。显然,出队的次序也只能是 a_1, a_2, …, a_n,也就是说队列的改变是依先进先出的原则进行的。图 5-7 是队列的示意图。

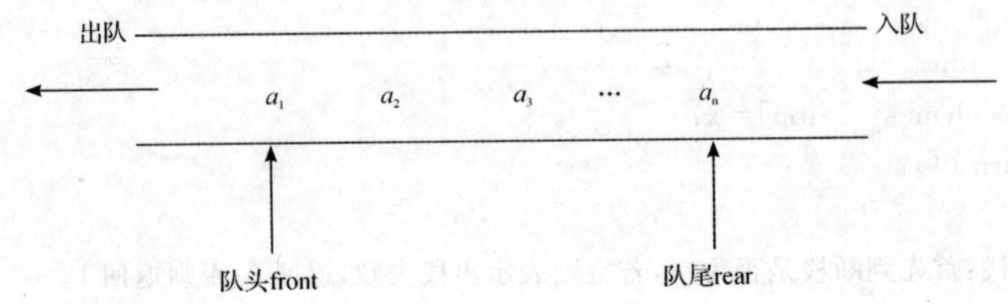

图 5-7 队列的结构图

队列的基本操作有:

(1)iniqueue(sq):置 sq 为一个空队列;

(2)empty(sq):判断队列 sq 是否为空队列;

(3)enqueue(sq, x):将元素 x 插入队列 sq 的队尾,称为入队;

(4)dequeue(sq):取出队列 sq 的队头元素,称为出队。

5.4.2 队列的表示和实现

队列是线性表的一种特例,因此,表示线性表的方法同样适用于队列。

1. 队列的顺序存储结构——顺序队列

队列的顺序存储结构称为顺序队列。顺序队列实际上是运算受限的顺序表。和顺序表一样,顺序队列也必须用一个数组来存放当前队列中的元素。由于队列的队头和队尾的位置均是变化的,因而需要设置两个指针,分别指示当前队头元素和队尾元素在数组中的位置。队列的顺序存储结构定义为:

```
#define MAXSIZE 200          /* 队列中数据元素个数的最大可能值 */
typedef int ElemType;
typedef struct{
    ElemType elem[MAXSIZE];
    int front,rear;
} seqqueue;
```

为使操作方便,通常规定头指针 front 总是指向当前队头元素的前一个位置,尾指针 rear 指向当前队尾元素的位置。初始时,队列的头、尾指针指向数组空间下界的前一个位置,在此设置为-1。若不考虑溢出,则入队运算可描述为:

```
sq->rear++;                      /* 尾指针加 1 */
sq->data[sq->rear]=x;            /* x 入队 */
```

出队运算可描述为：

sq－＞front＋＋；　　　　　　　　　/＊头指针加1＊/

图5-8说明了在顺序队列中进行出队和入队运算时队列中的数据元素及头、尾指针的变化情况。

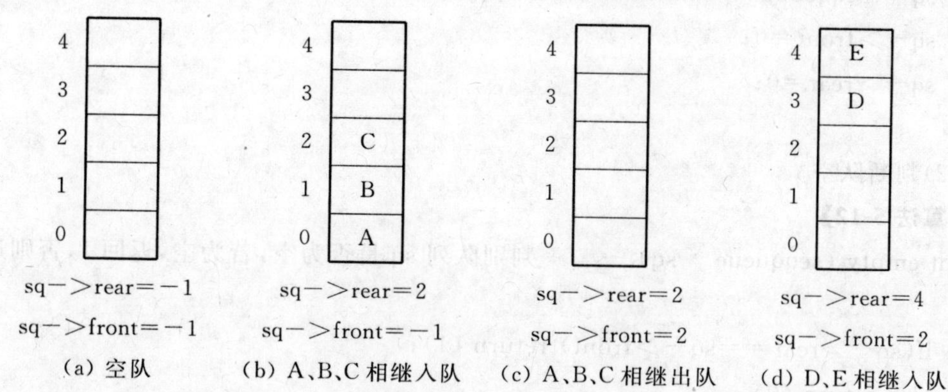

图5-8　顺序队列运算时的头、尾指针变化情况

当E元素入队后，sq－＞rear＝4，入队操作已无法继续进行，但事实上队列中尚有3个空位，这种情况称为“假溢出”。为解决这一问题，可以在每次出队时将整个队列中的元素向前移动一个位置，也可以在发生“假溢时”将整个队列中的元素向前移动直至头指针为－1，但这两种方法都会引起大量元素的移动，所以在实际应用中极少采用。通常的解决方法是让队列的头尾相连，构成一个环型队列，如图5-9所示。当进行入队操作时，sq－＞rear按顺时针方向前进一个位置，出队操作时，sq－＞front按顺时针方向前进一个位置；当sq－＞rear、sq－＞front的值为MAXSIZE－1时，若此时再进行加1操作，则将其值设置为0。

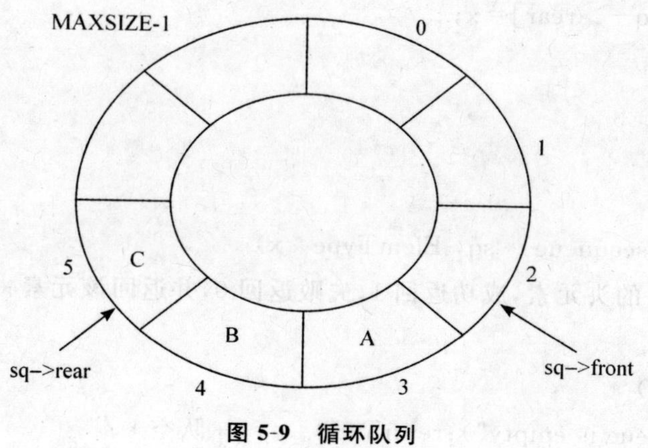

图5-9　循环队列

循环队列中队空和队满时，队头指针和队满指针都会碰到一起，为了区别队列空与满的两种状态，一般约定：若sq－＞rear＝＝sq－＞front，队列为空，不能进行出队操作；若(sq－＞rear＋1)％MAXSIZE＝＝sq－＞front，队列为满，不能进行入队操作。

在循环队列上实现的基本操作如下：

(1)置空队

【算法 5-11】

```
void iniqueue(seqqueue *sq)     /*置队列 sq 为空队*/
{
  sq=(seqqueue *)malloc(sizeof(seqqueue));
  sq->front=0;
  sq->rear=0;
}
```

(2)判断队空

【算法 5-12】

```
int empty (seqqueue *sq)     /*判别队列 sq 是否为空,若为空,返回 1,否则返回 0*/
{
  if(sq->rear==sq->front) return (1);
  else return (0) ;
}
```

(3)入队

【算法 5-13】

```
int enqueue (seqqueue *sq, ElemType x)     /*将新元素 x 插入队列 sq 的队尾*/
{
  if(sq->front==(sq->rear+1)% MAXSIZE)
  {printf ("queue is full"); return (0); }     /*队满溢出*/
  sq->rear=(sq->rear+1)%MAXSIZE ;
  sq->elem[sq->rear]=x;
  return (1);
}
```

(4)出队

【算法 5-14】

```
int *dequeue (seqqueue *sq, ElemType*x)
/*删除队列 sq 的头元素,成功返回 1,失败返回 0,并返回该元素*/
{
  if(empty(sq))
  { printf ("queue is empty");return 0;}     /*队空*/
  sq->front=(sq->front+1)%MAXSIZE;
  *x= sq->elem[sq->front];
  return(1);
}
```

2. 队列的链式存储结构——链队

对于顺序队来说,其缺点与顺序栈类似:队列的容量不易确定,在实际应用中可能导致浪费存储空间，也可能导致队列的容量不足，产生溢出现象。采用链式存储结构可较好解决顺序队列存在的问题。

队列的链式存储结构结点类型同单链表相同，其算法读者可参照单链表和顺序队的有关内容自行编写。

5.5 树与二叉树

5.5.1 树的基本概念

在计算机科学中，树型结构是一种应用广泛的非线性数据结构。它与自然界中的树很类似。它为计算机应用中出现的具有层次关系或分支关系的数据提供了一种理想的表示方式。

树的定义如下：

树(Tree)是 $n(n\geqslant 0)$ 个结点的有限集合。当 $n=0$ 时称为空树，否则在任一非空树中：

(1)有且仅有一个被称为根(Root)的结点；

(2)当 $n>1$ 时，除根结点以外的其余结点可分为 $m(m>0)$ 个互不相交的集合 $T_1,T_2,\cdots,T_m$，且其中每一个集合本身又是一棵树，并称其为根的子树(SubTree)。

这是一个递归定义，即在树的定义中又用到了树。它显示了树的特性，即一棵树是由根及若干子树构成的，而子树又可由更小的子树构成。

在树中，除根结点没有前驱结点外，其余结点有且只有一个前驱结点，各结点可有多个后继结点或没有后继结点。

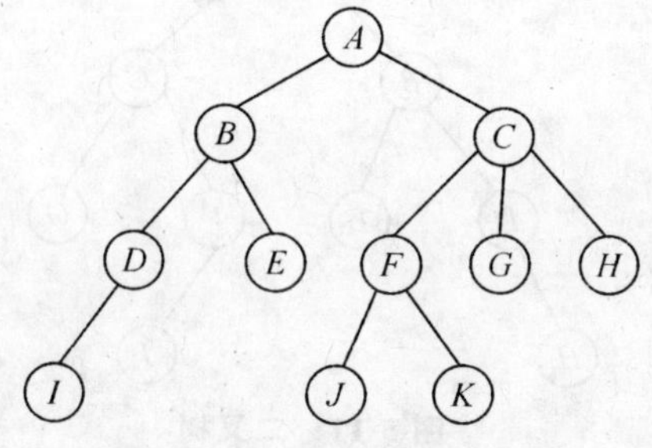

图 5-10 树的示意

图 5-10 是一棵由 11 个结点组成的树，其中 A 为根结点，其余结点分成两个互不相交的子集：$T_1=\{B,D,E,I\}$，$T_2=\{C,F,G,H,J,K\}$，T_1、T_2 是根 A 的子树。T_1 又可分成两个互不相交的子集：$T_{11}=\{D,I\}$，$T_{12}=\{E\}$，它们是 B 的子树；T_2 分成三个互不相交的子集 $T_{21}=\{F,J,K\}$，$T_{22}=\{G\}$，$T_{23}=\{H\}$，它们是 C 的子树。

以图 5-10 的树为例，下面给出与树有关的基本概念。

孩子(Child)：某结点子树的根称为该结点的孩子结点。

双亲(Parent)：一个结点是它的那些子树的根的双亲结点。

兄弟(Sibling)：同一个双亲的孩子之间互为兄弟。

如 B 是结点 D 和 E 的双亲结点，D 和 E 是 B 结点的孩子结点，D、E 互为兄弟结点。

结点的度：一个结点拥有的子树数目。如 A 结点的度为 2，它有两个子树 T_1 和 T_2；C 结点的度为 3；I、E、J、K、G 和 H 等结点的度为 0，它们没有子树。

叶子结点：度为零的结点称叶子或终端结点。I、E、J、K、G 和 H 结点都为叶子结点。

分支结点：度不为零的结点称为分支结点。B、C、D、F 等为分支结点。

树的度：一棵树上所有结点的度的最大值为该树的度。图 5-10 的树的度为 3。

边：树中两个结点的有序对 $\langle X,Y\rangle$（其中 X 是 Y 的双亲结点）称为连接这两个结点的边，例如 $\langle A,B\rangle$、$\langle A,C\rangle$ 和 $\langle B,D\rangle$ 等都是树的边。

结点的层次：规定根结点的层数为 1，其他任何结点的层数等于它的父结点的层数加 1。

树的深度：一棵树中，结点的最大层次值就是树的深度。图 5-10 的树的深度为 4。

有序树：若树 T 中各子树 $T_1,T_2,\cdots,T_n$ 的相对次序是有意义的，则称 T 为有序树。在有序树中，改变了子树的相对次序就变成了另一棵树。

森林：森林是 $m(m\geqslant 0)$ 棵互不相交的树的集合。

5.5.2 二叉树及其存储表示

1. 二叉树的定义

一个二叉树是一个有限结点的集合，该集合或者为空，或由一个根结点和两棵互不相交的被称为该根的左子树和右子树的二叉树组成。

图 5-11 是一棵二叉树，A 为二叉树的根，以 B 为根的子树为 A 的左子树，以 C 为根的子树为 A 的右子树。

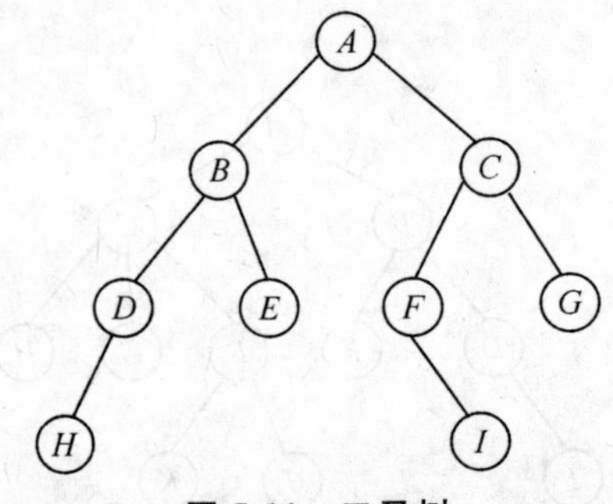

图 5-11 二叉树

根据二叉树的定义，图 5-12 列出了二叉树的所有可能的五种形态。图中，(1)为空二叉树；(2)为只有一个根结点的二叉树；(3)是具有左、右子树的二叉树；(4)是只有左子树的二叉树；(5)是只有右子树的二叉树。

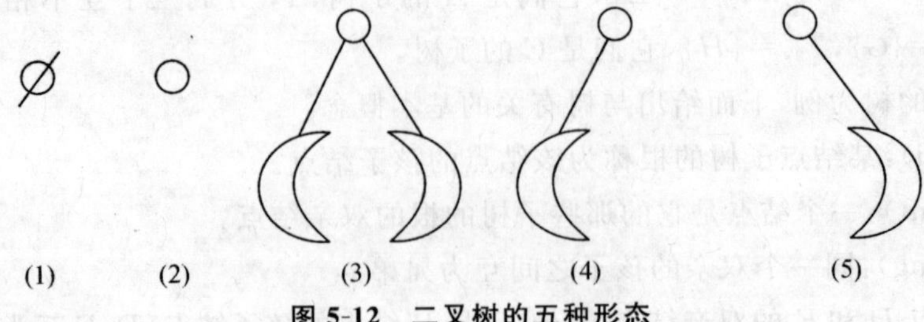

图 5-12 二叉树的五种形态

二叉树具有两个主要特点：

(1)每个结点最多只能有两个孩子，即二叉树中不存在度大于 2 的结点；

(2)二叉树的子树有左、右之分，其次序不能任意颠倒。

如果一棵二叉树的深度为 k，并且含有 2^k-1 个结点，则称此二叉树为满二叉树。如图 5-13 所示，满二叉树的特点是每一层都具有最大结点个数。

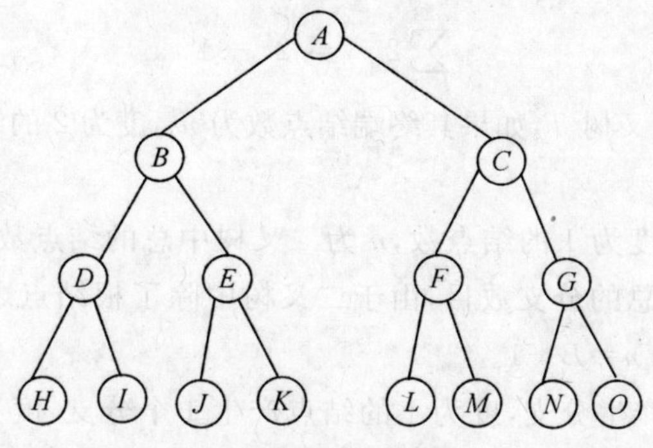

图 5-13　满二叉树

对满二叉树的结点进行连续编号：从根结点起，自上而下逐层从左到右给每个结点编一个从 1 开始的顺序号。

对深度为 k，有 n 个结点的二叉树，当且仅当其每一个结点都与深度为 k 的满二叉树中的编号从 1 到 n 的结点一一对应时，称之为完全二叉树。如图 5-14 所示。

完全二叉树的特点：

(1) 叶子只可能在层次最大的两层上出现；

(2) 最下面一层的结点都集中在该层最左边的若干位置上。

满二叉树是完全二叉树，而完全二叉树未必是满二叉树。

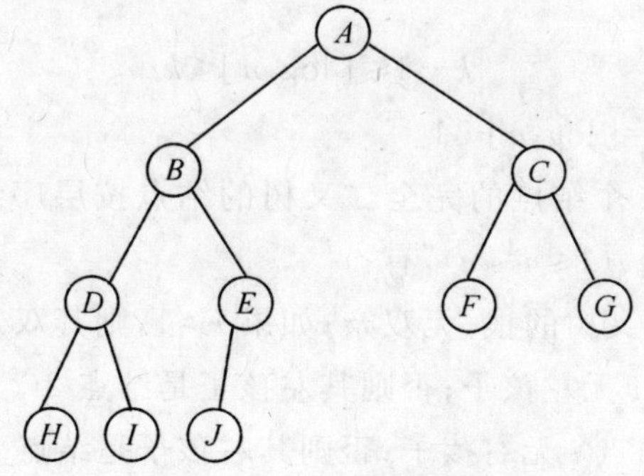

图 5-14　完全二叉树

2. 二叉树的性质

性质 1：二叉树第 i 层的结点数最多有 2^{i-1} $(i\geqslant1)$ 个。

层次 i	第 i 层最多结点数
1	$2^0=1$
2	$2^1=2$
3	$2^2=4$

⋮　　　⋮

k　　　2^{k-1}

此性质读者可自行用数学归纳法证明。

性质 2：深度为 k 的二叉树中结点总数最多有 2^k-1 个。

由性质 1 可见，深度为 k 的二叉树的最大结点数为：

$$\sum_{i=1}^{k} 2^{i-1} = 2^k - 1$$

性质 3：对任何一棵二叉树 T，如果其终端结点数为 n_0，度为 2 的结点数为 n_2，则 $n_0=n_2+1$。

证明：

(1)设 n_1 为二叉树中度为 1 的结点数，n 为二叉树中总的结点数，则：$n = n_0 + n_1 + n_2$。

(2)设 B 为二叉树中总的分支数目，由于二叉树中除了根结点之外，其余结点都有一个分支进入，所以 $B=n-1$，即 $n=B+1$。

又，度为 0 的结点不产生分支，度为 1 的结点产生 1 个分支，度为 2 的结点产生 2 个分支，所以 $B=n_1+2n_2$。

于是得：$n = n_1+2n_2+1$。

(3)由(1)和(2)得：

$$n_0+n_1+n_2=n_1+2n_2+1$$

故

$$n_0=n_2+1$$

性质 4：具有 n 个结点的完全二叉树的深度为$\lfloor \log_2 n \rfloor+1$。

证明：假设二叉树的深度为 k，则根据性质 2，有

$$2^{k-1}-1<n\leqslant 2^k-1 \quad 或 \quad 2^{k-1}\leqslant n<2^k$$

即

$$k-1\leqslant \lfloor \log_2 n \rfloor<k$$

因为 k 是整数，所以 $k =\lfloor \log_2 n \rfloor+1$。

性质 5：如果对一棵有 n 个结点的完全二叉树的结点按层序编号(从第 1 层到第 k 层，每层从左到右)，则对任一结点 $i(1\leqslant i\leqslant n)$，有：

(1)如果 $i=1$，则 i 是二叉树的根，无双亲；如果 $i>1$，则其双亲是结点 $i/2$。

(2)如果 $2i>n$，则结点 i 无左孩子；否则其左孩子是结点 $2i$。

(3)如果 $2i+1>n$，则结点 i 无右孩子；否则其右孩子是结点 $2i+1$。

3. 二叉树的存储结构

对于二叉树，我们既可采用顺序存储，又可采用链式存储。

(1)顺序存储结构

顺序存储就是用一组地址连续的存储单元来存放一棵二叉树的所有结点。根据二叉树的性质 5，对于完全二叉树，只要将其结点从第 1 层到第 k 层，每层从左到右依次存放到一组地址连续的存储单元中，便可根据各结点在序列中的位置确定结点间的逻辑关系。

但对于非完全二叉树，一种可行的办法是将一般二叉树转换为完全二叉树，其方法是用

"虚结点"填补非完全二叉树中的"空位",使其成为"完全"二叉树。其中"虚结点"用特殊标志指示,也占用存储位置。这样,便可以用顺序存储结构存储二叉树。

但是,这种存储方法往往会造成存储空间的较大浪费。如,对于一个深度为 k 的右单支二叉树(即除一个叶结点外,其余结点都只有一个右孩子),只有 k 个结点,却需要 $2k-1$ 个的存储空间。因此,一般很少用顺序存储结构存储二叉树。

(2) 链式存储结构

根据二叉树的特性,任何一个结点最多有左、右两棵子树,所以为表示结点内容和结点的逻辑关系,每个结点可设三个域:数据域和左、右指针域。其结点结构为:

lchild	data	rchild

其中,lchild 是左指针域,指向结点的左子树的根;data 是数据域,存储结点本身的内容;rchild 是右指针域,指向结点的右子树的根。这种存储结构又称为二叉链表。

为表示二叉树,需设一个指针 T 指向树的根。若树为空,则 T=NULL,否则 T 指向树的根。从根结点出发,可获得二叉树中的所有结点。

二叉链表存储结构可定义为:

```
typedef char ElemType;
typedef struct tnode {
  ElemType data;
  struct tnode *lchild, *rchild;
} TNODE;
```

图 5-15(b)为图 5-15(a)二叉树的存储结构。

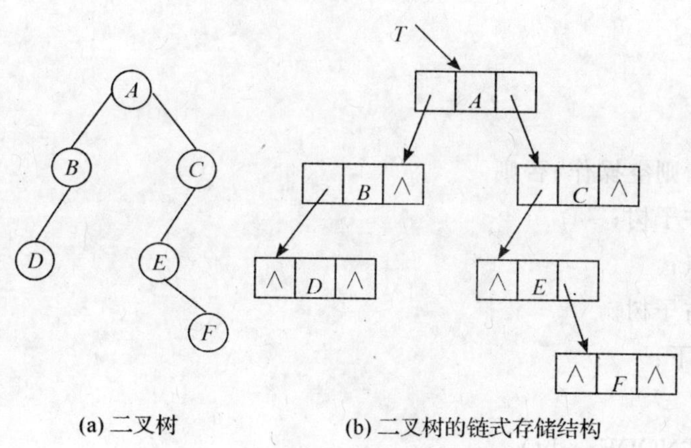

图 5-15 二叉树及其链式存储结构

5.5.3 二叉树的遍历

二叉树的遍历是指按一定的次序,对树中的所有结点访问一次且只访问一次。在二叉树的应用中,常常需要在树中查找指定的结点或对所有结点进行某种操作,这需要对二叉树进行遍历。访问结点的含义是很广的,可以理解为对结点的增、删、改、查等各种运算的抽象。在以下讨论中，假定访问结点即为输出结点数据域值。

遍历二叉树的过程实际上就是按某种规律把二叉树的结点排成一个线性序列。由于二叉树是非线性结构，它的每个结点都可能有两个分支，也就是说一个结点可能有两个后继，所以，二叉树的遍历比较复杂，按照不同规则遍历得到的结果也就不同。设L、D、R分别表示遍历左子树、访问根结点和遍历右子树，则对二叉树的遍历有六种，即：DLR、LDR、LRD、DRL、RDL、RLD。若规定先左后右，则只有三种方案：DLR、LDR和LRD，按照访问根结点的先后次序，分别称之为二叉树的先序（根）遍历、中序（根）遍历和后序（根）遍历。

1. 先序遍历

若二叉树为空，则空操作；否则

(1)访问根结点；

(2)先序遍历左子树；

(3)先序遍历右子树。

其递归算法如下：

【算法5-15】

```
void preorder(TNODE * bt)
{
  if (bt !=NULL)
  {
    printf("%d \n", bt->data);
    preorder(bt->lchild);
    preorder(bt->rchild);
  }
}
```

2. 中序遍历

若二叉树为空，则空操作；否则

(1)中序遍历左子树；

(2)访问根结点；

(3)中序遍历右子树。

其递归算法如下：

【算法5-16】

```
void inorder(TNODE * bt)
{
  if (bt !=NULL)
  {
    inorder(bt->lchild);
    printf("%d \n", bt->data);
    inorder(bt->rchild);
```

```
    }
}
```

3. 后序遍历

若二叉树为空，则空操作；否则

(1)后序遍历左子树；

(2)后序遍历右子树；

(3)访问根结点。

其递归算法如下：

【算法 5-17】

```
void postorder(TNODE * bt)
{
  if (bt !=NULL)
  {
    postorder(bt->lchild);
    postorder(bt->rchild);
    printf("%d \n", bt->data);
  }
}
```

如图 5-16 所示的二叉树，其先序、中序和后序遍历的结果分别是：

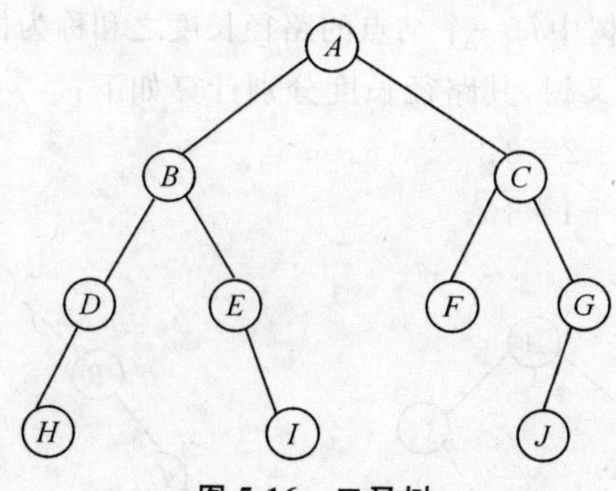

图 5-16 二叉树

(1)先序遍历：*A*、*B*、*D*、*H*、*E*、*I*、*C*、*F*、*G*、*J*；

(2)中序遍历：*H*、*D*、*B*、*E*、*I*、*A*、*F*、*C*、*J*、*G*；

(3)后序遍历：*H*、*D*、*I*、*E*、*B*、*F*、*J*、*G*、*C*、*A*。

若已知其先序遍历和中序遍历的结果，或者已知其后序遍历和中序遍历的结果，则可唯一确定二叉树的组成。

【例 5-9】 已知一颗二叉树的先序遍历的结果是 *ABDHEICFGJ*，中序遍历的结果是 *HDBEIAFCJG*，求其后序遍历。

分析：

(1)根据先序遍历的次序可确定二叉树的根是 *A*，根据中序遍历的次序可确定 *H*、*D*、*B*、

E、I 结点是 A 的左子树，F、C、J、G 结点是 A 的右子树。

(2)根据 A 的左子树在先序遍历中的次序是 B、D、H、E、I，可知 A 的左子树的根是 B；根据 A 的左子树在中序遍历中的次序是 H、D、B、E、I，可知 H、D 是 B 的左子树，E、I 是 B 的右子树。

(3)根据 B 的左子树在先序遍历中的次序是 D、H，可知 B 的左子树的根是 D；根据 B 的左子树在中序遍历中的次序是 H、D，可知 H 是 D 的左子树。

(4)根据 B 的右子树在先序遍历中的次序是 E、I，可知 B 的右子树的根是 E；根据 B 的右子树在中序遍历中的次序是 E、I，可知 I 是 E 的右子树。

(5)同理，可确定其他结点的逻辑位置，从而可确定其对应的二叉树，如图 5-16 所示。

(6)根据图 5-16 可得其后序遍历的结果是 $HDIEBFJGCA$。

由于对于一般的树和森林，可通过一定的方法将其转换为对应的二叉树，所以，只要研究好对二叉树的处理，树和森林也就可以得到相应的处理。有关这方面的知识请读者阅读其他相关资料。

5.5.4 霍夫曼树及其应用

霍夫曼树(Huffman Tree)又称最优二叉树，是指带权路径长度最短的二叉树。它有着广泛的应用。

1. 树的路径长度和带权路径长度

从树中一个结点到另一个结点之间的分支构成这两个结点之间的路径，路径上的分支数称为这两个结点之间的路径长度。

树的路径长度：从树根到树中每一个结点的路径长度之和称为树的路径长度，一般记作 PL。

如图 5-17 所示的两棵二叉树，其路径长度分别计算如下：

(a)PL＝0＋1＋2＋2＋1＋2＝8；

(b)PL＝0＋1＋2＋3＋3＋1＝10。

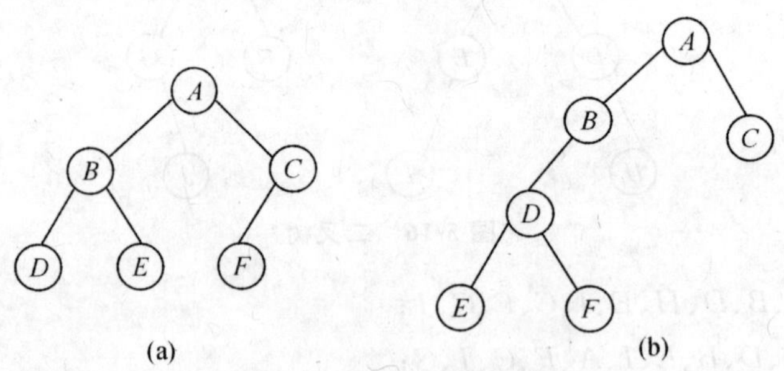

图 5-17 二叉树的路径长度

在实际应用中，经常需要给树中的结点赋与一个称之为权的有某种意义的实数(如结点的访问频度)，且这类结点都集中在叶子结点。为此，我们定义了带权的路径长度(Weighted Path Length)。带权路径长度为：

$$\mathrm{WPL} = \sum_{i=1}^{n} W_i L_i$$

其中，n 为树的终端结点个数；W_i 为第 i 个叶子结点的权值；L_i 为从根结点到第 i 个叶子结点的路径长度。

在图 5-18 中的 2 棵二叉树中，都有 4 个终端结点，其权值分别为 9、5、2、1，则它们的带权路径长度分别为：

(a)WPL＝2＊9＋2＊5＋2＊2＋2＊1＝34；

(b)WPL＝1＊9＋2＊5＋3＊2＋3＊1＝28。

可见，对于同样的 4 个带权终端结点，树的组织不同，其 WPL 的值也不同。一般地，当把权值小的终端结点放在离根近的位置，而把权值大的终端结点放在离根远的位置时，WPL 的值比较小。

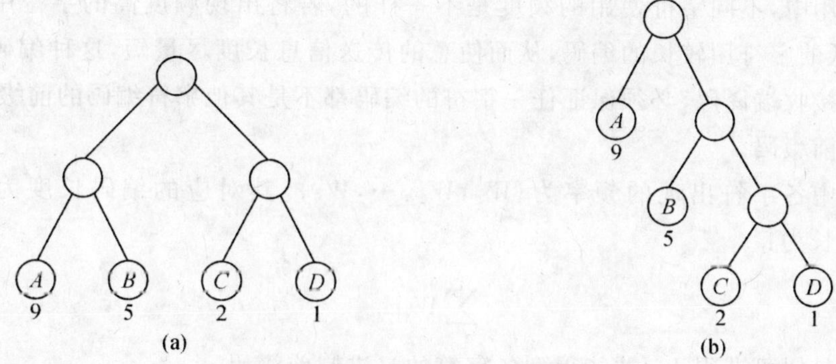

图 5-18　具有不同带权路径长度的二叉树

2. 霍夫曼树

假设有一组权值 $\{W_1, W_2, \cdots, W_n\}$，在以这些权值为叶子结点的所有二叉树中，将其中 WPL 最小的二叉树称为霍夫曼树。

构造霍夫曼树的算法称为霍夫曼算法。其算法思想是：

(1)根据给定的一组权值 $\{W_1, W_2, \cdots, W_n\}$，构造 n 颗二叉树的集合 $F=\{T_1, T_2, \cdots, T_n\}$，$F$ 中的每棵二叉树 T_i 只有一个带权为 W_i 的根结点($i=1,2,\cdots,n$)，其左右子树均为空；

(2)在 F 中选取两棵根结点的权值最小和次小的二叉树作为左、右子树构造一棵新的二叉树，新二叉树根结点的权值为其左、右子树根结点的权值之和；

(3)在 F 中删除这两棵权值最小和次小的二叉树，同时将新生成的二叉树并入森林 F 中；

(4)重复(2)和(3)，直到 F 中只有一棵二叉树为止，这颗二叉树就是霍夫曼树。

【例 5-10】　给定一组权值{2,7,4,8}，图 5-19 给出了构造相应霍夫曼树的过程。

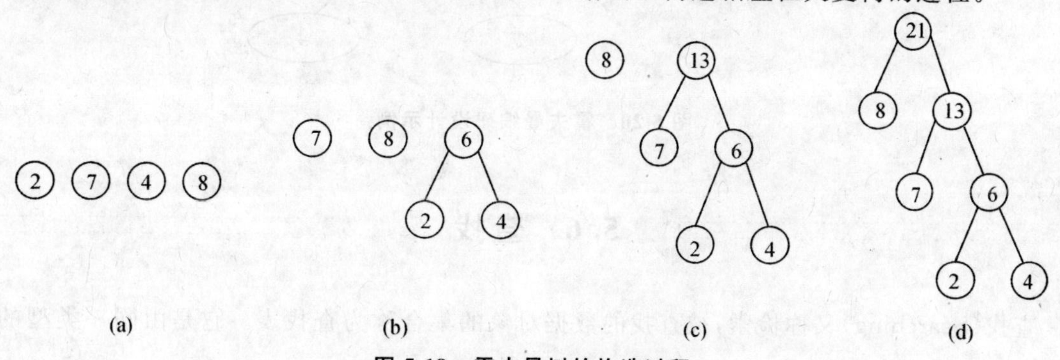

图 5-19　霍夫曼树的构造过程

说明：

(1)在选取两棵根结点权值最小的二叉树时，若出现有权值相同时，可在相同权值的二叉树中任选一棵；

(2)两颗根结点最小的二叉树作为新的二叉树的左右子树时，左右子树位置可以调换；

(3)霍夫曼树中没有度为 1 的结点。

3. 霍夫曼编码

在通信中，需要对传送的信息进行编码，通常，用一串 0 和 1 的二进制码表示一个字符。若对每个字符采用相同长度的编码，称为定长编码。

在实际应用中，不同字符使用的频度是不一样的，若将出现频度高的字符用尽量短的编码，出现频度低的字符用较长的编码，从而使总的传送信息长度尽量短，这种编码称为变长编码。为了便于接收端译码，必须保证任一字符的编码都不是其他字符编码的前缀，具有这一特性的编码称为前缀码。

设某电文中各字符出现的频率为$\{W_1, W_2, \cdots, W_n\}$，其对应的编码长度为$\{L_1, L_2, \cdots, L_n\}$，则电文总长为：

$$\sum_{i=1}^{n} W_i L_i$$

利用霍夫曼树可获得 L_i，并能得到各字符的二进制前缀码。

【例 5-11】 设某电文中出现 C、S、A、T 字符，其对应的次数分别是 2、4、7、18，将 C、S、A、T 作为叶子结点，所构造的霍夫曼树如图 5-20 所示。分别用“0”和“1”表示左右子树的分支，便得到各字符的二进制前缀码编码：C——110，S——111，A——10，T——0。其电文总长为 2＊3＋4＊3＋7＊2＋18＊1＝50，若用定长编码，电文总长为 2＊31＝62。可见，若各字符使用的频度差别较大时，使用霍夫曼编码将使电文总长短一些。

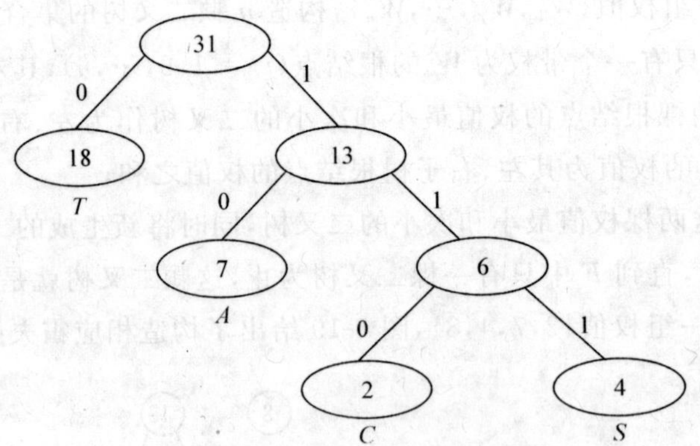

图 5-20 霍夫曼编码设计示例

5.6 查找

查找(Searching)又称检索，被查找的数据对象的集合称为查找表。它是由同一类型的数据记录(或元素)构成的集合,每个数据记录由若干个数据项组成,能唯一标识一个记录的一个或一组数据项称为主关键字,不能唯一标识一个记录的数据项为次关键字。如在由考生组成的查找表中,准考证号为主关键字,而某门考试成绩为次关键字。

数据查找可定义为:设查找表有 n 个具有相同类型的记录($R_0, R_1, R_2, \cdots, R_{n-1}$),对给定值 k,要求查找这 n 个记录中是否存在关键字值等于 k 的某个记录。若存在这样的数据记录,则称查找是成功的,否则称查找不成功。

实际计算机程序中大量存在查找操作,所以研究查找算法对提高软件运行效率有重要的意义。

衡量一个查找算法的标准主要有两个:时间复杂度和空间复杂度。对查找算法,一般不需要太多的辅助空间,主要是要关注它的时间复杂度。在查找算法中,基本运算是给定值与关键字值的比较,所以算法的主要时间花费在"比较"上。通常使用平均查找长度 ASL 的指标来评价查找算法。

对于含有 n 个数据记录的查找表,查找成功时的平均查找长度为:

$$\text{ASL} = \sum_{i=1}^{n} p_i C_i$$

其中,p_i 为查找第 i 个数据元素的概率;C_i 为查到第 i 个数据元素时,需与关键字进行比较的次数。

5.6.1 顺序查找

顺序查找是最简单的查找技术。其基本思想是:根据给定的一个关键值 k,从表的一端开始,依次将每个元素的关键字同 k 进行比较,若某个元素的关键字等于给定值 k,则表明查找成功,返回该元素的下标;反之,若所有元素都比较完毕仍找不到关键字为 k 的元素,则表明查找失败,返回一特定的值(常用-1表示)。

查找表中的数据元素类型描述如下:

```
typedef struct {
   int key;                   /* 设关键字的类型为整型 */
   int otherdata;             /* 为简单起见,除关键字外只有一个整型数据项 */
}ElemType;
```

本节中查找表用数组表示,有 n 个记录,在算法中一般定义如下:

```
#define MAXLEN 200            /* 查找表中元素个数的最大可能值 */
ElemType table[MAXLEN];  /* 查找表 */
int n;
```

顺序查找算法如下,若查找成功,则返回所找到记录的位置,否则返回-1。

【算法 5-18】

```
int seq_search1(ElemType table[ ], int k, int n)
                                  /* k为要查找的关键码值,n为查找表长度 */
{
```

```
    int i=0;
    while((i<n)&&(table[i].key!=k)) i++;
    if(i==n) return -1;                 /*查找失败,返回-1*/
    else return i;                      /*查找成功,返回所找到记录的位置*/
}
```

以上算法中,每次除比较关键码值外,还需判断查找是否结束,从而增加了时间的开销。为解决这一问题,可在表尾增加一个关键字值为 k 的记录,保证查找不会"越界",这种方法通常称为"监视哨"。其算法改进为:

【算法 5-19】

```
int seq_search2(ElemType table[], int k, int n)
{
    int i=0;
    table[n].key=k;
    while (A[i].key!=k) i++;
    if(i==n) return -1;              /*查找失败,返回-1 */
    else return i;                   /*查找成功,返回所找到记录的位置*/
}
```

显然,若线性表中第 i 个记录的关键码值为 k,则需要进行 i 次比较,在最坏的情况下,顺序查找需要比较 n 次。设每个记录的查找概率相等,则 $p_i=1/n$,故此算法在等概率情况下查找成功的平均查找长度为:

$$ASL=\sum_{i=1}^{n}p_iC_i=\sum_{i=1}^{n}\frac{1}{n}i=\frac{n+1}{2}$$

顺序查找算法简单,对记录的组织无特殊要求。它既适用于以顺序存储结构组织的查找表的查找,也适用于以链式存储结构组织的查找表的查找,但是,其平均查找长度大,时间复杂度为 $O(n)$,查找效率低(特别当 n 比较大时),一般不宜采用。

5.6.2 折半查找

折半查找又称为二分查找,是一种可在有序顺序表上实现的效率比较高的查找算法。

设有序记录数组 R 中每个记录的关键字值按升序排列为:

R_0.key,R_1.key,R_2.key,…,R_m.key,…,R_{n-1}.key

其中,n 为记录个数。当 $i<j$ 时,有 R_i.key$\leqslant R_j$.key。

设待查数据记录的关键码值为 k,其算法思想为:

(1)设置 3 个分别指向表的当前待查范围的下界、上界和中间位置的变量 low、high 和 mid,初始时,令 low=0,high=n-1。

(2)令 mid=$\left\lfloor\frac{\text{low}+\text{high}}{2}\right\rfloor$,即 mid 取不大于(low+high)/2 的最大整数。

(3)比较 R[mid].key 与 k 的值,若 R[mid].key $=k$,则查找成功,结束查找;若

R[mid].key>k，表明关键码值为k的记录只可能存在于记录R[mid]的前半部，修改查找范围，令 high=mid−1，low 保持不变；若R[mid].key<k，表明关键码值为k的记录只可能存在于记录R[mid]的后半部，修改查找范围，令 low=mid+1，high 保持不变。

(4)比较当前变量 low 与 high 的值，若 low≤high，重复执行(2)和(3)步，若 low>high，说明整个表的所有记录已查找完毕，表中不存在关键码值为k的记录，查找失败。

【例 5-12】 假定有一组包含 11 个记录的关键字值(R_i.key)为：

8 13 20 25 32 41 48 52 70 85 105

假设要查找关键码值k为 52 的记录，则：

第一次查找：

low=0，high=10，mid=5，R[5].key=41<52，改变 low=5+1=6；

第二次查找：

low=6，high=10，mid=8，R[8].key=70>52，改变 high=8−1=7；

第三次查找：

low=6，high=7，mid=6，R[6].key=48<52，改变 low=6+1=7；

第四次查找：

low=7，high=7，mid=7，R[7].key=52=k，查找成功。

又假设要查找关键码值k为 26 的记录，则：

第一次查找：

low=0，high=10，mid=5，R[5].key=41>26，改变 high=5−1=4；

第二次查找：

low=0，high=4，mid=2，R[2].key=20<26，改变 low=2+1=3；

第三次查找：

low=3，high=4，mid=3，R[3].key=25<26，改变 low=3+1=4；

第四次查找：

low=4，high=4，mid=4，R[4].key=32>26，改变 high=4−1=3。

此时，由于 low>high，说明整个表的所有记录已查找完毕，表中不存在关键码值为 26 的记录，查找失败。

折半查找的比较次数不会超过$\lfloor \log_2 n \rfloor$。其算法复杂度为$O(\log_2 n)$，查找成功的平均查找长度为：

$$\mathrm{ASL}=\frac{n+1}{n}\log_2(n+1)-1$$

其算法实现如下：

【算法 5-20】

```
int binary_search1(ElemType table [],int k,int n)
{
  int low,high,mid;
  low=0; high=n-1;
```

```
    while(low<=high)
    {
        mid = (low+high)/2;
        if (R[mid].key == k) return mid;       /* 查找成功,返回所找到记录的位置 */
        if (R[mid].key > k) high=mid-1;
        else low=mid+1;
    }
    return -1;                                  /* 查找失败,返回-1 */
}
```

折半查找的优点是比较次数少,查找速度快。但这种速度是以预先对记录按关键字大小排序为代价的。对经常要进行插入和删除操作的表,不宜采用这种方法。

5.6.3 分块查找

分块查找又称索引顺序查找,是结合顺序查找和折半查找的算法。分块查找法要求把查找表的记录比较均匀地分成若干块,在每一块中记录之间是无序的。但块与块之间是有序的。对于块升序,当 $i<j$ 时,第 j 块中的任一记录的关键码值都比第 i 块中所有的记录的关键码值大,但块内记录无序。如图 5-21 所示,查找表中的 11 个记录分成三个块:(15,8,25,16),(47,57,50,28),(60,80,78),索引表由三个记录组成,每个记录包括关键字项和指针项,关键字项中存放对应块中的最大关键码值,指针项中存放块中第一个记录在查找表中的位置序号。

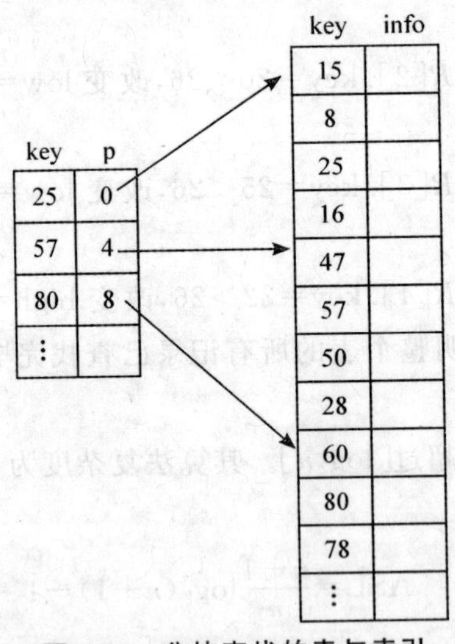

图 5-21　分块查找的表与索引

分块查找算法的基本思想是:由于索引表是按关键码值有序排列,所以首先可根据要查找的关键码值 k,采用顺序查找或者折半查找的方法,确定待查记录只可能存在的块,然后在块内采用顺序查找方法进行查找。如 $k=50$,由于 $25<k<57$,所以所查记录只可能存在于第二块中,因此可在第二块(即从 4~7 的位置)中按照顺序查找的方法进行查找。

分块查找中的查找表的组织可采用顺序存储结构或链式存储结构,分块查找的平均查找长度为：$ASL=L_b+L_w$，其中，L_b 为查找索引表确定所在块的平均查找长度，L_w 为在块中查找元素的平均查找长度。

分块查找的效率介于顺序查找和折半查找之间。

5.6.4　哈希表查找

一般查找方法如顺序查找、折半查找、分块查找等都是通过一系列给定值和关键字值的比较来确定被查元素在查找表中的位置，查找的效率依赖于查找过程中所进行的比较次数。而哈希查找，也称散列查找，利用关键字进行某种运算后直接确定记录的存储位置，即用关键字计算记录存储位置的查找方法。

哈希函数又叫散列函数，它是一种能把关键字映射成记录存储地址的函数。假定数组 HT[m]为存储记录的地址空间，m 为表长，哈希函数 H 以记录的关键字 k 为自变量，计算出对应的函数值 $H(k)$，并以它作为关键字 k 所标识的记录在表 HT 中的地址或索引号，这样产生的记录表 HT 叫作对应于哈希函数 H 的哈希表。即在哈希表中，关键字为 k 的记录存储在 HT[$H(k)$]位置中，通常把哈希函数值 $H(k)$ 称为 k 的哈希地址或散列地址。

哈希表的建立：以线性表中的每个元素的关键字 k 为自变量，通过一种函数 $H(k)$ 计算出函数值，然后将该元素存入 $H(k)$ 所指定的对应的存储单元。

在对哈希表进行查找操作时，只要根据要查找的关键字用同样的函数计算出地址 $H(k)$，便可获得要查找记录所在的位置。

使用哈希表的查找方法，关键是要构建合适的哈希函数。理想的哈希函数应具备：

(1)表长为 m 的哈希表，对于任一记录的关键字 k，都应满足 $0\leqslant H(k)\leqslant m-1$，且 m 的值应尽量小，即 m 的值不比记录的个数大太多，以免造成空间的过度浪费；

(2)对于两个关键字 k_1 和 k_2，如果 $k_1\neq k_2$，则 $H(k_1)\neq H(k_2)$，即应使散列地址均匀地分布在哈希表的整个地址区间内；

(3)哈希函数的算法应尽量简单，以减少算法的时间开销。

但是，要使以上三种条件同时都得到满足，在实际应用中几乎是不可能的。通常情况是：对于可接受的 m 值和哈希函数的算法时间开销，会存在当 $k_1\neq k_2$ 时，$H(k_1)=H(k_2)$，即不同的记录将对应同一个哈希表的地址位置，这种现象称为冲突。因此，散列表的建立应解决“冲突”造成的问题。

1. 哈希函数的构造

要构造一个合适的哈希函数，应分析各记录的关键字集合的特点，找出适当的函数$H(k)$，使计算出的存储地址尽可能均匀地分布在哈希表中，以尽量减少“冲突”的出现。哈希函数 $H(k)$一般应是一个压缩映象函数，应具有较大的压缩性，以节省存储空间。函数 $H(k)$尽量简单，以便快速计算。

常用的构造哈希函数的方法有除余法、平方取中法、折叠法等。

(1)除余法

选择一个小于散列表长度 m 的最大素数 p，用 p 去除关键码值 k，取其余数作为地址，即 $H(k)=k\%p$。

例如，有一组关键字从 1 到 10000，$m=100$，则可取 $p=97$，当 $k=500$ 时，$H(k)=500\%97=15$。

(2)平方取中法

算出关键码值 k 的平方，再取其中若干位作为哈希函数值。

例如：$k=6873$，$k^2=47238129$，若 $m=1000$，可取 $H(k)=381$。

(3)折叠法

把关键码值分成几个部分，然后用某种算法对这几个部分的数据进行运算，其值作为哈希函数值。

例如：$k=236174$，可将其分为 23、61 和 74，然后将这三个部分相加得 $23+61+74=158$，即 $H(k)=158$。

2. 哈希表的建立

哈希表的建立应考虑如何解决“冲突”，若已知哈希函数及冲突处理方法，哈希表的建立步骤如下：

(1)取出一个记录的关键字 k，计算其在哈希表中的存储地址 $D=H(k)$。若存储地址为 D 的存储空间还没有被占用，则将该数据元素存入；否则发生冲突，执行(2)。

(2)根据规定的冲突处理方法，计算关键字为 k 的数据元素的下一个存储地址。若该存储地址的存储空间没有被占用，则存入；否则继续执行(2)，直到找出一个存储空间没有被占用的存储地址为止。

(3)重复步骤(1)和(2)，直到所有的记录都被存储为止。

3. 冲突处理方法

哈希法中不可避免地会出现冲突现象，所以关键的问题是如何解决冲突。处理冲突的方法多种多样，常用的方法有链地址法、开放定址法和公共溢出区法等。下面只介绍前两种方法。

(1)链地址法

设哈希表 HT[m]，将所有具有相同哈希地址的记录存储在同一个单链表中，哈希表中的元素 HT[i]存放哈希地址为 i 的记录组成的单链表的头指针。

【例 5-13】 设有 10 个记录的关键字为：{5，18，14，88，35，16，22，56，74，37}，哈希表长 $m=12$，哈希函数采用除余法，即 $H(k)=k\%p$，p 取 11，则 10 个记录对应的哈希地址分别为：{5，7，3，0，2，5，0，1，8，4}。采用链地址法解决冲突的哈希表如图 5-22 所示。

(2)开放定址法

开放定址法是指当发生冲突时按照某种方法继续探测哈希表中其他存储单元，直到找到空位置，即

$$H_i(k)=(H(k)+d_i)\%\,m, i=1,2,\cdots,k\ (k\leqslant m-1)$$

其中 m 为哈希表长，d_i 为第 i 次再探测的地址增量。

采用此方法时，对于关键字为 k 的记录，计算 $H(k)$ 得到哈希地址，若此单元为空，则没有冲突，可将此记录存放于此；若此单元已被其他记录占用，则探测 $H(k)+d_1$ 单元，若也已被占用，继续探测 $H(k)+d_2$ 单元，依此类推，直到探测到某单元为空时，将关键字为 k 的记录存放到该单元中。

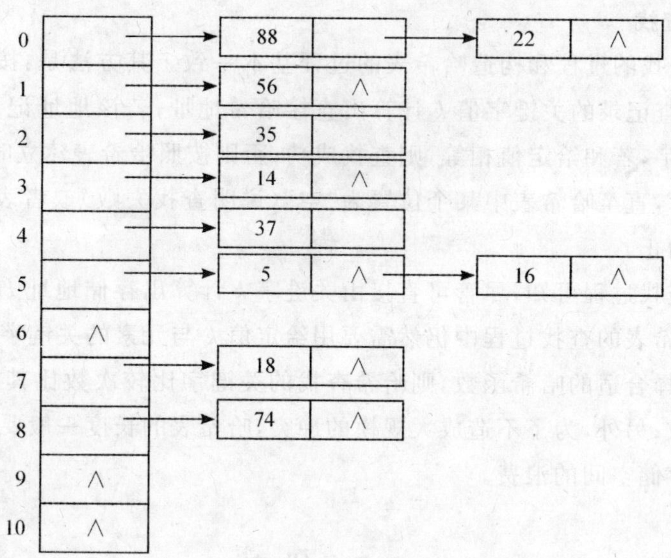

图 5-22　链地址法解决冲突的哈希表

根据 d_i 取值的不同，开放定址法又可分为线性探测再散列、二次探测再散列和伪随机再散列。

线性探测再散列：$d_i=1,2,3,\cdots,m-1$；

二次探测再散列：$d_i=1^2,-1^2,2^2,-2^2,\cdots,k^2,-k^2,k\leqslant m/2$；

伪随机再散列：d_i = 伪随机序列。

【例 5-14】　设有 10 个记录的关键字为：{5,18,3,88,35,16,22,56,74,37}，哈希表长 $m=12$，哈希函数采用除余法，即 $H(k)=k\%p$，p 取 11，则 10 个记录对应的哈希地址分别为：{5,7,3,0,2,5,0,1,8,4}，采用线性探测再散列解决冲突的哈希表如图 5-23 所示。

88	22	35	3	56	5	16	18	74	37		
0	1	2	3	4	5	6	7	8	9	10	11

图 5-23　线性探测再散列法解决冲突的哈希表

其中，关键字 5、18、3、88、35 对应的哈希地址都没有冲突，依次存放到对应的哈希表各单元中；关键字 16 的哈希地址 5 已有记录，出现冲突，往下探测到地址 6，地址 6 此时为空，故将其存放到地址 6 单元；关键字 22 的哈希地址 0 已有记录，出现冲突，往下探测到地址 1，地址 1 此时为空，故将其存放到地址 1 单元；关键字 56 的哈希地址 1 已有记录，出现冲突，往下探测到地址 2，地址 2 也存放有记录，继续探测到地址 3，地址 3 也存放有记录，继续探测到地址 4，地址 4 此时为空，故将其存放到地址 4 单元；关键字 74 的对应的哈希地址为 8，地址 8 此时为空，故将其存放到地址 8 单元，关键字 37 的对应的哈希地址为 4，地址 4 存放有记录，出现冲突，再分别探测地址 5、6、7、8 时，均存放有记录，最终存放到地址 9 中。

一般地，在哈希表长度与记录个数相近时，采用线性探测再散列容易产生冲突，并出现“堆积”的情况，二次探测再散列和伪随机再散列对解决“堆积”问题有一定的好处。

4. 哈希表的查找

在哈希表上查找的过程和构造哈希表的过程基本一致。其方法是:按照哈希表建立时的哈希函数,根据待查记录的关键字值 k 计算出直接哈希地址,若该地址记录为空,则查找不成功;否则比较关键字,若和给定值相等,则查找成功;否则按照哈希表建立时设定的处理冲突的方法找“下一地址”,直至哈希表中某个位置为“空”(说明查找失败)或者表中所填记录的关键字等于给定值时为止。

从哈希表的查找过程可知,尽管可直接由关键字 k 计算出存储地址 $H(k)$,但由于“冲突”的产生,使得在哈希表的查找过程中仍然需要用给定值 k 与元素的关键字进行比较。

通常,只要选择合适的哈希函数,则哈希查找的关键字比较次数比其他查找方法要少,但需要计算哈希函数;另外,为了不造成大规模的冲突,哈希表的长度一般要大于实际的记录数,即会造成一定的存储空间的浪费。

5.7 排序

排序是计算机程序设计中的一种重要运算。它的功能是将一组无序的数据元素序列调整为有规律的按排序关键字递增(升序)或递减(降序)排列的有序序列的过程。对数据进行查找或其他操作时,有序数据和无序数据的执行速度差别很大。如对有序表可采用折半查找等,而对无序表只能采用顺序查找。研究高效率的排序方法是数据结构的一个重要内容。

如果待排序的记录中含有多个排序关键码值相等的记录,用某种排序方法排序后,这些记录的相对次序保持不变,则称这种排序方法是稳定的,否则称为不稳定的。

排序可分为内部排序和外部排序。所有记录都放在内存中进行排序称为内部排序;排序过程中,不仅要使用内存,而且还要使用外部储器的排序方法称为外部排序。

不同的排序方法有不同的特点,只有根据所排序记录的特点,才能找出合适的排序方法。评价排序算法优劣的标准主要是时间复杂度和空间复杂度。对内部排序而言,时间的主要开销花在记录的比较和移动上,所以时间复杂度主要通过记录的比较次数和移动次数来反映。

本节排序过程中数据元素类型描述如下:

```
typedef struct {
    int key;                /* 设关键字的类型为整型 */
    int otherdata;          /* 为简单起见,除关键字外只有一个整型数据项 */
}ElemType;
```

为简单起见,本节只讨论内部排序,数据元素采用顺序存储结构存放,即采用数组存储,且均按升序排序。在算法中排序表一般定义如下:

```
#define MAXLEN 200          /* 排序表中元素个数的最大可能值 */
ElemType R[MAXLEN];         /* 排序表 */
int n;
```

5.7.1 插入排序

常用的插入排序有直接插入排序和希尔排序。

1. 直接插入排序

设有 n 个待排序的记录 $R_1, R_2, \cdots, R_n$，记录 $R_1, R_2, \cdots, R_{i-1}$ 已按关键码值有序，将记录 R_i 的关键码值与 $R_{i-1}, R_{i-2}, \cdots, R_1$ 的关键码值依次进行比较，一旦 R_i 的关键码值小于某个记录 R_j 的关键码值时，把记录 $R_{j+1}, R_{j+2}, \cdots, R_{i-1}$ 后移一个位置，并将 R_i 插入到原 R_{j+1} 所在的位置中，依此类推，直到全部插入完为止。

【例 5-15】 设待排序记录的关键字序列为(25,10,15,12,55,13)，用直接插入排序法进行排序。

其排序过程如图 5-24 所示。其中方括号"[]"中为已排序好的记录，"()"中为本次排序监视哨的值，下划线"_"表示它对应的记录后移一个位置。

	监视哨 R[0]						
初始状态		[25]	10	15	12	55	13
第 1 次排序	(10)	[10	25]	15	12	55	13
第 2 次排序	(15)	[10	15	25]	12	55	13
第 3 次排序	(23)	[10	12	15	25]	55	13
第 4 次排序	(55)	[10	12	15	25	55]	13
第 5 次排序	(30)	[10	12	13	15	25	55]

图 5-24　直接插入排序过程

其算法实现如下：

【算法 5-21】

```
void insertsort(ElemType R[], int n)     /* 待排序记录放在 R[1]到 R[n]中 */
{
  int i,j;
  for (i=2; i<=n; i++)
  {
    R[0]=R[i];                           /* 将待插入记录存放到 R[0],作为监视哨 */
    j=i-1;                               /* j 总是指向有序序列的最后一个记录 */
    while (R[0].key<R[j].key)
    {
      R[j+1]=R[j];                       /* 后移一位 */
      j--;
    }
    R[j+1]=R[0];                         /* 插入 R[0]元素到有序序列中 */
  }
}
```

采用监视哨技术的目的是保证 while 循环时 j 的值不会越界，若没有用监视哨，则 while 循环时每次都必须判断 j 的值是否越界。

直接插入排序是稳定的排序，一般情况下其时间复杂度为 $O(n^2)$。

在把记录 R_i 插入到有序的记录 $R_1,R_2,\cdots,R_{i-1}$ 的过程中，由于 $R_1,R_2,\cdots,R_{i-1}$ 为有序序列，故也可采用二分查找的方法找到要插入的位置，这种方法称二分法插入排序。二分法插入排序法时间效率比直接插入排序法高。

2. 希尔排序

希尔排序(Shell Sort)是插入排序的一种，因 D. L. Shell 于 1959 年提出而得名。希尔排序的方法是：设待排序序列的记录数为 n，首先取一个整数增量 $d_1(d_1<n)$ 作为间隔，将全部记录分为 d_1 个组，所有距离为 d_1 的记录放在同一个组中，在每个组中分别实行直接插入排序，然后，取第二个增量 $d_2<d_1$，重复上述的分组和排序，直至所取的增量 $d_i=1(d_i<d_{i-1}<\cdots<d_2<d_1)$，即所有记录放在同一组中进行直接插入排序为止。

【例 5-16】 设待排序序列有 12 个记录，它们的关键码值分别为：60，14，34，78，36，85，52，25，18，10，53，46，用希尔排序法进行排序。

图 5-25 为该序列的希尔排序过程，图中在同一连线上的关键字表示它们所对应的记录属于同一组。

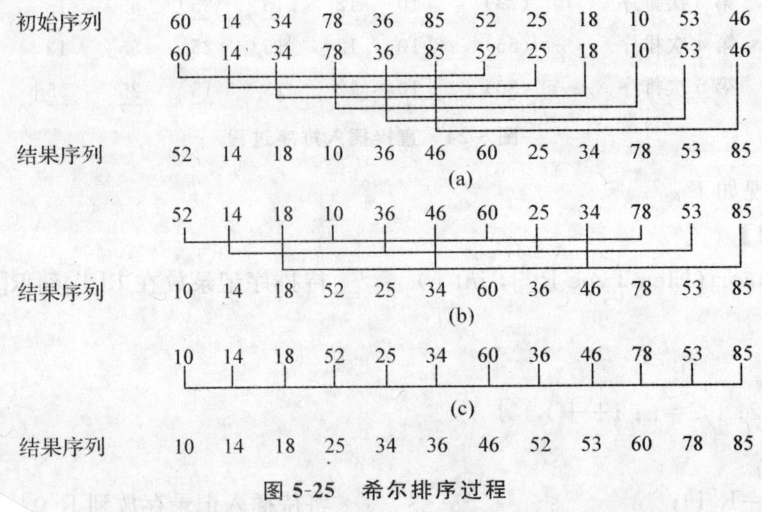

图 5-25 希尔排序过程

$d_1=6$，所有记录分为 6 组，分别是：(R[1]，R[7])，(R[2]，R[8])，

(R[5]，R[11])和(R[6]，R[12])，对各组进行内部直接插入排

所示。

分为 3 组，分别是：(R[1]，R[4]，R[7]，R[10])，

]，R[9]，R[12])，对各组进行内部直接插入排序，得

录放在同一组，进行内部直接插入排序，得到最后的结果

【算法 5-22】

```
void ShellPass(ElemType R[],int n,int d)
                          /* 希尔排序中的一趟排序,n 为待排序数组长度,d 为当前增量 */
{
  int i,j;
  for(i=d+1;i<=n;i++)       /* 将 R[d+1]~R[n]依次插入到各组当前的有序区 */
  {
    R[0]=R[i];j=i-d;                     /* R[0]作为暂存单元 */
    while(j>0&&R[0].key<R[j].key)        /* 没有监视哨,保证 j>0,防止下标越界 */
    {
      R[j+d]=R[j];                       /* 后移记录 */
      j=j-d;                             /* 查找前一记录 */
    }
    R[j+d]=R[0];                         /* 将 R[0] 插入到正确的位置上 */
  }
}

void ShellSort(ElemType R[],int n)        /* 希尔排序,n 为待排序数组长度 */
{
  int increment;
  increment = n/2;                        /* 设置增量初值,也可设置为其他值 */
  while(increment>1)
  {
    ShellPass(R,n,increment);             /* 一趟 Shell 插入排序 */
    increment=increment/3+1;              /* 求下一增量,也可用其他方法 */
  }
  ShellPass(R,n,1);                       /* 最后一趟的增量必须为 1 */
}
```

函数 ShellPass()为希尔排序中的一趟排序;函数 ShellSort()为希尔排序,待排序记录存放在 R[1]~R[n]中,增量序列的取法可以不同,但应逐渐减少,且最后一趟必须为 1。

在希尔排序开始时增量较大,分组较多,每组的记录数目少,故各组内直接插入较快;后来增量 d_i 逐渐缩小,分组数逐渐减少,而各组的记录数目逐渐增多,但由于已经按 d_{i-1} 作为距离排过序,使记录序列接近于有序状态,所以新的一趟排序过程也较快。

希尔排序是按增量分组进行的排序,若增量序列取值比较合理,希尔排序的关键字比较次数和记录移动次数接近于 $O(n(\log_2 n)^2)$,优于直接插入排序。希尔排序是不稳定的排序。

5.7.2　选择排序

选择排序是在待排序的 n 个记录中用某种方法选出关键码值最小(或最大)的记录,然后

再从其余 $n-1$ 个记录中选出关键码值最小(或最大)的记录,依此类推,直至选出 n 个记录。选择排序有直接选择排序和堆排序,以下只介绍直接选择排序。

直接选择排序的方法是在所有的记录中选出关键字值最小的记录,把它与第一个记录交换存储位置,然后再在余下的记录中选出次小的关键字值对应的记录,把它与第二个记录交换存储位置,依此类推,直至排序完成。

【例 5-17】 设待排序记录的关键字序列为(25,10,15,12,55,13),用直接选择排序法进行排序。

图 5-26 为该序列的选择排序过程。

初始状态	25	10	15	12	55	13
第 1 次排序	10	25	15	12	55	13
第 2 次排序	10	12	15	25	55	13
第 3 次排序	10	12	13	25	55	15
第 4 次排序	10	12	13	15	55	25
第 5 次排序	10	12	13	15	25	55

图 5-26　直接选择排序过程

其算法实现如下:

【算法 5-23】

```
void selectsort(ElemType R[], int n)           /* 待排记录放在 R[1]到 R[n]中 */
{
  int i, j, k;
  ElemType temp;
  for (i=1; i<n; i++)
  {
     k=i;
     for (j=i+1;j<=n;j++)
        if (R[j].key<R[k].key) k=j;
     if (i!=k)                                 /* 交换记录 */
     {
        temp=R[k];
        R[k]=R[i];
        R[i]=temp;
     }
  }
}
```

简单选择排序是不稳定的,一般情况下其时间复杂度是 $O(n^2)$。

5.7.3　交换排序

常用的交换排序有冒泡排序和快速排序。

1. 冒泡排序

冒泡排序方法是从表的一端开始，如从左端 R_1 开始，两两比较相邻记录的关键字，即比较 R_i 和 R_{i+1}（$i=1,2,\cdots,n-1$），若 R_i 的关键字值大于 R_{i+1} 的关键字值，则交换 R_i 和 R_{i+1} 的位置，如此经过一趟排序，关键字值最大的记录被存放在最右端位置 R_n 上。然后再从左端的前 $n-1$ 个记录进行同样的操作，则具有次大关键字的记录被安置在 R_{n-1} 位置上。依此类推，进行 $n-1$ 趟冒泡排序后所有待排序的 n 个记录已经按关键字值由小到大有序。冒泡排序方法也可从表的右端开始两两比较。

若把各记录看作按纵向排列，那么在这个排序过程中，关键字值小的好比水中的气泡往上漂浮（冒），关键字值大的好比水中的石块沉入水底，故形象地取名为冒泡排序。

【例 5-18】 设待排序记录的关键字序列为(25,18,55,12,35,28)，用冒泡排序法进行排序。图 5-27 为该序列的冒泡排序过程。

初始状态	25	18	55	12	35	28
第 1 次排序	18	25	12	35	28	55
第 2 次排序	18	12	25	28	35	55
第 3 次排序	12	18	25	28	35	55
第 4 次排序	12	18	25	28	35	55
第 5 次排序	12	18	25	28	35	55

图 5-27 冒泡排序过程

其算法实现如下：

【算法 5-24】

```
void bubblesort(ElemType R[ ], int n)          /* 待排记录放在R[1]到R[n]中 */
{
  int i,j;
  ElemType temp;
  for(i=1; i<n; i++)
    for(j=1;j<=n-i;j++)
      if(R[j].key>R[j+1].key)                 /* 交换记录 */
      {
          temp=R[j];
          R[j]=R[j+1];
          R[j+1]=temp;
      }
}
```

按照以上算法，对具有 n 个记录的待排序序列要执行 $n-1$ 趟冒泡排序。但从例中可以发现，第三趟冒泡排序已使序列有序，第四、五趟冒泡排序已没有记录进行交换。因此，此算法有必要加以改进。

改进的思路是：使用一标志变量，用于记录每趟冒泡排序过程中是否发生了“交换”，若某一趟冒泡未发生"交换",表示此时记录序列已经有序,便应结束排序过程。

改进后的冒泡排序算法:

【算法 5-25】

```
void bubblesort_m(ElemType R[], int n)
{
  int i,j,flag=1;
  ElemType temp;
  i=1;
  while (i<n&&flag==1)
  {
    flag=0;                    /* 在进行每一趟冒泡之前置 flag 为 0,表示无交换 */
    for(j=1;j<=n-i;j++)
    if(R[j].key>R[j+1].key)
    {
      temp=R[j];
      R[j]=R[j+1];
      R[j+1]=temp;
      flag=1;
    }
    i++;
  }
}
```

若初始序列为"正序",则只需一趟排序;若初始序列为"逆序",则需要进行 $n-1$ 趟排序。特别要注意的是当未进行 $n-1$ 趟排序时就已经有序时,此时要再进行一趟排序才能使 flag=0,即例 5-18 中要进行四趟排序。

冒泡排序方法是稳定的,一般情况下其时间复杂度也为 $O(n^2)$。当待排序序列基本有序时,采用冒泡排序方法的效率比较高。

2. 快速排序

快速排序也称作划分交换排序。它是目前已知的内部排序中速度最快的排序方法,故称其为快速排序。其平均时间复杂度为 $O(n\log_2 n)$。

快速排序的基本思想是:从待排序的 n 个记录中任取一个记录 R_i(通常为第一个 R_1)为标准,以该记录的关键字 k 为基准,将所有关键字值小于 k 的记录和所有关键字值大于或等于 k 的记录划分成两个子序列,并分别存放到其前面和后面,这时也确定了 R_i 在最终有序序列中所在的位置,从而完成一趟快速排序。然后继续对两个子序列进行快速排序,又确定了两个记录在最终有序序列中的位置,并将剩余记录分成四个子序列。如此重复,直到各子序列的长度为 1 为止,全部记录便有序。

下面介绍对子序列进行一趟快速排序的方法。

设置两个变量 i、j，初始时分别指向子序列的第一个记录位置 low 和最后一个记录位置 high。将第一个记录 $R[i]$暂存于临时变量 temp 中，腾出一个空位置，当 $i<j$ 时，重复以下操作：

(1) 若 temp. key$\leqslant R[j]$. key，则令 $j=j-1$，重复步骤(1)，否则将 $R[j]$存放到由 $R[i]$腾出的位置，此时 $R[j]$位置腾空，且令 $i=i+1$；

(2) 若 temp. key$\geqslant R[i]$. key，则令 $i=i+1$，重复步骤(2)，否则将 $R[i]$存放到由 $R[j]$腾出的位置，此时原 $R[i]$位置腾空，且令 $j=j-1$；

当 $i=j$ 时，i 便是子序列原第一个记录 R[low]应放置的位置号，将 temp 存放到 $R[i]$中，从而完成对子序列进行的一趟快速排序。

【例 5-19】 设待排序记录的关键字序列为(68,58,80,45,90,16,85,50,70)，用快速排序法进行排序。

图 5-28 为该序列的第一趟快速排序的划分过程。

```
temp.key=68   68   58   80   45   90   16   85   50   70    R[i]腾空
              ↑                                       ↑
              i                                       j
              68   58   80   45   90   16   85   50   70    R[i]腾空
              ↑                                  ↑
              i                                  j
              50   58   80   45   90   16   85   50   70    R[i]腾空
                   ↑                             ↑
                   i                             j
              50   58   80   45   90   16   85   50   70    R[i]腾空
                        ↑                        ↑
                        i                        j
              50   58   80   45   90   16   85   80   70    R[i]腾空
                        ↑                   ↑
                        i                   j
              50   58   80   45   90   16   85   80   70    R[i]腾空
                        ↑              ↑
                        i              j
              50   58   16   45   90   16   85   80   70    R[i]腾空
                             ↑         ↑
                             i         j
              50   58   16   45   90   16   85   80   70    R[i]腾空
                                  ↑    ↑
                                  i    j
              50   58   16   45   90   90   85   80   70    R[i]腾空，i=j
                                  ↑ ↖
                                  i  j
              50   58   16   45   68   90   85   80   70    R[i]=temp
```

图 5-28　一趟快速排序的划分过程

快速排序的算法如下：

【算法 5-26】

```
int quicksort(ElemType R[],int low,int high)
/＊待排序记录存放在 R[low]～R[high]中＊/
{
  int i,j,k;
  ElemType temp;
  i=low;j=high;
```

```
    temp=R[low];
    while(i<j)
    {
        while((i<j)&&(temp.key<=R[j].key)) j--;
        if (i<j){R[i]= R[j];i++;}
        while((i<j)&&(temp.key>=R[i].key)) i++;
        if (i<j){R[j]=R[i];j--;}
    }
    R[i]=temp;                                  /*完成一趟快速排序的划分*/
    /*对子序列使用递归方法继续划分*/
    if (low<i-1) quicksort(R,low,i-1);
    if (j+1<high) quicksort(R,j+1,high);
}
```

以上快速排序算法使用递归的方法实现。

快速排序算法的执行时间取决于标准记录的选择，若每次划分所选择记录的关键码值都能位于待排序序列的中间，则可等分两个子序列，这时的排序速度最快。若待排序序列已经有序，则排序速度最慢。快速排序是不稳定的排序算法，其平均时间复杂度是 $O(n\log_2 n)$。

5.7.4 归并排序

归并排序是利用归并技术实现排序。所谓归并是指将两个（或两个以上）的有序表合并成一个新的有序表的操作。若是对两个有序表进行的归并则称为二路归并。利用二路归并实现排序称为二路归并排序。归并排序通常采用二路归并排序。

二路归并排序算法的基本思想是：将有 n 个记录的待排序序列看作 n 个有序子序列，每个子序列的长度为 1，从第一个子序列开始，将相邻的子序列两两合并成有序的 $n/2$（当 n 为奇数时为 $n/2+1$）个子序列，实现一趟归并排序，然后对第一趟归并后的子序列继续两两合并成有序的 $n/4$（当 n 不是 4 的倍数时为 $n/4+1$）个子序列，实现第二趟归并排序，如此重复，当最后得到长度为 n 的一个子序列时，便得到一有序序列。

1. 两个有序子序列的归并

二路归并排序算法首先要解决如何把两个相邻位置的有序子序列归并为一个有序子序列的问题。

设两个有序序列存储在一维数组 R 中，有序子序列 R_1 为（$R[l]$，$R[l+1]$，…，$R[m]$），有序子序列 R_2 为（$R[m+1]$，$R[m+2]$，…，$R[n]$），将它们归并为一个有序序列并存放在附加的一维数组 S 中，即：（$S[l]$，$S[l+1]$，…，$S[n]$）。其归并方法描述如下：

(1)设置三个变量 i、j、k，i、j 分别表示序列 R_1 和 R_2 中当前要比较的记录的位置号，初始值 $i=l$，$j=m+1$，k 表示数组 S 中当前记录应存放的位置号，初始值 $k=1$。

(2)若 R[i].key<=R[j].key，则 $S[k]=R[i]$，$i=i+1$，$k=k+1$。

(3)若 R[i].key>R[j].key，则 $S[k]=R[j]$，$j=j+1$，$k=k+1$。

(4)重复步骤(2)、(3),直到 $i>m$ 或 $j>n$ 为止。

(5)若 $i>m$,说明 R_1 的所有记录已归并到数组 S 中,将 R_2 剩余的所有记录(即 $R[j]\sim R[n]$)依次归并到数组 S(即 $S[k]\sim S[n]$)中;同理,若 $j>n$,说明 R_2 的所有记录已归并到数组 S 中,将 R_1 剩余的所有记录(即 $R[i]\sim R[m]$)依次归并到数组 S(即 $S[k]\sim S[n]$)中。

其算法实现如下:

【算法 5-27】

```
void merge(ElemType R[],ElemType S[], int l,int m,int n)
{
  int i,j,k;
  i=l;j=m+1;k=l;
  while((i<=m)&&(j<=n))
    if(R[i].key<=R[j].key) {S[k]=R[i];i++;k++;}
    else {S[k]=R[j];j++;k++;}
  while (i<=m) {S[k]=R[i];i++;k++;}    /*R2 归并完,将 R1 剩余记录归并到 S*/
  while (j<=n) {S[k]=R[j];j++;k++;}    /*R1 归并完,将 R2 剩余记录归并到 S*/
}
```

2. 一趟二路归并排序

已知 R 中有长度为 L 的若干个有序子序列(最后一个子序列的长度可以小于 L),将子序列两两归并,若子序列个数为奇数,则可将两两归并后剩余的一个子序列直接顺序存放到数组 S 的末端。其算法描述如下:

【算法 5-28】

```
void mergepass(ElemType R[],ElemType S[], int L, int n)
{
  int i,j;
  i=1;
  while(i+2*L-1<=n)          /*长度都为 L 的子序列两两归并*/
  {
    merge(R,S,i,i+L-1,i+2*L-1);
    i=i+2*L;
  }
  if(i+L-1<n)                /*一个长度为 L 和一个长度小于 L 的子序列归并*/
    merge(R, S, i, i+L-1, n);
  else                       /*剩余的单个子序列按顺序存放到数组 S 的末端*/
    for(j=i;j<=n;j++)
      S[j]=R[j];
}
```

3. 二路归并排序

二路归并排序就是对待排序的 n 个记录的序列进行若干趟二路归并，开始时，子序列的长度为 1，每经过一趟二路归并，有序子序列的长度便为上一次的 2 倍，当子序列的长度超过 n 时，排序结束。

【例 5-20】 设待排序记录的关键字序列为(68,58,80,45,90,16,85,50,70)，用二路归并排序法进行排序。

图 5-29 为二路归并排序过程。

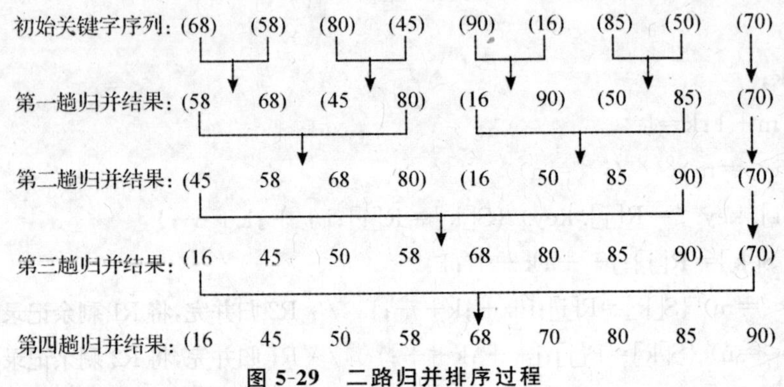

图 5-29 二路归并排序过程

二路归并排序的算法如下：

【算法 5-29】

```
void mergesort(ElemType R[], int n)
/ * R 为待排序数组,S 为暂存数组,n 为记录个数 * /
{
  ElemType S[MAXLEN];
  int L=1;
  while(L<n)
  {
    mergepass(R, S, L, n); L=2 * L;
    mergepass(S, R, L, n); L=2 * L;
  }
}
```

二路归并排序是一种稳定的排序方法，其时间复杂度为 $O(n\log_2 n)$。但它需要与所排序序列相同大小的附加空间，其空间复杂度为 $O(n)$。

第 6 章　微机在测量和控制系统中的应用

6.1　微机测控系统概述

6.1.1　微机测控系统的特点

随着计算机技术的不断发展和完善,尤其是微型计算机技术的飞速发展,使微型计算机在测控领域中成为一个强有力的控制工具,极大地推动着自动控制技术的发展。微机测控系统是现代化的测量与控制系统,"测控"是指用计算机完成对被控对象的检测、决策和控制。微机测控系统通过实现过程或装置的计算机自动检测或自动控制,使操作过程连续化、自动化和高效化。

微机测控系统与传统自动化仪表构成的控制系统相比,具有以下优点:

(1)控制灵活。微机测控系统在硬件设计上可实现模块化、标准化;可使用软件编程的方法实现对生产装置或过程的自动控制。因此,系统配置和控制方式能灵活多变,以满足不同生产工艺对控制的需求。

(2)控制质量高。微机测控系统是现代控制理论与计算机技术、电子技术、通信技术有效结合的产物,具有控制速度快、精度高、信息量大以及可以实现复杂控制的特点,能够达到较高的控制质量。

(3)可靠性高。微机测控系统采取抗干扰技术、可靠性设计和系统的自诊断功能等,以保证系统的高可靠性。

(4)环境适应性强。微机测控系统可以适应高温、潮湿、灰尘、腐蚀性气体及振动等恶劣的工业环境。

6.1.2　微机测控系统的组成

典型的微机测控系统组成框图如图 6-1 所示。

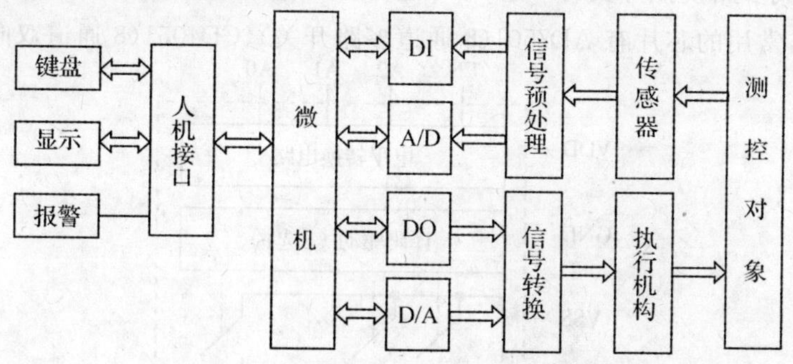

图 6-1　微机测控系统的一般组成

1. 微机

微机是整个测控系统的核心组成部分，主要实现数据的输入、运算、逻辑判断、控制决策等。微机可以是简易的单片机系统、单板机系统或工业 PC 机。

2. 人机交互设备

微机测控系统中，通常都要有人机对话功能。键盘主要用于人对测控系统的状态干预或控制参数的输入，主要包括各种功能键、数字键及拨码盘等。显示、状态指示和报警用于系统向人报告运行结果和运行状态等各种信息，供操作人员监督及了解，在运行异常时给出报警信号。

3. 输入通道

各种被测信号如开关状态、温度、压力、流量等经过通道输入到微机，该通道称为输入通道或前向通道，也称为传感器接口。输入通道是被测信号与微机的连接环节，是微机测控系统的重要组成部分。根据传感器输出信号类型的不同，可以将输入通道分为模拟量输入通道和数字量输入通道两大类。

对于数字量信号，如果为标准电平，可直接输入微机；若不是，则要经过电平变换和整形后再进入微机。

传感器检测的是随时间连续变化的模拟量，若信号能满足 A/D 转换的输入要求，则可直接送入 A/D 转换器转换成数字量。也可以通过 V/F 转换变为频率量送入微机，该方法抗干扰能力强，但测量响应速度慢，适用于远距离非快速过程参数测量。若传感器输出的模拟电压信号较小，则需要放大变换，然后由 A/D 转换器转换成数字量，才能输入到微机。

在微机测控系统中，可能有多个被测模拟量，当一台微机对它们进行巡回检测时，为了节省 A/D 转换器和 I/O 接口，这时需要在输入通道某个适当位置配置换接开关。换接模拟信号的开关可分为两大类，一类是机械触点式开关，如电磁继电器、干簧管继电器等。这类开关的优点是触点接通电阻小，断开电阻大，驱动部分与开关元件分离；缺点是动作速度慢，触点通断时产生抖动，寿命短。另一类是电子式开关，包括晶体管、场效应管、光耦合器和集成电路等模拟开关，其优点是开关速度快，体积小，功耗低，缺点是有一定导通电阻，驱动部分与开关元件不完全分离，可适用于速度高的多路转换场合。图 6-2 所示为一个 8 通道多路开关的结构示意图。图中 S1～S8 端可接 8 路输入信号，OUT 为公共输出线，EN 为允许端，A2～A0 为地址线，当 EN=1，A2A1A0=000～111 时，经过译码和驱动电路，使 S1～S8 其中之一与 OUT 端接通，实现多路选一。集成多路模拟开关有 8 选 1、16 选 1、双 8 选 1、双 4 选 1 等类型，有的多路开关还具有双向导通功能，常用的芯片有 AD7501(8 通道多路开关)、CD4051(8 通道双向多路开关)等。

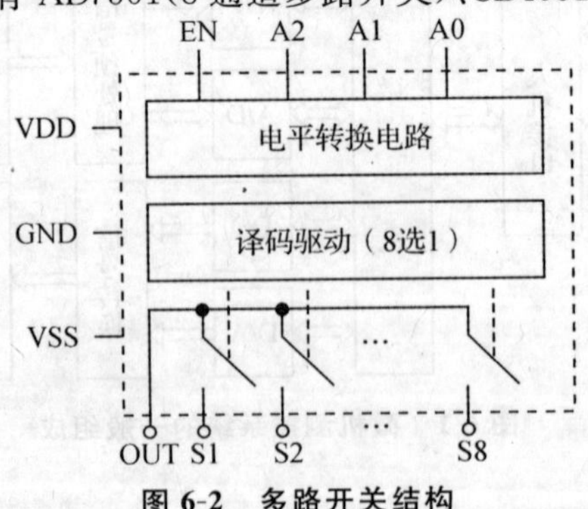

图 6-2 多路开关结构

图 6-3 是 CD4051 的引脚排列图。

CD4051 是一种 CMOS 型单端输入 8 通道的模拟开关，它受控制信号 INH 及 A、B、C 的控制，可以实现“1 到 8”或“8 到 1”的双向通道切换。当 INH（禁止）引脚为低电平时，片内的通道选择译码逻辑便对通道选择编码信号 C、B、A 进行译码，在 0～7 号通道选择并接通一个对应的通道。若信号是从 0～7 号通道输入，则被选中通道将被测信号从 CD4051 的第 3 引脚输出；反之，若信号从第 3 引脚输入，则可从 0～7 号通道中被选中的通道输出。当 INH 控制信号为高电平时，译码逻辑被禁止，任何通道都禁止选通。

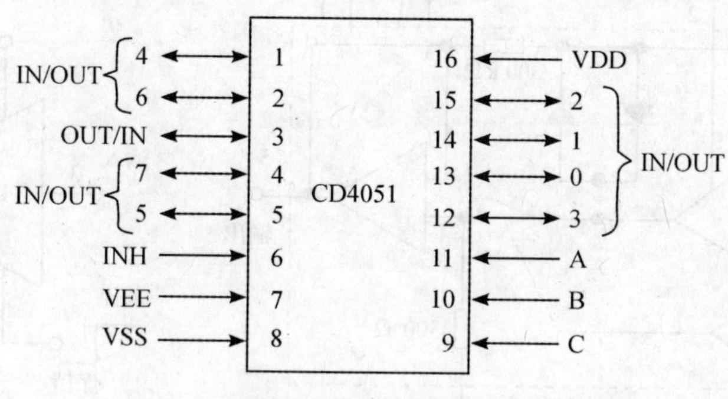

图 6-3　CD4051 引脚

当模拟量变化很快时，A/D 转换器完成一次转换需要一定的时间，为了使信号在转换期间保持不变，在 A/D 转换器前要接入采样保持器，以保证转换精度。采样和保持信号波形如图 6-4 所示。图中每次采样值被保持到下一次采样为止，保证在转换期间输入到 A/D 转换器的信号保持不变。采样保持器电路原理图如图 6-5 所示。它由高增益放大器 A1、输出缓冲放大器 A2、保持电容 C_h 和受模式控制信号控制的开关 S 组成。在采样模式下，开关 S 闭合，A1 的输出对 C_h 快速充电，使 C_h 上的电压和 V_o 跟踪 V_i 的变化；在保持期间，开关 S 断开，由于 A2 输入阻抗很高，C_h 上电压保持充电电压终值，使采样保持器的输出保持在发出保持命令时的输入值。常用的采样保持器集成芯片有 LF398 和 AD582。

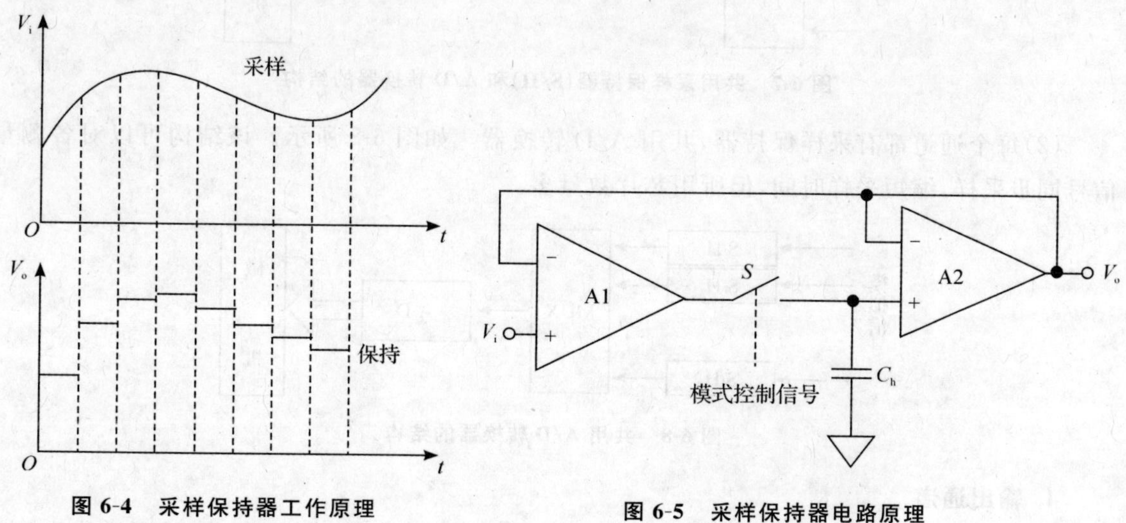

图 6-4　采样保持器工作原理

图 6-5　采样保持器电路原理

图 6-6 是采样保持器 LF398 的结构框图和典型应用接线图。LF398 的采样时间小于 10 μs，当保持电容 $C_h=0.01$ μF 时，典型的保持电压衰减率为 1 mV/s，工作电压为±5～±18 V。逻辑参考端(7 脚)一般接地，当逻辑输入端输入高电平时，LF398 工作于采样模式；当逻辑输入端为低电平时，LF398 工作于保持模式。保持电容应选用漏电流较小的涤纶电容，确定 C_h 的大小应综合考虑，当 C_h 减小时，能减少采样时间，但会增加输出电压下降率。

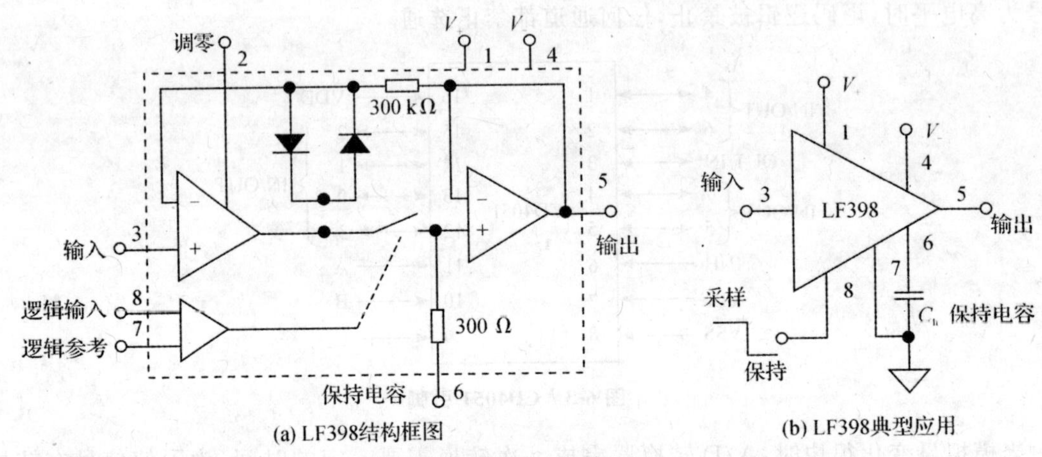

图 6-6 LF398 结构与应用

多个模拟量输入通道的结构主要有下列两种形式：

(1)多个通道共用采样保持器和 A/D 转换器。如图 6-7 所示，这是普遍使用的一种形式。其优点是所用的芯片数量少，易于扩展，缺点是采样速度低。

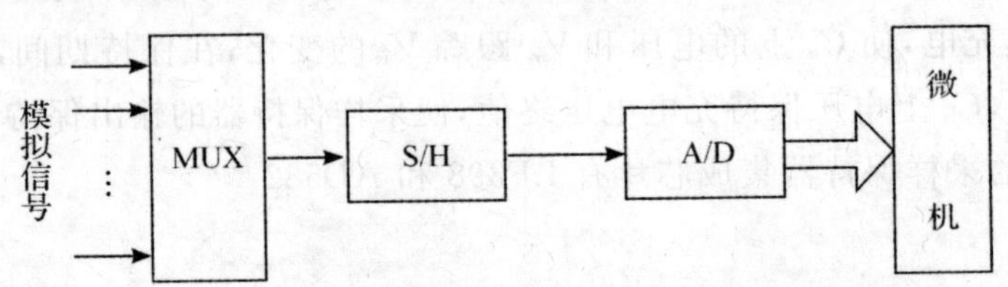

图 6-7 共用采样保持器(S/H)和 A/D 转换器的结构

(2)每个通道都有采样保持器，共用 A/D 转换器。如图 6-8 所示。该结构可以对各测量信号同步采样，缩短采样时间，但所用芯片数量多。

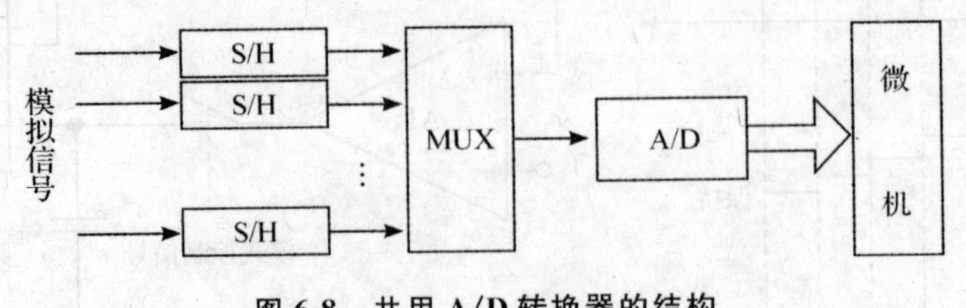

图 6-8 共用 A/D 转换器的结构

4. 输出通道

微机经过一定的通道输出各种控制信号，使被控装置实现所要求的操作，该通道称为输出通道或后向通道，也称为控制接口。微机输出的信号是数字量，被控装置的控制信号有数字量(包括开关量和频率量)和模拟量两类信号。因此，常见的输出通道的类型如图6-9所示，具体的输出通道的结构取决于系统要求。微机输出信号的电平和功率都很小，而被控装置所要求的信号电平和功率往往比较大，因此在输出通道中要有功率放大即驱动环节。此外，由于被控装置执行机构大多是高电压、大功率、强电磁干扰的设备，因此输出通道中要有抗干扰措施。

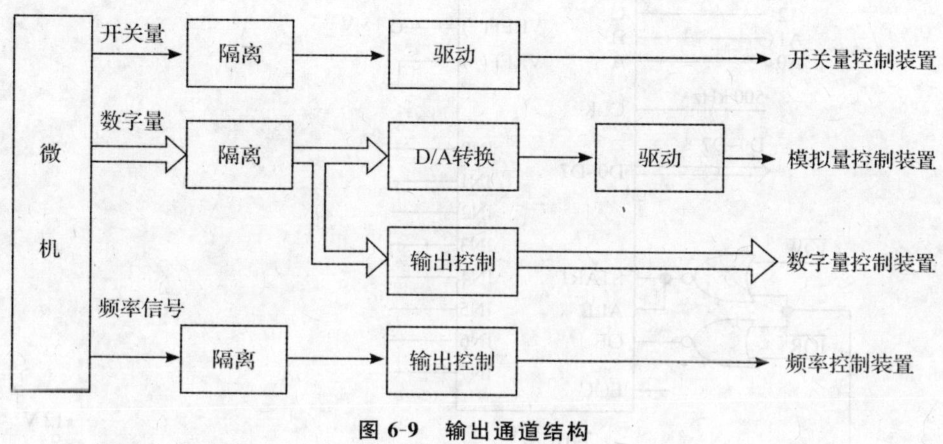

图 6-9 输出通道结构

6.2 PC机测控系统应用举例

假设某微机测控系统中参数测量部分和输出控制部分与PC总线的连接如图6-10所示。地址A9～A4经74HC138译码器译码后作为I/O接口片选信号。

A/D转换器用ADC0809。ADC0809是8通道8位A/D转换器，具有锁存的8路模拟选通开关；最大不可调误差为±1 LSB；单电源+5 V供电，基准电压由外部提供，典型值为+5 V；输出电平与TTL电平兼容，可锁存三态输出；转换速度取决于芯片的时钟频率，时钟频率范围10～1 280 kHz，当CLK=500 kHz时，转换时间为128 μs。ADC0809各引脚功能及其与PC总线连接说明如下：

(1)IN0～IN7：8路模拟信号输入端。测控系统的8个模拟量经传感器检测、变换后分别接到ADC0809的8个输入端IN0～IN7。

(2)C、B、A：3位地址码输入端。8路模拟信号转换选择由C、B、A决定，C为高位，A为低位，与PC总线中地址总线的A2～A0连接，由A2～A0地址000～111选择IN0～IN7八路A/D通道。

(3)ALE：地址锁存允许信号输入端。用于锁存由C、B、A输入的当前转换的通道地址。

(4)D0～D7：数字量输出端。与PC总线的数据线D0～D7直接相连。

(5)OE：A/D转换结果输出允许控制端。当OE为高电平时，允许将A/D转换结果从D0～D7输出。

(6)START：启动A/D转换信号输入端。当START端输入一个正脉冲时，立即启动

ADC0809 进行 A/D 转换。

(7)EOC:A/D 转换结束信号输出端。当启动 A/D 转换后,EOC 输出低电平;转换结束后,EOC 输出高电平,表示可以读取 A/D 转换结果。该信号可用于向微机申请中断或供微机查询。本例中,EOC 没有连接,因此采用软件延时方法等待 A/D 转换结束。

根据上述连接,A/D 转换器各模拟量输入通道的地址为 270H～277H。

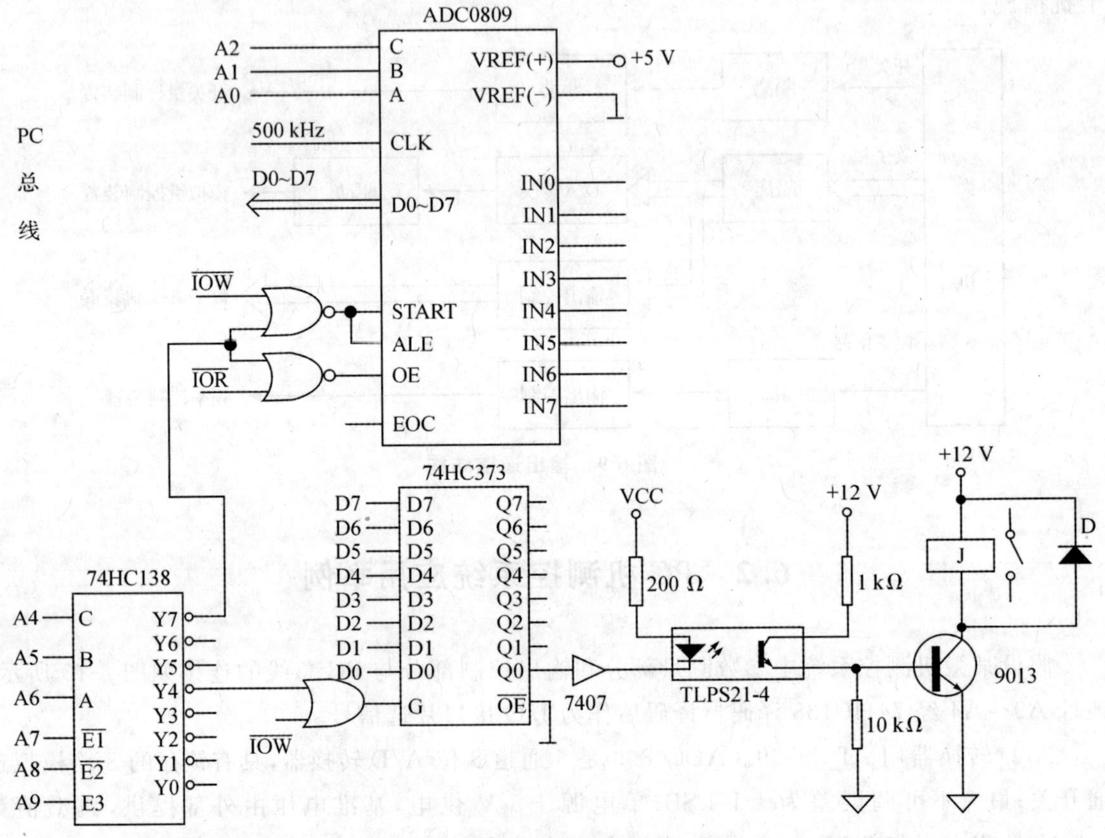

图 6-10　PC 机检测与控制原理

输出为开关量,控制 8 路继电器,图中只画出其中一路,其他各路结构相同。74HC373 作为数据锁存器,地址译码器输出端 Y4 和 PC 总线的$\overline{\text{IOW}}$经或门后接到 74HC373 的锁存允许端 G,端口地址为 240H。由于继电器动作时对电源有一定的干扰,为了提高系统的可靠性,在微机和继电器之间用光电耦合器隔离,同相驱动器 7407 作为光电耦合器输入端的驱动,继电器 J 由三极管 9013 驱动。由图可见,当微机输出“0”的时候,继电器吸合;输出“1”时,继电器释放。

系统对 8 个模拟量巡回检测一次的子程序流程图如图 6-11 所示。子程序清单如下:

```
ATOD    PROC
        LEA     SI,ADBUF            ;取存放检测数据缓冲区首地址
        MOV     BL,08H              ;共 8 个通道
        MOV     DX,270H
```

```
LOP：    OUT    DX,AL              ;启动 A/D 转换
         MOV    CX,2000
DELAY：  LOOP   DELAY              ;延时等待转换结束
         IN     AL,DX              ;读取转换结果
         MOV    [SI],AL
         INC    SI
         INC    DX
         DEC    BL
         JNZ    LOP                ;8 个通道未检测完,继续
         RET
ATOD     ENDP
```

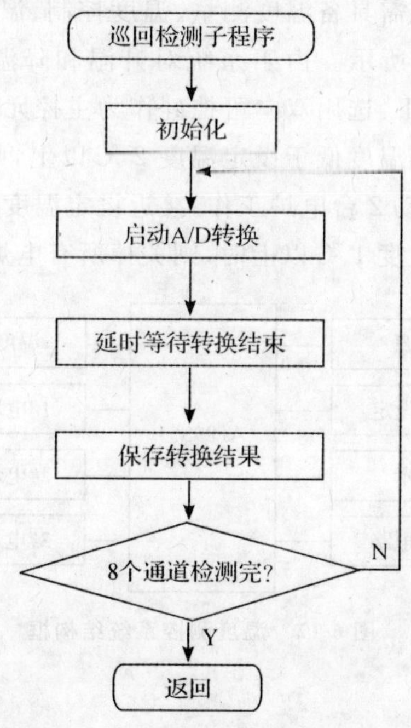

图 6-11　巡回检测子程序流程

输出通道的控制程序比较简单,下列指令可以根据需要控制相应的继电器吸合和释放:

```
MOV   AL,OBUF        ;取输出控制数据
MOV   DX,240H        ;74HC373 端口地址
OUT   DX,AL          ;输出
```

6.3　MCS-51 单片机测控系统应用举例

温度是冶金、机械、食品、化工等各类工业生产过程中重要的被控参数之一。微机在测控领域的应用,使得温度控制系统实现自动化、智能化,比传统的仪表控制效果好。微机温度测

控系统应用非常广泛，下面通过一个单片机控制温室的例子，介绍微机温度测控系统的设计过程。

6.3.1 系统要求

（1）被控温度范围为室温至 60 ℃，可通过按键设定，温度控制误差≤±2 ℃；

（2）由三台 1 kW 的电加热设备来实现升温加热，且三台设备同时工作可保证温室温度超过 60 ℃，对升温和降温过程时间不作要求；

（3）实时显示温室温度和设置温度；

（4）具有超限报警功能。

6.3.2 控制系统总体方案的确定

根据系统的要求，整个系统需具备温度测量、温度控制、温度设置、温度显示、超限报警等功能。系统总体框图如图 6-12 所示。由于系统对升温和降温过程不作要求，精度上要求不高。控制系统总体方案确定如下：选用双向可控硅作为主控元件；温度采样周期为 5 s，即每隔 5 s 进行一次温度检测。若检测温度低于设定温度 2 ℃以上，则启动 3 台电炉工作；若检测温度低于设定温度 1～2 ℃，则启动 2 台电炉工作；接近设定温度时，启动一台电炉用于保持温室的温度；若检测温度高于设定温度 1 ℃以上时，则关掉所有电炉。

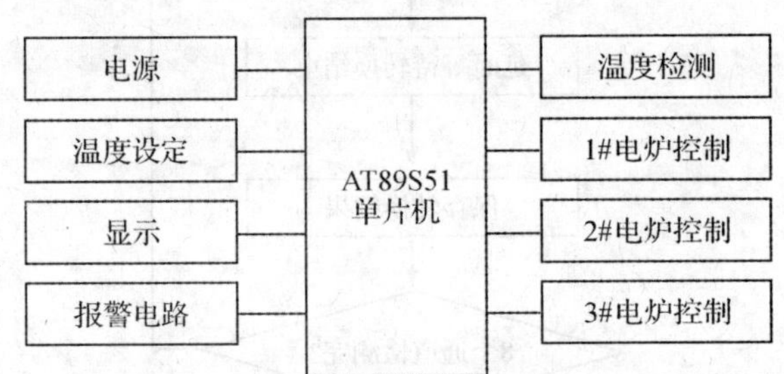

图 6-12 温度测控系统结构框

6.3.3 硬件设计

1. 单片机系统

本系统对控制精度要求不高，控制功能并不复杂，微机选用 Atmel 公司的 AT89S51 单片机。AT89S51 内含 4 kB 可在系统编程（ISP）的 Flash 型程序存储器，及 128 字节 RAM 型数据存储器。AT89S51 属于总线型单片机，在该系统中，为了便于扩展显示和 A/D 转换接口，采用并行总线扩展技术，用 74HC373 作为低 8 位地址锁存器。图 6-13 为系统主机电路图。

2. 温度检测电路

由于系统只有一个输入通道，可由温度传感器、信号放大和 A/D 转换器组成。输入通道由温度传感器 AD590、信号放大器（集成运算放大器 OP07）和 ADC0809 组成。温度检测和 A/D 转换电路如图 6-14 所示。温度传感器 AD590 是半导体集成电路温度传感器，工作电压

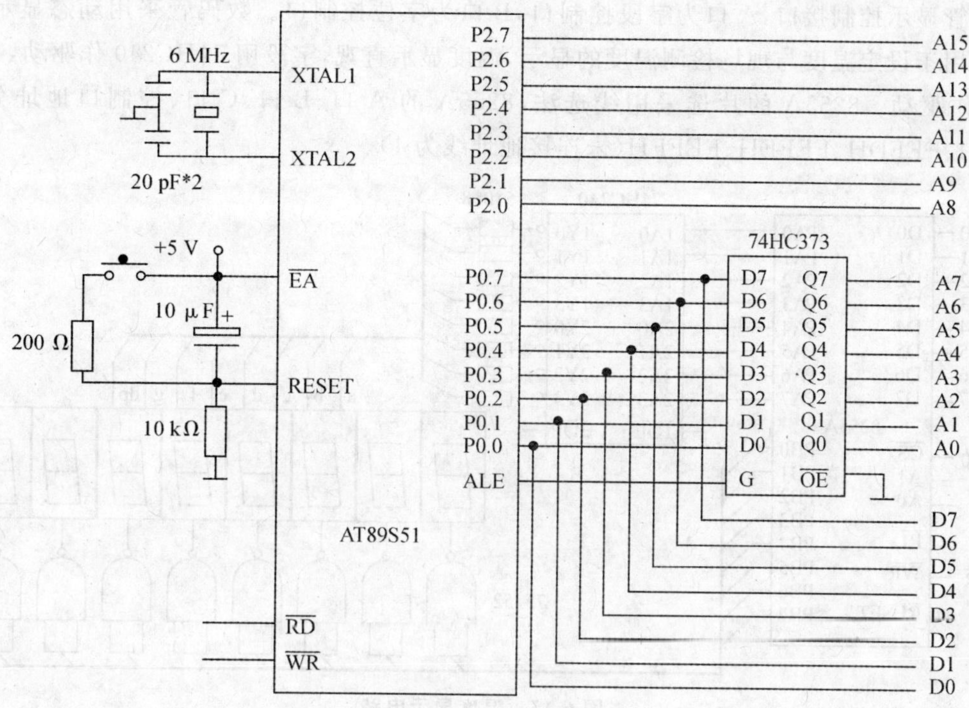

图 6-13　温度测控系统主机电路

为 4～30 V，检测温度范围为 −55～+150 ℃，输出电流与温度变化呈线性关系，具有非常好的线性输出性能，温度每增加 1 ℃，其电流增加 1 μA。为简化计算和调试方便，假设温度检测范围为 0～64 ℃，取数字量 00H～FFH 对应 0～5 V，温度每 1 ℃对应数字量 04H。

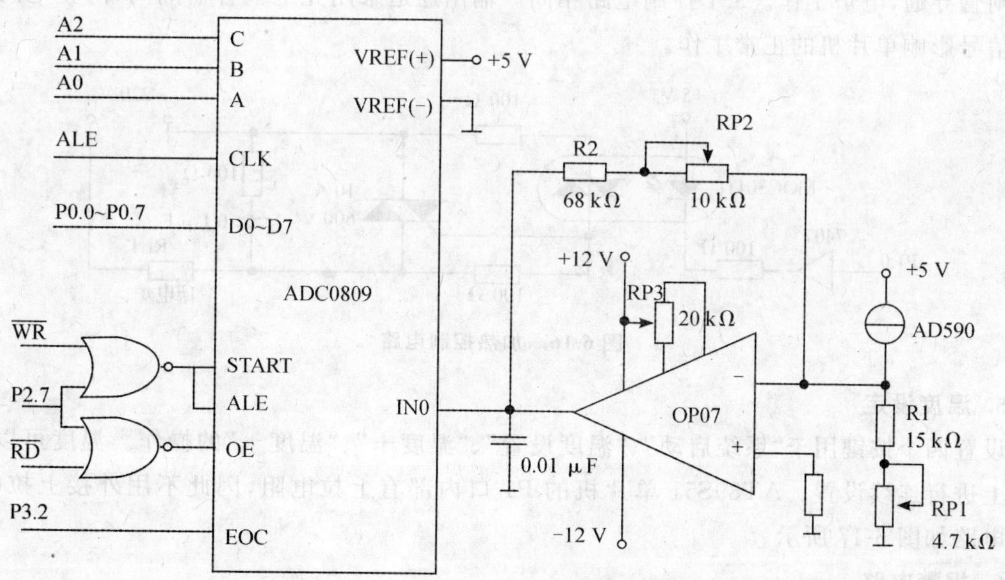

图 6-14　温度检测电路

3. 温度显示电路

温度显示电路如图 6-15 所示。温度值采用 LED 数码管显示，扩展并行 I/O 口 8255A 作为数码管显示控制接口，A 口为字段控制口，B 口为字位控制口。数码管采用动态显示，8 位数码管用于设定温度与现场检测温度的显示，温度显示直观，字段用 74HC240 作驱动，字位用 75452 作驱动。8255A 的片选采用线选法，8255A 的 A 口、B 口、C 口、控制口地址分别为 FEFCH、FEFDH、FEFEH、FEFFH（未连接地址线为 1）。

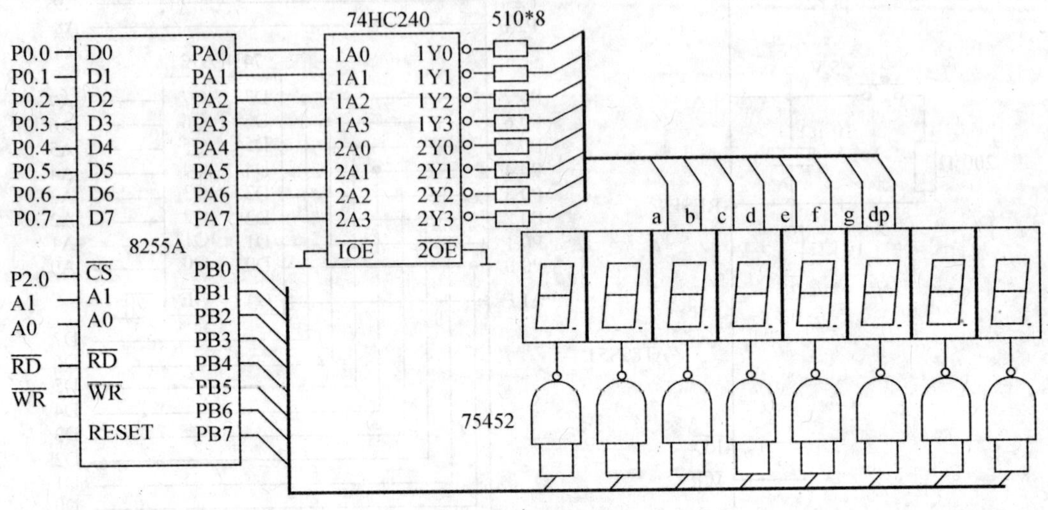

图 6-15 温度显示电路

4. 加热控制电路

加热控制电路如图 6-16 所示。系统有三台电加热设备，因此输出通道采用三个结构相同的开关量输出通道，P1.0、P1.1、P1.2 分别控制 1＃、2＃、3＃电炉的通断，当输出低电平时，双向晶闸管导通，电炉工作。3 个控制电路相同。输出通道采用光电耦合器隔离，防止电网中的干扰信号影响单片机的正常工作。

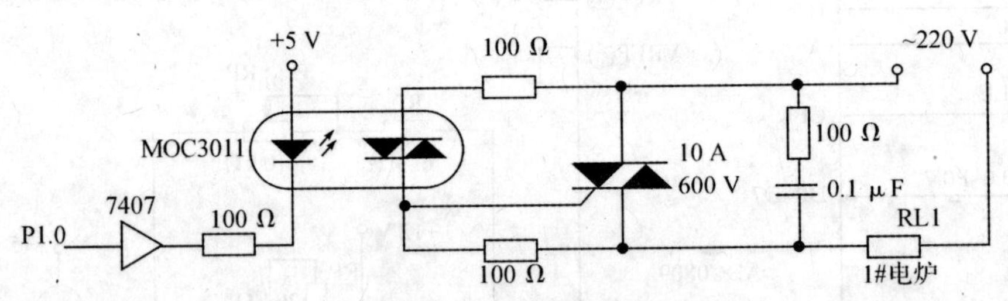

图 6-16 加热控制电路

5. 温度设定

设置四个按键用于“系统启动”、“温度设置”、“温度＋”、“温度－”的操作。温度可以在室温之上进行连续设置。AT89S51 单片机的 P1 口内部有上拉电阻，因此不用外接上拉电阻。按键电路如图 6-17 所示。

6. 报警电路

超限报警用工作电压为 DC12 V 的蜂鸣器实现声音报警，用一位开关量输出即可。超限报警电路如图 6-18 所示。当 P3.0 输出高电平时蜂鸣器响。

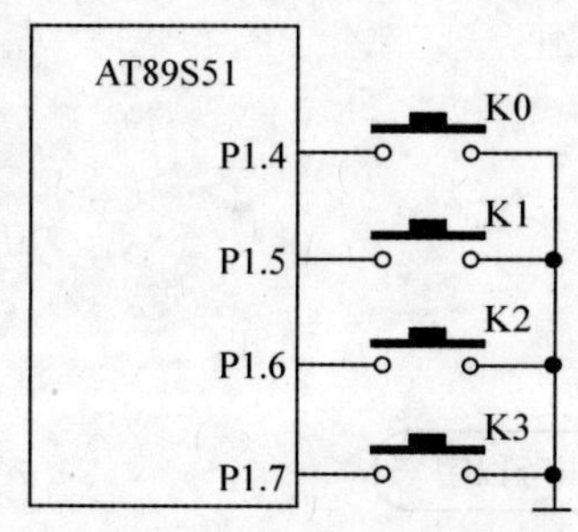

图 6-17 温度设定电路

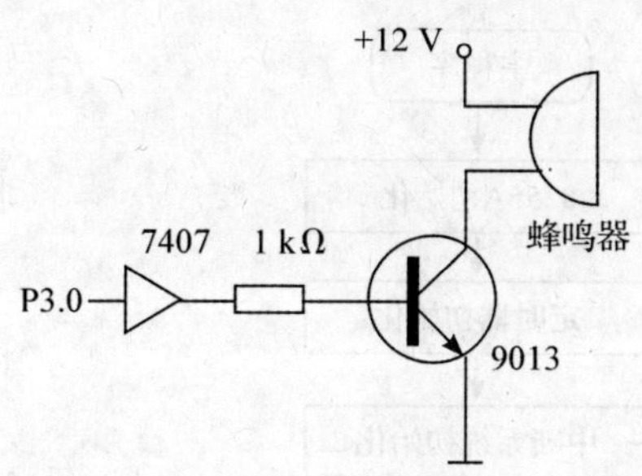

图 6-18 报警电路

6.3.4 软件设计

根据硬件电路以及系统要求即可进行软件的总体设计和模块设计。本系统对实时性无特殊要求,可不作过多考虑。

1. 软件总体设计

系统程序总体流程图如图 6-19 所示。主程序首先进行初始化,包括 I/O 口、定时器、待机显示状态的初始化,然后显示待机状态,当按下启动键后,启动定时器,检测当前的温度并显示。在定时器中断服务子程序中,先判断是否满 2 s,若未满 2 s 则返回,若满 2 s 则进行以下操作:检测温度并进行数字滤波,标度变换,输出温度控制,并根据温度检测值是否超限进行报警和事故处理。

程序划分为几个主要模块:主程序、温度显示、按键扫描、温度检测与数字滤波、温度值标度变换、温度控制、报警与事故处理模块。

2. 显示子程序

设 30H～37H 为显示缓冲单元,显示子程序实现将显示缓冲单元显示在 8 位数码管显示器上。

```
DISP:   MOV     R0,＃30H            ;显示缓冲单元首地址
        MOV     R3,＃01H            ;字位码初值(从最右位起)
        MOV     A,R3
DISP1:  MOV     DPTR,＃0FEFDH       ;8255A 的 B 口(字位码输出口)
        MOVX    @DPTR,A             ;输出字位码
        MOV     A,@R0               ;取显示数据码
        MOV     DPTR,＃TAB          ;取字段码表首地址
        MOVC    A,@A+DPTR           ;查表得相应字段码
NPC:    MOV     DPTR,＃0FEFCH       ;8255A 的 A 口(字段码输出口)
        MOVX    @DPTR,A             ;输出字段码
        LCALL   D1MS                ;保持显示 1 毫秒
        INC     R0                  ;指向下一显示缓冲单元
        MOV     A,R3                ;取出字位码
        JB      ACC.7,DISP2         ;判断是否已显示到最左位
        RL      A                   ;未完,字位码左移 1 位
```

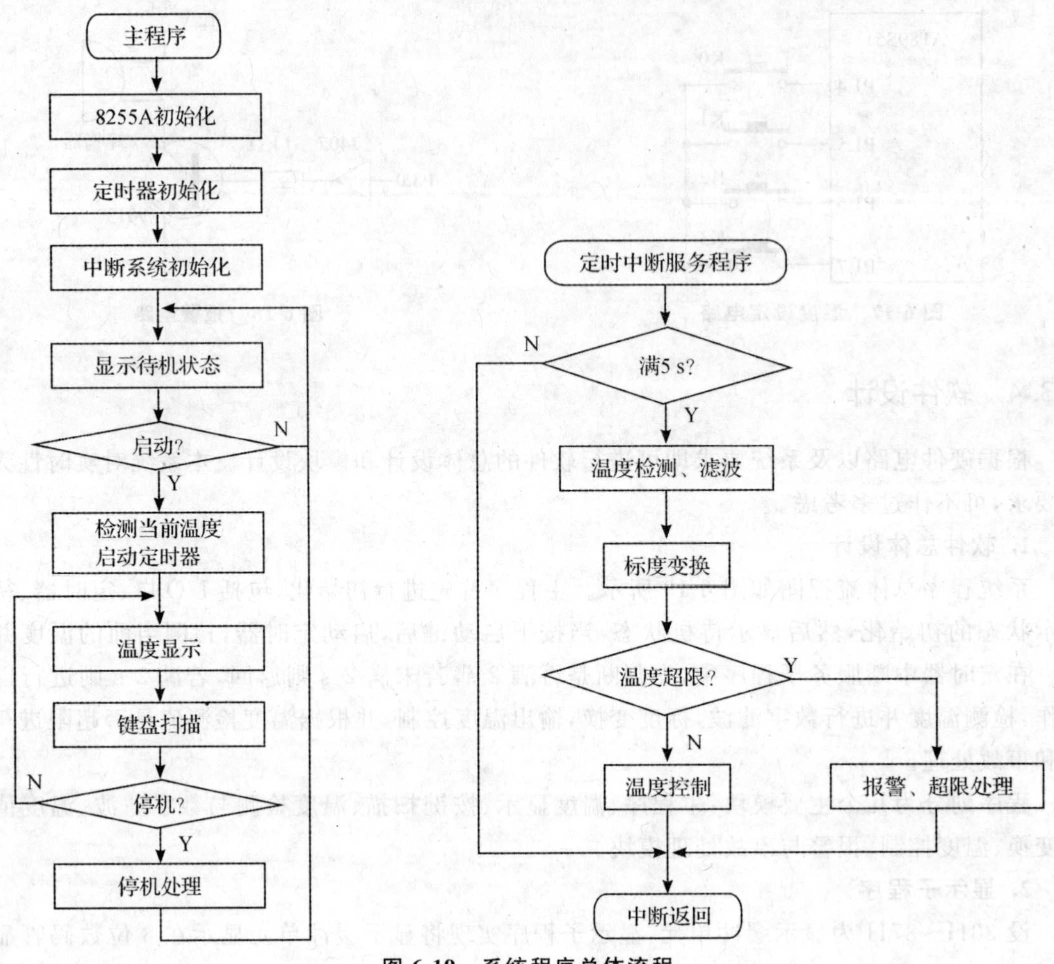

图 6-19 系统程序总体流程

```
        MOV     R3,A                    ;回存新字位码
        SJMP    DISP1                   ;转下一位显示
DISP2:  RET
TAB:    DB      0C0H,0F9H,0A4H,…        ;字段码表
D1MS:   MOV     R7,#250                 ;延时 1 毫秒子程序
        DJNZ    R7,$
        RET
```

3. 温度检测子程序

为了确保检测数据的可靠性,采用求平均值的数字滤波方法进行软件滤波。ADC0809 连续采样 4 次取其平均值作为一次温度检测值。温度检测子程序如图 6-20 所示。

```
ADC:    MOV     40H,#00H
        MOV     41H,#00H
        MOV     R4,#04H
        SETB    P3.2                    ;置 P3.2 为输入
```

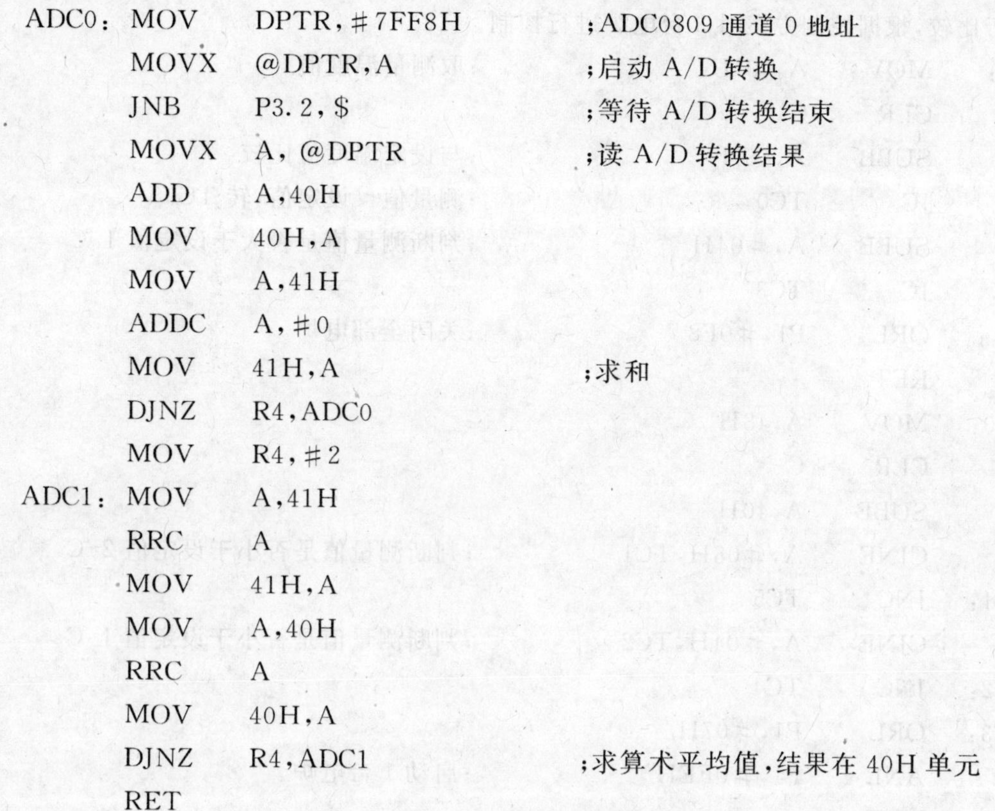

```
ADC0: MOV     DPTR,#7FF8H        ;ADC0809 通道 0 地址
      MOVX    @DPTR,A            ;启动 A/D 转换
      JNB     P3.2,$             ;等待 A/D 转换结束
      MOVX    A,@DPTR            ;读 A/D 转换结果
      ADD     A,40H
      MOV     40H,A
      MOV     A,41H
      ADDC    A,#0
      MOV     41H,A              ;求和
      DJNZ    R4,ADC0
      MOV     R4,#2
ADC1: MOV     A,41H
      RRC     A
      MOV     41H,A
      MOV     A,40H
      RRC     A
      MOV     40H,A
      DJNZ    R4,ADC1            ;求算术平均值,结果在 40H 单元
      RET
```

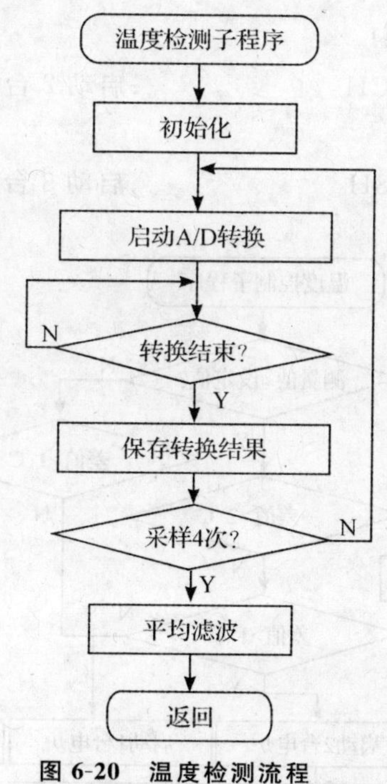

图 6-20　温度检测流程

4. 温度控制子程序

图 6-21 为温度控制子程序流程图。温度控制子程序的功能是将实测的温度值与温度设

定值进行比较，根据控制方案对 3 台电炉进行控制。

```
TC:   MOV   A,40H        ;取测量温度值
      CLR   C
      SUBB  A,48H        ;与设定温度值比较
      JC    TC0          ;测量值<设定值，转 TC0
      SUBB  A,#04H       ;判断测量值是否大于设定值 1 ℃
      JC    TC3
      ORL   P1,#0F8      ;关闭全部电炉
      RET
TC0:  MOV   A,48H
      CLR   C
      SUBB  A,40H
      CJNE  A,#08H,TC1   ;判断测量值是否小于设定值 2 ℃
TC1:  JNC   TC5
      CJNE  A,#04H,TC2   ;判断测量值是否小于设定值 1 ℃
TC2:  JNC   TC4
TC3:  ORL   P1,#07H
      ANL   P1,#0FEH     ;启动 1 台电炉
      RET
TC4:  ORL   P1,#07H
      ANL   P1,#0FCH     ;启动 2 台电炉
      RET
TC5:  ANL   P1,#0F8H     ;启动 3 台电炉
      RET
```

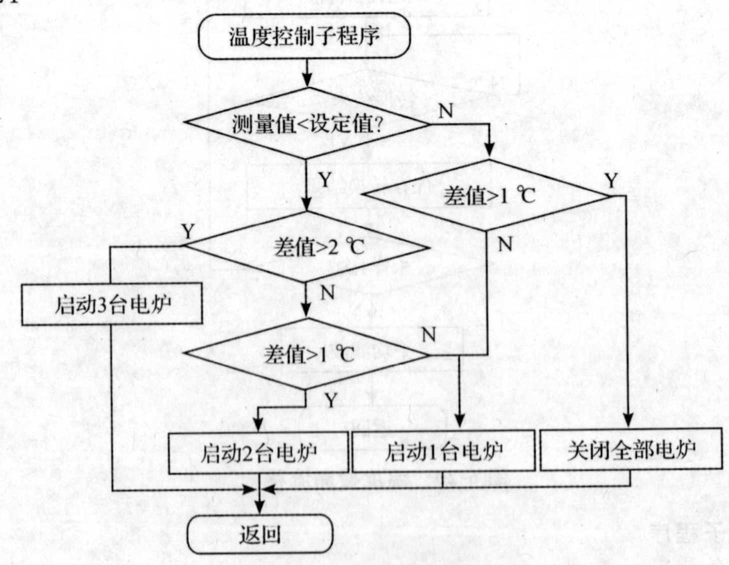

图 6-21 温度控制流程

上述控制系统为了说明微机测控系统的设计过程，简化了控制过程的设计，若要实际应用，软、硬件的设计均有不合理之处，可以进行改进。

首先，温室的温度在温室的各个部位是不一样的。靠近电炉或远离电炉的地方，温度肯定不一样。可以在电炉旁边增加鼓风机加速空气流动，使温室各点温度比较均匀。同时，可以充分利用 ADC0809 的 8 路 A/D 转换，采用多点巡回检测技术，比较客观地反映温室的温度变化情况。

其次，由于温度的惯性很大，并受多种因素影响，因此简单地根据温度的设定值与测量值比较来接通和关断电炉，容易造成控制温度"过冲"的现象，控制精度不高，要达到比较理想的控制效果，可以根据现场具体情况进行 PID 调节。

6.4 微机测控系统抗干扰技术

可靠性是微机测控系统的重要性能指标之一，微机测控系统所处环境的各种干扰是影响系统可靠性的重要因素。干扰又称为噪声，就是有用信号之外的各种噪声或造成微机系统设备不能正常工作的破坏因素。干扰严重影响着控制系统的稳定性和可靠性，影响信息传送的正确性，扰乱程序的正常运行，使程序"跑飞"或进入死循环，严重的可能损坏系统中的元器件。

微机测控系统大多用于工业现场。工业现场情况复杂，环境较恶劣，干扰源多且种类各异。常见的干扰是由电源、接地不良、感应、输入/输出通道等因素造成的。

在微机测控系统的设计过程中，抗干扰必须引起充分的重视。工业现场特殊的环境要求微机测控系统必须具有极高抗干扰能力。干扰的产生是由多种因素决定的，因此，必须根据现场的实际情况，分析干扰的来源，采取软件和硬件相结合的有效措施抑制或消除干扰，同时提高微机测控系统自身的抗干扰能力。下面根据各种干扰来源，简要介绍微机控制系统中常用的硬件和软件抗干扰技术。

6.4.1 硬件抗干扰技术

1. 电源干扰的抑制

对微机测控系统最严重的干扰来自电源。微机所用的电源一般都由电网的工频交流电源经降压、整流等环节后提供。工业现场动力设备多，功率大，类型复杂，操作频繁，大功率设备的频繁启停，特别是大感性负载的启停，会使交流电压含有高频成分，同时造成电网电压大幅波动。工业电网的过压或欠压常常会达到额定电压的 15%以上，有时持续时间还较长。由于大功率开关的通断、电动机的启停操作等原因，电网上经常出现几百伏甚至上千伏的尖峰脉冲和浪涌电压。这些干扰通过电源途径影响微机系统的正常工作。

(1)抑制交流电源的干扰

切断来自电源的干扰，除了使微机电源尽量与大容量用电设备分别供电以外，还经常采用隔离、滤波、屏蔽、稳压等措施。如图 6-22 所示。

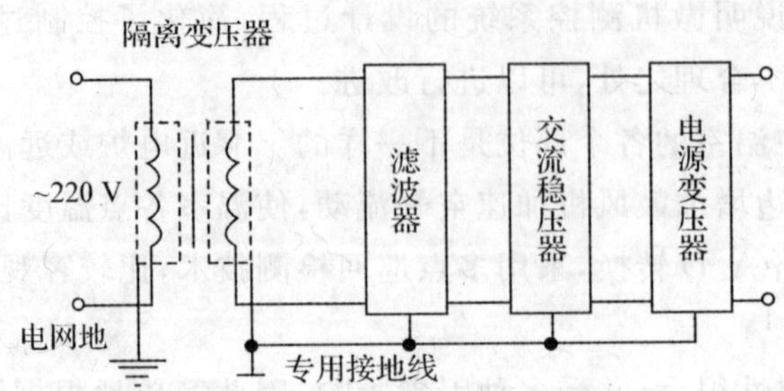

图 6-22 交流电源的抗干扰措施

隔离变压器的变比等于 1，它做成双屏蔽形式。隔离变压器的作用是阻止浪涌电压和尖峰脉冲通过，其屏蔽层能抑制高频干扰和静电感应作用。滤波器使用低通滤波器。低通滤波器由电感和电容组成，如图 6-23 所示，它对工频交流电的阻抗很小，而对于高频干扰信号具有很强的抑制作用，可以有效滤去高次谐波。滤波器加屏蔽外壳，并使之良好接地。交流稳压器用于补偿电网电压的波动，要求它工作可靠，且要有较快的响应速度。

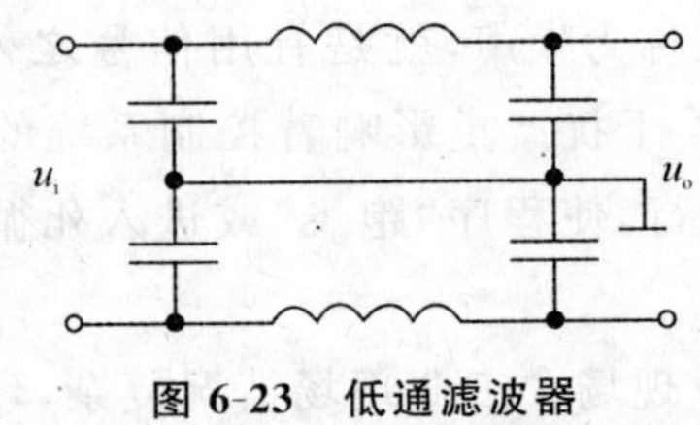

图 6-23 低通滤波器

(2)采用分散的直流供电方式。为了提高微机直流电源系统的供电可靠性，在有条件的情况下，可以采取对各功能模块各自独立供电的措施，消除相互之间通过电源产生的干扰。

(3)信号线不能与交流电源并行敷设，尽量远离交流电源线和大功率电气设备。

2. 过程通道干扰的抑制

过程通道是 I/O 接口与主机或主机与主机之间进行信息传输的途径，长线传输是形成干扰的主要因素，干扰信号容易通过传输线窜入微机测控系统。过程通道的干扰信号有常态干扰和共模干扰两种。

(1)对常态干扰的抑制

常态干扰是叠加在测量信号上的干扰信号，又称为串模干扰，如图 6-24 所示。这种干扰信号一般是频率较高的杂乱的交变信号，其来源可能是传感器电路或传输线。产生串模干扰的原因有分布电容的静电耦合、长线传输的互感、空间电磁场引起的磁场耦合以及工频干扰等。

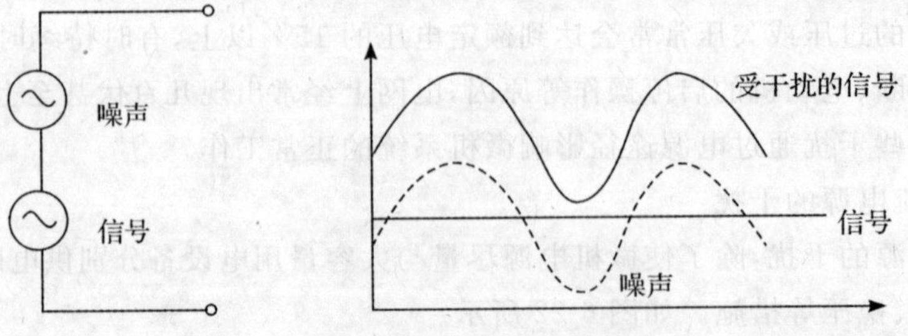

图 6-24 常态干扰信号

抑制常态干扰常用的方法有：

①在输入电路中加入硬件滤波器。使用滤波器是抑制常态干扰的常用方法。根据信号与干扰信号的频率高低不同，可以使用高通滤波器、低通滤波器和带通滤波器。在微机测控系统中，常用的硬件滤波器有双T滤波器、RC滤波器、LC滤波器，如图6-25所示。其中双T滤波器是一种带通滤波器，对高频和低频干扰信号均有抑制作用。

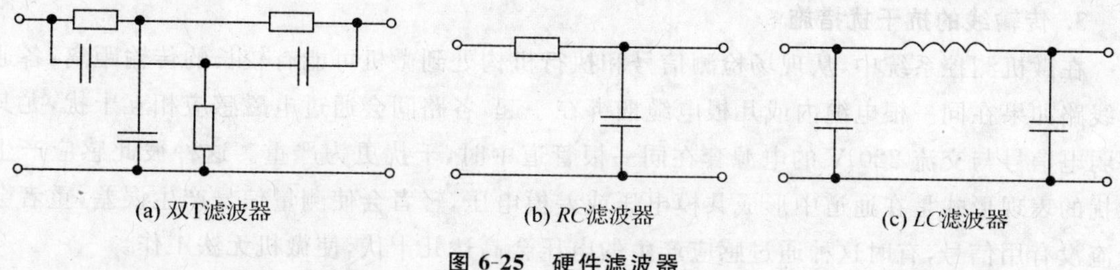

图6-25 硬件滤波器

②采用双积分式A/D转换器。由于其积分工作的特点，具有一定的消除高频干扰的作用。

③接入光电耦合器，能有效地阻断噪声的传送。

④将电压信号传送改为用电流信号传送方式，能提高抗干扰能力。如图6-26所示，采用4～20 mA电流传送信号，在进入A/D转换器之前，在250 Ω电阻上产生1～5 V的电压信号。对传输线路还可以采取屏蔽措施。

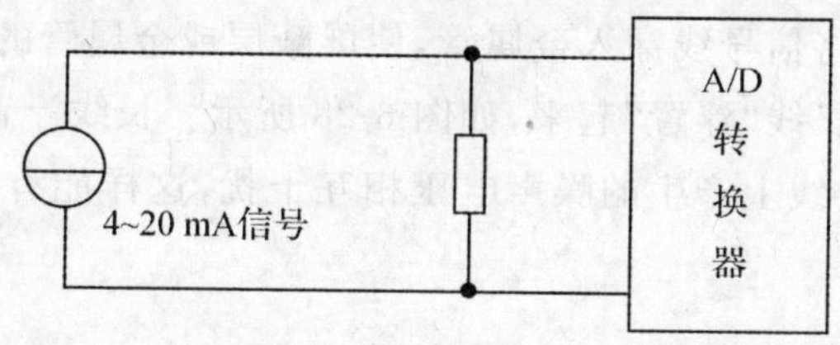

图6-26 4～20 mA电流环

(2)对共模干扰的抑制

共模干扰是指信号的两根线上共有的干扰信号，是由于被测信号的接地端与微机系统的接地端之间存在一定的电位差，如图6-27所示。

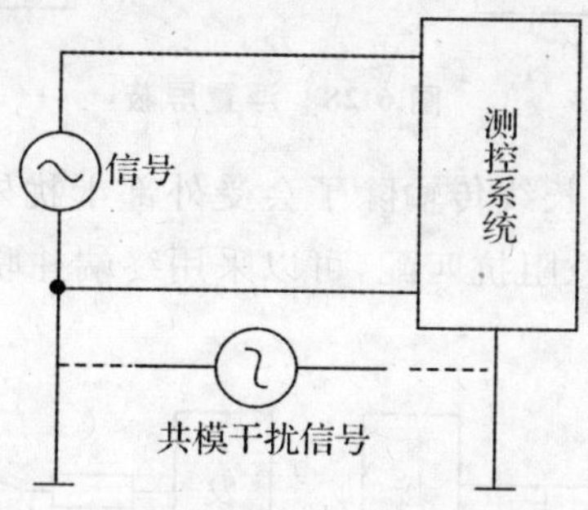

图6-27 共模干扰

抑制共模干扰的方法有：

①采用差动式传输和接收信号。由于差动放大器只对差动信号起放大作用，而对共模电

压不起放大作用，因此能够有效抑制共模干扰的影响。

②采用隔离方法。光电耦合器采用电一光一电的信号传输方式，具有很高的绝缘电阻，一般可达 $10^{10}\ \Omega$ 以上，并能承受 1 500 V 以上的高电压。把光电耦合器用在输入输出通道上，可以将主机与输入输出通道隔离，消除不适当的共地带来的共模干扰，如使用带有光电隔离的测量放大器。光电耦合器要有较好的带宽和线性度，以保证信号的线性耦合。

3. 传输线的抗干扰措施

在微机测控系统中，从现场检测信号和执行机构处到微机可能有较长的传输距离，各通道的线路如果在同一根电缆内或几根电缆捆绑在一起，各路间会通过电磁感应相互干扰，尤其是将弱电信号与交流 220 V 的电源套在同一根管道中时，干扰更为严重。这种彼此感应产生的干扰的表现形式是在通道中形成共模电压或差模电压，轻者会使测量信号产生误差；重者会完全淹没有用信号，有时这种通过感应产生的电压会高达几十伏，使微机无法工作。

另外，微机测控系统周围如果存在大的电气设备，如电机、变压器、晶闸管逆变电源等，当有电气设备漏电、接地系统不完善或者测量部件绝缘不好时，由于受空间电磁场的影响，都会使通道中直接串入很高的共模电压或差模电压。消除这些干扰的措施有：

(1)敷设线路时要使被测信号线、控制信号线与交流电源线、电气设备驱动线、大功率电气设备保持一定距离。

(2)信号线使用双绞线，使空间电磁场在一个个小环路中产生的感应电动势相互抵消；另外，还可以采用屏蔽线或将信号线穿入金属管，使屏蔽层或金属管的一端良好接地。

(3)通过光耦合器将长线“浮置”起来，如图 6-28 所示。长线浮置无公共地线，有效地消除了各逻辑电路模块在公共线上产生的噪声电压相互干扰，这样能有效地消除从传输线带入微机的干扰。

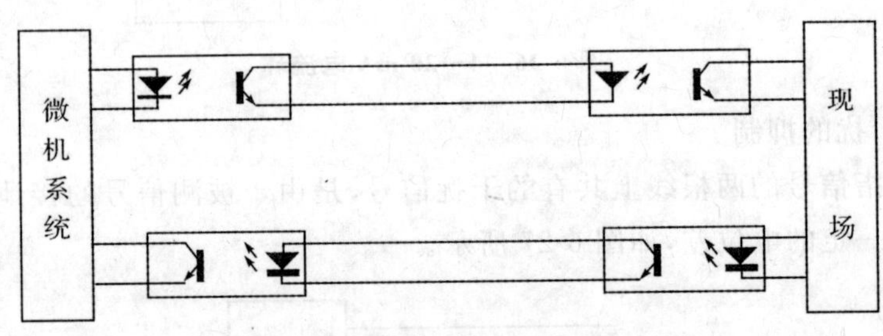

图 6-28 浮置屏蔽

(4)长线传输的阻抗匹配。长线传输除了会受外部干扰外，还可能产生波反射，为了避免信号失真，对于长线传输，应注意阻抗匹配，可以采用终端并联阻抗或始端串联阻抗的方法，如图 6-29 所示。

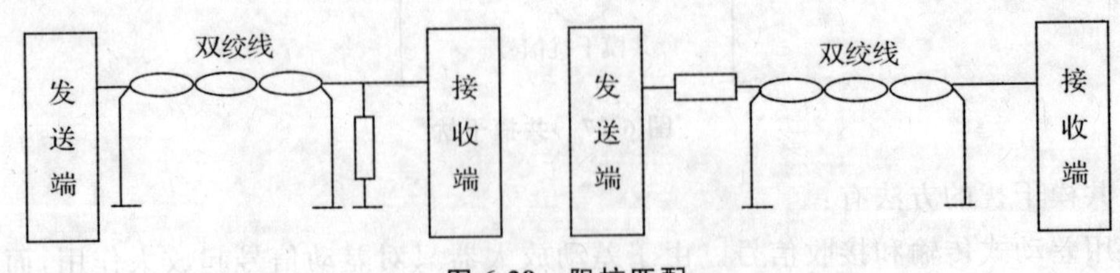

图 6-29 阻抗匹配

4. 接地系统

地电平是整个系统信号电平的基准,因此它的升高或降低,会影响所有信号电平的波动。同时,地线又与系统中所有的元器件都有联系,如果干扰从地线进入,就会影响到所有的元器件。在微机测控系统中,大致有以下几种地信号:

(1)数字地(逻辑地):微机系统数字电路的零电位。

(2)模拟地:微机测控系统中所有模拟信号的零电位。

(3)信号地:传感器的地线。

(4)交流地:工频交流电源的地线。交流地上任意两点之间通常都存在着电位差,而且交流地也容易引进干扰,因此,交流地绝对不可以与其他地相连。

(5)直流地:微机用直流电源的地线。

(6)屏蔽地:屏蔽系统的地,即机壳地。

(7)系统地:以上几种地的最终回流点直接和大地相连。

微机测控系统中的接地是影响系统抗干扰能力的一个重要因素,不适当的接地会形成产生干扰的回路,而正确合理的接地不仅能消除干扰,还是保护设备和人员安全的有效措施。下面介绍几种常用的接地方法。

(1)微机测控系统的地(即其直流电源地)与大功率设备的地线必须分开,避免干扰信号通过地线传入微机。

(2)数字地与模拟地必须区分开,且只在一点相连,否则两种回路会相互影响。

(3)长传输线的屏蔽层应一端接屏蔽地。在微机测控系统中,信号的传输往往使用屏蔽线,屏蔽地都接到机柜,然后单独接大地。

(4)单点接地与多点接地。当有多个元器件要接在同一地线上时,在低频(1 MHz 以下)电路中,因元件和布线的电感不大,为减小地线环路造成的干扰,常采用一点接地;在高频(10 MHz 以上)电路中,元件和布线的电感和分布电容将造成各接地线之间的耦合,为缩短接地线,采用多点就近接地;当频率为 1~10 MHz 之间时,如采用一点接地,其地线长度不应超过波长的 1/20,否则应采用多点接地。

5. 其他硬件抗干扰措施

(1)为防止电磁波和静电感应的干扰,微机装置应加金属外壳屏蔽;高频电路加上屏蔽罩,还可防止对其他设备的干扰。

(2)继电器和接触器的线圈、触头和其他通断电流较大的按钮、开关在操作时会产生感应电动势或较大火花而引起干扰。

(3)设计印制电路板时,尽量加粗接地线,且应形成闭合环路;在重要芯片或每个芯片的电源端接入去耦电容,能有效地消除噪声;注意元器件和线路的合理布置。

6.4.2 软件抗干扰技术

尽管采用了硬件抗干扰技术,但是干扰是不可能完全消除的,必须同时从软件方面采取适当的措施,才能取得良好的抗干扰效果。干扰对微机测控系统造成的主要影响是增加数据采集的误差、输出控制失误、程序“跑飞”或陷入死循环。因此,可以从以下几个方面考虑软件的抗干扰措施。

1. 数字滤波技术

消除干扰对数据采集带来误差的方法一般采取数字滤波。常用的有算术平均滤波法、限幅滤波法、中值滤波法、递推平均滤波法等。

(1)算术平均滤波法

对每一点的数值连续采样 N 次(一般取 3～5 次),计算其平均值,以此平均值作为该点的采样结果。N 值较大时,信号平滑度较高,但灵敏度较低;N 值较小时,信号平滑度较低,但灵敏度较高。这种方法可以减小系统的随机干扰对采集结果的影响。

(2)限幅滤波法(又称程序判断滤波法)

根据经验判断,确定两次采样允许的最大偏差值(设为 A),比较相邻两次检测值的差值,如果小于等于 A,则本次值有效;否则本次检测值无效,放弃本次检测值,用上次检测值代替本次检测值。这种方法可以有效克服因偶然因素引起的脉冲干扰,而无法抑制那种周期性的干扰,平滑度差。

(3)中值滤波法

对一点数据连续采样 N 次(N 取奇数),把 N 次的采样值依大小次序排列,取其中间值作为该点的采样结果。中值滤波法能有效克服因偶然因素引起的波动干扰,对温度、液位等变化缓慢的被测参数有良好的滤波效果。

(4)递推平均滤波法(又称滑动平均滤波法)

把连续取 N 个采样值看成一个队列,队列的长度固定为 N,每次采样到一个新数据放入队尾,并扔掉原来队首的一个数据(先进先出原则),把队列中的 N 个数据进行算术平均运算,就可获得新的滤波结果。该方法对周期性干扰有良好的抑制作用。

(5)一阶滞后滤波法

这种方法是利用软件完成 RC 低通滤波器的算法,代替硬件实现 RC 滤波,计算公式为:

$$Y_t=(1-\alpha)Y_{t-1}+\alpha X_t,\alpha=0\sim1$$

其中 Y_{t-1} 为上一次滤波结果,X_t 为本次采样值,Y_t 为本次滤波结果。该方法对周期性干扰具有良好的抑制作用,适用于波动频率较高的场合。

2. 确保正常控制状态

为了解决因受干扰而使控制状态失常的问题,可采用下列软件措施:

(1)对于开关量的输入,为了确保信息无误,在软件中可采取重复读入的方法(至少两次),认为无误后再输入;开关量输出时,应将输出量回读(要有硬件配合),以便确认输出无误。

(2)采用软件冗余方法。在条件控制系统中,对于控制条件的一次采样、处理、控制输出改为循环地采样、处理、控制输出。这种方法对于惯性较大的控制系统具有良好的抗偶然因素干扰的作用。

(3)设置当前输出状态寄存单元。当干扰侵入输出通道破坏输出状态时,系统能及时查询该寄存单元的输出状态信息,以便及时纠正输出状态。

3. 防止程序“跑飞”或死循环

对于程序运行失常后的恢复方法有：

(1)设置软件陷阱

这种方法是在非程序区设置拦截措施，当 PC 失控、程序“跑飞”进入非程序区时，使程序进入陷阱，从而迫使程序返回初始状态。例如，对于 MCS-51 单片机，可以用“LJMP 0000H”的机器码填满非程序区。这样不论 PC 失控后飞到非程序区的哪个字节，都能使程序回到复位状态。

也可以在程序区每隔一段(如几十条指令)连续将几个单元置为“00H”(空操作)。当出现程序失控时，利用这些空操作指令，能使程序恢复正常。

(2)开启看门狗功能

设置软件陷阱能解决一部分程序失控问题，但当程序失控后进入某种死循环时，软件陷阱可能不起作用。使程序从死循环中恢复到正常状态的有效方法是采用“看门狗”(watch dog)技术。现在的微机内部一般都有“看门狗”，其设计思想是设置一时间监视器，定时时间稍大于正常执行一次程序循环所需的时间。当程序未受到干扰时，CPU 定时使时间监视器复位，重新计时，即重新监视；一旦程序受到干扰，“飞走”而陷入死循环，就不能对时间监视器进行复位，时间监视器便连续计时，直到超出定时范围，就对微机复位，使之重新工作。

第 7 章　嵌入式系统简介

7.1　嵌入式系统概述

7.1.1　嵌入式系统的定义

自 1981 年 PC 机出现后，PC 市场一直以爆炸式的增长方式得到迅猛发展，但到 2001 年，全球 PC 市场首次出现了负增长，宣告在计算机领域里 PC 独大的时代已经结束。人们普遍认为计算机技术已进入了“后 PC 时代”。

在现在日益信息化的社会中，计算机和网络已经全面渗透到日常生活的每一个角落。对于我们每个人，需要的已经不仅是使用 PC 进行文档处理和工作管理等，各种各样的新型嵌入式系统设备在应用数量上已经远远超过通用计算机，一个普通人可能拥有从大到小的各种使用嵌入式技术的电子产品，如 mp3、手机、智能家电和车载电子设备等。在工业和服务领域，使用嵌入式技术的数字机床、智能工具、工业机器人、服务机器人也将逐渐改变传统的工业和服务方式。即使是一台普通 PC 机，其外部设备中也包含多个嵌入式微处理器。美国汽车大王福特公司的高级经理曾宣称：“福特出售的‘计算能力’已超过了 IBM。”

后 PC 时代主要指将计算机、通信和消费产品的技术结合起来，以 3C(即 computer、communication、consume)产品的形式通过 Internet 进入家庭。如 mp3、PDA、机顶盒、网络家电、智能家电、车载电子设备等。为了实现人们在后 PC 时代对客户终端设备提出的新要求，嵌入式技术提供了一种灵活、高效和高性价比的解决方案。随着信息技术与网络技术的高速发展，嵌入式技术已被广泛地应用于科学研究、工程设计、军事技术以及文艺商业等方面，成为后 PC 时代 IT 领域发展的主力军。

广义上，嵌入式系统是指以应用为中心、以计算机技术为基础、软件硬件可裁剪，适应应用系统对功能、可靠性、成本、体积、功耗严格要求的专用计算机系统。简单地可以理解为凡是与产品结合在一起并具有微处理器的系统都可以叫作嵌入式系统，如一般的单片机应用系统也属于嵌入式系统。

狭义上，嵌入式系统除满足广义上的定义外，还应具有自己的操作系统，而且微处理器应是 32 位或高于 32 位。根据这一定义，由一般的 16 位及以下的单片机构成的或没有操作系统的应用系统都不属于嵌入式系统范畴。

嵌入式系统通常由嵌入式微处理器、外围硬件设备、嵌入式操作系统以及用户的应用程序四个部分组成，用于实现对其他设备的控制、监视或管理等功能。

嵌入式系统本身还是一个外延极广的名词，目前尚未有一个严格、准确的定义。但现在人们谈及嵌入式系统时，通常指近年来应用比较热门的具有操作系统的嵌入式系统。

7.1.2 嵌入式系统的特点

嵌入式计算机系统同通用型计算机系统相比具有以下特点：

1. 由于嵌入式系统采用的是微处理器，实现相对单一的功能，采用独立的操作系统，所以往往不需要大量的外围器件。因而在体积、功耗上有其自身的优势。如一般的PDA仅靠机内电源就可以使用好几天。

2. 嵌入式系统是将计算机技术、半导体技术和电子技术与各个行业的具体应用相结合的产物，是一门综合技术学科。这也决定了它必然是一个技术密集、资金密集、高度分散、不断创新的知识集成系统。由于空间和各种资源相对不足，嵌入式系统的硬件和软件都必须高效率地设计，量体裁衣，去除冗余，力争在同样的硅片面积上实现更高的性能，这样才能更具有竞争力。

3. 嵌入式系统是一个软硬件高度结合的产物。为了提高执行速度和系统可靠性，嵌入式系统中的软件一般都固化在芯片中，而不是存贮于磁盘等载体中。

4. 为适应嵌入式分布处理结构和上网需求，嵌入式系统通常配备标准的一种或多种通信接口。如IEEE1394、USB、CAN、Bluetooth和网络(TCP/IP)等通信接口，同时也需要提供相应的通信组网协议软件和物理层驱动软件。

5. 因为嵌入式系统往往和具体应用有机地结合在一起，它的升级换代也是和具体产品同步进行的，因此嵌入式系统产品一旦进入市场，具有较长的生命周期。

6. 嵌入式系统本身不具备自举开发能力，即使设计完成以后用户通常也不能对其中的程序功能进行修改，必须有相应的开发工具和环境平台才能进行开发。

7.1.3 嵌入式系统的分类

嵌入式处理器是嵌入式系统硬件中的最核心的部分，目前世界上具有嵌入式功能特点的处理器已超过1000种。鉴于嵌入式系统广阔的发展前景，很多半导体制造商都大规模生产嵌入式处理器，嵌入式处理器的速度越来越快，性能越来越强，价格也越来越低。目前嵌入式处理器的寻址空间可以从64 kB到16 MB，处理速度最快可以达到2000 MIPS，封装从8个引脚到100余个引脚不等。嵌入式处理器可分为：

1. 嵌入式微处理器(Micro Processor Unit，MPU)

嵌入式微处理器是由通用计算机中的CPU演变而来的。它的特征是具有32位及以上的处理器，具有较高的性能，当然其价格也相应较高。但与计算机处理器不同的是，在实际嵌入式应用中，只保留和嵌入与应用紧密相关的功能硬件，去除其他的冗余功能部分，这样就以最低的功耗和最少的资源实现嵌入式应用的特殊要求。和工业控制计算机相比，嵌入式微处理器具有体积小、重量轻、成本低、可靠性高的优点。目前主要的嵌入式微处理器有ARM/StrongARM、Power PC、MC68000、MIPS、Am186/88系列等。其中ARM/StrongARM应用最为广泛。

2. 嵌入式微控制器(Microcontroller Unit，MCU)

嵌入式微控制器的典型代表是单片机，自20世纪70年代末出现单片机到今天，虽然已经经过了 30 多年的历史，但仍然有着极其广泛的应用。单片机芯片内部可集成 ROM、RAM、定时/计数器、I/O、串行口、脉宽调制输出、A/D、D/A 和看门狗等各种必要功能模块和 I/O 接口。和嵌入式微处理器相比，微控制器的最大特点是单片化，体积大大减小，从而使功耗和成本下降，可靠性提高。使用微控制器往往只要配上一些少量的外围元器件，便可构成一小型的控制系统。

常用的 MCU 有 8051、MCS-251、MCS-96/196/296、Freescale HC08/S08、Atmel AVR、P51XA、C166/167、68K 系列等。

3. 嵌入式 DSP 处理器(Embedded Digital Signal Processor, EDSP)

DSP 是一种以数字信号来处理大量信息的器件。其工作原理是接收模拟信号，将其转换为数字信号，再对数字信号进行处理，并在其他系统芯片中把数字数据解译回模拟数据。它不仅具有可编程性，而且实时运行速度可达每秒钟几千万条复杂指令程序，远远超过通用微处理器，是数字化电子世界中日益重要的处理芯片。DSP 具有强大的数据处理能力和高运行速度，广泛应用于语音处理、图像/图形处理、军事、仪器仪表、自动控制、医疗、通信和家用电器等领域。

目前最为广泛应用的是 TI 的 TMS320C2000/C5000 系列。

4. 嵌入式片上系统 SoC(System On Chip)

嵌入式片上系统 SoC 也称为系统级芯片，是指一个有专用目标的集成电路，包含一个完整的系统。SoC 最大的特点是实现了软硬件无缝结合，直接在处理器片内嵌入操作系统的代码模块。可运用 VHDL 等硬件描述语言实现一个复杂的系统。由于绝大部分系统构件均在内部，故系统简洁，体积小，功耗低，可靠性高，设计生产效率也高。

比较典型的 SoC 产品有 Philips 的 Smart XA、Siemens 的 TriCore、Motorola 的 M-Core 等。

SoC 芯片将在声音、图像、影视、网络及系统逻辑等应用领域中发挥重要作用。

7.1.4 嵌入式系统的应用

嵌入式系统主要用于各种信号处理与控制，目前已在工业、国防、国民经济及社会生活的各领域得到广泛应用。也可以说其应用已经到了“无孔不入”的程度。

1. 工业

主要有各种智能测量仪表、数控装置、控制机、分布式控制系统、现场总线仪表及控制系统、工业机器人、机电一体化机械设备、汽车电子设备等。传统的低端型工业控制产品往往采用 8、16 位单片机。但随着技术的发展，32 位、64 位的处理器已逐渐成为工业控制设备的核心。

2. 军事

各种武器控制(火炮控制、导弹控制、智能炸弹制导引装置)、坦克、舰艇、战斗机等陆海空各种军用电子装备，雷达、电子对抗军事通信装备，及野战指挥作战用各种专用设备等。

3. 家庭

各种信息家电产品(如数字电视机、机顶盒、数码相机、DVD、音响设备、可视电话、家庭网络设备、洗衣机、电冰箱、智能玩具等)广泛采用微处理器、微控制器及嵌入式软件,EMIT(嵌入式 Internet 技术)已用于社区对居民的电、水、煤气表远程抄表以及家电遥控等。即使用户不在家里,也可以通过电话线、网络进行远程监控。

4. 交通

在车辆导航、流量控制、信息监测与汽车服务方面,嵌入式系统技术已经获得了广泛的应用,内嵌 GPS 模块、GSM 模块的移动定位终端已经在各种运输行业获得了成功的使用。目前 GPS 设备已经从尖端产品进入了百姓的家庭。

5. 商用

各类收款机、POS 系统、电子秤、条形码阅读机、商用终端、银行点钞机、IC 卡输入设备、取款机、自动柜员机、自动服务终端、防盗系统、各种银行专业外围设备等。

6. 环境与自然

各种水文资料实时监测,防洪体系及水土质量监测、堤坝安全,地震监测网,实时气象信息网,水源和空气污染监测等。

7. 医疗

各种医疗电子仪器,如 X 光机、超声诊断仪、计算机断层成像系统、心脏起搏器、监护仪、辅助诊断系统、专家系统等。

8. 办公

复印机、打印机、传真机、扫描仪、激光照排系统、安全监控设备、手机、个人数字助理(PDA)、通信终端、程控交换机、网络设备、录音录像及电视会议设备、数字音频广播系统等。

7.1.5 嵌入式系统的发展趋势

1. 完善开发工具

嵌入式开发是一项系统工程,因此要求嵌入式系统厂商不仅要提供嵌入式软硬件系统本身,同时还需要提供强大的硬件开发工具和软件包支持。

目前很多厂商已经充分考虑到这一点,在主推系统的同时,将开发环境也作为重点推广。比如三星在推广 ARM 系列芯片的同时还提供开发版和板级支持包(BSP),而 Windows CE 在主推系统时也提供 Embedded VC++作为开发工具。

2. 网络化

随着网络技术的发展,特别是物联网和 IPv6 技术的发展,各种嵌入式设备将具有网络通信功能。新一代的嵌入式处理器已经开始内嵌网络接口,除了支持 TCP/IP 协议外,还有支持 IEEE1394、USB、CAN、Bluetooth 或 IrDA 等通信接口中的一种或者几种,同时也需要提供相应的通信组网协议软件和物理层驱动软件。另外,在软件方面系统内核支持网络模块,甚至可以在设备上嵌入 Web 浏览器,真正实现随时随地用各种设备上网。

3. 精简系统内核、算法,降低功耗和软硬件成本

未来的嵌入式产品是软硬件紧密结合的设备,为了减低功耗和成本,需要设计者尽量精简系统内核,只保留和系统功能紧密相关的软硬件,利用最低的资源实现最适当的功能,这就要求设计者选用最佳的编程模型并不断改进算法,优化编译器性能。

4. 提供友好的多媒体人机界面

为了使嵌入式设备能被一般用户接受，必须提供非常友好的多媒体人机界面。

嵌入式系统的应用正在从狭窄的应用范围、单一的应用对象以及简单的功能，向着未来社会需要的应用需求方向转变。社会对嵌入式系统的需求正在不断扩大，后 PC 时代的到来对信息家电的需求越来越强烈。嵌入式系统在信息家电的应用，就是对嵌入式系统概念和应用范围的一个变革，从而打破了过去 PC 时代被单一微处理厂家和单一操作系统厂家垄断的旧局面，出现一个由多芯片、多处理器占领市场的新局面。

7.2 嵌入式系统的组成

如图 7-1 所示，嵌入式系统同一般计算机应用系统一样，也是由硬件系统和软件系统组成的。

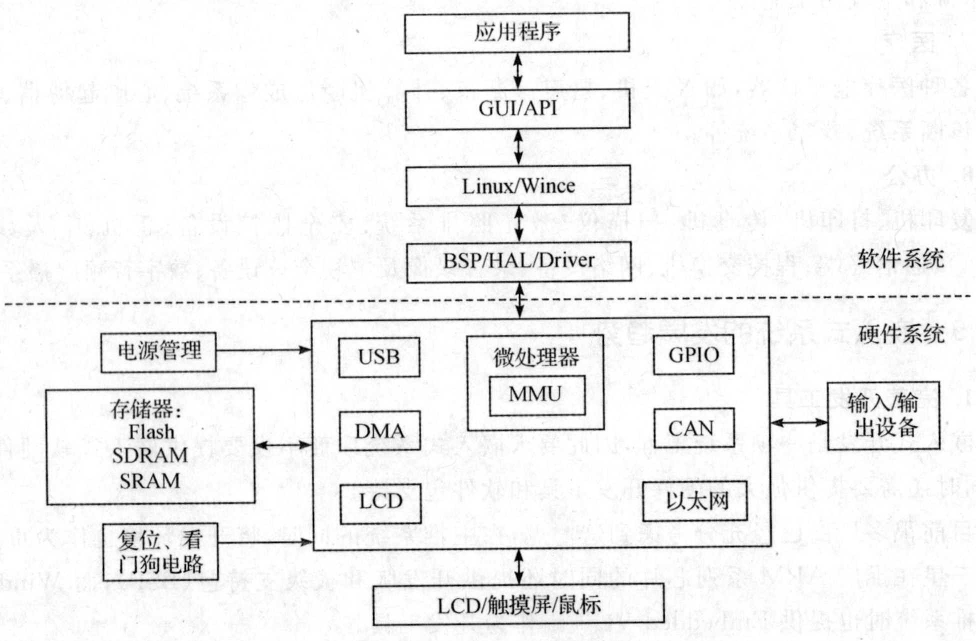

图 7-1 嵌入式系统基本组成

7.2.1 硬件系统

硬件系统主要由嵌入式微处理器、各种接口电路、存储器、输入/输出设备、电源、复位及看门狗电路等组成。

1. 嵌入式微处理器

嵌入式微处理器是嵌入式系统的核心部件。嵌入式微处理器与通用处理器最大不同之处在于其大多工作在为特定用户群设计的系统中。它通常把通用计算机中许多由板卡完成的接口集成在芯片内部，从而有利于嵌入式系统设计趋于小型化，并具有高效率、高可靠性等特征。

嵌入式微处理器内部接口通常有DMA、GPIO(并口)、RS-232串口、USB通用串行总线接口、CAN总线接口、IrDA红外接口、SPI串行外围设备接口、I2C总线接口、Ethernet网口、LCD接口等。

32位的嵌入式微处理器通常还集成MMU(Memory Management Unit),即内存管理单元。它是CPU中用来管理虚拟存储器、物理存储器的控制线路,同时也负责将虚拟地址映射为物理地址,以及提供硬件机制的内存访问授权,从而可以支持Linux、Wince等操作系统。

2. 存储器

嵌入式系统的存储器通常不具备像硬盘那样大容量的存储介质,而是采用半导体存储器,如静态随机存储器(SRAM)、动态存储器(SDRAM)和非易失型存储器(ROM、EEPROM、Flash等)作为存储介质,其中Flash凭借其可擦写次数多、存储速度快、存储容量大、价格便宜等优点,在嵌入式领域得到广泛的应用。

3. 输入/输出设备

不同的实际应用系统必须配备相关的输入、输出设备,如各种传感器和执行机构。此外,为使嵌入式系统具有友好的界面,方便人机交互,嵌入式系统中需配制输入/输出设备,常用的输入/输出设备有液晶显示器(LCD)、触摸板、键盘、鼠标等。

4. 电源管理

嵌入式系统往往对系统的能耗有较高的要求。电源管理就是将电源有效分配给系统的不同组件,以降低能耗,提高系统的可靠性。电源管理对于依赖电池电源的移动式嵌入式设备来说是至关重要的。通过降低组件闲置时的能耗,延长使用时间和电池的寿命。

5. 看门狗电路

看门狗电路(Watch Dog Timer,WDT)的核心是一个定时器电路,初始时给定时器中的计数器设置一初值,然后进行减1计数,当计数器的值为0时,也就是达到定时时间时,WDT将发出一个复位信号到CPU,使处理器复位,重新进行工作。在系统正常运行时,将在程序中安排一段程序以小于定时器的定时时间间隔周期地发给WDT,俗称"喂狗",这一信号给计数器重新设置初值,使其计数器的值不会达到0,也就不会发出复位信号至CPU。当系统受到干扰使程序"跑飞"时,事先在程序中安排的"喂狗"操作将无法被执行,从而导致计数器的值回0,WDT发出复位信号给CPU,使系统重新启动工作。

7.2.2 软件系统

1. BSP/HAL/Driver

在硬件系统与操作系统之间有一中间层,称为BSP(Board Support Package,板级支持包),或称为HAL(Hardware Abstraction Layer,硬件抽象层),它包含了系统中与硬件相关的大部分功能,通过特定的上层接口与操作系统进行交互,向操作系统提供底层的硬件信息,并根据操作系统的要求完成对硬件的直接操作。中间层屏蔽了底层硬件的多样性,操作系统不再直接面对具体的硬件环境,而是面向由这个中间层所代表的逻辑硬件环境。BSP主要包括系统初始化及与硬件相关的设备驱动,如网络驱动程序、网络协议、串口驱动程序及系统与开发机连接调试程序等。

2. 嵌入式操作系统

随着嵌入式微处理器性能的不断提升，嵌入式系统的应用领域不断拓展，出现许多复杂的嵌入式应用系统。为使系统的开发更方便、快捷，需要具备一种稳定、安全的软件模块集合，即嵌入式操作系统，用以管理存储器分配、中断处理、任务间通信和定时器响应，以及提供多任务处理等。使用嵌入式操作系统可大大提高嵌入式系统的功能，方便应用软件的设计。

早期的嵌入式系统大都用于控制目的，对系统的实时性有较高的要求，因此，嵌入式操作系统往往需要使用实时操作系统。但近年来，也出现一些对实时性要求并不很高的嵌入式应用系统，如手机和掌上电脑等，同时，由于CPU速度的不断提高，即使使用一般的操作系统也能满足一些有一定“实时”性要求的系统。在此背景下，目前一些实时性能并不很优越的操作系统也被广泛地作为嵌入式操作系统，如Linux、Windows CE等。

常见的嵌入式操作系统有μC/OS Ⅱ、μCLinux、Linux、Windows CE和VxWorks等。

3. GUI/API

图形用户界面(Graphical User Interface，简称GUI，又称图形用户接口)是指采用图形方式显示的计算机操作用户界面。

应用程序编程接口(Application Programming Interface，简称API)是一些预先定义的函数，目的是提供应用程序与开发人员基于某软件或硬件的以访问一组例程的能力，而又无需访问源码，或理解内部工作机制的细节。

在操作系统的基础上通过使用具有GUI支持系统的软件，如MiniGUI、Qt等软件，可大大方便用户开发具有图形界面的应用系统。

Qt是一个跨平台的C++图形用户界面应用程序框架。它提供给应用程序开发者建立艺术级的图形用户界面所需的功能。Qt是完全面向对象的，易扩展，并且允许真正的组件编程。Qt也是流行的Linux桌面环境KDE的基础。Qt具有优良的跨平台特性、面向对象、丰富的API、大量的开发文档等优点。在嵌入式系统开发中得到广泛的应用。

4. 应用程序

嵌入式系统的应用程序是针对特定的实际应用领域，基于相应的嵌入式硬件平台，并能完成用户预期任务的应用程序。

由于嵌入式应用对成本十分敏感，因此，为减少系统成本，除了精简每个硬件单元的成本外，应尽可能地减少应用程序的资源消耗，并尽可能地优化，降低空间和时间的复杂度，提高实时功能，同时，应具备高可靠性。

为了提高执行速度和系统可靠性，嵌入式系统中的应用程序几乎都固化在只读存储器中。

7.3 典型嵌入式微处理器简介

7.3.1 PIC单片机简介

PIC(Periphery Interface Chip)系列单片机是美国Microchip(微芯)公司生产的产品，CPU采用RISC结构，产品采用全新的流水线结构、单字长指令体系、嵌入Flash存储器以及

10位A/D转换器。PIC系列单片机具有高、中、低3个档次，分别有58、35、33条指令，属精简指令集。PIC单片机具有32位、16位、8位系列产品，最小封装仅为8个引脚，可以满足不同用户开发的需要，适合在各个领域中的应用。Microchip提供丰富的开发工具和免费的集成开发环境MPLAB_IDE。

PIC系列单片机主要特点如下：

1. 哈佛总线结构

PIC系列单片机采用独特的哈佛总线结构，彻底将芯片内部的指令和数据总线分离，为采用不同的指令字长奠定了技术基础。PIC系列单片机哈佛总线结构如图7-2所示。该结构为实现取指令和执行指令的流水作业提供结构保证。指令和数据总线分离，也为PIC单片机实现全部指令的单字长化和单周期化创造条件，从而大大提高了CPU执行指令的速度和工作效率。

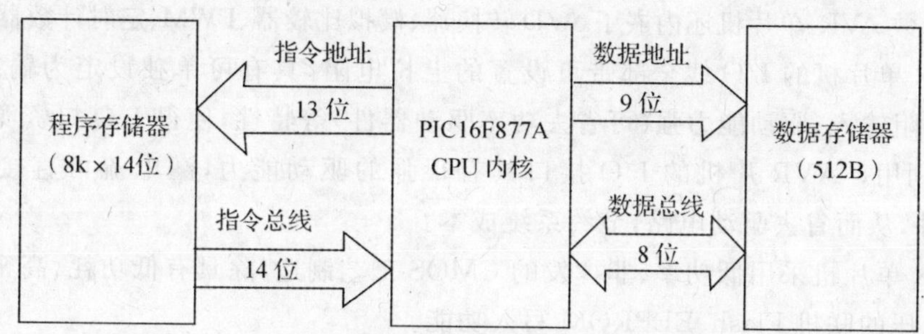

图7-2 PIC系列单片机哈佛总线结构

2. RISC技术

PIC系列单片机采用精简指令RISC(Reduced Instruction Set Computer，精简指令集计算机)技术以控制逻辑为主的设计理念优先选取使用频率最高的简单指令，避免复杂指令。高、中、低档单片机分别仅有58、35、33条指令，方便用户较快掌握和理解指令系统和应用程序的设计。此外，PIC系列单片机全部采用单字长指令，高、中、低档单片机指令字长分别为16位、14位、12位，而且除了判断转移指令发生间跳外均为单周期指令，指令执行速度较快。

3. 功耗低

PIC系列单片机采用CMOS工艺，功耗极低，其中有些特殊型号单片机在工作模式下工作电流仅为几毫安，而在休眠模式下耗电可低至几微安以下，尤其适用于便携产品的使用。

4. 驱动能力强

PIC系列单片机I/O端口驱动负载能力较，每个输出引脚可以驱动20 mA的负载，可以直接驱动发光二极管LED、光电耦合器，小型继电器等，简化控制电路的设计。

5. 具有多种专用功能模块

PIC系列单片机内部集成了多个专用功能模块，主要有I2C(Inter Integrated Circuit Bus)串行通信模块、SPI(Serial Peripheral Interface)串行通信模块、USART串行通信模块、捕捉/比较/脉宽调制模块和A/D转换器(ADC)模块。

7.3.2 AVR单片机简介

AVR单片机是Atmel公司1997年推出的RISC单片机。采用Harvard总线结构，因此单片机的程序存储器和数据存储器是分离的，并且可对具有相同地址的程序存储器和数据存储器进行独立的寻址。

AVR 单片机系列齐全，可适用于各种不同场合的要求。AVR 单片机有 3 个档次：

低档 Tiny 系列 AVR 单片机：主要有 Tiny11/12/13/15/26/28 等。

中档 AT90S 系列 AVR 单片机：主要有 AT90S1200/2313/8515/8535 等。

高档 ATmega 系列 AVR 单片机：主要有 ATmega8/16/32/64/128(存储容量为 8/16/32/64/128 kB)以及 ATmega8515/8535 等。

AVR 单片机主要特点如下：

1. AVR 单片机具有良好的集成性能。AVR 系列的单片机都具备在线编程接口，其中的 Mega 系列还具备 JTAG 仿真和下载功能；都含有片内看门狗电路、片内程序 Flash、同步串行接口 SPI；多数 AVR 单片机还内嵌了 A/D 转换器、模拟比较器、PWM、定时计数器等多种功能。

2. AVR 单片机的 I/O 线全部带可设置的上拉电阻，具有可单独设定为输入/输出、可设定(初始)高阻输入、驱动能力强(可省去功率驱动器件)等特性，使得 I/O 口资源灵活，功能强大，可充分利用。AVR 片机的 I/O 接口具有很强的驱动能力，灌电流可直接驱动继电器、LED 等器件，从而省去驱动电路，节约系统成本。

3. AVR 单片机采用低功率、非挥发的 CMOS 工艺制造，除具有低功耗、高密度的特点外，还支持低电压的联机 Flash、EEPROM 写入功能。

4. AVR 单片机还支持 Basic、C 等高级语言编程。采用高级语言对单片机系统进行开发是单片机应用的发展趋势，对单片机用高级语言编程可很容易地实现系统移植，并加快软件的开发过程。

7.3.3 Freescale 单片机

Freescale(飞思卡尔，原摩托罗拉半导体部)是全球领先的半导体公司，是全球首屈一指的嵌入式电子解决方案供应商。其生产的主要产品有：8 位微控制器、16 位微控制器、32 位微控制器与处理器、PowerArchitecture™/PowerQUICC™、高性能网络处理器、高性能多媒体处理器、高性能工业控制处理器、模拟和混合信号、ASIC、手机平台、CodeWarrior™ 开发工具、数字信号处理器与控制器、电源管理、RF 射频功率放大器、高性能线性功率放大器 GPA、音视频家电射频多媒体处理器、传感器等。产品大量应用于汽车、网络、无线通信、工业控制和消费电子等行业。通过嵌入式处理器和辅助产品，为客户提供复杂多样的半导体和软件集成方案，即飞思卡尔所谓的“平台级产品”。

Freescale 单片机采用哈佛结构和流水线指令结构，具有低成本、高性能的特点，它的体系结构为产品的开发节省了大量时间。此外，Freescale 提供了多种集成模块和总线接口，可以在不同的系统中更灵活地发挥作用。其主要特点有：

1. 全系列从低端到高端，从 8 位到 32 位全系列应有尽有，最近还新推出 8 位/32 位管脚兼容的 QE128，可以从 8 位直接移植到 32 位，弥补了单片机业界 8/32 位兼容架构的缺失。

2. 多种系统时钟模块。具有多种时钟源输入选项，可以是 *RC* 振荡器、外部时钟或晶振，也可以是内部时钟，多数 CPU 同时具有上述三种模块。

3. 多种通信模块接口。Freescale 单片机在内部集成各种通信接口模块:如串行通信接口模块 SCI、多主 I^2C 总线模块、串行外围接口模块 SPI、CAN 总线控制器模块和通用串行总线模块(USB/PS2)等。

4. 具有更多的可选模块。一些 MCU 具有 LCD 驱动模块、温度传感器、超高频发送模块等,少数 MCU 还具有响铃检测模块 RING 和双音多频/音调发生器 DMG 模块等。

5. 可靠性高,抗干扰性强。

6. 低功耗。它具有全静态的"等待"和"停止"两种模式,从总体上降低功耗。

7. 多种引脚数和封装选择。与其他 MCU 相比,Freescale 系列单片机具有的 MCU 种类是最齐全的,部分 MCU 本身就有多种不同的引脚数和封装形式,便于用户根据实际需要选择最合适的一款。

此外,独有的 BDM 仿真开发方式和单一引脚用于模态选择和背景通信,HCS08 的开发支持系统包括了背景调试控制器(BDC)和片内调试模块(DBG)。BDC 提供了一个至目标 MCU 的单线调试接口,便于在片内 Flash 或其他固定存储器的编程。

飞思卡尔的 S08(8 位)、S12(16 位)系列单片机目前应用极其广泛。飞思卡尔公司还在中国实施了"大学计划",自 2000 年至今已在全国几十所大学建立教学实验中心。由教育部高等学校自动化专业教学指导分委员会主办、飞思卡尔半导体公司协办的全国大学生智能汽车竞赛至今已举办了六届。该竞赛是以智能汽车为研究对象的创意性科技竞赛,是面向全国大学生的一种具有探索性工程实践活动,是教育部倡导的大学生科技竞赛之一。其设计内容目前以 Freescale S12 系列单片机为核心,内容涵盖控制、模式识别、传感技术、汽车电子、电气、计算机、机械、能源等多个学科的知识,对学生的知识融合和实践动手能力的培养具有良好的推动作用。在 2011 年举办的第六届比赛中共有 357 所高校的 1744 支队伍参加比赛,其影响不断增大,建议读者有机会争取参加此赛事。

7.3.4 ARM

ARM(Advanced RISC Machines),既可以认为是一个公司的名字,也可以认为是对一类微处理器的通称,还可以认为是一种技术。

1991 年 ARM 公司成立于英国剑桥,主要出售芯片设计技术的授权。目前,采用 ARM 技术知识产权(IP)核的微处理器统称 ARM 微处理器,其应用已遍及工业控制、消费类电子产品、通信系统、网络系统、无线系统等,基于 ARM 技术的微处理器应用约占据了 32 位 RISC 微处理器 75%以上的市场份额,ARM 技术正在逐步渗入我们工作生活的各个方面。

ARM 公司是专门从事基于 RISC 技术芯片设计开发的公司,作为知识产权供应商,本身不直接从事芯片生产,靠转让设计许可由合作公司生产各具特色的芯片。世界各大半导体生产商从 ARM 公司购买其设计的 ARM 微处理器核,根据各自不同的应用领域,加入适当的外围电路,从而形成自己的 ARM 微处理器芯片进入市场。目前,全世界有几十家大的半导体公司都使用 ARM 公司的授权,因此既使得 ARM 技术获得更多的第三方工具、制造、软件的支持,又使整个系统成本降低,使产品更容易进入市场被消费者所接受,更具有竞争力。

1. ARM 微处理器的应用领域

ARM 微处理器及技术的应用几乎已经深入各个领域。

(1)工业控制领域:作为 32 的 RISC 架构,基于 ARM 核的微控制器芯片不但占据了高端微控制器市场的大部分份额,同时也逐渐向低端微控制器应用领域扩展,ARM 微控制器的低功耗、高性价比,向传统的 8 位/16 位微控制器提出了挑战。同时,由于其高性能,正逐步应用于一些原本需要使用工业 PC 才能胜任的控制系统,从而具有极大的成本优势。

(2)无线通信领域:目前已有超过 85%的无线通信设备采用了 ARM 技术,ARM 以其高性能和低成本,在该领域的地位日益巩固。

(3)网络应用:随着宽带技术的推广,采用 ARM 技术的 ADSL 芯片正逐步获得竞争优势。此外,ARM 在语音及视频处理上进行了优化,并获得广泛支持,也对 DSP 的应用领域提出了挑战。

(4)消费类电子产品:ARM 技术在目前流行的数字音频播放器、数字机顶盒和游戏机中得到广泛采用。

(5)成像和安全产品:目前流行的数码相机和打印机中绝大部分采用 ARM 技术。手机中的 32 位 SIM 智能卡也采用了 ARM 技术。

除此以外,ARM 微处理器及技术还应用到许多不同的领域,并会在将来取得更加广泛的应用。

2. ARM 微处理器的特点

采用 RISC 架构的 ARM 微处理器具有如下特点:

(1)体积小,低功耗,低成本,高性能。

(2)支持 Thumb(16 位)/ARM(32 位)双指令集,能很好地兼容 8 位/16 位器件。

(3)大量使用寄存器,指令执行速度更快。

(4)大多数数据操作都在寄存器中完成。

(5)寻址方式灵活简单,执行效率高。

(6)指令长度固定。

3. ARM 微处理器系列

ARM 微处理器目前包括 ARM7、ARM9、ARM9E、ARM10E、SecurCore、Xscale、Strong-ARM 等几个系列,以及其他厂商基于 ARM 体系结构的处理器。除了具有 ARM 体系结构的共同特点以外,每一个系列的 ARM 微处理器都有各自的特点和应用领域。其中,ARM7、ARM9、ARM9E 和 ARM10 为 4 个通用处理器系列,每一个系列提供一套相对独特的性能来满足不同应用领域的需求,SecurCore 系列专门为安全要求较高的应用而设计。

采用 ARM+Linux 架构的嵌入式系统目前已得到普遍的应用。

7.4 嵌入式 Linux 操作系统概述

Linux 操作系统是 UNIX 操作系统的一种克隆系统。它诞生于 1991 年,此后借助因特网,经过全世界各地计算机爱好者的共同努力,现已成为当今世界上使用最多的一种 UNIX

类操作系统，并且使用人数还在迅猛增长。

7.4.1 Linux的特点

Linux之所以能广泛应用在嵌入式系统领域，与其自身的优良特性是分不开的。与其他操作系统相比，Linux具有以下一系列显著的特点。

1. 开放性

系统遵循世界标准规范，特别是遵循开放系统互联（OSI）国际标准。凡遵循国际标准所开发的硬件和软件，都能彼此兼容，可方便地实现互联。Linux采用GPL授权，除了把源代码公开以外，任何人都可以自由使用、修改、散布；而Linux核心本身采用模块化设计，让人很容易增减功能。由于Linux具有这样高的可伸缩性，所以可以调出最适合我们硬件平台的核心。

2. 多用户

系统资源可以被不同用户各自拥有并使用，即每个用户对自己的资源有特定的权限，互不影响。Linux和UNIX都具有多用户的特性。

3. 多任务

计算机可同时执行多个程序，而且各个程序的运行互相独立。Linux系统调度每一个进程平等地访问微处理器。由于CPU的处理速度非常快，其结果是，启动的应用程序看起来好像在并行运行。

4. 稳定性强

Linux不属于任何一家公司，但它却拥有全世界愿意投入自由软件的开发人员。在全球各处都有无数的人参与Linux核心的改进、调试与测试，也正因此造就了稳定度高的Linux。所以，Linux虽不是商业的产物，但它的质量并不逊于商业产品。

5. 设备独立性

Linux操作系统把所有外部设备统一当作文件来看待，只要安装它们的驱动程序，任何用户都可以像使用文件一样操纵、使用这些设备，而不必知道它们的具体存在形式。另外，由于用户可以免费得到Linux的内核源代码，因此，用户可以修改内核源代码，以便适应新增加的外部设备。

6. 网络功能丰富

完善的内置网络是Linux的一大特点。Linux在通信和网络功能方面优于其他操作系统。Linux为用户提供了完善的、强大的网络功能，包括支持Internet、文件传输和远程访问等。

7. 系统安全可靠

在Linux操作系统中采取了许多安全技术措施，包括对读、写进行权限控制、带保护的子系统、审计跟踪、核心授权等，这些措施为网络多用户环境中的用户提供了必要的安全保障。

8. 可移植性好

可移植性是指将操作系统从一个平台转移到另一个平台，并使它仍然能按其自身的方式运行的能力。Linux一开始是基于Intel 386机器设计的，但是随着网络的散布，加上有许多工程师致力于各式平台的移植，使得Linux可以在x86、MIPS、ARM/StrongARM、PowerPC、Motorola 68k、Hitachi SH3/SH4、Transmeta等平台上运行。这些平台几乎覆盖了所有嵌入式系统的 CPU 种类,这样,在硬件平台设计时,使得可以考虑的 CPU 种类增加了不少。

9. 应用软件多

自由软件世界里有个很大的特点就是软件多,授权几乎都是采用 GPL(公共版权许可证)方式,大家都可以自由参考与使用,但是因为这些软件多半是由设计者利用空余时间开发的,不以赢利为目的,所以并不能担保这些软件完全没有问题。尽管如此,仍有许多优秀软件出现。

嵌入式 Linux 操作系统与一般专用嵌入式实时操作系统比较如表 7-1 所示。

表 7-1 操作系统比较

	专用嵌入式实时操作系统	嵌入式 Linux 操作系统
版权费	每生产一件产品需交纳一份版权费	免费
购买费用	数十万元(RMB)	免费
技术支持	由开发商独家提供有限的技术支持	全世界的自由软件开发者提供支持
网络特性	另加数十万元(RMB)购买	免费且性能优异
软件移植	难(因为是封闭系统)	易,代码开放(有许多应用软件支持)
应用产品开发周期	长,因为可参考的代码有限	短,新产品上市迅速,因为有许多公开的代码可以参考和移植
实时性能	好	不好

7.4.2 Linux 的内核体系结构

与 UNIX 系统相似,Linux 系统大致可分为 3 层:靠近硬件的底层是内核,即 Linux 操作系统的常驻内存部分;中间层是内核之外的 Shell 层,亦即操作系统的系统程序部分;最高层是应用层,即用户程序部分,包括各种文本处理程序、语言编译程序及游戏程序等。Linux 的系统结构如图 7-3 所示。

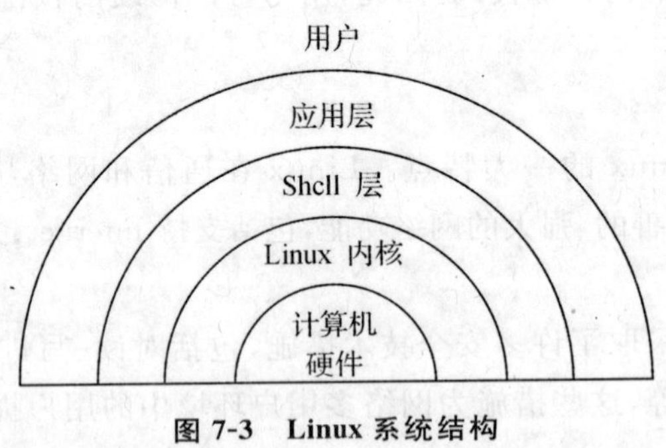

图 7-3 Linux 系统结构

7.4.3 典型嵌入式 Linux 系统

1. μCLinux

标准的 Linux 内核采用虚拟内存管理技术来提高系统运行效率,这种设计在硬件上需要有微处理器内嵌的内存管理单元(MMU)的支持。因此,在许多没有 MMU 的嵌入式(如 ARM7)应用中,标准 Linux 内核关于虚拟内存管理部分的代码就变得冗余了,甚至会对系统整体性能产生负面的影响。μCLinux 正是为了解决这一问题而开发的。它是一种专为嵌入式系统设计的 Linux,这里字母μ即为 micro(微小)的意思,字母 C 是 Control 的首字母。μCLinux是一个完全符合 GNU/GPL 公约的操作系统,完全开放代码,现由 Lineo 公司支持维护。

μCLinux 从 Linux 2.0/2.4 内核派生而来,其设计思想就是通过对标准 Linux 内核的裁减,去除虚拟内存管理部分代码,并且对内存分配进行优化,从而达到提高系统运行效率的目的。它经过各方面的小型化改造,形成一个高度优化的、代码紧凑的嵌入式 Linux。虽然它的体积很小,但是仍然保留了 Linux 的大多数的优点:稳定、良好的移植性、优秀的网络功能、完备的对各种文件系统的支持,以及标准丰富的 API。它的主要特征如下:

(1)通用 Linux API;

(2)内核体积<512 kB;

(3)内核+文件系统<900 kB;

(4)完整的 TCP/IP 协议栈;

(5)支持大量其他的网络协议;

(6)支持各种文件系统,包括 NFS、EXT2、romfs and JFFS、MS-DOS 和 FAT16/32。

μCLinux 带有一个完整的 TCP/IP 协议,同时它还支持许多其他网络协议。μCLinux 广泛应用于嵌入式系统中,如 VPN 路由器/防火墙、家用操作终端、协议转换器、IP 电话、工业控制器、Internet 摄像机、PDA 设备等。

2. Mizi Linux

类似 Linux,Samsung 公司为 s3c2410(ARM9)而开发。有 s3c2410 各硬件模块的驱动程序。故 Samsung 公司生产的 ARM9 及以上芯片构成的嵌入式系统大都使用 Mizi Linux。

3. RTLinux

RTLinux 是源代码开放的具有硬实时特性的多任务操作系统,是通过底层对 Linux 实施改造的产物。RTLinux 并没有重写 Linux 的内核,因为这样的工作量非常大,而且将会失去 Linux 的兼容性。RTLinux 实现了一个高效的、可抢先的实时调度核心,并把 Linux 作为此核心的一个优先级最低的进程运行,用户可以编写自己的实时进程,和标准 Linux 共同运行。实时调度模块的调度算法是基于优先级的抢占式调度方法,速度快,系统在满足硬实时应用方面有很好的效果。

4. MontaVista Linux

MontaVista Linux 是针对嵌入式设备量身定制的实时、专业的嵌入式操作系统。它直接修改 Linux 内核代码中的调度机制和算法,把 Linux 内核修改成为 Relatively Fully Preemptable Kernel 的抢占式内核,以达到一定的实时性,是一种软实时的 Linux。其优点是用户进程可以调用 Linux 提供的系统调用,Linux 程序无需修改或者重新编译即可增强性能。

MontaVista Linux 最大的特色是提供了一整套集成开发环境,包括 CDK(Cross Development Kit)、图形化 Trace 工具等。

附录 1

习题集

第一套

一、选择题(本大题共 40 个单选项,共 60 分)

(一)计算机硬件和软件知识(【1】~【25】每个选项 1.5 分)

1. 对 8 位二进制原码、反码和补码表示的带符号数描述正确的是__【1】__。

【1】A)数的表示范围都是－127～＋127　　B)数的表示范围都是－128～＋127

C)0 的表示都是唯一的　　D)对正数的表示都相同

答案:D

解析:8 位二进制原码、反码表示的范围都是－127～＋127,0 有两种表示方式;补码表示的范围是－128～＋127,0 只有一种表示方式。三种码制对正数的表示都相同。

2. 对微机总线描述正确的是__【2】__。

【2】A)地址总线是双向的　　B)数据总线是单向的

C)控制总线是输入信号　　D)数据总线是三态、双向的

答案:D

解析:微处理器利用地址总线向存储器或 I/O 设备传送地址信息,地址总线是单向的;控制总线既有输入信号也有输出信号。数据总线用于实现微处理器、存储器和 I/O 设备之间指令代码和数据的传送,是双向的,且由于它上面挂有多个器件,没有进行操作的器件必须处于高阻态,以避免影响其状态,故它必须是三态的。

3. CPU 中存放下一条要执行指令所在地址的是__【3】__。

【3】A)程序计数器　　B)堆栈指针

C)累加器　　D)指令译码器

答案:A

4. 对半导体存储器描述错误的是__【4】__。

【4】A)非易失 RAM(如 NVRAM)的内容不能修改

B)可以对 EEPROM 擦除并重新写入新的内容

C)SRAM 和 DRAM 都是随机读写存储器

D)静态随机存储器不需要刷新电路

答案:A

解析:非易失 RAM 既能随机存取,又具有非易失性;EEPROM 是电可擦除的只读存储器,可在线擦除和写入;SRAM 是随机静态读写存储器,它不需要刷新电路;DRAM 是随机动态读写存储器,它需要刷新电路。

5. 为产生高电平的输出,在使用__【5】__芯片时,输出端必须加上拉电阻。

【5】A)双稳态触发器　　B)单稳态触发器

C)三态门　　D)OC 门

答案:D

解析:OC 门是集电极开路输出门电路,若输出端没有加上拉电阻,则只有输出低电平或相当于悬空状态,无高电平输出。双稳态触发器、单稳态触发器和三态门都可直接输出高电平。

6. I/O 数据传送方式中,【6】传送方式既能保证数据可靠传输,软硬件接口又相对简单,但 CPU 利用率和实时性差。

【6】A)无条件　　B)查询

C)中断　　D)DMA

答案:B

解析:无条件传送方式不能保证数据可靠传输;中断传送方式软硬件接口比较复杂,但 CPU 利用率高,实时性好;DMA 硬件最复杂。

7. 对可实现中断嵌套的系统中,下列说法正确的是【7】。

【7】A)低优先级中断子程序中可以响应高优先级中断

B)系统中一定同时存在多个中断请求

C)CPU 可以嵌套执行多条指令

D)中断子程序中可以嵌套调用同优先级的中断

答案:A

解析:当 CPU 在执行一中断服务子程序时,此时可能无任何中断请求,此后,若有高优先级的中断源提出中断请求便可实现中断嵌套,故 B 答案是错的;CPU 只能逐条执行指令,故 C 答案是错的;中断服务子程序不会被同一优先级中断源所中断,同时,中断子程序不是通过调用指令执行的,故 D 答案也是错的。

8. 【8】总线适合用于较远距离通信。

【8】A)ISA　　B)PCI

C)STD　　D)RS-485

答案:D

解析:RS-485 总线是串行总线,其传输距离一般可达 1000 米以上。ISA、PCI 和 STD 均为并行总线,均用于机内通信,其传输距离都不超过 20 米。

9. 计算机采用异步串行通信,协议为:2400,N81,则每秒最多可传输【9】个字节的数据。

【9】A)120　　B)240

C)300　　D)2400

答案:B

解析:N81 表示一帧中有 8 位数据位,1 位起始位,1 位停止位,无校验位,即传输 1 字节需传输 10 位,故每秒最多可传输 2400/10=240 字节。

10. 在 ISO/OSI 网络体系结构中,下列描述错误的是【10】。

【10】A)物理层的作用是在通信信道上传输原始比特流

B)面向连接服务的可靠性比无连接服务高

C)应用层是 OSI 参考模型的最高层

D)集线器(即 HUB)和路由器均属于网络层设备

答案:D

解析:集线器是特殊的多端口中继器,它将任一端口收到的数据信号转发到所有其他端口,属于数据链路层设备;路由器属于网络层设备。

11. 在 IEEE 802.3 中 CSMA/CD 协议中,下列描述错误的是__【11】__。

【11】A)结点在发送信息帧之前必须先侦听总线上是否有数据正在传送

B)结点在发送信息帧的同时,还必须监听介质,判断是否发生冲突

C)结点在发送过程中若发现数据碰撞,则发送阻塞信息

D)对信息帧的长度没有要求

答案:D

解析:为了使结点在发送数据时能检测到所有的冲突,必须使数据帧的长度足够长,要保证相距最远的 2 个结点,当其中一个结点发送数据结束之前能发现另一结点可能发送的数据,故帧的长度不能太短,但若太长则将增加冲突概率,降低可靠性。

12. 在 TCP/IP 协议中,设有网络地址为 165.63.0.0,利用掩码 255.255.254.0 可把该网络分为__【12】__个子网。

【12】A)2　　B)64

C)128　　D)256

答案:C

解析:将原来用于标识主机号的第三字节的高 7 位用于标识子网号,共 128 子网。

13. 对 RSA 密钥算法叙述错误的是__【13】__。

【13】A)RSA 的公钥是公开的

B)RSA 算法效率比 DES 加密算法低

C)通信双方必须获得对方的私钥

D)RSA 属于非对称加密算法,公钥与私钥不同

答案:C

解析:RSA 算法属于非对称加密算法,公钥与私钥不同,且私钥必须严格保密。

14. 已知有单向链表的结点定义如下:

```
typedef struct node
{
  int data;                    /* 数据域 */
  struct node * next;          /* next 为指向其后继结点的指针 */
}NODE
NODE *p, *s;
```

现要在 p 结点后插入结点 s,则应执行__【14】__。

【14】A)s－>next＝p－>next;p－>next＝s;

B)p－>next＝s;s－>next＝p－>next;

C)p－>next＝s－>next;s－>next＝p;

D)s－>next＝p;p－>next＝s;

答案:A

解析:应先将结点s的指针域指向结点p的原后继结点,然后将结点p的指针域指向结点s。

15. 若有A、B、C、D、E元素依次进栈,进栈过程中可以出栈,则__【15】__不可能是一个出栈序列。

【15】A)DCEAB　　B)CBAED

C)CBDAE　　D)DCBEA

答案:A

解析:在答案A中,先出D,则必定已按A、B、C的次序依次进栈,则B一定比A先出栈。

16. 已知有一棵二叉树,其中序(中根)和后序(后根)遍历的结果分别为ADBEC和ABDCE,则其先序(先根)遍历的结果是__【16】__。

【16】A)EBCDE　　B)EDABC

C)ECDAB　　D)EABCD

答案:B

解析:根据后序遍历的结果可知,此二叉树的根为E;又根据中序遍历的结果可知,ADB为E的左子树结点,C为E的右结点。依此类推,可获得此二叉树的结构,然后按先序遍历可得答案B。

17. 已知待排序数据为:7,2,15,12,20,18,26,52,36,40,现要求按升序排列,则下列排序方法中速度最快的是__【17】__。

【17】A)直接插入排序　　B)直接选择排序

C)冒泡排序　　D)快速排序

答案:C

解析:通过一轮冒泡排序可得:2,7,12,15,18,20,26,36,40,52,已有序,再一轮后便结束,只需比较18次,数据对调5次,其他算法的比较次数和数据对调次数都高于此算法。

18. 对线性表的顺序查找、分块查找和折半查找叙述正确的是__【18】__。

【18】A)顺序查找速度比分块查找快

B)折半查找速度比顺序查找和分块查找快,但线性表必须按关键字排序

C)分块查找速度比折半查找快

D)分块查找速度比顺序查找快,且线性表的记录可任意组织

答案:B

解析:顺序查找速度最慢,但对线性表的记录无需有序;折半查找速度最快,但线性表必须按关键字排序;分块查找速度介于顺序查找和折半查找中,且要求线性表块间有序,块内可无序。

19. __【19】__是设计PCB板时不正确的做法。

【19】A)高频信号线不要并排靠近走线

B)大功率电路中,应尽量增加导线宽度

C)模拟电路与数字电路不宜就近共用地线

D)强、弱电信号的器件和走线应紧靠在一起

答案:D

解析:强、弱电信号的器件和走线紧靠在一起时,将容易出现对弱电信号的干扰。

20. 图 1 电路为继电器驱动电路,Vi 为 TTL 电平,对有关元器件作用叙述正确的是 __【20】__。

【20】A)R1 向晶体管提供偏压;D1 起整流作用

B)R1 向三极管提供分压;D1 起断流作用,保护三极管

C)R1 的作用是确保 Vi 无信号时使三极管可靠截止;D1 起续流作用

D)R1 起下拉作用,保证当 Vi 无信号时使 9013 可靠截止;D1 起整流作用

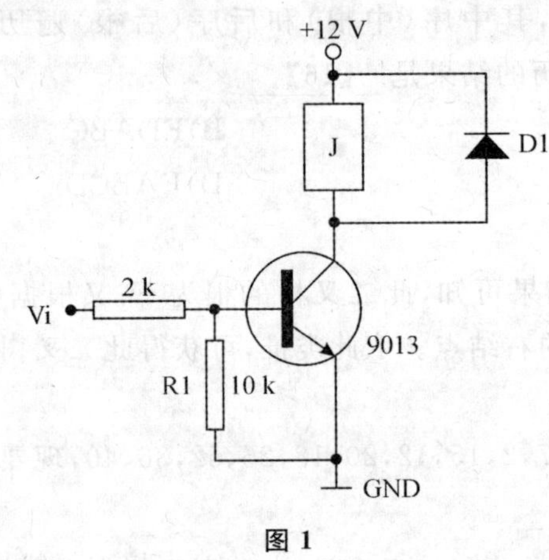

图 1

答案:C

解析:R1 为下拉电阻,取值一般在 4.7 k～10 k,当 Vi 无信号时,可使三极管可靠截止,否则出现一些感应信号时容易造成 9013 导通;当 9013 从饱和导通变为截止时,将在 9013 的集电极产生几倍于电源电压的感生电压,D1 起续流作用,使集电极电压钳位于电源电压。若无 D1,将容易击穿 9013。

21. 以下关于开发嵌入式应用系统描述错误的是 __【21】__。

【21】A)通常使用集成式交叉编译环境

B)为实现其通用性,应尽量移植支撑的操作系统

C)嵌入式产品对成本敏感,其硬件不具有通用性

D)为达到系统对实时性能的要求,必要时核心模块应使用汇编语言实现

答案:B

解析:嵌入式应用系统的资源有限,支撑的操作系统应尽量精简,以够用即可为原则。

22. 图 2 为某测控系统结构框图。其中,"热电偶"的作用是 __【22】__;"信号调理"的作用是 __【23】__;"D/A 转换"的作用是 __【24】__。

【22】A)将电信号转换为非电物理量　　B)将非电物理量转换为电信号

C)对电信号进行放大　　D)对被控系统加热

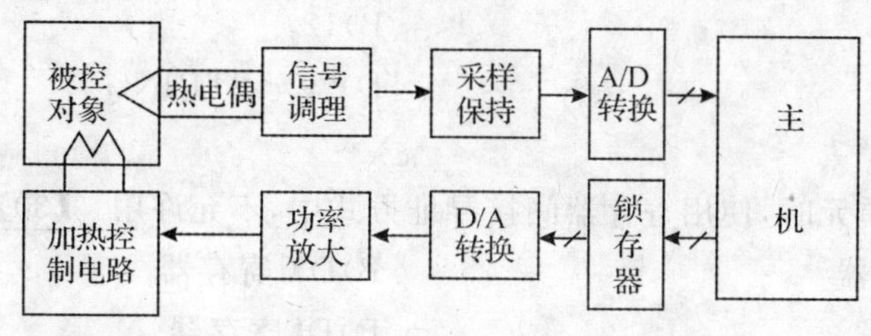

图2

答案:B

【23】A)对模拟信号进行放大与滤波　　B)将模拟信号衰减到一定的幅度

C)将被控对象的信息量转换为模拟量　　D)将弱信号转换为数字量

答案:A

【24】A)将模拟量转换为数字量　　B)将信号转换为开关量

C)将数字量转换为模拟量　　D)将数字信号放大

答案:C

23. The 【25】 BUS is used to identify where data is located in RAM.

【25】A)Control　　B)Data

C)Address　　D)Location

答案:C

(二)微计算机系统扩展、接口与汇编语言

(注意:本部分有8086微机系统和MCS-51单片机系统二套试题,考生可从中任选一套作答,每套共15个选项,【26】~【40】每个选项1.5分)

(1)8086微机系统试题

1. 在标志寄存器PSW中,不属于控制标志的是【26】。

【26】A)DF　　B)IF

C)TF　　D)AF

答案:D

2. 在串操作指令中,目标操作数的偏移地址必须使用【27】寄存器。

【27】A)SI　　B)DI

C)BX　　D)BP

答案:B

3. 在8086系统中,若数据从193E:1000H单元开始存储,该单元的物理地址为【28】。

【28】A)193E1H　　B)293EH

C)1A3E0H　　D)193E1000H

答案:C

4. 以下字符串定义中,COUNT所代表的值是【29】。

```
STRING    DB    'Hello World! ',5 dup(?)
COUNT     EQU   $-STRING
```

【29】A)5　　B)12

C)17　　D)'$ -STRING'

答案:C

5. 在访问存储单元时,使用寄存器间接寻址方式中,不允许用 【30】 。

【30】A)BP 寄存器　　B)DX 寄存器

C)SI 寄存器　　D)DI 寄存器

答案:B

6. 8086 CPU 用字节 I/O 指令在与外设端口传送信息时要通过 【31】 寄存器。

【31】A)AL　　B)BL

C)CL　　D)DL

答案:A

7. 【32】 寄存器是段寄存器。

【32】A)DX　　B)ES

C)BX　　D)PSW

答案:B

8. 能将 DL 寄存器中的正数取负的指令是 【33】 。

【33】A)NOT　DL　　B)NEG　DL

C)INC　DL　　D)DEC　DL

答案:B

9. 以下可编程接口芯片中, 【34】 可以实现对外部时钟的定时或对外部事件的计数。

【34】A)8253　　B)8279

C)8259　　D)8251

答案:A

10. 以下不正确的指令是 【35】 。

【35】A)XCHG　AX,DX　　B)XCHG　AL,AH

C)XCHG　[BX],[DI]　　D)XCHG　BL,[SI]

答案:C

11. 对源程序 A. ASM 进行汇编(MASM)后,提示信息:

```
……
Source filename       [. ASM]:A
Object filename       [A. OBJ]:
Source listing        [NUL. LST]:
Cross-reference       [NUL. CRF]:
A. ASM(12):Error A2009:Operand type must match
……
0 Warning Errors
1 Severe Errors
```

该信息表明:源程序第 12 行 【36】 。

【36】A)需要一个操作数,但只有操作符　　B)需要一个操作符,但只有操作数

C)操作数应给出类型说明符　　D)指令的操作数类型不匹配

答案:D

12. 使用 REPE/REPZ 前缀的 CMPS 或 SCAS 指令,重复操作的条件是 【37】 。

【37】A)CX≠0 且 ZF=1　　B)CX≠0 或 ZF=1

C)CX=0 且 ZF=0　　D)CX=0 或 ZF=0

答案:A

13. 用 DEBUG 程序,执行 T10 或 P10 命令时,将从当前位置 【38】 。

【38】A)单步执行 10 条指令后停止　　B)单步执行 16 条指令

C)全速执行 10 条指令　　D)全速执行 16 条指令

答案:B

14. 当 CPU 通过接口从芯片获取数据时,需要 【39】 。

【39】A)对控制总线发读信号,向地址总线送芯片地址,从数据总线读数据

B)对控制总线发写信号,向地址总线送芯片地址,往数据总线写数据

C)向地址总线送芯片地址,对控制总线发写信号,往数据总线写数据

D)向地址总线送芯片地址,对控制总线发读信号,从数据总线读数据

答案:D

15. 设有程序段:

MOV AL,45H

SUB AL,87H

执行上述 2 条指令后,状态标志 ZF、OF 的值分别是 【40】 。

【40】A)0 和 0　　B)0 和 1

C)1 和 0　　D)1 和 1

答案:B

(2)MCS-51 单片机系统试题

1. 8051 单片机复位后, 【26】 。

【26】A)PC=07H

B)PSW.4=PSW.3=1,即使用工作寄存器组 3

C)所有端口处于低电平输出状态

D)SP=07H

答案:D

2. 在使用 MOVX 指令的单片机应用系统中, 【27】 。

【27】A)可将 P0~P3 全部端口用于 I/O

B)不宜将 P0 和 P2 作为 I/O 端口使用

C)P0、P1 和 P2 分别用作数据、地址和控制总线

D)P0 用作地址总线,P2 用于数据总线

答案:B

解析:由于系统中使用了 MOVX 指令,说明系统使用了片外数据存储器或扩展 I/O,因此 P0 和 P2 端口被用于作为传输数据和地址信息。

3. 对于 8051 单片机,下列说法中正确的是 【28】 。

【28】A)片内 RAM 和片外数据存储器共用 64 kB 的存储空间

B)I/O 端口和片外数据存储器各自使用独立的 64 kB 存储空间

C)片内程序存储器和片外程序存储器共用 64 kB 的存储空间

D)I/O 端口、程序存储器和数据存储器共用 64 kB 的存储空间

答案:C

4. 当 RS0=0,RS1=1 时,R1 与 【29】 单元的内容总是相同的。

【29】A)01H　　B)09H

C)11H　　D)19H

答案:C

5. 已知(A)=6AH,则 ADD A,#18H 指令执行后,PSW 中的 CY、OV 的值分别是 【30】 。

【30】A)0 和 0　　B)0 和 1

C)1 和 0　　D)1 和 1

答案:B

解析:6AH+18H=82H,没有产生进位,故 CY=0;二个正数相加,结果为负,故 OV=1。

6. 对指令 MOV A,32H 和 MOV C,32H 中源操作数"32H"描述正确的是 【31】 。

【31】A)前者表示地址为 32H 的字节单元,后者表示地址为 32H 的位单元

B)前者表示地址为 32H 的位单元,后者表示地址为 32H 的字节单元

C)它们都是地址为 32H 的相同单元

D)它们都表示数 32H

答案:A

7. 已知(A)=22H,PSW 中的 CY=1,则执行带进位循环左移指令 RLC A 后,A 和 CY 的值分别是 【32】 。

【32】A)11H 和 0　　B)45H 和 0

C)44H 和 1　　D)91H 和 1

答案:B

8. 执行指令 MOV 24H,#00H 和 SETB 24H 后,片内 RAM24H 单元的内容是 【33】 。

【33】A)00H　　B)01H

C)10H　　D)24H

答案:B

9. 有可能使 CY 的值为 1 的指令是 【34】 。

【34】A)SUBB A,#00H　　B)JC NEXT

C)ADD A,＃00H　　D)CLR C

答案:A

解析:当(A)=0,CY=1时,执行SUBB A,＃00H指令后,CY=1。

10. 已知(A)=50H,CY=1,则执行SUBB A,＃02H指令后,A的值是__【35】__。

【35】A)47H　　B)48H

C)4DH　　D)4EH

答案:C

11. 对A中位2清0,位0、6求反,其余位保持不变,可用__【36】__程序段实现。

【36】A)ORL A,＃11111011B
ANL A,＃01000001B

B)ANL A,＃11111011B
XRL A,＃10111110B

C)ANL A,＃11111011B
ORL A,＃01000001B

D)ANL A,＃11111011B
XRL A,＃01000001B

答案:D

解析:任何逻辑值与0相“与”结果为0,与1相“与”结果保持不变;任何逻辑值与0相“异或”结果保持不变,与1相“异或”结果求反。

12. 执行下列程序段后,累加器A的内容是__【37】__。

```
        MOV     A,＃10H
        MOV     50H,＃20H
        CJNE    A,50H,NEXT
NEXT:   JC      DONE
        MOV     A,＃30H
DONE:   ……
```

【37】A)10H　　B)20H

C)30H　　D)50H

答案:A

解析:执行CJNE A,50 H,NEXT指令时,由于10H小于20H,故执行后CY=1,继续执行JC DONE,转移条件成立,直接转到“DONE:”处,所以A的内容仍然为10H。

13. 设晶振频率为12 MHz,定时器/计数器工作方式2(8位计数器,自动重装入)的最大定时时间是__【38】__。

【38】A)255 μs　　B)256 μs

C)510 μs　　D)512 μs

答案:B

解析:定时器/计数器处于工作方式2时,当时间参数为0时,可达到最大定时时间:$1/12 * 10^{-6} s * 12 * 256 = 256 * 10^{-6} s = 256\ \mu s$。

14. 对MCS-51单片机,__【39】__不是中断响应的必要条件。

【39】A)中断总允许位EA=1,并且该中断的允许位=1

B)对应的中断请求标志=1

C)没有同级或更高级的中断正在处理

D)中断源设置为高优先级

答案:D

解析:只要没有高优先级中断源提出中断请求,设置为低优先级的中断源提出中断请求时,也可以被 CPU 响应。

15. MCS-51 串行接口中,RI 与 TI 分别表示 ＿【40】＿。

【40】A)发完一个数据帧与收到一个数据帧

B)收到一个数据帧与发完一个数据帧

C)同步串行中断标志与异步串行中断标志

D)异步串行中断标志与同步串行中断标志

答案:B

二、请正确填充下面的画线部分,使其完成所要求的功能

(注意:本部分有 8086 微机系统和 MCS-51 单片机系统两套试题,考生只能从中任选一套作答,不允许交叉作答。每套共 20 个空,共 40 分。请将答案写在答题卡对应栏中,答在试卷上不得分)

(一)8086 微机系统试题

1. 将 AX 中的 D15～D12 清 0,D9～D6 求反。

```
AND     AH, 【1】
【2】   AX,3C0H
```

答案:【1】0FH 【2】XOR

解析:任何一位二进制数与 0 相与,结果为 0,与 1 相与,结果保持不变;任何一位二进制数与 0 相异或,结果保持不变,与 1 相异或,结果求反。

2. 编程实现:主程序中通过调用 PRINT 子程序显示'Hello! '后返回 DOS。

```
DATAS     SEGMENT
MSG1      DB          'Hello! ','$'
DATAS     ENDS
STACKS    SEGMENT     PARA STACK 'STACK'
          DB          100 DUP(?)
STACKS    ENDS
CODES     SEGMENT
          ASSUME      CS:CODES,DS:DATAS,SS:STACKS
PRINT     【3】       NEAR
          MOV         AH,9
          INT         21H
          RET
PRINT     【4】
```

```
BEGIN:      MOV       AX,DATAS
            MOV       __【5】__,AX
            MOV       DX,OFFSET MSG1     ;显示字符串
            __【6】__  PRINT
            MOV       AH,4CH
            INT       21H
CODES       ENDS
            END       __【7】__
```

答案:【3】PROC 【4】ENDP 【5】DS 【6】CALL 【7】BEGIN

解析:【3】、【4】、【6】和【7】为汇编程序基本格式。【5】:子程序中使用9号DOS功能调用(21H)显示字符串,要求先将DS、DX寄存器分别指向要显示字符串的第一个字符所在的段地址和偏移地址。

3. 编程实现:在所定义的字节数组ARRAY中找出第一个非0数据,显示其所在数组的下标(数组下标从0开始,设数组中不超过9个数)。

```
DATAS       SEGMENT
ARRAY       __【8】__ 0,0,0,15,0,56,98,0,23
COUNT       EQU $-ARRAY
DATAS       ENDS
STACKS      SEGMENT   PARA STACK 'STACK'
            DB        100 DUP(?)
STACKS      ENDS
CODES       SEGMENT
            ASSUME    CS:CODES,DS:DATAS,SS:STACKS
START:      MOV       AX,DATAS
            MOV       DS,AX
            MOV       CX, __【9】__
            LEA       DI,ARRAY
            MOV       DL,0
AGAIN:      __【10】__
            INC       DI
            CMP       BYTE PTR [DI],0
            LOOPE     AGAIN
            OR        DL,30H
DISP:       MOV       AH,02H
            INT       21H
            MOV       AX, __【11】__
            INT       21H
```

```
CODES       ENDS
            END         START
```

答案:【8】DB 【9】COUNT 【10】INC DL 【11】4C00H

解析:使用 DB 定义字节,使用 DL 作为计数数组的下标,由于使用 LOOPE 指令,故应将数组的总个数 COUNT 送 CX。

4. 编程:在已按字母升序排列的字符串 STRING 中插入一个字符,仍保持升序排列。STRING 长度存放在 COUNT 单元,插入的字符由 CHAR 给出。

```
DATAS       SEGMENT
            DB          0                      ;设置循环结束记号
STRING      DB          'ABCEFGHIJ',5 DUP(0)
COUNT       DB          9
CHAR        DB          'D'
DATAS       ENDS
STACKS      SEGMENT     PARA STACK 'STACK'
            DB          100 DUP(?)
STACKS      ENDS
CODES       SEGMENT
            ASSUME      CS:CODES,DS:DATAS,SS:STACKS
START:      MOV         AX,DATAS
            MOV         DS,AX
            MOV         AL, 【12】
            MOV         BX,COUNT
MOVE:       MOV         AH,[BX+STRING-1]
            【13】       AH,AL
            JBE         INSERT
            MOV         [BX+STRING],AH
            DEC         【14】
            JMP         MOVE
INSERT:     MOV         [BX+STRING],AL
            INC         COUNT
            MOV         AH,4CH
            INT         21H
CODES       ENDS
            END         START
```

答案:【12】CHAR 【13】CMP 【14】BX

解析:将待插入的字符从原字符串的最后一个字符开始从后往前依次比较,若待插入的字符大,则将被比较的字符后移一个位置,否则,将其插入。

5. 8086 用 8255A 接口开关和 7 段 LED 数码管，如图 3 所示。8255A 端口的地址为 0FFF0H～0FFF3H。数码管的字段 a～dp 分别与 PA_0～PA_7 相连。程序段将 PB 口输入的开关信息(00H～0FH)，用查表法转换后通过 PA 口输出，在数码管上显示("0"～"F")。

提示：8255A 方式控制字的各位含义是：

D0=1：C 口低半字节输入；D1=1：B 口输入；D2=1：B 口方式 1；D3=1：C 口高半字节输入；D4=1：A 口输入；D6、D5 设置 A 口工作方式；D7=1：命令字特征位。

```
                ⋮
          MOV       AL, 【15】 ;设置方式字
          MOV       DX,0FFF3H
          OUT       DX,AL;8255A 初始化
RDPORTB:  MOV       DX, 【16】 ;读 PB 口
          【17】     AL,DX
          AND       AL, 【18】
          MOV       BX,OFFSET SSEGCODE
          【19】
          MOV       DX,0FFF0H
          OUT       DX, 【20】
                ⋮
SSEGCODE: DB        0C0H,0F9H,0A4H …
```

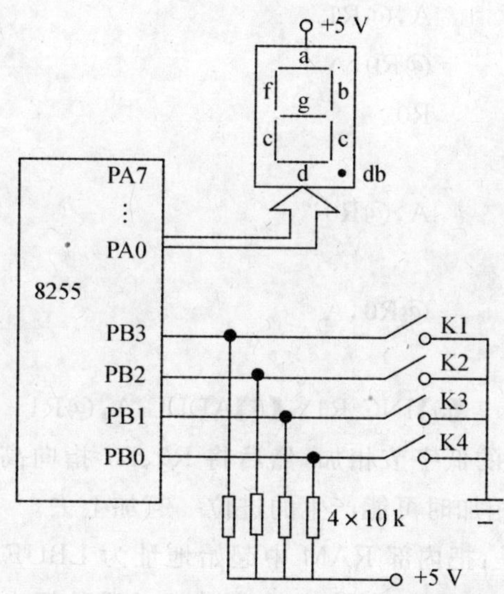

图 3　8255A 接口开关与 7 段 LED 数码管的原理图

答案：【15】82H　【16】0FFF1H　【17】IN　【18】0FH　【19】XLAT　【20】AL

解析：【15】：将 8255 的 A 口设置为方式 0 输出，B 口设置为方式 0 输入；【16】：设置 B 口地址；【17】：输入 B 口的设置值；【18】：屏蔽高 4 位，低 4 位保持不变；【19】：查表，将 B 口的设置值转换为其对应的 7 段代码；【20】：将 7 段代码值送 8255 的 A 口，通过数码管显示出来。

(二)MCS-51 单片机系统试题

1. 已知(A)=125,以下程序段实现将 A 中的二进制数转换为 3 位 BCD 码。

```
MOV     R0,#60H
MOV     B, 【1】
DIV     A,B
MOV     @R0,B
INC     R0
MOV     B,#10
  【2】
MOV     @R0,B
INC     R0
MOV     @R0,A
```

程序段执行后,(60H)= 【3】 。

答案:【1】#10 【2】DIV A,B 【3】05

解析:将待转换的二进制数除以 10,余数便为对应的 3 位 BCD 码中的最低位,将商再除以 10,余数便为对应的 3 位 BCD 码中的次低位,商为最高位。

2. 以下子程序的功能是:将 R0 寻址的两字节数累加上 R1 寻址的两字节数(设低字节存在低地址)。

```
SUM:     【4】
         ADD      A,@R1
         M0V      @R0,A
         INC      R0
         【5】
         MOV      A,@R0
         【6】
         MOV      @R0,A
         RET
```

答案:【4】MOV A,@R0 【5】INC R1 【6】ADDC A,@R1

解析:先把 R0、R1 寻址的低字节相加,然后将 R0、R1 指向高字节,使用带进位的加法指令实现相加,以便将低字节相加时可能产生的进位一起加上去。

3. 以下子程序的功能是:把内部 RAM 中起始地址为 LBUF 的数据串传送到外部 RAM 以 XBUF 为首地址的区域,直到发现结束字符'$'为止。设数据串的最大长度为 20 个字节。

```
NTOX:    MOV      R0,#LBUF
         MOV      DPTR,#XBUF
         MOV      R2,#20
LOOP:    【7】     @R0,#'$',LOOP1
         RET
```

```
LOOP1:   MOV     A,@R0
         MOVX    @DPTR,A
         【8】
         INC     DPTR
         DJNZ    【9】,LOOP
EXIT:    RET
```

答案:【7】CJNE 【8】INC R0 【9】R2

解析:使用CJNE指令判断是否发现结束字符'$',若是,则结束;否则,传送一个字节,并将两个地址指针分别加上1。使用R2作为减1计数器,若R2非0,则继续。

4. 已知在首地址为40H的RAM中存放一串长度为20的用ASCII码表示的字符串。以下子程序实现:将字符串中大、小写英文字母相互转换。

```
COUNTC:  MOV     R2,#20
         MOV     R0,#40H
LOOP:    MOV     A,@R0
         【10】
NEXT1:   JC      NEXT
         CJNE    A,#('Z'+1),NEXT3
NEXT3:   JC      【11】
NEXT2:   CJNE    A,#'a',NEXT4
NEXT4:   JC      NEXT
         CJNE    A,#('z'+1),NEXT5
NEXT5:   JNC     NEXT
NEXT6:   【12】   A,#00100000B
         MOV     @R0,A
NEXT:    INC     R0
         【13】
         RET
```

答案:【10】CJNE A,'#'A',NEXT1 【11】NEXT6 【12】XRL 【13】DJNZ R2,LOOP

解析:要将大、小写英文字母相互转换只需将位5求反即可,如“A”的ASCII码为01000001B,将其位5求反,便得到01100001B,即为“a”的ASCII码。而将“a”的ASCII码01100001B的位5求反,便得到01000001B,即为“A”的ASCII码。程序通过将字符串中的各个字符依次与'A'、'Z'+1比较,判断它是否为大写字符,与'a'、'z'+1比较,判断它是否为小写字符,若是,则转换,否则处理下一个字符,直到处理完所有字符。

5. 某系统部分原理图如图4所示。每当按钮K按下并放开后,读取输入设备的数据送往输出设备。图中U3的LE应与__【14】__相连,U4的RD(—)应与__【15】__相连。根据程序中给出P8255A的地址,8255A的CS(—)应与__【16】__相连。

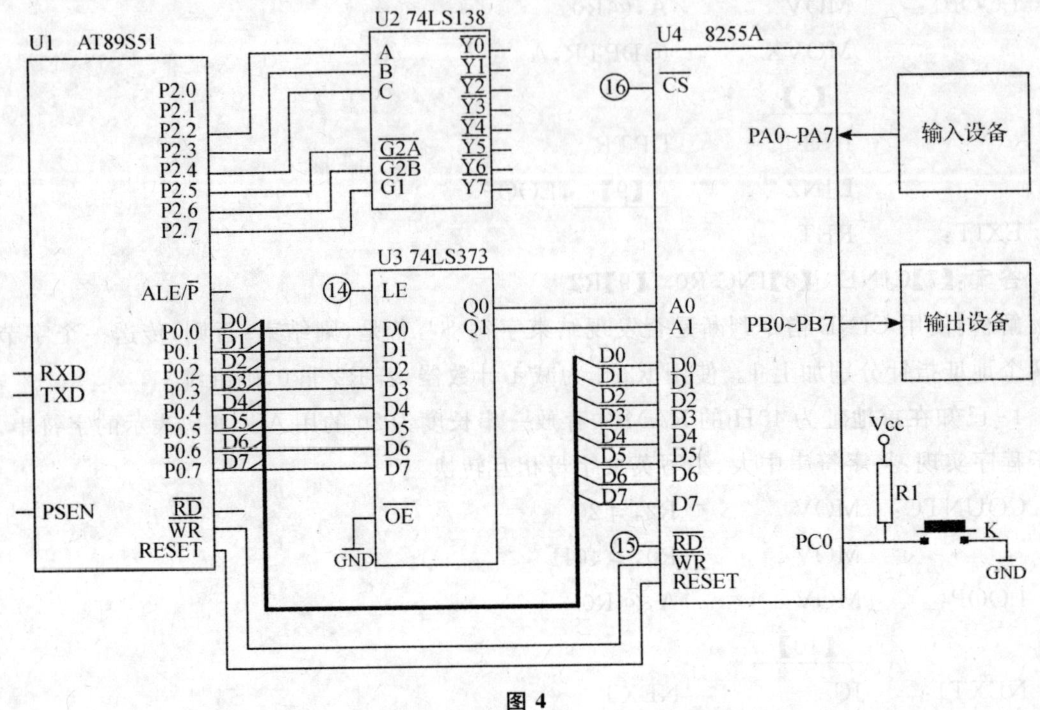

图 4

提示：8255A 方式控制字的各位含义是：

D0＝1：C 口低半字节输入；D1＝1：B 口输入；D2＝1：B 口方式 1；D3＝1：C 口高半字节输入；D4＝1：A 口输入；D6、D5 设置 A 口工作方式；D7＝1：命令字特征位。

部分程序：

```
P8255A      EQU     8C00H
P8255B      EQU     P8255A＋1
P8255C      EQU     P8255A＋2
P8255CMD    EQU     P8255A＋3
            ⋮
START:      MOV     DPTR,＃P8255CMD
            MOV     A, 【17】
            MOVX    @DPTR,A          ;设置 8255A 的工作方式
LOOP:       MOV     DPTR,＃P8255C
WAIT1:      【18】
            JB      ACC.0,WAIT1
            ACALL   DLY20MS          ;延时消除按键抖动
            MOVX    A,@DPTR
            JB      ACC.0,WAIT1
WAIT2:      MOVX    A,@DPTR          ;等按键放开
            【19】
```

```
        MOV     DPTR,#P8255A
        MOVX    A,@DPTR
        MOV     DPTR, 【20】
        MOVX    @DPTR,A
        JMP     LOOP

DLY20MS: ⋮                            ;延时 20MS 子程序,略
```

答案:【14】U1 的 ALE/P(—) 【15】U1 的 RD(—) 【16】U2 的 Y3(—)

【17】#10010001B 或#10011001B 【18】MOVX A,@DPTR

【19】JNB ACC.0,WAIT2 【20】#P8255B

解析:【14】:MCS-51 的 P0 口在 CPU 访问外部存储器时作为分时复用地址/数据总线使用,当提供地址时 ALE/P(—)为高电平,可利用此信号将低 8 位地址锁存到 74LS373 中。【15】:实现对 8255 的读操作。【16】:根据 8255 的 A 口地址为 8C00H,可得当 P2.7～P2.2 为 100011 时,应使 8255 的 CS(—)为低电平,而此时 74LS138 的 Y3(—)也为低电平。【17】:将 8255 的 A 口设置为方式 0 输入,B 口设置为方式 0 输出,C 口的低 4 位设置为输入。【18】:读取 C 口内容,将开关状态输入到 ACC.0。【19】、【20】:判断按键是否放开,若没有放开,则输入为 0,继续输入等待,否则,输入 A 口数据,并从 B 口输出。

第二套

一、选择题(本大题共 40 个单选项,共 60 分)

(一)计算机硬件和软件知识(【1】~【25】每个选项 1.5 分)

1. +63、-63 的 8 位二进制补码表示的代符号数分别是__【1】__。

【1】A)00111111B、10111111B　　B)01100011B、10011101B

C)00111111B、11000001B　　D)01100011B、11100011B

答案:C

2. 设有两种浮点数表示方法 A、B,其占用的总长度相同,但 A 的尾数长度比 B 的尾数长 1 位,A 的阶码长度比 B 的阶码短 1 位,其他规定相同,则下列说法中正确的是__【2】__。

【2】A)A 表示的数的范围比 B 小,但精度比 B 高

B)A 表示的数的范围比 B 大,但精度比 B 低

C)A 表示的数的范围比 B 小,且精度比 B 低

D)A 表示的数的范围比 B 大,且精度比 B 高

答案:A

3. 下列可用于计算机辅助电路及印刷电路板设计的软件是__【3】__。

【3】A)PowerPoint　　B)Protel

C)Prodesign　　D)Presentation

答案:B

4. 在计算机中最适合用来进行加减操作的数字编码是__【4】__。

【4】A)原码　　B)补码

C)反码　　D)移码

答案:B

5. 硬件和软件在一定条件下可实现逻辑功能上的等效,使用硬件优势在于__【5】__。

【5】A)成本低　　B)灵活性好

C)速度快　　D)故障率低

答案:C

6. 为提高数据总线的带载能力,可使用__【6】__作为其总线驱动芯片。

【6】A)74LS273　　B)74LS244

C)74LS245　　D)74LS373

答案:C

7. 数字集成电路地线要连接在一起的理由之一是__【7】__。

【7】A)节约电能　　B)作为电压的基准

C)防止漏电　　D)增强抗干扰能力

答案:B

8. 分时操作系统的主要特点是__【8】__。

【8】A)让多个用户共享计算机资源

B)同一个 CPU 在同一时刻为多个用户服务

C)个人独占计算机资源

D)系统能及时响应随机发生的外部事件

答案:A

9. 下列描述中错误的是 【9】 。

【9】A)并发进程在运行过程中,可以进行信息交换

B)只要允许进程剥夺使用其他进程占有的资源,进程就不会产生"死锁"

C)在单 CPU 系统中,可以有多个进程处于运行状态

D)在单 CPU 系统中,可以有多个进程处于就绪状态

答案:C

10. 已知待排序数据为:5,3,10,8,20,15,25,30,36,32,现要求按升序排列,则下列排序方法中速度最快的是 【10】 。

【10】A)直接插入排序　　B)直接选择排序

C)冒泡排序　　D)快速排序

答案:C

11. 设用一维数组 Q[MAXLEN]作为队列的顺序存储空间,则下列说法中错误的是 【11】 。

【11】A)将队列设置为循环队列时,只要队列中的元素个数小于或等于 MAXLEN-1 时,进行进队操作就不会产生"溢出"

B)队列是一种后进后出的线性表

C)将队列设置为普通队列(即非循环队列)时,则进队时可能出现假"溢出"

D)当队头指针与队尾指针相等时表示队空

答案:A

12. 下列对线性表的顺序查找、分块查找、折半查找的说法中,错误的是 【12】 。

【12】A)顺序查找速度最慢,但线性表可以无序

B)折半查找速度最快,但线性表必须按关键字有序

C)分块查找速度介于顺序查找与折半查找之间,且对线性表无任何要求

D)对经常需要插入、删除元素操作的线性表一般不宜使用折半查找

答案:C

13. 已知有单项链表的结点定义如下:

```
typedef struct node
{
  int data;
  struct node * next;   /* next 为指向其后继结点的指针 */
}NODE
```

假设链表中 p 结点存在后继结点,现要求用 q 结点取代 p 原有的后继结点,p 原有的后继

结点删除，其他部分保持不变，则以下正确的是 __【13】__（注：假设 k 已定义为指向 NODE 类型的指针，函数 free(k)的功能是把 k 所指的结点删除）。

【13】A) k＝p－＞next；free(k)；p－＞next＝q；q－＞next＝k－＞next；

B) k＝p－＞next；q－＞next＝(p－＞next)－＞next；p－＞next＝q；free(k)；

C) k＝p－＞next；p－＞next＝q；q－＞next＝(p－＞next)－＞next；free(k)；

D) k＝p－＞next；free(k)；q－＞next＝k－＞next；p－＞next＝q；

答案：B

14. 高速外设与内存成批数据传送通常采用 __【14】__。

【14】A) 查询方式　　B) 中断方式

C) DMA 方式　　D) 无条件程序传送方式

答案：C

15. __【15】__ 是汇编语言源程序中的伪操作。

【15】A) ADD　　B) ORG

C) MOV　　D) PUSH

答案：B

16. 挂接在数据总线上的多个部件 __【16】__。

【16】A) 只能分时向总线发送数据，并只能分时从总线接收数据

B) 只能分时向总线发送数据，但可以同时从总线接收数据

C) 可同时向总线发送数据，并同时从总线接收数据

D) 可同时向总线发送数据，但只能分时从总线接收数据

答案：B

17. 串行接口中，并行数据和串行数据的转换可以用 __【17】__ 来实现。

【17】A) 数据寄存器　　B) 移位寄存器

C) 数据锁存器　　D) A/D 转换器

答案：B

18. 能实时响应外部事件的 I/O 传输方式是 __【18】__。

【18】A) 无条件传送方式　　B) DMA 方式

C) 查询方式　　D) 中断方式

答案：D

19. 下列对半导体存储器的说法中，正确的是 __【19】__。

【19】A) 所有的只读存储器的存储内容都不能用任何方法进行改变

B) 所有的只读存储器存储内容都可以对其擦除并重新写入新的内容

C) 对于存储容量、存取速度等性能相当的 SRAM 和 DRAM，前者的价格一般低于后者

D) NVRAM(即非易失性 RAM)既能随机存取，又具有非易失性，因此适合用于需要掉电保护的场合

答案：D

20. 在温度传感器与 A/D 转换电路之间的模拟输入通道接口电路中，__【20】__ 电路不可能被使用。

【20】A)前置放大　　B)采样保持

C)低通滤波器　　D)数字光电隔离

答案:D

21. ADC0809 是一种 A/D 转换的器件,其转换原理和分辨率分别是 【21】 。

【21】A)双积分、0.39%　　B)逐次逼近、0.39%

C)逐次逼近、0.024%　　D)双积分、0.024%

答案:B

22. 现有一应用系统需要扩展 16 k×8 bit 的存储器(设 CPU 的数据总线为 8 根,地址总线为 16 根),则需要 【22】 片 1 k×4 bit 的 RAM 芯片。

【22】A)16　　B)8

C)32　　D)64

答案:C

23. 22 题中除片内连接的 10 根地址线外,剩余的 6 根高位地址线 【23】 ,作为片选信号。

【23】A)可使用线译码或部分译码(即局部译码)或全译码

B)只能使用全译码

C)只能使用部分译码

D)可使用部分译码或全译码

答案:D

24. OSI 网络七层协议从高层到低层依次是:应用层、表示层、会话层、传输层、 【24】 。

【24】A)网络层、数据链路层和物理层

B)网络层、物理层和数据链路层

C)数据链路层、网络层和物理层

D)数据链路层、物理层和网络层

答案:A

25. 【25】 译文的含义与原文不相符。

The Compile command compiles the file in the active Edit window.

When compiling(or making),a status box pops up to display the compilation progress and results.

When compiling is complete,press any key to remove the status box.

If an error occurred,a message describing it appears at the top of the Edit window.

【25】A)编译只能针对当前激活的窗口中的源程序进行

B)在编译过程中,最少会出现一个,最多可能出现两个提示信息

C)编译时如果仅出现一个提示信息,意味着编译顺利完成,否则意味着发生了某种错误

D)编译中发生错误时,按下任意键可以让错误信息从屏幕上移去

答案:D

(二)微计算机系统扩展、接口与汇编语言

(注意:本部分有8086微机系统和MCS-51单片机系统两套试题,考生可从中任选一套作答,每套共15个选项,【26】~【40】每个选项1.5分)

(1)8086微机系统试题

1. 下列操作中,允许使用段超越的是__【26】__。

【26】A)以BP为基址存取操作数的操作　　B)在串操作中存放目的串的操作

C)以SP指示的堆栈操作　　D)取指令的操作

答案:A

2. 下列指令中,有语法错误的是__【27】__。

【27】A)MOV AX,[BX+SI]　　B)MOV AX,[BX+DI-2]

C)MOV AX,[BX+BP]　　D)MOV AX,[BX-1]

答案:C

3. 下列指令执行后,可使BX中的数据必为奇数的是__【28】__。

【28】A)XOR BX,01H　　B)TEST BX,01H

C)AND BX,01H　　D)OR BX,01H

答案:D

4. 设DH=05H,要获得DH=0AH,可选用的指令是__【29】__。

【29】A)OR DH,0AH　　B)NOT DH

C)XOR DH,0FH　　D)AND DH,0FH

答案:C

5. 汇编程序MASM.EXE执行后,可生成扩展名为__【30】__的文件。

【30】A).EXE　　B).OBJ

C).BAT　　D).MAP

答案:B

6. 以下有语法错误的指令是__【31】__。

【31】A)OUT 30H,AX　　B)OUT DX,AL

C)OUT 40H,BL　　D)OUT DX,AX

答案:C

7. 下列是要求显示一个菜单的程序段,选择设置功能号的指令。

```
STRING  DB    0AH,0DH,'1. 执行加法程序'
        DB    0AH,0DH,'2. 执行减法程序'
        DB    0AH,0DH,'3. 退出程序'
        DB    0AH,0DH,'1/2/3? ','$'
        ......
        MOV   AX,SEG STRING
        MOV   DS,AX
        LEA   DX,OFFSET STRING
        __【32】__
        INT   21H
```

【32】A)MOV AH,1　　B)MOV AL,1

C)MOV AH,9　　D)MOV AL,9

答案:C

8. INT n 的中断向量地址为 【33】 。

【33】A)0000:n　　B)0000:2 * n

C)0000:4 * n　　D)0000:8 * n

答案:C

9. 【34】 可以让循环控制指令 LOOPZ/LOOPE 继续循环。

【34】A)CX>1 且 ZF=1　　B)CX=1 或 ZF=0

C)CX>1 且 ZF=0　　D)CX=1 或 ZF=1

答案:A

10. 【35】 可以将十进制数 98 以非压缩 BCD 码的格式存入 AX 寄存器。

【35】A)MOV AX,98　　B)MOV AX,0908H

C)MOV AX,98H　　D)MOV AX,0908

答案:B

11. MOV AX,[BX+SI]指令的源操作数的寻址方式为 【36】 。

【36】A)基址变址寻址方式　　B)寄存器直接寻址方式

C)相对基址变址寻址方式　　D)变址寻址方式

答案:A

12. 与指令 MOV BX,OFFSET VAR 等效的指令是 【37】 。

【37】A)MOV BX,VAR　　B)LEA BX,VAR

C)MOV BX,SEG VAR　　D)LDS BX,VAR

答案:D

13. 检查字节变量 BUF 的内容是否为非负偶数,如果是,则 AL←0。完成此功能的程序段正确的是 【38】 。

【38】A)
```
    MOV   AL,BUF
    JS    K1
    SHR   AL,1
    JNC   K1
    MOV   AL,0
K1:……
```
B)
```
    MOV   AL,BUF
    AND   AL,11
    JNZ   K2
    MOV   AL,0
K2:……
```
C)
```
    MOV   AL,BUF
    JNP   K3
    TEST  AL,80H
    JNZ   K3
    MOV   AL,0
K3:……
```
D)
```
    MOV   AL,BUF
    TEST  AL,81H
    JNZ   K4
    MOV   AL,0
K4:……
```

答案:D

14. 为使 CX=－1 时转移到 NEXT 编制的程序段中,错误的是 【39】 。

【39】A)XOR CX,0FFFFH
　　JZ NEXT
B)SUB CX,0FFFFH
　　JZ NEXT
C)AND CX,0FFFFH
　　JZ NEXT
D)INC CX
　　JZ NEXT

答案:C

15. 下列程序段的功能是 【40】 。

```
        MOV   CX,4
LOP:    SAR   DX,1
        RCR   AX,1
        LOOP  LOP
```

【40】A)把 DX、AX 组成的 32 位带符号数乘以 16
B)把 DX、AX 组成的 32 位带符号数除以 16
C)把 DX、AX 组成的 32 位无符号数除以 16
D)把 DX、AX 组成的 32 位无符号数乘以 16

答案:B

(2)MCS-51 单片机系统试题

1. 8031 与 8051 单片机不同的是 【26】 。

【26】A)片内 ROM 的容量
B)可扩展的片外数据存储器的容量
C)片内 RAM 的容量
D)指令系统

答案:A

2. 在以 8031 单片机构成的实际应用系统中, 【27】 口的全部 I/O 线都可用作数据的 I/O 传输线。

【27】A)P2
B)P1 和 P3
C)P1
D)P3

答案:C

3. 8031 单片机复位后,SP 的值自动设置为 【28】 ,此时执行 PUSH ACC 指令后将把 A 的内容压入至地址为 【29】 的片内 RAM 单元中。

【28】A)08H
B)20H
C)0
D)07H

【29】A)07H
B)0
C)08H
D)20H

答案:【28】D 【29】C

4. 为使 CPU 在执行串口中断服务程序时能够被 INT0 的中断请求所中断,下列说法中正确的是 【30】 。

【30】A)由于在同级内,外部中断 0 的中断优先权高于串口中断,所以只需把它们设置为同级优先级即可

B)必须将外部中断0设置为高优先级,串口中断设置为低优先级

C)必须将外部中断0设置为低优先级,串口中断设置为高优先级

D)无论如何设置,都无法实现要求

答案:B

5. 下列正确的指令是 【31】 。

【31】A)MOV A,@DPTR　　B)MOV 20H,@R2

C)MOV 1,@R1　　D)MOV #40H,#50H

答案:C

6. 对A中的位0、4求反,位1、2清0,位5置1,其余位保持不变,可用 【32】 程序段实现。

【32】A)ORL A,#00010001B
ANL A,#11111001B
XRL A,#00100000B

B)ANL A,#00010001B
XRL A,#11111001B
ORL A,#00100000B

C)XRL A,#00010001B
ANL A,#11111001B
ORL A,#00100000B

D)XRL A,#00010001B
ORL A,#11111001B
ANL A,#00100000B

答案:C

7. 已知(A)=40H,则执行ADD A,#50H后,CY、OV的值分别是 【33】 。

【33】A)0、0　　B)1、0

C)0、1　　D)1、1

答案:C

8. 下列程序段执行后,(40H)= 【34】 。

```
      MOV    50H,#20
      MOV    40H,#0
LOOP: INC    40H
      DEC    50H
      DJNZ   50H,LOOP
```

【34】A)0AH　　B)14H

C)10H　　D)20H

答案:A

9. 已知RS1=1,RS0=0,则指令MOV R5,#10H与指令 【35】 的功能相同。

【35】A)MOV 05H,#10H　　B)MOV 15H,#10H

C)MOV 0DH,#10H　　D)MOV 1DH,#10H

答案:B

10. 串口内的SBUF从物理结构上对应 【36】 个数据缓冲器,串口能实现的串行异步通信方式是 【37】 。

【36】A)2　　B)3

C)4　　D)1

【37】A)半双工　　B)半双工或单工

C)单工　　D)全双工

答案:【36】A　【37】D

11. 下列程序段实现将片内 RAM 的 40H、50H 单元中存放的 8 位无符号数的最大值存放至 60H 单元中,请选择正确的答案,补充完整程序。

```
        MOV     A,40H
        【38】
        SUBB    A,50H
        【39】
        MOV     A,50H
        AJMP    DONE
NEXT:   MOV     A,40H
DONE:   MOV     60H,A
```

【38】A)MOV 60H,40H　　B)SETB C

C)CPL C　　D)CLR C

【39】A)JC NEXT　　B)JNC DONE

C)JNC NEXT　　D)JC DONE

答案:【38】D　【39】C

12. 下列说法中正确的是 【40】 。

【40】A)片外程序存储器与片外数据存储器共用 64 kB 的地址空间

B)扩展 I/O 与片外数据存储器统一编址

C)扩展 I/O、片外程序存储器及片外数据存储器各自拥有独立的 64 kB 地址空间

D)片内数据存储器与片外数据存储器共用 64 kB 的地址空间

答案:B

二、请正确填充下面的画线部分,使其完成所要求的功能

(注意:本部分有 8086 微机系统和 MCS-51 单片机系统两套试题,考生只能从中任选一套作答,不允许交叉作答。每套共 20 个空,共 40 分。请将答案写在答题卡对应栏中,答在试卷上不得分)

(一)8086 微机系统试题

1. 从 BLOCK 为首地址的字节变量存有 8 个带符号数,下列程序把其中的正数、负数依序分别存放在以 BUFFER1、BUFFER2 为首地址的字节单元中。

```
;------------------------------------
DSEG     SEGMENT
COUNT    EQU   8
BLOCK    DB    82H,97H,32H,0DBH;
         DB    56H,9AH,0B7H,68H;
```

```
BUFFER1    DB     COUNT  DUP(?)   ;BUFFER1 的偏移地址为 【1】
BUFFER2    DB     COUNT  DUP(?)
DSEG       ENDS
;-------------------------------------------------
STAK       SEGMENT  PARA  STACK
           DW  50  DUP(?)
STAK       ENDS
;-------------------------------------------------
CODE       SEGMENT
           ASSUME  CS:CODE,DS: 【2】
           ASSUME  SS:STAK
START:     MOV   AX,DSEG
           MOV   DS,AX
           LEA   BX,BLOCK
           LEA   SI,BUFFER1
           LEA   DI,BUFFER2
           MOV   CX, 【3】
LOP:       MOV   AL,[BX]
           CMP   AL,0
           【4】
           MOV   [DI],AL
           INC   DI
           【5】
L1:        MOV   [SI],AL
           INC   SI
L2:        INC   BX
           LOOP  【6】
           MOV   AX,4C00H
           INT   21H
CODE       ENDS
           【7】
;-------------------------------------------------
```

答案:【1】0008H 或 8 【2】DSEG 【3】COUNT 或 8 【4】GJL1

【5】JMPL2 【6】LOP 【7】END START

2. 以下程序把 DA1 中存放的 16 位无符号二进制数转化成十进制数并在屏幕上显示出来。

```
DATA       SEGMENT
DA1        DW     65432       ;亦可写成 0FF98H
```

```
DA2     DB      5 DUP(?)
DATA    ENDS
;-------------------------------------------------
STAK    SEGMENT STACK
        DW      50 DUP(?)
        STAK  ENDS
;-------------------------------------------------
CODE    SEGMENT
        ASSUME  CS:CODE,DS:DATA,SS:STAK
GO:     MOV     AX,DATA
        MOV     DS,AX
        LEA     SI,DA2+4
        MOV     CX,5
        MOV     AX,DA1
        MOV     BX,10
LOP:    MOV     DX,0
        DIV     BX
        MOV     [SI],DL
        【8】
        LOOP    LOP
        LEA     SI,DA2
        【9】
        MOV     AH,2
LOP1:   MOV     DL,[SI]
        OR      DL, 【10】
        INT     21H
        【11】
        LOOP    LOP1
        MOV     AX,4C00H
        INT     21H
CODE    ENDS
        END     GO
;-------------------------------------------------
```

答案:【8】DEC SI 【9】MOV CX,5 【10】30H 或 48、'0' 【11】INC SI

3. 下列指令执行时,在 PC 总线上将产生相应的有效读或写信号。

如:IN AL,30H ; IOR(-) 注:括号内负号表示低电平有效

(1)MOV AX,[2000H] ; 【12】

(2)MOV　[BX+DI],AL　　；【13】

(3)OUT　DX,AL　　；【14】

答案:【12】MEMR(－)或 MEMR 【13】MEMW(－)或 MEMW 【14】IOW(－)或 IOW

4. 某微机控制系统中扩展有一片 8255A 作为并行接口。设 PA 口作为方式 1 输入,PB 口工作于方式 0 输出,不作为联络线的 PC 口的 I/O 线均设置为输入。对以下 8255A 的初始化程序进行填空。假设 8255A 的 PA 口、PB 口、PC 口及控制口的地址为 3FCH～3FFH。

提示:8255A 方式控制字的各位含义是:

D0＝1:C 口低半字节输入;D1＝1:B 口输入;D2＝1:B 口方式 1;D3＝1:C 口高半字节输入;D4＝1:A 口输入;D6、D5 设置 A 口工作方式;D7＝1:方式控制字特征位。

MOV　AL,【15】　;方式控制字

MOV　DX,【16】

OUT　DX,AL

答案:【15】0B9H 或 10111001B 【16】3FFH

5. 某微型计算机控制系统中扩展有一片 8253-5 作为定时/计数器,如下图所示。根据接口扩展示意图,设地址 A15～A10 为全 1,按要求填写以下端口地址。

(1)8253-5 的通道 0 所占用的地址中最低地址为【17】

(2)8253-5 的通道 1 所占用的地址中最低地址为【18】

(3)8253-5 的控制口所占用的地址中最低地址为【19】

(4)每个端口实际各占【20】个端口地址。

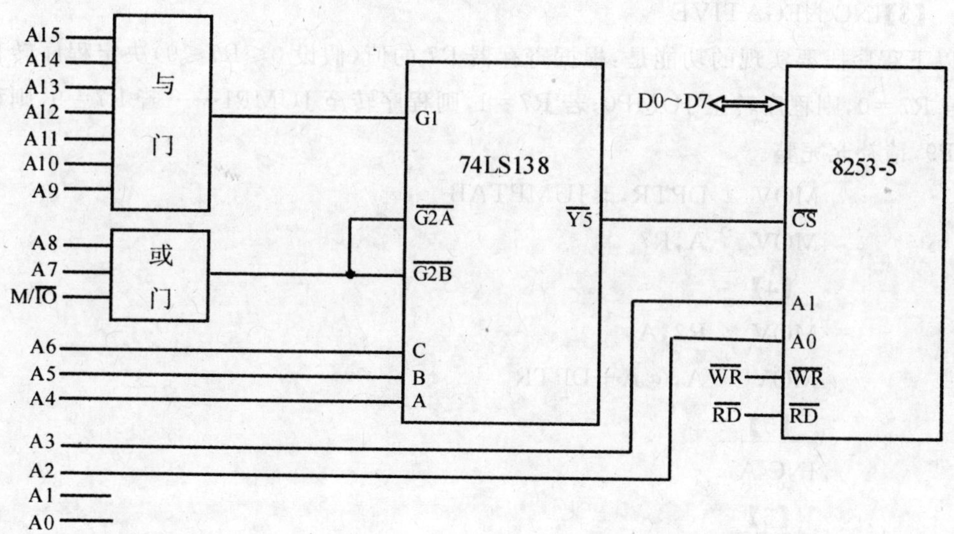

答案:【17】0FE50H 【18】0FE54H 【19】0FE5CH 【20】4

(二)MCS-51 单片机系统试题

1. 已知从片内 RAM 40H 单元起依次存放 30 个用 8 位补码表示的带符号数,下面子程序实现统计其正数个数、负数个数及零的个数,并分别存放至片内 RAM 的 PLUS、NEGA-

TIVE、ZERO 单元中，请补充完整。

```
COUNT:   CLR    A
         MOV    PLUS,A
         MOV    NEGATIVE,A
         MOV    ZERO,A
         MOV    R0,#40H
         MOV    R2,#30
LOOP:    MOV    A,@R0
         【1】
         【2】
         INC    PLUS
         AJMP   NEXT
COUNTZ:  INC    ZERO
         AJMP   NEXT
COUNTN:  【3】
NEXT:    INC    R0
         DJNZ   R2,LOOP
         RET
```

答案：【1】JZ COUNTZ 【2】JB ACC. 7,COUNTN 或 JB OE7H,COUNTN

【3】INC NEGATIVE

2. 以下程序段要实现的功能是：根据寄存器 R7 的值(假设 0≤R7≤9)决定程序转移的地址，即：若 R7=0，则程序转至 JUMP0；若 R7=1，则程序转至 JUMP1……若 R7=9，则程序转至 JUMP9，请补充完整。

```
          MOV    DPTR,#JUMPTAB
          MOV    A,R7
          【4】
          MOV    R2,A
          MOVC   A,@A+DPTR
          【5】
          INC A
          【6】
          MOV    DPL,A
          MOV    DPH,R2
          【7】
          JMP    @A+DPTR
JUMPTAB:  DW     JUMP0,JUMP1,JUMP2,JUMP3,JUMP4,
```

```
        DW      JUMP5,JUMP6,JUMP7,JUMP8,JUMP9
```

答案:【4】ADD A,ACC 或 ADD A,R7 或 RL A 【5】XCH A,R2

【6】MOVC A,@A+DPTR 【7】CLR A 或 XRL A,A 或 MOV A,＃00H

3. 已知在片外数据存储器 2040H 单元中存放一 ASCII 字符,下面的子程序功能是:判断该字符是否为小写英文字母,若是则将其转换为大写字母,否则将其最高位置 1,并将结果存放至片外数据存储器 2041H 单元中。

```
CONVS:  MOV     DPTR,＃2040H
        【8】
        CJNE    A,＃'a',NEXT
NEXT:   【9】
        CJNE    A,＃'z'+1,NEXT2
NEXT2:  JNC     NEXT1
        AND     A,【10】
        AJMP    DONE
NEXT1:  SETB    ACC.7
DONE:   INC     DPTR
        MOVX    @DPTR,A
        RET
```

答案:【8】MOVX A,@DPTR 【9】JC MEXT1 【10】＃ODFH 或＃11011111B

4. 下面程序的功能是:结合定时器 T0 定时中断和软件计数的方法,当 P3.2 出现一上升沿时,CPU 开始每隔 6.54 秒从 P1 口输入一个 8 位数据,并依次存放至以 40H 为首地址的片内 RAM 中,当输入 20 个数据后使 T0 停止计数定时,从而使之停止从 P1 口输入数据,请补充完整。(假设 8031 振荡器的频率为 12 MHz)

```
        ORG     0000H
        AJMP    MAIN
        ORG     000BH
        MOV     TL0,【11】      ;注①,与注②处答案相同
        MOV     TH0,＃00H
        【12】
        ORG     0100H
ITRT0:  PUSH    PSW
        CLR     RS1
        SETB    RS0
        DJNZ    R3,ITRT01
        MOV     R3,＃100
        【13】
        INC     R0
```

```
          DJNZ   R2,ITRT01
          【14】
ITRT01:   POP    PSW
          RETI
MAIN:     MOV    TMOD,#01H      ;将T0设置为工作方式1的定时方式
          MOV    TL0, 【11】    ;注②,与注①处答案相同
          MOV    TH0,#00H
          SETB   P3.2
          【15】
          CLR    RS1
          SETB   RS0
          MOV    R0,#40H
          MOV    R2,#14H
          MOV    R3,#100
          SETB   ET0
          SETB   EA
WAIT:     JB     P3.2,WAIT
WAIT1:    【16】 ,WAIT1
          MOV    @R0,P1
          DEC    R2
          INC    R0
          SETB   TR0
          CLR    RS1
          CLR    RS0
          ……                    ;主程序略
          END
```

答案:【11】#136 或#137-#141　【12】AJMP ITRTO 或 LJMP ITRTO

【13】MOV @R0,P1　【14】CLR TR0　【11】#136 或#137-#141

【15】MOV P1,#0FFH　【16】JNB P3.2

5. 下图为某应用系统的部分原理框图,请根据此图回答以下问题(对于未参与译码的地址位用0表示):

(1)8255A 的控制口地址是 【17】 ;

(2)将 8255A 设置为工作方式 0,其控制方式字为 【18】 ;

(3)将累加器 A 的内容送至打印机数据口的指令序列是 【19】 ;

(4)将键盘的数据输入至累加器 A 的指令序列是 【20】 。

提示:8255A 方式控制字的各位含义是:

D0=1:C 口低半字节输入;D1=1:B 口输入;D2=1:B 口方式 1;D3=1:C 口高半字节输

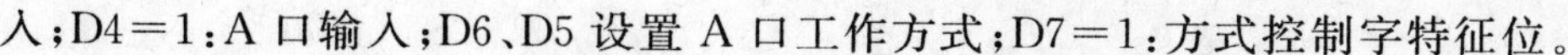

入；D4＝1：A 口输入；D6、D5 设置 A 口工作方式；D7＝1：方式控制字特征位。

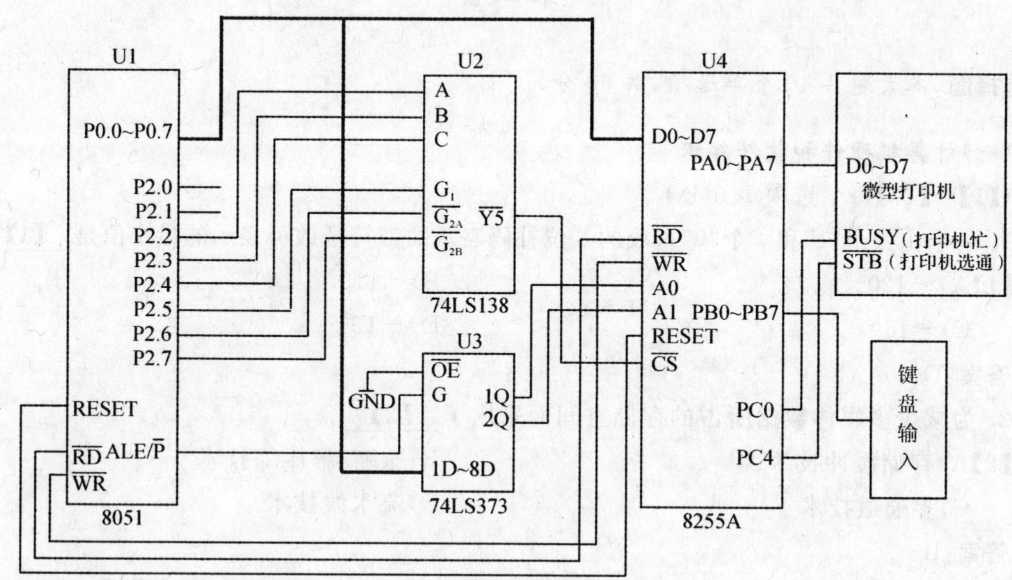

答案：【17】0011010000000011B 或 3403H　【18】10000011B 或 83H

【19】MOV DPTR，＃3400H；　MOVX @DPTR，A

【20】MOV DPTR，＃3401H；　MOVX A，@DPTR

第三套

一、选择题(本大题共40个单选项,共60分)

(一)计算机硬件和软件知识

(【1】~【25】每个选项1.5分)

1. 一个由4个"1"和4个"0"组成的8位补码表示的带符号数可表示的最小值是 【1】 。

【1】A)－120　　B)－119

C)－16　　D)－121

答案:D

2. 为减少多媒体数据所占的存储空间而采用了 【2】 。

【2】A)存储缓冲技术　　B)压缩/解压缩技术

C)多通道技术　　D)流水线技术

答案:B

3. 要将用C(或Pascal)语言编写的源程序转换为可执行程序,要经过 【3】 。

【3】A)汇编和连接　　B)编译和解释

C)编译和连接　　D)解释和编译

答案:C

4. 下列各项中属于串行总线的是 【4】 。

【4】A)USB　　B)EISA

C)Centronics　　D)PCI

答案:A

5. 在数据传送方式中,中断方式与查询方式相比,其优点是 【5】 。

【5】A)软、硬件接口简单

B)可靠性好,不易出错

C)便于实现对快速的外设进行成批数据的传送

D)便于实现CPU与外设同时工作,提高CPU的运行效率

答案:D

6. 存储周期是指 【6】 。

【6】A)存储器进行连续的读/写操作所允许的最短时间间隔

B)存储器的写入操作时间

C)存储器的读出操作时间

D)存储器进行写入操作时间和读出操作时间之和

答案:A

7. 在CPU中集成高速缓存存储器(即Cache)的主要目的是 【7】 。

【7】A)提高ALU的运算速度

B)提高系统的存储容量

C)提高主存储器与外存储器数据的交换速度

D)减少 CPU 访问主存储器的次数,从而提高系统的运行效率

答案:D

8. 下列对半导体存储器的说法中,错误的是__【8】__。

【8】A)可以对 PROM 擦除并重新写入新的内容

B)可以对 EPROM、EEPROM 擦除并重新写入新的内容

C)SRAM 和 DRAM 都是随机读写存储器

D)新买来的 EPROM 中所有位均为 1

答案:A

9. 对线性表,下列各种情况中比较适合采用链表表示的是__【9】__。

【9】A)经常需要随机地存取元素　　B)经常需要进行插入和删除操作

C)表中元素需要占据一片连续的存储空间　　D)表中元素的个数保持不变

答案:B

10. 已知有一棵二叉树,其前序(即前根)和中序(即中根)遍历的结果分别是 ABDCEF 和 DBAECF,则其后序(即后根)遍历的结果是__【10】__。

【10】A)ADBFEC　　B)BDECFA

C)DBCFEA　　D)DBEFCA

答案:D

11. 若有 A、B、C、D、E 元素依次进栈,进栈过程中可以出栈,则__【11】__不可能是一个出栈序列。

【11】A)CBDEA　　B)CBADE

C)CDABE　　D)DCEBA

答案:C

12. 使用折半查找一个长度为 17 的按关键字排序好的数组,当查找的元素不在数组中时,其最多需要比较__【12】__次。

【12】A)4　　B)5

C)6　　D)17

答案:B

13. 在 TCP/IP 协议中,IP 地址为 50.250.240.100 的属于__【13】__类地址。

【13】A)A　　B)B

C)C　　D)D

答案:A

14. 在 TCP/IP 协议中,设有网络地址为 130.63.0.0,利用掩码 255.255.224.0 可把该网络分为__【14】__个子网。

【14】A)4　　B)8

C)16　　D)32

答案:B

15. 在 ISO/OSI 网络体系结构中，下列说法中错误的是【15】。

【15】A)物理层的作用是在通信信道上传输原始比特流

B)网络层协议中有面向连接和无连接两种服务

C)文件传送、远程用户登录和电子邮件均属于应用层提供的服务

D)集线器(即 HUB)、交换机和路由器均属于网络层设备

答案:D

16. DAC0832 输入的是【16】，输出的是【16】，因而一般需要【16】。

【16】A)数字量，模拟电流量，运算放大器

B)数字量，模拟电压量，电压放大器

C)模拟量，数字电压量，开关元件

D)模拟量，数字电流量，电流放大器

答案:A

17. 进程的并发性是指若干个进程执行时【17】。

【17】A)在时间上是不能重叠的　　B)在时间上是可以重叠的

C)不能交替占用 CPU　　D)必须独占资源

答案:B

18. 下列四种操作系统，以“及时响应外部事件”为主要目标的是【18】。

【18】A)网络操作系统　　B)分时操作系统

C)实时操作系统　　D)批处理操作系统

答案:C

19. 测控系统中，在模拟量输入通道中，低通滤波器的作用是【19】。

【19】A)检测生产过程中的现场参数　　B)抑制电信号中的干扰

C)将传感器的信号放大　　D)对若干个输入信号进行切换

答案:B

20. 下列类型的 A/D 转换器中，转换速度最快的是【20】。

【20】A)逐次逼近式　　B)双积分式

C)并行直接比较式　　D)计数式

答案:C

21. 微处理器通过数据总线向慢速外设输出数据时，下列芯片中，【21】可用于输出接口电路以实现数据锁存。

【21】A)74LS244　　B)74LS32

C)74LS273　　D)74LS138

答案:C

22. 下列器件中，【22】不可能出现在测控系统的输出通道中。

【22】A)光电耦合器　　B)D/A 转换器

C)采样保持器　　D)继电器

答案:C

23. ADC0809 有 【23】 路模拟信号输入端，在某一时刻能对 【23】 路模拟信号进行转换。

【23】A)1,1　　B)8,1

C)8,8　　D)16,8

答案:B

24. 下图为一输出电路，Vi 为 TTL 电平，当它为高电平时，LED 亮；当它为低电平时，LED 暗。设 LED 的工作电流为 2～8 mA，则 R1、R2、R3 阻值的选定比较合适的是 【24】 。

【24】A)R1＝4.7 k,R2＝10 k,R3＝510 Ω　　B)R1＝510 Ω,R2＝10 k,R3＝4.7 k

C)R1＝4.7 k,R2＝510 Ω,R3＝2.7 k　　D)R1＝4.7 k,R2＝10 k,R3＝10 k

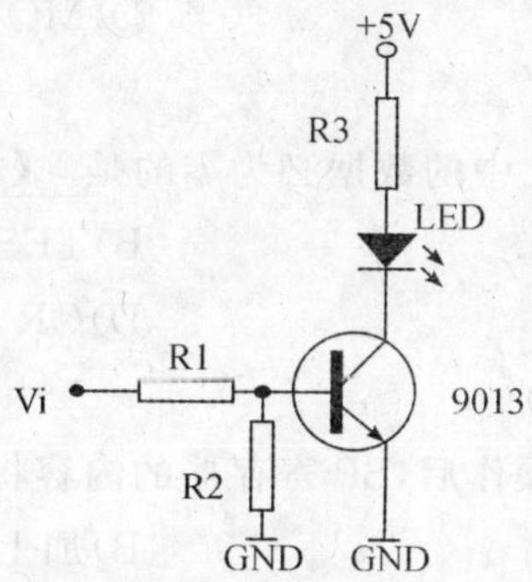

答案:A

25. 从以下英文中可以知道 【25】 。

The Save Command(F2)saves the file that's in the Active Edit window to disk.

If the file has a default name(such as NONAME00. TXT),Editor opens the Save File As dialog box so you can rename the file and save it in a different directory or on a different drive.

【25】A)If there are several files in windows,Save Command will only save the file in Current Edit window to disk.

B)If the file has a name given by the programmer,pressing F2 key will cause Editor saves the file in a different directory or on a different drive.

C)If the file in the Active Edit window has a given name such as NONAME00. TXT, Editor will open a file and let you rename it and save it.

D)If we want to save the current file in a different directory or on a different drive, we must open the Save File as dialog box.

答案:A

(二)微计算机系统扩展、接口与汇编语言

(注意:本部分有 8086 微机系统和 MCS-51 单片机系统两套试题，考生可从中任选一套作答，每套共 15 个选项，【26】～【40】每个选项 1.5 分)

(1)8086 微机系统试题

1. 8086CPU 复位后，寄存器 CS 和 IP 的初始化值分别是 【26】 。

【26】A)0FFFFH 和 0000H　　B)0FFFFH 和 0FFFFH

C)0000H 和 0FFFFH　　D)0000H 和 0000H

答案:A

2. 某一存储单元的逻辑地址为 2500H:0010H,其对应的物理地址为 【27】 。

【27】A)2500H　　B)25010H

C)25100H　　D)0010H

答案:B

3. 下列指令中,正确的是 【28】 。

【28】A)MOV BX,[DX]　　B)MOV BX,[CX]

C)MOV BX,[AX]　　D)MOV BX,[BX]

答案:D

4. 下列指令执行后,可使 BX 中的数据必为零的是 【29】 。

【29】A)AND BX,BX　　B)TEST BX,BX

C)XOR BX,BX　　D)OR BX,BX

答案:C

5. 8086 CPU 的一次压入栈操作后,SP 寄存器的内容将 【30】 。

【30】A)加上 1　　B)加上 2

C)减去 1　　D)减去 2

答案:D

6. 8086 CPU 的十进制加法调整指令 DAA 依据 【31】 的值完成相应的调整操作。

【31】A)AL、CF 和 SF　　B)AX、CF 和 AF

C)AL、CF 和 AF　　D)AX、CF 和 SF

答案:C

7. DOS 系统功能调用 INT 21H 的功能选择,应将相应的功能号放在 【32】 寄存器中。实现键盘输入功能的功能号可以是 【32】 。

【32】A)AL,03H　　B)BH,02H

C)BL,09H　　D)AH,01H

答案:D

8. INT 21H 的中断向量地址为 【33】 。

【33】A)0000:0042H　　B)0000:0084H

C)0000:0021H　　D)0000:0063H

答案:B

9. 8086/8088 CPU 中,用来存放指令代码的功能部件是 【34】 。

【34】A)BIU 中的指令队列缓冲器　　B)BIU 中的 CS 寄存器

C)EU 中的指令队列缓冲器　　D)EU 中的 CS 寄存器

答案:A

10. 以下是调试工具 DEBUG 常用的命令,可以实现单步运行的是 【35】 。

【35】A)U 命令　　B)T 命令

C)A 命令　　D)D 命令

答案:B

11. 在 8086 指令系统中,寄存器间接寻址的操作数位于 【36】 中。

【36】A)指令代码　　B)通用寄存器

C)存储单元　　D)指针寄存器

答案:C

12. 8086 系统采用的定时/计数器芯片是 【37】 。

【37】A)8255　　B)8251

C)8237　　D)8253

答案:D

13. IBM PC 微机系统使用 【38】 信号对端口寄存器进行写入控制。

【38】A)IOW　　B)IOR

C)MEMW　　D)MEMR

答案:A

14. 下列程序段实现的功能是统计 BX 寄存器中 1 的个数。请补充完整。

```
        MOV     CX,0
REPEAT: TEST    BX,0FFFFH
        【39】
        JNS     NEXT
        INC     CX
NEXT:   【40】
        JMP     REPEAT
EXIT:   ……
```

【39】A)JZ EXIT　　B)JNZ EXIT

C)JC EXIT　　D)JNC EXIT

【40】A)ROL BX,1　　B)SHL BX,1

C)SAR BX,1　　D)ROR BX,1

答案:【39】A　【40】B

(2)MCS-51 单片机系统试题

1. 8031 单片机复位后,寄存器 PC 和 SP 的值分别是 【26】 。

【26】A)0000H、07H　　B)0FFFFH、08H

C)0000H、08H　　D)0000H、20H

答案:A

2. 在 8031 单片机系统中,可直接扩展的最大外部程序存储器和外部数据存储器容量分别是 【27】 。

【27】A)128 kB、128 kB　　B)64 kB、64 kB

C)64 kB、4 kB　　D)4 kB、64 kB

答案:B

3. 8031 芯片内的 8 位并行 I/O 端口数、定时/计数器数分别是 【28】 。

【28】A)1、2　　B)2、3

C)4、3　　D)4、2

答案:D

4. 当 RS0=0,RS1=1 时,R4 对应于片内 RAM 单元的地址是 【29】 。

【29】A)04H　　B)0CH

C)14H　　D)1CH

答案:C

5. 下列对 MCS-51 单片机中断系统的叙述中,错误的是 【30】 。

【30】A)中断系统中有 5 个中断源,其中有 2 个外部中断源和 3 个内部中断源

B)中断系统中设有二级中断优先级,对于任一个中断源均可设置为中断高优先级或中断低优先级

C)在满足一定条件的情况下,高优先级的中断请求可以中断低优先级中断源的中断服务程序

D)设置为中断高优先级的中断源,其中断请求必定被 CPU 响应

答案:D

6. 已知(A)=62H,PSW 中的 CY=1,则执行带进位循环左移指令 RLC A 后,A 和 CY 的值分别是 【31】 。

【31】A)31H、1　　B)0C4H、1

C)0C5H、0　　D)0B1H、0

答案:C

7. 下列中不属于 8031 单片机指令的是 【32】 。

【32】A)SWAP A　　B)NOP

C)JMP @A+DPTR　　D)ADC A,20H

答案:D

8. 8031 单片机的 P1 口为准双向口,有读端口引脚和读端口锁存器方式。下列指令中 【33】 是读端口引脚的指令。

【33】A)XRL P1,A　　B)MOV R2,P1

C)INC P1　　D)ANL P1,A

答案:B

9. 已知(A)=90H,CY=1,则 SUBB A,#50H 指令执行后,PSW 中的 CY、OV 的值分别是 【34】 。

【34】A)0、1　　B)0、0

C)1、0　　D)1、1

答案:A

10. 指令 MOVX @DPTR,A 的机器周期数与 MOV A,R3 的大小关系是 【35】 。

【35】A)前者小　　B)前者大

C)两者相等　　D)无法确定

答案:B

11. 下列指令中不可能改变 PSW 寄存器内容的是 【36】 。

【36】A)MOV C,P1.0　　B)ADD A,#01H

C)JB ACC.7,NEXT　　D)INC ACC

答案:C

12. 下列指令中,从程序存储器中取得操作数的是 【37】 ,从片外数据存储器中取得操作数的是 【38】 。

【37】A)MOV A,60H　　B)MOV A,@R0

C)MOVX A,@DPTR　　D)MOVC A,@A+DPTR

【38】A)MOVX A,@DPTR　　B)MOV A,@R0

C)MOV A,60H　　D)MOVC A,@A+DPTR

答案:【37】D 【38】A

13. 以下子程序要实现的功能是:判断片内 RAM 的 50H 单元内容中存放的 8 位带符号补码数,当它为正数、零或负数时,相应将片内 RAM 的 51H 单元内容置为 11H、00H、0FFH。请补充完整。

```
SGN:    MOV     A,50H
        【39】
        【40】
        MOV     A,#11H
SGN1:   MOV     50H,A
        RET
SGN2:   MOV     A,#0FFH
        SJMP    SGN1
```

【39】A)JZ SGN1　　B)JNZ SGN2

C)JNZ SGN1　　D)JZ SGN2

【40】A)JNB ACC.7,SGN2　　B)JB ACC.7,SGN2

C)JNB ACC.7,SGN1　　D)JB ACC.7,SGN1

答案:【39】A 【40】B

二、请正确填充下面的画线部分,使其完成所要求的功能

(注意:本部分有 8086 微机系统和 MCS-51 单片机系统两套试题,考生只能从中任选一套作答,不允许交叉作答。每套共 20 个空,共 40 分。请将答案写在答题卡对应栏中,答在试卷上不得分)

(一)8086 微机系统试题

1. 两个带符号数分别存于 DATA0 和 DATA1 单元,下列程序段将二者中较大的送入 DATA2 单元。

```
        MOV     AX,DATA0
        【1】   AX,DATA1
        JNL     LP
        MOV     AX,DATA1
LP:     【2】
```

答案:【1】CMP 【2】MOV DATA2,AX

2. 下列程序段实现的功能是:将 DATA1 单元开始的 100 个字传送到 DATA2 单元开始的存储区内。

```
        MOV     SI,OFFSET DATA1
        【3】   DI,DATA2
        MOV     【4】 ,64H
NEXT:   MOV     AX,[SI]
        MOV     [DI], 【5】
        INC     SI
        INC     SI
        INC     DI
        INC     DI
        LOOP    NEXT
```

答案:【3】LEA 【4】CX 【5】AX

3. 下列程序实现的功能是:计算 3X+5Y+7Z 的值送入 RESULT 单元。

```
DATA    SEGMENT
X       DB      16H
Y       DB      17H
Z       DB      18H
RESULT  【6】   0
DATA    ENDS
STAK    SEGMENT STACK
        DW      10 DUP('STACK')
        STAK    ENDS
CODE    SEGMENT
        【7】   CS:CODE,DS:DATA,SS:STAK
START:  MOV     AX,DATA
        MOV     【8】 ,AX
        LEA     BX,X
        MOV     AL,3
        CALL    MULM
        LEA     BX,Y
```

```
        MOV     AL,5
        CALL    MULM
        LEA     BX,Z
        MOV     AL,7
        CALL    MULM
        MOV     AH,4CH
        INT     21H
MULM    PROC    NEAR
        MUL     【9】
        ADD     RESULT,【10】
        【11】
        MULM    ENDP
        CODE    ENDS
        【12】
```

答案:【6】DW 【7】ASSUME 【8】DS 【9】BYTE PTR[BX] 【10】AX

【11】RET 或 RETN 【12】END START

4. 按照时序控制方式划分,总线可分为 【13】 控制总线和 【14】 控制总线。

答案:【13】、【14】二者答案应该不同,某个为同步,另一个为异步

5. 8259A 中断控制器的中断管理任务包括三方面内容:中断 【15】 管理、中断 【16】 管理和 【17】 识别。

答案:【15】、【16】二者答案应该不同,某个为屏蔽,另一个为优先权 【17】中断源

6. 8086 最小系统的部分线路如下图所示,其中:①应接至⑥,②应接至⑦和⑩,③应接至 【18】 ,④应接至 【19】 ,⑤应接至 【20】 ,⑨应接地。

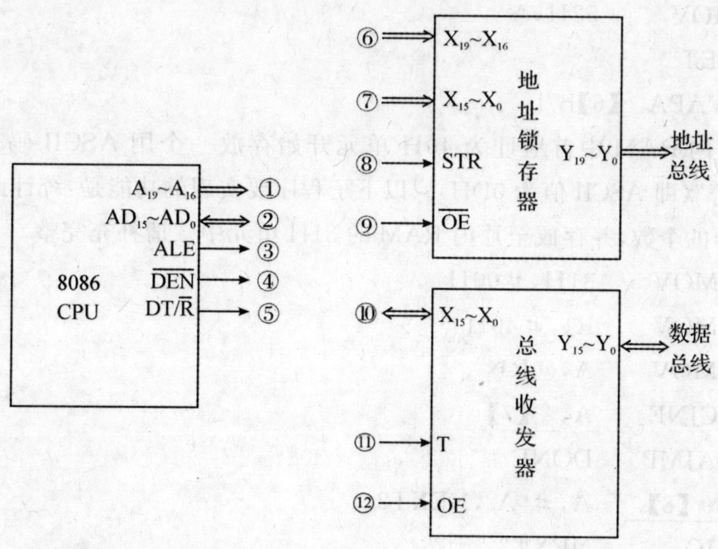

答案:【18】⑧ 【19】⑫ 【20】⑪

(二)MCS-51 单片机系统试题

1. 阅读以下程序段:

```
MOV     A,#55H
XRL     A,#50H
MOV     R0,#30H
MOV     @R0,A
INC     R0
ADD     A,30H
MOV     @R0,A
MOV     A,#10H
MOV     B,#04H
MUL     AB
```

当执行以上程序段后,(A)=__【1】__,(B)=__【2】__,(30H)=__【3】__,(31H)=__【4】__。

答案:【1】40H 【2】00H 【3】05H 【4】0AH

2. 以下子程序要实现的功能是:将片内 RAM 的 50H 和 51H 单元内容中的低 4 位分别作为 52H 单元的低 4 位和高 4 位(如(50H)=39H,(51H)=38H,则(52H)=89H),请补充完整。

```
ASCBCD:MOV      B,50H
       ANL      B,#0FH
       MOV      A,51H
       ANL      A,#0FH
        【5】
       ORL      A, 【6】
       MOV      52H,A
       RET
```

答案:【5】SWAPA 【6】B

3. 已知从片内 RAM 中首地址为 40H 单元开始存放一个用 ASCII 码表示的字符串,结束字符为“回车符”(即 ASCII 值为 0DH)。以下子程序要实现的功能是:统计此字符串中大写英文字母(即 A~Z)的个数,并存放至片内 RAM 的 31H 单元中。请补充完整。

```
COUNTC: MOV     31H,#00H
        MOV     R1,#40H
LOOP:   MOV     A,@R1
        CJNE    A, 【7】
        AJMP    DONE
NEXT1:   【8】  A,#'A',NEXT2
NEXT2:  JC      NEXT3
        SUBB    A, 【9】
```

```
         JNC      NEXT3
         INC      31H
NEXT3：  【10】
         AJMP     LOOP
DONE：   RET
```

答案:【7】#0DH,DONE 【8】CJNE 【9】#'Z'+1 或等效值 【10】INC R1

4. 以下程序要实现的功能是:使用串口中断的方式,将片内 RAM 中地址为 60H～6FH 的 16 个单元内容从串口送出,波特率为 4800 kb/s,传送结束后禁止串口中断。假设单片机的晶振频率为 11.0592 MHz。请补充完整。

```
         ORG      0000H
         AJMP     MAIN
         ORG      0023H
         【11】
         ORG      100H
MAIN：   SETB     RS1
         SETB     RS0
         MOV      R2，【12】
         MOV      R0,#60H
         ANL      PCON,#7FH          ;设 SMOD=0
         MOV      SCON,#60H          ;设串口工作于方式 1
         MOV      TMOD,#20H          ;设 T1 工作于方式 2
         MOV      TH1，【13】
         MOV      TL1,TH1
         SETB     ES
         SETB     EA
         SETB     TR1
         MOV      SBUF,@R0
         INC      R0
         CLR      RS1
         CLR      RS0
         ……                          ;主程序略
;————————————————————————————————
         ORG      200H
SINT：   PUSH     PSW
         SETB     RS1
         SETB     RS0
         CLR      【14】
```

```
        MOV     SBUF,@R0
        INC     R0
        DJNZ    R2,SINT0
        CLR     【15】
SINT0:  POP     PSW
        RETI
        END
```

答案:【11】AJMP SINT 【12】#0FH 【13】#0F0H 【14】T1 【15】ES

5. 下图和程序实现利用开关 K0～K7 控制 LED0～LED7 的亮暗,当开关闭合时,对应的 LED 亮;当开关断开时,对应的 LED 暗。为实现这一功能,其中 8051 中的 P2.5、P2.6、P2.7 应分别与 74LS138 上的 【16】 引脚相连,8255A 上的 CS 应与 74LS138 上的 【17】 引脚相连,74LS373 上的 OE 应接 【18】 ,并请将程序补充完整。

```
        ORG     1000H
START:  MOV     DPTR, 【19】
        MOV     A,#90H          ;8255 初始化
        MOVX    @DPTR,A
LOOP:   MOV     DPTR,#5800H     ;设置 PA 口地址
        MOVX    A,@DPTR
        MOV     DPTR,#5801H
        【20】
        AJMP    LOOP
        END
```

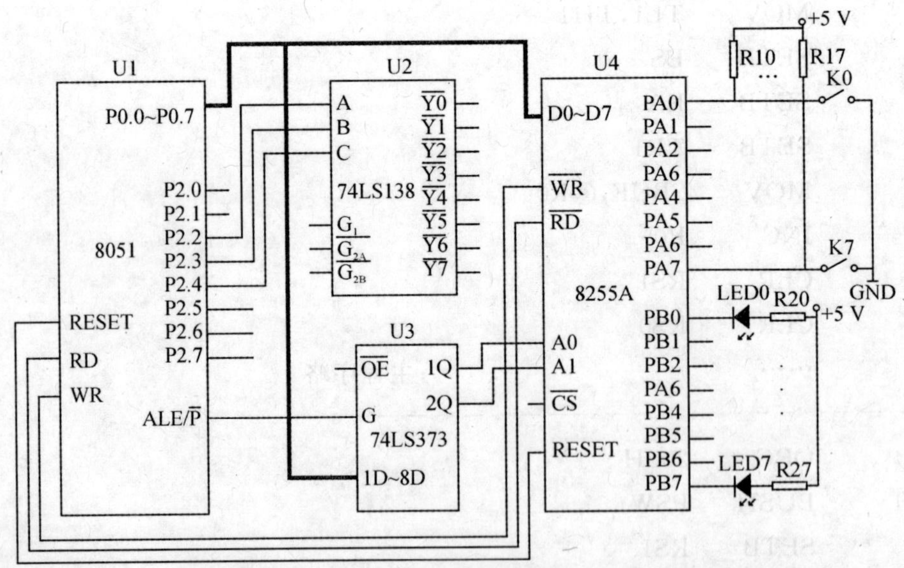

答案:【16】$\overline{G2A}$、G1、$\overline{G2B}$或$\overline{G2B}$、G1、G2A 【17】$\overline{Y6}$ 【18】0 V(地、低电平)

【19】#5803H 【20】MOVX @DPTR,A

第四套

一、选择题

(本大题共40个单选项,共60分)

(一)计算机硬件和软件知识

(【1】~【25】每个选项1.5分)

1. 对于8位补码表示的带符号数,以下说法中正确的是 【1】 。

【1】A)可表示数的范围是−127~+127,且有两种方法表示数0

B)可表示数的范围是−127~+127,且只有一种方法表示数0

C)可表示数的范围是−128~+127,且有两种方法表示数0

D)可表示数的范围是−128~+127,且只有一种方法表示数0

答案:D

2. 存储器是计算机系统中的记忆部件,它主要用来【2】。

【2】A)存放运行结果　B)存放编好的程序

C)存放程序和数据　D)存放待处理数据

答案:C

3. 存储器在断电后,仍然能保留原有信息的是 【3】 。

【3】A)RAM,ROM　B)PROM,SRAM

C)ROM,EPROM　D)SRAM,DRAM

答案:C

4. 中断向量可以提供 【4】 。

【4】A)中断服务程序入口地址　B)中断服务程序出口地址

C)中断服务程序返回地址　D)中断断点地址

答案:A

5. 从内存读取的指令码 【5】 。

【5】A)经数据总线送入指令寄存器　B)经地址总线送入程序计数器

C)经数据总线送入数据寄存器　D)经地址总线送入指令寄存器

答案:A

6. 计算机的控制器是由多种部件组成的,其中不包括 【6】 。

【6】A)指令译码器ID　B)程序计数器PC或指令指针寄存器IP

C)算术逻辑单元ALU　D)程序状态字寄存器PSW(F)

答案:C

7. 对于串行总线RS232,以下说法中正确的是 【7】 。

【7】A)该总线传输距离可达1000 m以上

B)该总线用−5~−15 V、+5~+15 V分别表示逻辑“1”和逻辑“0”

C)该总线用−5~−15 V、+5~+15 V分别表示逻辑“0”和逻辑“1”

D)该总线用 0 V、+5 V 分别表示逻辑“0”和逻辑“1”

答案:B

8. 有一棵二叉树,其前序遍历序列与中序遍历的序列相同,则此二叉树一定为 【8】 。

【8】A)满二叉树
B)所有结点均无右子树的二叉树
C)所有结点均无左子树的二叉树
D)根结点的左、右子树完全一样

答案:C

9. 对一个按关键字排序好的线性表,用折半(即二分)法检索表中的元素时,该表宜采用 【9】 存储方式。

【9】A)链接
B)数组
C)Hash 散列法
D)堆栈

答案:B

10. 分别使用选择、插入、冒泡排序法对元素个数较多的有序线性表进行排序,则以下说法中正确的是 【10】 。

【10】A)选择排序效率最低
B)插入排序效率最低
C)冒泡排序效率最低
D)无法确定哪一种排序效率最低

答案:A

11. 已知有单向链表的结点类型定义如下:

```
struct node
{  int data;
   struct node * next;};
```

在由 p 所指的结点后插入由 q 所指的新结点,则以下正确的是 【11】 。

【11】A)q－>next＝p－>next;p－>next＝q;
B)q－>next＝p－>next;p－>next＝q－>next;
C)p－>next＝q;q－>next＝p－>next;
D)p－>next＝q－>next;q－>next＝p－>next;

答案:A

12. 计算机网络中表示数据传输可靠性的指标是 【12】 。

【12】A)传输速率
B)频带利用率
C)误码率
D)信道容量

答案:C

13. 在 ISO/OSI 网络体系结构中,网络层的主要功能是 【13】 。

【13】A)对数据进行加密与解密
B)对用户进行身份认证
C)将不可靠的物理层传输线路变为可靠的数据链路
D)为分组选择适当的传输路径

答案:D

14. 以下协议中不属于应用层协议的是 【14】 。

【14】A)HTTP　　B)ARP

C)FTP　　D)Telnet

答案:B

15. 在 TCP/IP 协议族中,B 类 IP 地址的默认掩码是 【15】 。

【15】A)255.255.255.255　　B)255.255.255.0

C)255.255.0.0　　D)255.0.0.0

答案:C

16. 在 ISO/OSI 网络体系结构中,中继器、路由器和交换机分别属于 【16】 的设备。

【16】A)物理层、网络层、应用层　　B)物理层、网络层、数据链路层

C)物理层、数据链路层、网络层　　D)应用层、网络层、数据链路层

答案:B

17. 计算机系统中,进程间出现死锁的直接原因是因为 【17】 。

【17】A)系统中进程数过多,导致 CPU 无法及时运行进程

B)CPU 的速度太慢,导致 CPU 无法及时运行进程

C)内存空间太小

D)若干进程相互等待对方已占有的资源

答案:D

18. 已知 ADC0809 的分辨率为 8 位,若其引脚 V_{REF}(+)接+5V,V_{REF}(-)接地,当输入的电压为 4.20 V 时,其转换后的数字量接近 【18】 。

【18】A)211　　B)213

C)217　　D)215

答案:D

19. 存储一幅非压缩的 1024×768×16 位色的图像需要 【19】 字节。

【19】A)51540 M　　B)96 M

C)12 M　　D)1.5 M

答案:D

20. 由传感器输出几十毫伏的电压信号,通常要经过 【20】 后送入 CPU。

【20】A)运算放大器、低通滤波器、采样保持器和 A/D 转换器

B)D/A 转换器、运算放大器、低通滤波器和采样保持器

C)运算放大器、低通滤波器、采样保持器和 D/A 转换器

D)低通滤波器、采样保持器、运算放大器、A/D 转换器

答案:A

21. 以下 【21】 芯片不能用来扩展并行 I/O 端口。

【21】A)74LS377　　B)74LS138

C)74LS373　　D)74LS273

答案:B

22. 以下适合用作中断控制器的芯片是 【22】 。

【22】A)8279　　　　B)8253

C)8155　　　　D)8259

答案:D

23. 双积分型 A/D 转换器的特点是【23】。

【23】A)转换速度慢,但精度高　　　　B)转换速度慢,且精度低

C)转换速度快,但精度低　　　　D)转换速度快,且精度高

答案:A

24. 下图为用于开关量输入的光电隔离电路,输入信号为 TTL 电平,正确的叙述是【24】。

① 使用此电路的主要目的是为了实现对信号的放大

② R1 应选择尽量大,如 1 MΩ,以降低功耗

③ R2 应选择尽量小,如 1 Ω,以提高带载能力

④ 输入侧的地 A 与输出侧的地 B 不宜相连

⑤ 使用此电路的主要目的是为了提高系统的抗干扰能力

【24】A)①和④　　　　B)④和⑤

C)②和③　　　　D)②和⑤

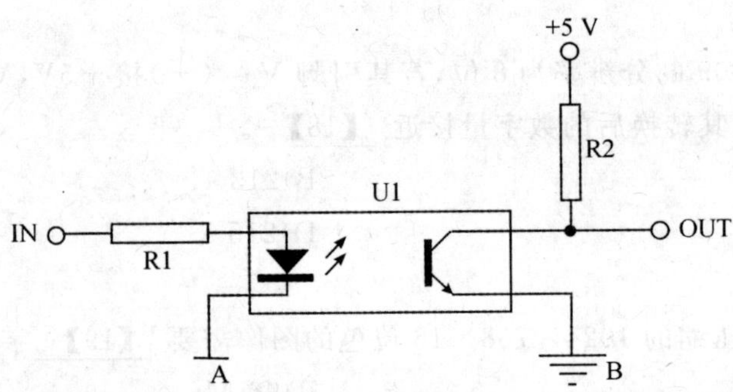

答案:B

25. In C program, it is convenient to use a 【25】 to exit from a loop.

【25】A)exit　　　　B)break

C)stop　　　　D)quit

答案:B

(二)微计算机系统扩展、接口与汇编语言

(注意:本部分有 8086 微机系统和 MCS-51 单片机系统两套试题,考生可从中任选一套作答,每套共 15 个选项,【26】~【40】每个选项 1.5 分)

(1)8086 微机系统试题

1. 以下属于 PSW 标志寄存器状态标志的是【26】。

【26】A)SF,ZF,CF　　　　B)OF,SF,DF

C)PF,ZF,DF　　　　D)DF,OF,ZF

答案:A

2. 以下程序段执行后，标志 CF 和 OF 的值是 【27】 。

```
MOV AL,0FFH
ADD AL,01H
```

【27】A)CF＝0,OF＝1　　B)CF＝1,OF＝0
C)CF＝0,OF＝0　　D)CF＝1,OF＝1

答案:B

3. 执行 MUL BX 后，乘积存放在 【28】 寄存器中。

【28】A)CX,BX　　B)BX,AX
C)CX,AX　　D)DX,AX

答案:D

4. 设 DH＝5AH，要使 DH＝0AAH，应执行 【29】 指令。

【29】A)AND DH,0F0H　　B)TEST DH,0F0H
C)XOR DH,0F0H　　D)OR DH,0F0H

答案:C

5. 以下指令的源操作数在代码段中的是 【30】 。

【30】A)ADD AL,CL　　B)SUB AX,[BX]
C)CMP [SI],AL　　D)MOV AL,88H

答案:D

6. 对源和目的操作数均无影响的是 【31】 指令。

【31】A)MOV AX,[SI+88]　　B)SBB BX,CX
C)TEST AX,8000H　　D)ADD [BX],3344H

答案:C

7. 以下错误的指令是 【32】 。

【32】A)MOV AX,60000　　B)CMP AL,0FFH
C)ADD AX,CS:[BX+SI]　　D)SUB [BX],[DI]

答案:D

8. 对于以下定义，COUNT 的值是 【33】 。

```
BUFFER DB 3 DUP(0,2,6,7,8,9)
COUNT EQU $-BUFFER
```

【33】A)6　　B)18
C)16　　D)8

答案:B

9. 设 DS＝338AH，SS＝238AH，BX＝2000H，指令 MOV AX,[BX]的源操作数的物理地址是 【34】 。

【34】A)358A0H　　B)538A0H
C)258A0H　　D)2000H

答案:A

10. 从 I/O 地址为 300H 的端口输入 16 位数据，正确的程序段是____【35】____。

【35】A) MOV DX,300H
IN AL,DX

B) MOV DX,300H
IN AX,DX

C) MOV DX,300H
MOV AX,[DX]

D) MOV BX,300H
IN AX,[BX]

答案：B

11. 以下叙述正确的是____【36】____。

```
VAR1   DW    88H
VAR2   EQU   88H
        ⋮
MOV    AX,VAR1   ;①
MOV    DX,VAR2   ;②
```

【36】A) ①和②的源操作数都是直接寻址

B) ①和②的源操作数都是立即寻址

C) ①和②的源操作数分别是直接寻址、立即寻址

D) ①和②的源操作数分别是立即寻址、直接寻址

答案：C

12. 以下程序段对 AL 中的数进行的是____【37】____运算。

```
AND    AL,AL
JGE    NEXT
NEG    AL
NEXT: ……
```

【37】A) 求反　　B) 求补

C) 判断正负　　D) 求绝对值

答案：D

13. 执行以下程序段后，AX、CF 中的内容是____【38】____。

```
MOV    BX,AX
XOR    BX,0FFFFH
ADD    AX,BX
```

【38】A) AX=0FFFFH,CF=0　　B) AX=0FFFFH,CF=1

C) AX=0,CF=1　　D) AX=0,CF=0

答案：A

14. 以下程序段实现的功能是____【39】____。

```
AND    AL,0FH
CMP    AL,09H
JBE    L1
ADD    AL,07H
```

```
L1:    ADD AL,30H
       ……
```

【39】A)将 AL 中的 00H～0FH 转换为 ASCII 码

B)将 AL 中的 00H～09H 转换为 ASCII 码

C)将 AL 中的 0AH～0FH 转换为 ASCII 码

D)将 AL 中的 ASCII 码转换成十进制数

答案:A

15. 以下程序段执行后,DX 和 AX 的内容是 【40】 。

```
       MOV   DX,0001H
       MOV   AX,0FFFFH
       MOV   CX,4
LOP:   SHL   AX,1
       RCL   DX,1
       LOOP  LOP
       ……
```

【40】A)DX=0001H　AX=0FFF0H　　B)DX=001FH　AX=0FFF0H

B)DX=001FH　AX=0FFFFH　　D)DX=01FFH　AX=0FFF0H

答案:B

(2)MCS-51 单片机系统试题

1. 对于 8051 与 8052 芯的功能,以下说法中错误的是 【26】 。

【26】A)8052 的指令比 8051 多

B)8052 的片内 ROM 容量比 8051 大

C)8052 的片内 RAM 容量比 8051 大

D)8052 的中断源比 8051 多

答案:A

2. 对于 MCS-51 单片机的 P1 口,以下说法中正确的是 【27】 。

【27】A)当引脚外接 10 kΩ 上拉电阻时,不论锁存器为何值,读到的均为“1”

B)要实现对端口引脚的输入操作,必须先向端口锁存器写入“1”

C)要实现对端口引脚的输入操作,必须先向端口锁存器写入“0”

D)要实现对端口引脚的输出操作,必须先对端口进行输入操作

答案:B

3. 对于 8031 单片机的中断系统,以下说法中错误的是 【28】 。

【28】A)它有五个中断源,各中断源对应的中断服务程序入口地址完全固定

B)CPU 复位后,外部中断 0 的中断优先权最高,串口的中断优先权最低

C)CPU 复位后,若未改变中断优先级寄存器 IP 内容,则不能实现中断嵌套

D)CPU 复位后,优先级最高的中断源发出中断请求时,CPU 必会响应它

答案:D

4. 对于 8051 单片机，以下说法中正确的是 【29】 。

【29】A)片内 RAM、片外数据存储器共用 64 kB 的存储空间

B)片外程序存储器、片外数据存储器共用 64 kB 的存储空间

C)片内、外程序存储器共用 64 kB 的存储空间

D)程序存储器、数据存储器共用 64 kB 的存储空间

答案:C

5. 以下正确的指令是 【30】 。

【30】A)MOVX A,DPTR　　B)MOV A,@R2

C)MOV C,R1　　D)MOV @R1,#50H

答案:D

6. 对 A 中位 2 清 0，位 4、5 置 1，其余位不变，可用 【31】 程序段实现。

【31】A)ORL A,#11111011B
ANL A,#00110000B

B)ANL A,#11111011B
XRL A,#00110000B

C)ANL A,#11111011B
ORL A,#00110000B

D)ORL A,#00000011B
XRL A,#00110000B

答案:C

7. 已知 A=85H，执行 SUBB A,#10H 后，CY、OV 的值分别是 【32】 。

【32】A)0 和 0　　B)1 和 1

C)1 和 0　　D)0 和 1

答案:D

8. 执行指令序列 MOV 24H,#0FFH 和 CLR 24H 后，片内 RAM 24H 单元的内容是 【33】 。

【33】A)0FFH　　B)0EFH

C)24H　　D)00H

答案:B

9. 假设单片机的晶振频率为 12 MHz，则执行以下程序段需要的时间是 【34】 μs。

```
        MOV   R2,#10        ;指令机器周期数为1
LOOP:   NOP                 ;指令机器周期数为1
        DJNZ  R2,LOOP       ;指令机器周期数为2
```

【34】A)31　　B)31×12

C)4　　D)31÷12

答案:A

10. 以下对 MCS-51 串口的叙述中，正确的是 【35】 。

【35】A)它支持同步和异步串行通信

B)它能同时实现异步串行通信的接收与发送

C)它只能实现单向通信

D)它能支持异步串行通信的接收与发送,但不能同时接收和发送

答案:B

11. 已知 A=0A7H,CY=0,执行带进位循环右移指令 RRC A 后,A 和 CY 的值分别是 【36】 。

【36】A)4EH 和 0　　B)4EH 和 1

C)53H 和 1　　D)0D3H 和 1

答案:C

12. 以下指令对 A 中的数进行的是 【37】 运算。

```
        JNB ACC.7,NEXT
        CPL A
        INC A
NEXT: ……
```

【37】A)求反　　B)求补

C)取反后加 1　　D)求绝对值

答案:D

13. 已知 A=50H,(60H)=40H,执行以下程序段后,A 的内容是 【38】 。

```
        CJNE A,60H,NEXT
NEXT:   JC DONE
        MOV A,#30H
DONE: ……
```

【38】A)30H　　B)10H

C)50H　　D)60H

答案:A

14. 以下子程序的功能是:利用查表法求 A 中数(0≤A≤9)的平方值,并将结果存入片外数据存储器 SQUARE 单元中。

```
SQR:     MOV      DPTR,#SQRTAB
         【39】
         MOV      DPTR,#SQUARE
         【40】
         RET
SQRTAB:  DB 0,1,4,9,16,25,36,49,64,81
```

【39】A)MOVC A,@A+DPTR　　B)MOV A,@A+DPTR

C)MOVX A,@A+DPTR　　D)MOVC A,A+DPTR

【40】A)MOVC @DPTR,A　　B)MOVX @DPTR,A

C)MOVX @A+ DPTR,A　　D)MOV @DPTR,A

答案:【39】A 【40】B

二、请正确填充下面的画线部分，使其完成所要求的功能

（注意：本部分有8086微机系统和MCS-51单片机系统两套试题，考生只能从中任选一套作答，不允许交叉作答。每套共20个空，共40分。请将答案写在答题卡对应栏中，答在试卷上不得分）

（一）8086微机系统试题

1. 以下程序实现将字数组A中的负数删除。

```
;------------------------------------------------
DATA    SEGMENT
A       DW      -1,2,3,-3,4,-456,-6,888
        DW      600,800,-60,518,0
DATA    ENDS
;------------------------------------------------
STAK    SEGMENTSTACK
        DW      50 DUP(?)
STAK    ENDS
;------------------------------------------------
CODE    SEGMENT
        ASSUME  CS:【1】,DS:DATA,SS:STAK
START:  MOV     AX,DATA
        MOV     DS,AX
        MOV     SI,OFFSET A     ;SI为数组中取数指针
        MOV     BX,SI           ;BX为数组中存正数指针
LOP:    MOV     AX,[SI]         ;从数组中取数
        OR      AX,AX
        JZ      EXIT            ;若为0则结束
        JL      NEXT
        MOV     [BX],AX         ;重新存放数组中的正数
        【2】                   ;修改存放正数的新地址
NEXT:   【3】                   ;修改取数指针
        JMP     LOP
EXIT:   MOV     AX,4C00H
        【4】
CODE    ENDS
        END     START
;------------------------------------------------
```

答案：【1】CODE　【2】ADD BX,2　【3】ADD SI,2　【4】INT 21H

2. 以下程序检查DA1、DA1+1字节单元中存放的两个正整数，若为偶数则加1。

```
DATA    SEGMENT
DA1     DB        33H,66H
DATA    ENDS
;----------------------------------------
STAK    SEGMENT  STACK
        DW        20 DUP(?)
STAK    ENDS
;----------------------------------------
CODE    SEGMENT
        ASSUME    CS:CODE,DS:DATA,SS:STAK
GO:     MOV       AX,DATA
        MOV       DS,AX
        MOV       AX,WORD PTR DA1
        TEST      AL,01H
        JNZ       NEXT
        OR        AL,01H
NEXT:   【5】      AH,01H
        JNZ       LOAD
        【6】
LOAD:   MOV       WORD PTR DA1,AX
        MOV       AX,4C00H
        INT       21H
CODE    ENDS
        【7】
;----------------------------------------
```

答案:【5】TEST 【6】OR AH,01H 或 OR AH,1 【7】END GO

3. 以下程序从字符串 STRING 中删除一个字符,该字符的位置由键盘输入的一个数字确定。

```
;----------------------------------------
DATA    SEGMENT
STRING  DB        '1234567890'
COUNT   EQU       $ -STRING
DATA    ENDS
;----------------------------------------
STAK    SEGMENTSTACK
        DW        20 DUP(?)
STAK    ENDS
;----------------------------------------
```

```
CODE      SEGMENT
          ASSUME    CS:CODE,DS:DATA,SS:STAK
START:    MOV       AX,DATA
          MOV       DS,AX
REINPUT:  MOV       AH,1
          INT       21H                 ;调用系统功能读键
          【8】
          CMP       AL,1
          JB        REINPUT             ;如键值超出范围,重新输入
          CMP       AL,COUNT
          【9】     REINPUT             ;如键值超出范围,重新输入
          MOV       AH,0
          LEA       BX,STRING
          MOV       CX,COUNT
          CALL      DELETE              ;调用 DELETE 删除一个字符
          MOV       AX,4C00H
          INT       21H
DELETE    PROC      NEAR
          ADD       BX,AX
          SUB       CX,AX
LOP1:     MOV       AL,[BX]             ;删除字符后,后续字符前移
          MOV       [BX-1],AL
          【10】
          LOOP      LOP1
          【11】
DELETE    【12】
CODE      ENDS
          END       START
```

答案:【8】AND AL,0FH 或 AND AL,0CFH 或 XOR AL,30H 或 SUB AL,30H

【9】JA 或 JNB 【10】INC BX 或 ADD BX,1 【11】RET 【12】ENDP

4. 以下指令执行时,在 PC 总线上将产生相应的有效读或写信号。

填空示例:OUT 80H,AL;<u>I/O 端口写信号 IOW(—)</u>,(—)表示低电平有效,(+)表示高电平有效。

```
MOV   BX,[1800H]      ;  【13】
MOV   [BX+SI],AL      ;  【14】
IN    AL,DX           ;  【15】
```

答案:【13】MEMR(—) 【14】MEMW(—) 【15】IOR(—)

5. 8086 微型计算机在最小模式下的部分电路如图所示。

①与 【16】 相连接；②与 【17】 相连接；③与 【18】 相连接；④与 【19】 相连接；⑤与 【20】 相连接。

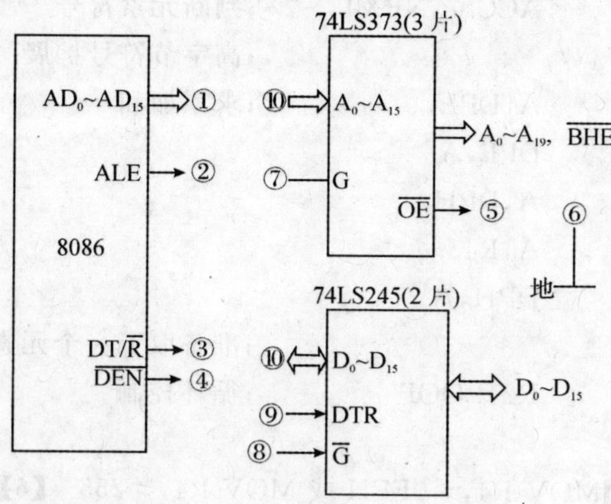

答案:【16】⑩ 【17】⑦ 【18】⑨ 【19】⑧ 【20】⑥

(二)MCS-51 单片机系统试题

1. 以下子程序的功能是：将片内 RAM SOURCE 单元中存放的 8 位无符号二进制数转换为三位 BCD 码表示的十进制数，该数的个位、十位和百位分别存放到片内 RAM TARGET＋1 单元中的高四位、低四位和 TARGET 单元中的低四位，如：(SOURCE)＝0A5H＝165，则(TARGET)＝01H，(TARGET＋1)＝65H。

```
BTOD:   MOV     R0,＃ TARGET
        MOV     A,SOURCE
        MOV     B, 【1】
        DIV     AB
        MOV     @R0,A
        MOV     A,＃10
        【2】
        DIV     AB
        SWAP    A
        【3】
        INC     R0
        MOV     @R0,A
        RET
```

答案:【1】＃64H 或＃100 【2】XCH A,B 【3】ADD A,B 或 XRL A,B 或 ORL A,B

2. 以下子程序的功能是：对片内 RAM ARY 数组元素求和并存放到 DPTR 中，元素个数在 COUNT 单元中，元素为补码表示的带符号数。

```
SUM:    MOV     DPTR,＃0
        MOV     R2,COUNT
        MOV     R0,＃ARY          ;R0 为数组指针
```

```
LOOP:   MOV     R4,#00H
        MOV     A, 【4】          ;取数组元素
        JNB     ACC.7,NEXT       ;判断元素符号
        【5】                     ;高字节符号扩展
NEXT:   ADD     A,DPL            ;求累加和
        MOV     DPL,A
        MOV     A,DPH
        【6】    A,R4
        MOV     DPH,A
        【7】                     ;准备取下一个元素
        【8】    R2,LOOP          ;循环控制
        RET
```

答案:【4】@R0 【5】MOV R4,#0FFH 或 MOV R4,#255 【6】ADDC 【7】INC R0 【8】DJNZ

3. 以下程序的功能是:利用定时器 T0 定时 100 ms 中断的方法,实现电子钟功能。其中片内 RAM HOUR、MIN、SEC、COUNT 分别存放小时、分、秒和十分之一秒。单片机的晶振频率为 6 MHz。

```
TIME_L  EQU     176+5            ;时间常数低字节和补偿值
TIME_H  EQU     【9】             ;时间常数高字节
;—————————————————————————
        ORG     0000H
        AJMP    MAIN
        ORG     000BH
        MOV     TL0,#TIME_L
        MOV     TH0,#TIME_H
        【10】
        ORG     030H
ITRT0:  PUSH    PSW
        PUSH    ACC
        DJNZ    COUNT,ITRT01
        【11】
        INC     SEC
        MOV     A,SEC
        CJNE    A, 【12】 ,ITRT01
        MOV     SEC,#00H
        INC     MIN
        MOV     A,MIN
        CJNE    A,#60,ITRT01
```

```
          MOV     MIN,#00H
          INC     HOUR
          MOV     A,HOUR
          CJNE    A,#24,ITRT01
          MOV     HOUR,#00H
ITRT01:   【13】
          POP     PSW
          RETI
MAIN:     MOV     TMOD,#01H          ;将 T0 设置为工作方式 1 的定时方式
          MOV     TL0,#TIME_L
          MOV     TH0,#TIME_H
          MOV     COUNT,#10
          MOV     A,#00H
          MOV     HOUR,A
          MOV     MIN,A
          MOV     SEC,A
          MOV     IE,#10000010B      ;开 T0 中断
          SETB    TR0
          ……                         ;以下主程序部分省略
          END
```

答案:【9】60 或 3CH 【10】AJMP ITRT0 或 LJMP ITRT0 或 SJMP ITRT0

【11】MOV COUNT,#10 或 MOV COUNT,#0AH 【12】60 或 3CH

【13】POP ACC

5. 某试验系统软、硬件实现:从片内 RAM ARY 单元起依次存放 NUM 个待输出的数据,按一次 K 键输出一个数据,数的各位通过 LED 显示。

图中 74LS373 的 $\overline{OE}$ 引脚应接__【14】__,74LS138 的 G1 引脚应接__【15】__;根据程序中

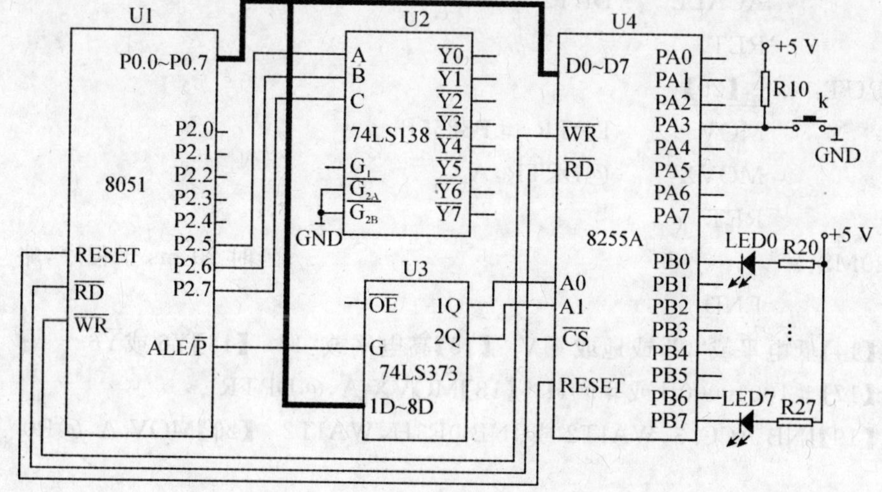

给出的地址 P8255A，8255A 的 $\overline{CS}$ 应与 74LS138 的 __【16】__ 引脚相连。

提示：8255A 方式控制字的各位含义是：

D0＝1：C 口低半字节输入；D1＝1：B 口输入；D2＝1：B 口方式 1；D3＝1：C 口高半字节输入；D4＝1：A 口输入；D6、D5 设置 A 口工作方式；D7＝1：命令字特征位

```
P8255A      EQU     0C000H
P8255B      EQU     P8255A+1
P8255CMD    EQU     P8255A+3
            ……                          ;部分程序省略
START:      MOV     DPTR,#P8255CMD
            MOV     A, 【17】
            MOVX    @DPTR,A             ;设置 8255A 的工作方式
            MOV     R2,#NUM
            MOV     R0,#ARY
LOOP:       ACALL   INPUT               ;判断开关状态
            ACALL   OUTPUT              ;输出数据
            INC     R0
            DJNZ    R2,LOOP
            ……                          ;部分程序省略
INPUT:      MOV     DPTR,#P8255A
WAIT1:      【18】
            JB      ACC.3,WAIT1
            ACALL   DLY20MS             ;延时消除按键抖动
            MOVX    A,@DPTR
            JB      ACC.3,WAIT1
WAIT2:      MOVX    A,@DPTR             ;等按键放开
            【19】
            ACALL   DLY20MS
            RET
OUTPUT:     【20】
            MOV     DPTR,#P8255B
            MOVX    @DPTR,A
            RET
DLY20MS:    ……                          ;延时 20 ms 子程序，略
            END
```

答案：【14】低电平或“0”或地或 0 V 【15】高电平或“1” 【16】Y6 或 $\overline{Y6}$

【17】#10010000B 或 #90H 【18】MOVX A,@DPTR

【19】JNB ACC.3,WAIT2 或 JNB 0E3H,WAIT2 【20】MOV A,@R0

第五套

一、选择题(本大题共40个单选项,共60分)

(一)计算机硬件和软件知识

(【1】~【25】每个选项1.5分)

1. 十六进制数88H,不表示__【1】__。

【1】A)无符号十进制数136　　B)补码表示的带符号数－8

C)原码表示的带符号数－8　　D)压缩BCD码十进制数88

答案:B

2. 存储器__【2】__在断电后,不能保留原有信息。

【2】A)RAM,ROM　　B)ROM,EPROM

C)PROM,RAM　　D)SRAM,DRAM

答案:D

3. 64 kB的EPROM的地址线数和数据线数分别为__【3】__。

【3】A)16,16　　B)16,4

C)16,8　　D)8,16

答案:C

4. Cache属于__【4】__存储器。

【4】A)半导体　　B)磁表面

C)光介质　　D)硬磁盘

答案:A

5. DAC0832的输入、输出及转换成电压需要的分别是__【5】__。

【5】A)模拟量,数字电流量,电压放大器　　B)模拟量,数字电压量,运算放大器

C)数字量,模拟电压量,电压放大器　　D)数字量,模拟电流量,运算放大器

答案:D

6. 计算机主板上各IC公共端接地(GND)的理由中,不包括__【6】__。

【6】A)地线可以避雷,防静电　　B)地线作为各IC的电压基准

C)各IC信息的"0"　　D)各IC电源的公共端

答案:A

7. 以下关于并行总线的叙述中,不正确的是__【7】__。

【7】A)数据总线传递的是数据,可在CPU与IC之间双向传送

B)控制总线传递的是数据的有效时刻与传送方向

C)地址总线传递的是地址,用于选择IC与IC中的单元

D)通过三总线,CPU先后发出控制、地址与数据

答案:D

8. __【8】__不属于接口功能。

【8】A)电平转换　　B)数据格式转换
C)总线仲裁　　D)数据缓冲

答案:C

9. 74LS138 译码工作的条件是:G_1、G_{2A}、G_{2B}为 【9】 。

【9】A)高电平、高电平、低电平　　B)高电平、低电平、低电平
C)高电平、低电平、高电平　　D)低电平、高电平、高电平

答案:B

10. 通信中,DTE 与 DCE 可以是 【10】 。

【10】A)MODEM 与计算机　　B)计算机与传输链路
C)计算机与 MODEM　　D)通信设备与传输链路

答案:C

11. 【11】 是动态图像压缩的标准。

【11】A)MPEG　　B)NTSC
C)JPEG　　D)PAL

答案:A

12. 测试时,采样频率应高于或等于被测信号最高频率的 【12】 倍。

【12】A)1.2　　B)1.5
C)1.8　　D)2.0

答案:D

13. 在载波通信中,表示线路上状态变化速率的是 【13】 。

【13】A)波特率　　B)比特率
C)数传率　　D)误码率

答案:A

14. 【14】 芯片可以作为 8 位双向数据总线的驱动电路。

【14】A)74LS138　　B)74LS166
C)74LS164　　D)74LS245

答案:D

15. A/D 转换期间,要求模拟信号保持稳定,对变化速度较快信号要采用 【15】 电路。

【15】A)逐次逼近　　B)采样保持
C)电量转换　　D)二次缓冲

答案:B

16. 计算机的程序在 【16】 ,获得 CPU 的控制权。

【16】A)程序指针指向该程序的指令时　　B)控制计算机的操作时
C)从外存调到内存中时　　D)受到计算机的控制时

答案:A

17. 以下总线中,数据吞吐率最快的是 【17】 。

【17】A)XT 总线　　B)AT 总线
C)EISA 总线　　D)PCI 总线

答案:D

18. 集线器用于__【18】__拓扑结构的网络上,作为这种拓扑结构的接线点,在局域网中起着枢纽作用。

【18】A)总线型　　B)环型

C)网状型　　D)星型

答案:D

19. 虚拟局域网的最大优点是能够有效地__【19】__。

【19】A)增加局域网的数据传输速率　　B)防止病毒和黑客的侵入

C)隔离广播风暴　　D)增加局域网的容量

答案:C

20. 具有2000个结点的二叉树,其高度至少为__【20】__。

【20】A)9　　B)11

C)10　　D)12

答案:B

21. 若一个栈的输入序列是1,2,3,…,n,输出序列的第一个元素是n,则第i个输出元素是__【21】__。

【21】A)$n-i+1$　　B)$n-i-1$

C)$n-$I　　D)i

答案:A

22. __【22】__可以用于设计计算机电原理图和印刷电路板。

【22】A)Protel 99SE　　B)AutoCAD 2000

C)Coreldraw 12　　D)Photoshop 7.0

答案:A

23. Windows操作系统中,硬盘常用的分区格式有三种,不含__【23】__。

【23】A)FAT16格式　　B)Ext2格式

C)NTFS格式　　D)FAT32格式

答案:B

24. 1个8位并口接1只LED数码管,从低位到高位分别接a、b、c、d、e、f、g、dp字段,输出"0"点亮对应字段。数码管显示"3"的字形代码为__【24】__。

【24】A)06H　　B)B0H

C)60H　　D)4FH

答案:B

25. 以下是C语言源程序编译时给出的出错信息:

Lvalue required.

The left-hand side of an assignment operator must be an addressable expression. These include numeric or pointer variables, structure field references or indirection through a pointer, or a subscripted array element.

【25】 编译时会给出以上提示。

【25】A)a[1+2]=b[]; B)3=1+2;

C)a=1/0; D)a.b=3+*;

答案:B

(二)微计算机系统扩展、接口与汇编语言

(注意:本部分有8086微机系统和MCS-51单片机系统两套试题,考生可从中任选一套作答,每套共15个选项,【26】~【40】每个选项1.5分)

(1)8086微机系统试题

1. 在寄存器PSW(FLAGS)中,属于状态标志的是 【26】 。

【26】A)DF,OF,ZF B)OF,SF,TF

C)PF,IF,DF D)SF,AF,PF

答案:D

2. 执行MUL CX后,乘积存放在 【27】 中。

【27】A)CX,BX B)DX,AX

C)CX,AX D)AX,CX

答案:B

3. 对于以下定义,COUNT的值是 【28】 。

BUFFER DW 3 DUP(?)

COUNT EQU $-BUFFER

【28】A)2 B)3

C)6 D)9

答案:C

4. 设BH=4BH, 【29】 执行后使得BH=0BBH。

【29】A)XORBH,0F0H B)TESTBH,0F0H

C)ORBH,0F0H D)ANDBH,0F0H

答案:A

5. 以下指令源操作数在堆栈段中的是 【30】 。

【30】A)ADDAL,[SI] B)SUBAX,[BX]

C)AND[SI],AL D)MOVAL,[BP]

答案:D

6. 以下指令执行后,对源和目的操作数均无影响的是 【31】 。

【31】A)MOV AX,[SI+88] B)CMPAX,DX

C)ADD [BX],3344H D)SBBBX,CX

答案:B

7. 以下正确的指令是 【32】 。

【32】A)XCHGAX,DS B)XCHGAL,0FH

C)XCHGCL,[DI] D)XCHG[SI],[BX]

答案:C

8. 设 AL=86H,BL=39H,执行以下指令后

ADD AL,BL

DAA

AL 与 CF 的内容分别是 【33】 。

【33】A)25H,1　　B)25,0

C)0C0H,0　　D)25,1

答案:A

9. 当 SS=0805H,SP=40H,AX=1234H,BX=5678H,执行 PUSH AX 和 PUSH BX,再执行 POP DX,此时堆栈顶部的物理地址与 DX 的值分别是 【34】 。

【34】A)08092H,1234H　　B)08090H,3456H

C)0808CH,5678H　　D)0808EH,5678H

答案:D

10. 设 BX=1234H,DS=2000H,(21234H)=5678H,则指令 LEA SI,[BX]执行后, 【35】 。

【35】A)SI=5678H　　B)SI=1234H

C)SI=2000H　　D)SI=3234H

答案:B

11. 设有数据段:

```
DATA  SEGMENT
DA1   DB 1,2,3,4,5,6,7,0FEH
DA2   DW 1234H,6538H
DA3   DD ?
DATA  ENDS
```

DA3 的偏移地址为 【36】 。

【36】A)0010H　　B)0009H

C)0007H　　D)000CH

答案:D

12. 从 I/O 地址为 2F0H 的端口输入 16 位数据,正确的程序段是 【37】 。

【37】A)MOV DX,2F0H
IN AL,DX

B)MOV DX,2F0H
MOV AX,[DX]

C)MOV DX,2F0H
IN AX,DX

D)IN AX,2F0H

答案:C

13. 设有程序段:

```
MOV   BX,0FFFEH
NEG   BX
```

NOT BX

上述指令执行后,BX 中的内容是 【38】 。

【38】A)0FFFEH　　B)0FFFDH

C)0FFFFH　　D)0FFFCH

答案:B

14. 设有程序段:

```
        ORG   1500H
NUM     EQU   6789H
DAT     DW    3456H
          ⋮
MOV     BX,   OFFSET DAT
```

上述指令执行后,BX 中的内容是【39】 。

【39】A)1502H　　B)3456H

C)1500H　　D)1501H

答案:C

15. 设有程序段:

```
MOV   AX,23H
MOV   BL,10H
DIV   BL
```

上述指令执行后,AX 中的内容是 【40】 。

【40】A)203H　　B)203

C)302H　　D)302

答案:C

(2)MCS-51 单片机系统试题

1. MCS-51 单片机内部 RAM 可位寻址区在 【26】 单元中。

【26】A)00H~7FH　　B)20H~7FH

C)00H~1FH　　D)20H~2FH

答案:D

2. 【27】 是 MCS-51 单片机中时间最长的时序。

【27】A)状态　　B)指令周期

C)节拍　　D)机器周期

答案:B

3. 定时器/计数器的工作方式 1 是 【28】 方式。

【28】A)8 位计数　　B)2 个 8 位计数

C)16 位计数　　D)13 位计数

答案:C

4. 8031 响应中断的最短时间和最长时间是 【29】 。

【29】A)3个机器周期和8个机器周期　　B)3个时钟周期和8个时钟周期

C)1个机器周期和5个机器周期　　D)1个时钟周期和5个时钟周期

答案:A

5. 以下不正确的指令是__【30】__。

【30】A)MOVCA,@A+DPTR　　B)MOVX A,@R0

C)MOV 0,1　　D)MOV A,@R3

答案:D

6. 以下程序段执行后__【31】__。

ORL A,#11H

ANL A,#0F9H

【31】A)A中位0、4求反,位2、3清0,其他位不变

B)A中位0、4置1,位1、2清0,其他位不变

C)A中位0、4求反,位1、2清0,其他位不变

D)A中位0、4清0,位1、2置1,其他位不变

答案:B

7. 已知A=0F8H,执行ADD A,#0A9H后,PSW中的OV、CY的值分别是__【32】__。

【32】A)0、0　　B)1、1

C)0、1　　D)1、0

答案:C

8. P1.0外接输入电路,当__【33】__时不可以输入外部电平变化。

【33】A)CLR P1.0　　B)SETB P1.0

C)SETB C
MOV P1.0,C　　D)ORL P1,#00000001B

答案:A

9. 若PSW.4(RS1)=0,PSW.3(RS0)=1,与MOV A,R0等效的指令是__【34】__。

【34】A)MOV A,80H　　B)MOV A,10H

C)MOV A,00H　　D)MOV A,08H

答案:D

10. MCS-51单片机开启外部中断1应对__【35】__置1。

【35】A)EA,EX0　　B)EA,EX1

C)ES,EX1　　D)ES,ET1

答案:B

11. 指令LCALL 0345H的地址为1FFEH,执行指令前SP=5FH,执行指令后SP=__【36】__,入栈内容为__【37】__。

【36】A)5CH　　B)60H

C)5FH　　D)61H

【37】A)2000H　　B)1FFEH

C)2001H　　D)1FFFH

答案:【36】D 【37】C

12. 已知 A=67H,CY=1,执行 RLC A 后,CY 和 A 的值分别是 【38】 。

【38】A)1,0D6H　　B)0,0CFH

C)1,0B3H　　D)1,6FH

答案:B

13. 已知片内 RAM 的(1FH)、(20H)分别为 0FFH 和 80H,R0=1FH,执行以下程序段后,R0 与 A 的值分别为 【39】 。

```
INC     R0
INC     @R0
MOVA,@R0
```

【39】A)1FH,81H　　B)1FH,00H

C)20H,81H　　D)20H,80H

答案:C

14. MCS-51 单片机的 P1 口 【40】 。

【40】A)不能写数据,只能读数据

B)能写数据,但只能读锁存器,不能读引脚

C)能写数据,读锁存器,还能读引脚

D)能写数据,但只能读引脚,不能读锁存器

答案:C

二、请正确填充下面的画线部分,使其完成所要求的功能

(注意:本部分有 8086 微机系统和 MCS-51 单片机系统两套试题,考生只能从中任选一套作答,不允许交叉作答。每套共 20 个空,共 40 分。请将答案写在答题卡对应栏中,答在试卷上不得分)

(一)8086 微机系统试题

1. 以下程序段把字符串 STR 中的所有大写字母改为小写字母,被改写的字母仍存到原处。该字符串以 0 作为结束标志。

```
;-----------------------------------------
DATA    SEGMENT
STR     DB          'How Many Boys? ',0
DATA    ENDS
;-----------------------------------------
CODE    SEGMENT
        ASSUME      CS:CODE,DS:DATA
START:  MOV         AX,SEG 【1】
        MOV         DS,AX
        MOV         SI,OFFSET STR
```

```
LOP:     MOV      AL,[SI]        ;取一字符
         OR       AL,AL          ;判是否到字符串末尾
         【2】    EXIT           ;若 AL=0 转 EXIT
         CMP      AL,'A'         ;否则,判是否为大写字母
         JB       NEXT           ;否,转下一个
         CMP      AL,'Z'
         【3】    NEXT
         ADD      AL,20H
         MOV      [SI],AL
NEXT:    INC      SI
         JMP      【4】
EXIT:    ⋮
;---------------------------------
```

答案:【1】STR 【2】JZ 或 JE 【3】JA 或 JG 或 JNBE 或 JNLE 或 JNC 【4】LOP

2. 以下程序段查找 DTAB 表中是否有 DKEY 单元中指定的关键数据,找到将其在表中的偏移地址存入 ADDR 单元,并显示 Y;找不到则显示 N。

```
DATA     SEGMENT
DTAB     DW       38,-56,568,1024,-32768,256,-255,…
COUNT    EQU      $ -DTAB
DKEY     DW       100H
ADDR     DW       ?
DATA     ENDS
;-----------------------------------------
CODE     SEGMENT
         ASSUME   CS:CODE,DS:DATA
GO:      MOV      AX,DATA
         MOV      DS,AX
         MOV      【5】 ,AX      ;设置目的串的段地址
         LEA      DI,DTAB
         MOV      CX,COUNT
         MOV      AX,DKEY        ;取关键数据
         CLD
         REPNZ    SCASW          ;重复扫描,字操作
         JE       FOUND
         MOV      DL,'N'
         【6】
FOUND:   DEC      DI             ;寻找关键数据的偏移地址
```

```
        【7】
        MOV     ADDR,DI
        MOV     DL,'Y'
EXIT:   MOV     AH,2
        INT     21H
        MOV     AH,4CH
        INT     21H
CODE    ENDS
        END     GO
;----------------------------------------
```

答案:【5】ES 【6】JMP EXIT 【7】DEC DI

3. 在数据段中,变量 WEEK 存储星期一至星期日的英文缩写,DAY 单元中用数 1～7 分别表示星期一到星期日,程序根据 DAY 的内容显示对应星期的英文缩写。

```
DATA    SEGMENT
WEEK    DB      'MON','TUE','WED','THU','FRI','SAT','SUN'
DAY     DB      3
DATA    ENDS
;----------------------------------------
CODE    SEGMENT
        ASSUME  CS:CODE,DS:DATA
START:  MOV     AX,DATA
        MOV     DS,AX
        XOR     BX,BX
        MOV     BL,DAY
        【8】                        ;调整 BL 的偏移量
        MOV     DL,BL                ;BL 乘 3
        SHL     BL,1
        【9】   BL,DL
        MOV     CX,3
LOP:    MOV     DL, 【10】
        MOV     AH,2
        INT     21H
        【11】                       ;下一个字符
        【12】  LOP
        MOV     AH,4CH
        INT     21H
CODE    ENDS
```

```
        END         START
;————————————————————————————————
```

答案:【8】DEC BL 【9】ADD 或 ADC 【10】[BX+WEEK]或 WEEK[BX]
【11】INC BX 或 INC BL 【12】LOOP

4. 以下程序段将 BUF 中的内容以十六进制形式显示。

```
DATA    SEGMENT
BUF     DW      7ABCH
DATA    ENDS
;————————————————————————————————
CODE    SEGMENT
        ASSUME  CS:CODE,DS:DATA
GO:     MOV     AX,DATA
        MOV     DS,AX
        MOV     BX,BUF
        MOV     CX,404H
LOP:    ROL     BX, 【13】
        MOV     AL,BL
        AND     AL, 【14】
        CALL    DISP
        DEC     CH
        【15】   LOP
        MOV     AH,4CH
        INT     21H
DISP    PROC    NEAR            ;十六进制数转为 ASCII 码并显示
        MOV     DL,AL
        CMP     DL,9
        【16】
        ADD     DL,7
L1:     ADD     DL, 【17】
        MOV     AH,2
        INT     21H
        RET
DISP    ENDP
CODE    ENDS
        END     GO
;————————————————————————————————
```

答案:【13】CL 【14】0FH 【15】JNZ 或 JNE 【16】JBE 或 JLE 或 JNA 或 JNG L1

【17】30H 或 48

5. 已知 8255A 为打印机接口,电路与打印机信号时序如图所示。8255A 的 PA 口地址为 2FCH,PB 口地址为 2FDH,PC 口地址为 2FEH,控制口地址为 2FFH,工作于方式 0。以下程序段用查询方式将数据区中变量 DATA 的一个字节数据送打印机打印。

```
        MOV     AL,00001011B      ;置选通信号 STB 为高电平
        MOV     DX,2FFH
        OUT     DX,AL
        DEC     DX
BWAIT:  IN      AL, 【18】         ;查询 BUSY 的状态
        TEST    AL, 【19】
        JNZ     BWAIT
        MOV     AL,DATA           ;将 DATA 中数据送 PA 口
        MOV     DX,2FCH
        OUT     DX, 【20】
        MOV     AL,00001010B      ;置选通信号 STB 为低电平
        MOV     DX,2FFH
        OUT     DX,AL
        MOV     AL,00001011B      ;置选通信号 STB 为高电平
        OUT     DX,AL
          ⋮
```

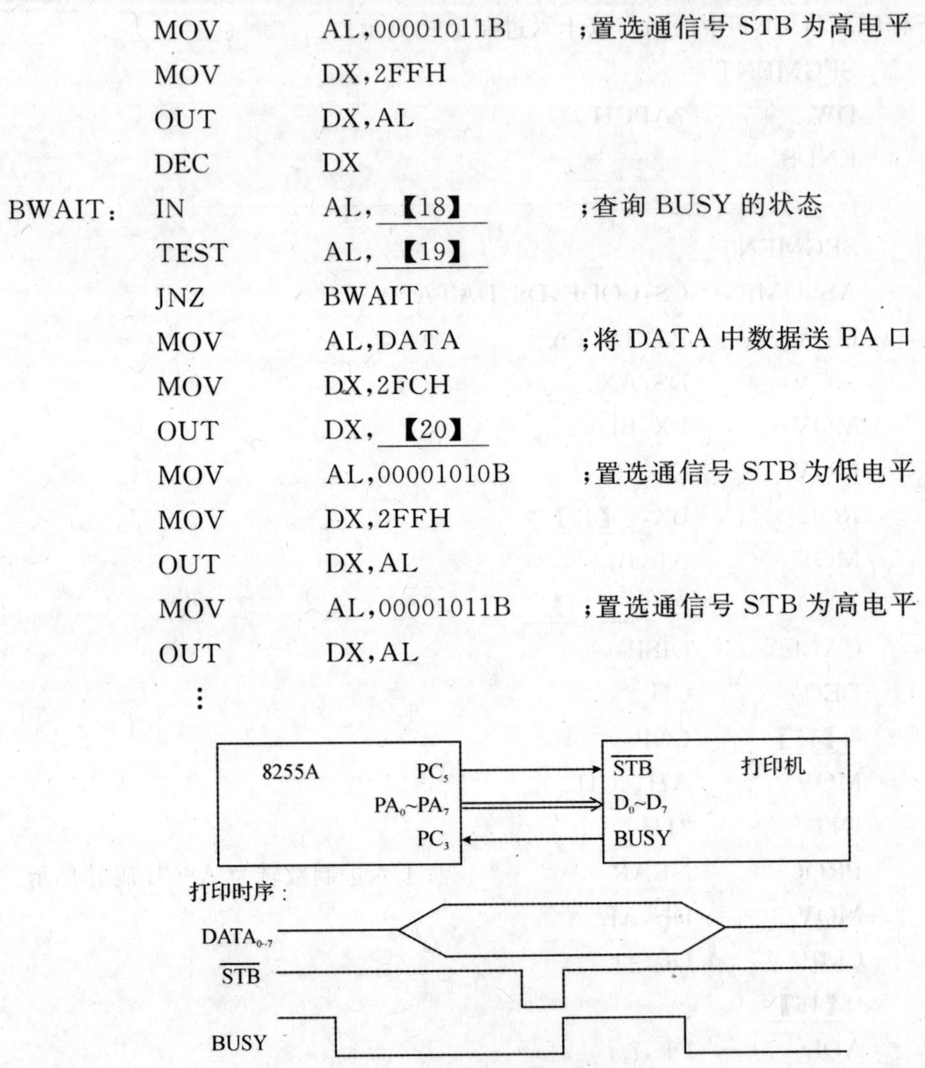

打印机连接与时序示意图

答案:【18】DX 【19】08H 或 8 或 00001000B 【20】AL

(二)MCS-51 单片机系统试题

1. 以下子程序对两字符串进行比较。字符串的首地址分别为 20H 和 30H,长度在 41H 中,若两字符串相等,40H 单元的内容为 00H,否则为 0FFH。

```
STRING: MOV     R0,#20H
        MOV     R1,#30H
        MOV     40H,#0FFH
LOOP:   MOV     A,@R0
```

```
            【1】
        SUBB        A,@R1
            【2】    NOSAME
        INC         R0
        INC         R1
            【3】    41H,LOOP
        MOV         40H, 【4】
NOSAME: RET
```

答案:【1】CLR C 【2】JNZ 【3】DJNZ 【4】#0

2. 以下子程序的功能是:将 RAM 中从 BUF 地址开始的字符串送到外部 RAM 中 STR 地址开始的存储区中,'*'为字符串结束标志。

```
BUFTOSTR: MOV       R1,#BUF
          MOV       DPTR,#STR
LOOP:     MOV       A,@R1
          CJNE      A,#'*', 【5】
              【6】                     ;结束传送
NEXT:         【7】  @DPTR,A
          INC       R1
          INC       DPTR
          SJMP      【8】
```

答案:【5】NEXT 【6】RET 【7】MOVX 【8】LOOP

3. 以下子程序的功能是:将存放在 A 中一字节压缩 BCD 码转换为两字节非压缩 BCD 码,分别存放在 R0(低)和 R1(高)中,对错误的 BCD 码,A 置 255。

```
BCDB:   MOV         R1,A
            【9】
        ANL         A,#0FH
        CJNE        A,#10,NEXT1
NEXT1:  JNC         ERROR
            【10】
        ANL         A,#0FH
        CJNE        R0,#10,NEXT2
NEXT2:  JNC         ERROR
        MOV         R0,A
        RET
ERROR:  MOV         A, 【11】
        RET
```

答案:【9】SWAP A 【10】XCH A,R1 【11】#255 或#0FFH

4. 下图是 8051 通过 8255A 与打印机相连的电路图，图中的①是 8051 的 【12】 引脚；电路使用 【13】 编址方式；74LS373 的 G 端接 【14】，$\overline{OE}$ 端接 【15】。

8255A 的 PA 口工作在方式 0，控制字中未用位均设为"1"。PA 口地址为 7F00H，PB 口地址为 7F01H，PC 口地址为 7F02H，控制口地址为 7F03H，待打印的字符在 R1 中。

程序段如下：

```
PRINT:  MOV     DPTR,＃7F03H
        MOV     A, 【16】
        MOVX    @DPTR,A          ;写入控制字
        MOV     A,＃05H
        MOVX    @DPTR,A          ;输出 STB 为高电平
WAIT:   MOV     DPTR, 【17】
        MOVX    A,@DPTR          ;查询打印机状态
        【18】
        MOV     DPTR, 【19】
        MOV     A,R1             ;输出数据
        MOVX    @DPTR,A
        MOV     DPTR,＃7F03H
        MOV     A,＃04H
        MOVX    @DPTR,A          ;输出 STB 为低电平
        MOV     A, 【20】
        MOVX    @DPTR,A
        ⋮
```

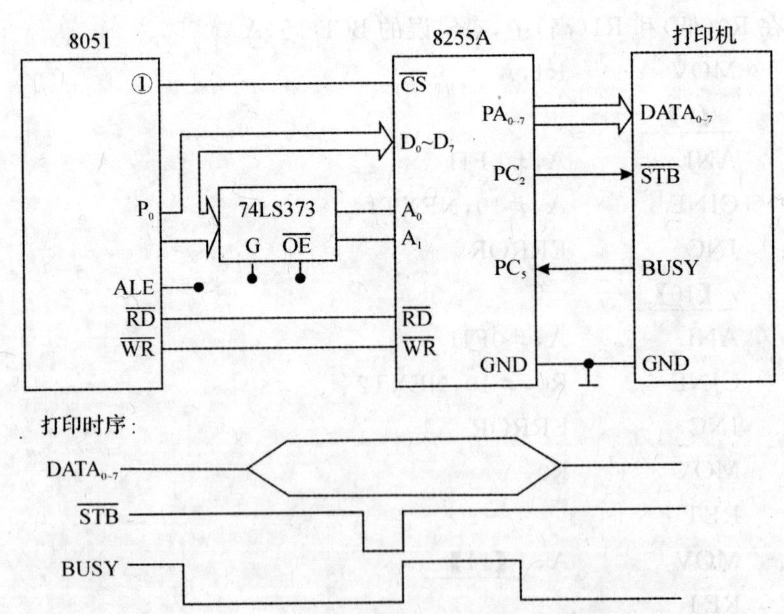

提示：

8255A 方式控制字各位的含义是：

D_0：PC_0～PC_3 的 I/O 位；D_1：PB 口的 I/O 位；D_2：PB 口工作方式；D_3：PC_4～PC_7 的 I/O 位；D_4：PA 口 I/O 位；D_5～D_6：PA 口方式；D_7＝1：命令字特征位。

C 口位控字各位的含义是：

D_0：置 1/清 0；D_1～D_3：PC 口位选择；D_4～D_6：不用（可为 0）；D_7＝0：位控字特征位。

答案：【12】P2.7　【13】线选　【14】ALE　【15】地　【16】＃8EH 或＃10001110B

【17】＃7F02H　【18】JB ACC.5，WAIT 或 JB A.5，WAIT　【19】＃7F00H

【20】＃05H 或＃00000101B

第六套

一、选择题

(本大题共 40 个单选项,共 60 分)

(一)计算机硬件和软件知识

(【1】~【25】每个选项 1.5 分)

1. +66 与-66 用 8 位补码表示分别为__【1】__。

【1】A)01000010B 和 10111110B　　B)01100110B 和 11100110B

C)01000010B 和 11000010B　　D)01000010B 和 11000001B

答案:A

2. 在 I/O 数据传送方式中,中断方式与查询方式相比,主要优点是__【2】__。

【2】A)软硬件简单　　B)适合成批数据高速传输

C)CPU 可及时进行 I/O 操作　　D)I/O 传输不易出错

答案:C

3. 实现 CPU __【3】__不属于 I/O 接口的功能。

【3】A)与 I/O 设备间的电平匹配　　B)与 I/O 设备间的信号联络

C)与 I/O 设备间的速度匹配　　D)对内存数据的存取

答案:D

4. 对 USB,叙述错误的是__【4】__。

【4】A)USB 设备可热插拔

B)每个 USB 设备必须为其分配独立的 I/O 端口地址

C)USB 总线比 RS232 和 RS485 的传输速度快,但比 PCI 总线的速度慢

D)USB 总线属于串行总线

答案:B

5. 以像素点阵形式描述的图像称为__【5】__。

【5】A)位图　　B)投影图

C)矢量图　　D)几何图

答案:A

6. 以下__【6】__为动态存储器。

【6】A)EEPROM　　B)EPROM

C)SRAM　　D)DRAM

答案:D

7. 若语句 S 的执行时间为 $O(1)$,那么下列程序段的时间复杂度是__【7】__。

```
for(i=0;i<n;i++)
  for(j=0;j<=i;j++)
    S;
```

【7】A)$O(n)$　　B)$O(n^2)$

C)$O(n\log n)$　　D)$O(n*i)$

答案:B

8. 现有一应用系统必须频繁对一线性表进行随机插入与删除操作,则此线性表宜采用 【8】 存储结构表示。

【8】A)数组　　B)队列

C)堆栈　　D)链表

答案:A

9. 已知有一棵二叉树,其后序(即后根)和中序(既中根)遍历的结果分别为 BDCA 和 BACD,则其前序(即前根)遍历的结果是 【9】 。

【9】A)ABCD　　B)ACBD

C)ACDB　　D)BCDA

答案:A

10. 已知有待排序数据:11 37 42 19 27,用冒泡排序算法对此数据进行从小到大排序,排序一趟后数据的顺序是 【10】 。

【10】A)11 37 19 42 37　　B)11 37 42 27 19

C)11 37 19 27 42　　D)11 19 37 27 42

答案:C

11. Linux 与 Windows 操作系统相比,其优点之一是 【11】 。

【11】A)源代码开放　　B)具图形用户界面

C)具虚拟存储管理功能　　D)具多任务处理功能

答案:A

12. 在一个单 CPU 系统中,下列说法中正确的是 【12】 。

【12】A)对于多任务操作系统,在同一时刻可以有多个进程处于运行状态

B)在同一时刻只能有一个进程处于运行状态

C)一旦 CPU 空闲,处于等待状态的进程可直接进入运行态

D)就绪状态的进程是指它拥有 CPU 控制权,但还不具备运行条件的进程

答案:B

13. 按照 OSI 网络体系结构, 【13】 属于网络层功能。

【13】A)比特流传输　　B)为数据包提供到达目标的路由

C)远程用户登录　　D)数据加密

答案:B

14. 对 RSA 公开密钥算法叙述错误的是 【14】 。

【14】A)RSA 的公钥是公开的,RSA 的私钥必须严格保密

B)RSA 算法可用于信息加密

C)RSA 算法可用于身份认证

D)RSA 是一对称加密算法

答案:D

15. 为把一 C 类 IP 网络划分为 4 个子网,其对应的掩码应为 【15】 。

【15】A)255.255.255.0　　B)255.255.255.128

C)255.255.255.192　　D)255.255.255.224

答案:C

16. 将 DIP 封装的 IC 芯片的缺口朝上时,引脚 1 位于 【16】 。

【16】A)左上角　　B)右上角

C)左下角　　D)右下角

答案:A

17. 为获得 TTL 二态电平的输出,在使用 【17】 芯片时,输出端必须加上拉电阻。

【17】A)与门　　B)或门

C)异或门　　D)OC 门

答案:D

18. ADC0809 集成电路是一种基于 【18】 原理进行 A/D 转换的器件。

【18】A)V/F 转换　　B)双积分

C)并行直接比较　　D)逐次逼近

答案:D

19. 现有一电压范围为 0～5 V 待检测的快速变化的模拟信号,采用 ADC0809 实现 A/D 转换,为减少测量误差,在待检测模拟信号与 A/D 电路之间应加入 【19】 电路。

【19】A)多路模拟开关　　B)放大倍数为 10 的运算放大

C)采样保持　　D)数字光电隔离

答案:C

20. 在设计 PCB 板时,下列说法错误的是 【20】 。

【20】A)不同的高频信号线要尽量并排靠紧走线

B)线宽应根据通过的电流值而定,不可过细

C)模拟电路与数字电路在物理位置上应尽量分开

D)输入电路与输出电路在物理位置上应尽量分开

答案:A

21. 用机械万用表电阻挡测量三极管,当黑、红表笔分别对三极管的 2、1 和 2、3 脚时,表笔指针偏转较大,黑、红表笔分别对三极管的 1、2 和 3、2 脚时,表笔指针几乎没有偏转,则此三极管是 【21】 。

【21】A)NPN 型,2 脚是 E 极　　B)PNP 型,2 脚是 E 极

C)NPN 型,2 脚是 B 极　　D)PNP 型,2 脚是 B 极

答案:C

22. 某一测控系统采用的措施中,不属于抗干扰措施的是 【22】 。

【22】A)设置看门狗(Watch dog)电路　　B)给功率元器件装散热片

C)给部分电路加金属外壳　　D)对采集的数据进行数字滤波

答案:B

23. 下图电路为继电器驱动电路，Vi 为 TTL 电平，则正确的电路是 【23】 ；其中 R1 和 D1 的主要作用分别是 【24】 。

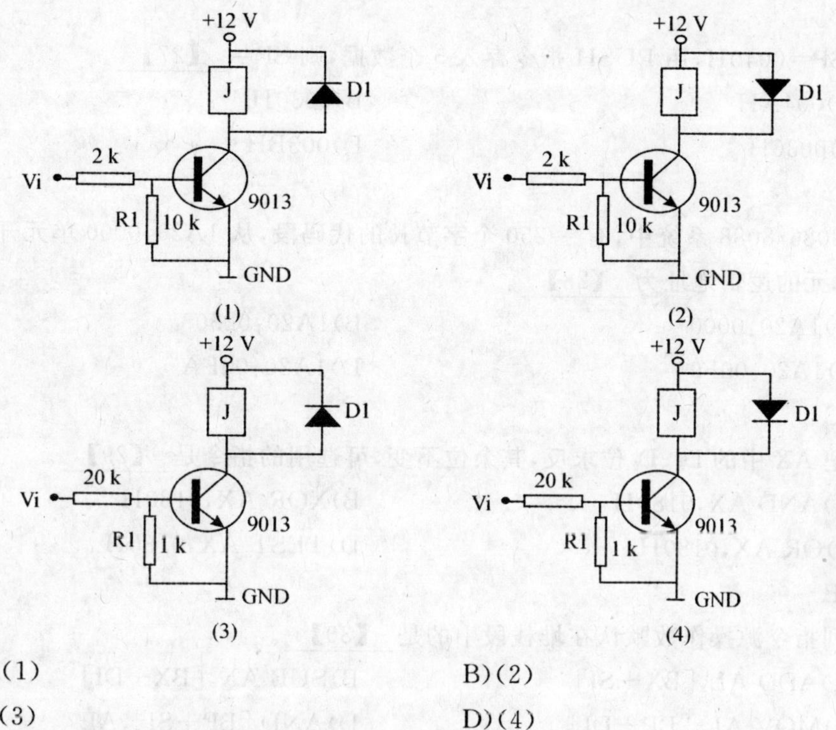

【23】A)(1) B)(2)

C)(3) D)(4)

【24】A)R1 起分压作用，保护三极管；D1 起整流作用

B)R1 起分压作用，保护三极管；D1 起续流作用，保护三极管

C)R1 起下拉作用，保证当 Vi 无信号时使三极管可靠截止；D1 起续流作用，保护三极管

D)R1 起下拉作用，保证当 Vi 无信号时使 9013 可靠截止；D1 起整流作用

答案：【23】A【24】C

24. In an object-oriented system, a 【25】 is a collection of data and methods that operate on that data. Taken together, the data and methods describe the state and behavior of an object. Classes are arranged in a hierarchy, so that a subclass can inherit behavior from its superclass.

【25】A)program B)class

C)stack D)structure

答案：B

（二）微计算机系统扩展、接口与汇编语言

（注意：本部分有 8086 微机系统和 MCS-51 单片机系统两套试题，考生可从中任选一套作答，每套共 15 个选项，【26】～【40】每个选项 1.5 分）

(1)8086 微机系统试题

1. 在标志寄存器 PSW 中属于控制标志的是 【26】 。

【26】A)DF,OF,ZF　　B)IF,DF,TF

C)PF,IF,SF　　D)OF,SF,TF

答案:B

2. 设 SP=0040H,用 PUSH 指令存入 5 个数据,则 SP= 【27】 。

【27】A)004AH　　B)0030H

C)0036H　　D)003BH

答案:C

3. 在 8086/8088 系统中,有一 250 个字节长的代码段,从 1A20:0000 单元开始存放,则该代码最后单元的逻辑地址为 【28】 。

【28】A)1A20:0000　　B)1A20:0250

C)1A20:00F9　　D)1A20:00FA

答案:C

4. 要把 AX 中的 D_8、D_7 位求反,其余位不变,可选用的指令是 【29】 。

【29】A)AND AX,0180H　　B)XOR AX,0180H

C)OR AX,0180H　　D)TEST AX,0180H

答案:B

5. 下列指令源操作数默认在堆栈段中的是 【30】 。

【30】A)ADD AL,[BX+SI]　　B)SUB AX,[BX+DI]

C)MOV AL,[BP+DI]　　D)AND [BP+SI],AL

答案:C

6. 指令执行前后,其源和目的操作数都不改变的是 【31】 指令。

【31】A)MOV AX,[SI+88]　　B)SBB [BX+SI],CX

C)ADD [BX],3344H　　D)TEST AX,8001H

答案:D

7. 下面有语法错误的指令是 【32】 。

【32】A)ADD　AX,5　　B)POP　CS

C)PUSH CS　　D)MOV SS,AX

答案:B

8. 对于以下定义,N 的值是 【33】 。

```
BUFFER DB 3 DUP(0,2,3 DUP(5,6))
N EQU $ -BUFFER
```

【33】A)9　　B)15

C)24　　D)12

答案:C

9. 欲判断 AX 的位 0、位 1 是否都为 0,且不改变 AX 的内容,可采用 【34】 指令。

【34】A)SUB AX,3　　B)OR AX,0FFFCH

C)AND AX,0003H　　D)TEST AX,0003H

答案:D

10. 设 AX=68,BL=10,执行指令 DIV BL 后,AX 的结果是 【35】 。

【35】A)AX=0608　　B)AX=0608H

C)AX=0806H　　D)AX=0806

答案:C

11. 对源程序 2. ASM 进行汇编(MASM)后的提示信息有:

……

```
Source filename      [. ASM]:2
Object filename      [2. OBJ]:
Source listing       [NUL. LST]:
Cross-reference      [NUL. CRF]:
2. ASM(12):Error A2009:Symbol not defined:DA3
……
    0 Warning Errors
    1 Severe   Errors
```

已知 DA3 为变量名,以下叙述正确的是 【36】 。

【36】A)源程序 12 行 DA3 符号无定义　　B)源程序 12 行有个警告性错误

C)源程序 12 行指令出错　　D)源程序 12 行没有定义

答案:A

12. 有一个数据段定义为:

```
DATA SEGMENT
ORG   1000H
DA1   DB 100H DUP(?)
NUM   EQU 2000H
DA2   DW ?
DATA ENDS
```

DA2 的偏移地址为 【37】 。

【37】A)1100H　　B)1101H

C)1102H　　D)1000H

答案:A

13. 已知 BX 中存有补码表示的负数,对它进行除 2 运算的正确指令是 【38】 。

【38】A)SHR BX　　B)SHL BX

C)IDIV 2　　D)SAR BX

答案:D

14. 字符串定义语句为:

STRING DB 'Computer',10,13,'Good! '

给变量 STRING 的存储空间字节数是 【39】 。

【39】A)15　　　　　　　　　　　　　　B)17

C)15H　　　　　　　　　　　　　　D)17H

答案:A

15. 设有程序段:

MOV AL,39H

ADD AL,28H

执行上述 2 条指令后,状态标志 OF、SF、ZF、AF、PF、CF 的内容是__【40】__。

【40】A)0,0,0,0,1,0　　　　　　　　　B)0,0,0,1,1,0

C)0,1,0,0,1,0　　　　　　　　　D)0,0,0,1,0,0

答案:D

(2)MCS-51 单片机系统试题

1. 设 MCS-51 单片机的晶振频率为 12 MHz,则执行 4 个机器周期的指令 MUL AB 需要的时间是__【26】__。

【26】A)1/4 μs　　　　　　　　　　　B)4 μs

C)48 μs　　　　　　　　　　　D)4 ms

答案:B

2. MCS-51 单片机的片外数据存储器的地址空间__【27】__。

【27】A)只能用于 I/O 接口扩展

B)只能用于片外数据存储器的扩展

C)可用于片外数据存储器和 I/O 接口的扩展

D)可用于片内、外数据存储器和 I/O 接口的扩展

答案:C

3. 对于 AT89C51 单片机,P0 口__【28】__。

【28】A)只能用于系统的地址总线

B)只能用于系统的地址/数据总线

C)可以用于 I/O 端口或系统的地址/数据总线

D)只能用于 I/O 端口

答案:C

4. 8031 单片机有__【29】__。

【29】A)1 个外部中断源和 4 个内部中断源

B)2 个外部中断源和 3 个内部中断源

C)3 个外部中断源和 2 个内部中断源

D)4 个外部中断源和 1 个内部中断源

答案:B

5. 为使串口中断请求能中断外部中断 0 的中断服务程序,则应该将__【30】__。

【30】A)外部中断 0 和串口中断的优先级控制位均设置为 0

B)外部中断 0 和串口中断的优先级控制位均设置为 1

C)外部中断0和串口中断的优先级控制位分别设置为0和1

D)外部中断0和串口中断的优先级控制位分别设置为1和0

答案:C

6. 串行口控制寄存器SCON中RI位的定义是 【31】 。

【31】A)允许接收控制位　　B)存放要发送的附加第9位

C)发送中断请求标志位　　D)接收中断请求标志位

答案:D

7. 应采用 【32】 指令获取程序存储器的数据。

【32】A)MOVX @ DPTR,A　　B)MOVC A,@A+PC

C)MOV A,@ R0　　D)MOVX A,@ DPTR

答案:B

8. 指令MOV C,10H的功能是将片内RAM中地址为 【33】 的内容传送到进位标志CY中。

【33】A)10H字节单元　　B)22H.7位

C)22H.0位　　D)10H.0位

答案:C

9. 设PSW.4(RS1)=1,PSW.3(RS0)=1,寄存器R1对应的片内RAM地址是 【34】 。

【34】A)01H　　B)09H

C)11H　　D)19H

答案:D

10. 已知(A)=35H,当执行ADD A,#4FH指令后,PSW中的OV和CY的值分别是 【35】 。

【35】A)0和0　　B)0和1

C)1和0　　D)1和1

答案:C

11. 已知(A)=0FAH,(B)=10H,当执行DIV AB指令后,A和B的值分别是 【36】 。

【36】A)0FH和0AH　　B)0AH和0FH

C)0FAH和10H　　D)10H和0FAH

答案:A

12. 已知(A)=7DH,PSW中的CY=0,则执行RRC A后,CY和A的值分别是 【37】 。

【37】A)1,3EH　　B)0,0FAH

C)1,0FBH　　D)0,3EH

答案:A

13. 已知(SP)=30H,则执行LCALL ADDR16指令后(SP)= 【38】 。

【38】A)2EH　　B)30H

C)31H　　D)32H

答案:D

14. 以下子程序要实现的功能是：将片内 RAM 的 50H 单元内容中存放的两位 BCD 码转换为 ASCII 码并分别存放到片内 RAM 的 51H、52H 单元中。如：(50H)＝58H，则(51H)＝38H，(52H)＝35H。请补充完整。

```
BTOA:MOV     R0,#51H
     MOV     @R0,#00H
     MOV     A,50H
     【39】
     ORL     51H,#30H
     SWAP    A
     【40】
     MOV     52H,A
     RET
```

【39】A)XCHD A,@R0　　B)SWAP A
C)XCH A,@R0　　D)MOV @R0,A

【40】A)ADD 52H,#30H　　B)AND A,#30H
C)ORL 52H,#30H　　D)ORL A,#30H

答案:【39】A 【40】D

二、请正确填充下面的画线部分，使其完成所要求的功能

（注意：本部分有 8086 微机系统和 MCS-51 单片机系统两套试题，考生只能从中任选一套作答，不允许交叉作答。每套共 20 个空，共 40 分。请将答案写在答题卡对应栏中，答在试卷上不得分）

(一)8086 微机系统试题

1. DA1 字节变量中存有 N 个非 0 补码表示的数，将其中正数相加，其和存入 SUM 字单元中。

```
;……………………………………………………
DATA      SEGMENT
DA1       DB          23,-6,89H,98H,…
          N           $-DA1
          SUM         DW ?
          DATA        ENDS
;……………………………………………………
          STAK        SEGMENT STACK
          DW          50 DUP(?)
STAK      ENDS
;……………………………………………………
CODE      SEGMENT
          ASSUME      CS:CODE,DS:DATA
```

```
START:    MOV       AX,DATA
          MOV       【1】,AX
          LEA       SI,DA1
          MOV       CX,N
          XOR       AX,AX
LOP:      MOV       AL,[SI]
          CMP       AL,0
          【2】                          ;负数转
          ADD       AL,[SI]
          ADC       AH,0
NEXT:2INC SI
          【3】     LOP
          MOV       SUM,AX
          MOV       AH,4CH
          INT       21H
【4】     ENDS
          END       START
```

答案:【1】DS 【2】JL NEXT 或 JS NEXT 【3】LOOP 【4】CODE

2. 以下程序统计字符串中"#"的个数并显示,该字符串以"$"作为结束标志。设字符串中的"#"个数不超过 9。

```
;…………………………………………………………
DATA      SEGMENT
STR       DB        'How### many###boys?','$'       ;字符串
DATA      ENDS
;…………………………………………………………
STAK      SEGMENT   STACK
          DW        50H DUP(?)
          STAK      ENDS
;…………………………………………………………
CODE      SEGMENT
          ASSUME    CS:CODE,DS:DATA
START:    MOV       AX,DATA
          MOV       DS,AX
          MOV       SI,OFFSET 【5】
          MOV       DL,0                ;统计"#"字符个数寄存器清 0
LOP:      MOV       AL,[SI]             ;取一字符
          CMP       AL,'$'              ;判是否到字符串末尾
```

```
        JZ      EXIT          ;若 AL='$'转 EXIT
        CMP     AL, 【6】
        JNZ     NEXT          ;AL 内容不是'#'字符转
        INC     DL            ;统计字符'$'的个数
NEXT:   INC     SI
        【7】
EXIT:   MOV     AH,2
        ADD     DL,30H
        INT     21H
        MOV     AX,4C00H
        INT     21H
CODE    ENDS
        END     【8】
;......................................................
```

答案:【5】STR 【6】'#' 【7】JMP LOP 【8】START

3. 以下程序是把 DA1 中补码表示的负数显示在屏幕上。

```
        DATA    SEGMENT
        DA1     DW -25535
        DA2     DB 5 DUP(?)
        DATA    ENDS
        CODE    SEGMENT
                ASSUME CS:CODE,DS:DATA
GO:     MOV     AX,DATA
        MOV     DS,AX
        MOV     AH,2
        MOV     DL,'-'
        INT     21H
        MOV     CX, 【9】        ;确定 1 个字需要进行循环的次数
        MOV     AX,DA1
        【10】                   ;求绝对值
        MOV     BX,10
        LEA     SI,DA2+4
LOP:    MOV     DX,0
        DIV     BX
        OR      DL, 【11】       ;形成数字的 ASCII 码
        MOV     [SI],DL
        【12】                   ;地址调整
```

```
        LOOP      LOP
        LEA       SI,DA2
        MOV       CX,5
        MOV       AH,2
LOP1:   MOV       DL,[SI]
        INT       21H
        INC       SI
        LOOP      【13】            ;循环
        MOV       AH,4CH
        INT       21H
CODE    ENDS
        END       GO
;…………………………………………………………
```

答案:【9】5 【10】NEG AX 【11】30H 或'0' 【12】DEC SI 【13】LOPI

4. 设在数据段变量 BUFFER 中存放有三个字节带符号非零整数 X1、X2、X3。当三个数都是正数则显示 P,三个数都是负数则显示 N,其余情况不显示信息。

```
DATA    SEGMENT
BUFFER  DB        X1,X2,X3          ;设任意的三个数
DATA    ENDS
;…………………………………………………………
STAK    SEGMENTSTACK
        DW        20H DUP(?)
STAK    ENDS
;…………………………………………………………
CODE    SEGMENT
        ASSUME    CS:CODE,DS:DATA
GO:     MOV       AX,DATA
        MOV       DS,AX
        LEA       SI, 【14】
        MOV       CX,3
        MOV       BX,0              ;BH、BL 分别统计正数与负数个数
LOP:    MOV       AL,[SI]
        TEST      AL,80H
        【15】    L1                ;判断是否负数
        INC       BL
        JMP       NEXT
L1:     INC       BH                ;统计正数个数
NEXT:   INC       SI
```

```
        LOOP    LOP
        CMP     BH,3            ;是 3 个正数吗?
        JE      L2
        CMP     BL,3            ;是 3 个负数吗?
        JNE     【16】
        【17】                  ;设置显示功能号
        MOV     DL,'N'
        INT     21H
        JMP     EXIT
L2:     MOV     AH,2
        MOV     DL,'P'
        INT     21H
EXIT:   【18】
        INT     21H
        CODE    ENDS
        END     GO
;…………………………………………………………
```

答案:【14】BUFFER 【15】JZ 或 JE 或 JNS 【16】EXIT 【17】MOV AH,2
【18】MOV AH,4CH 或 MOV AX,4C00H

5. 对于以下 I/O 端口地址译码电路,74LS138(1)中 0～7 的寻址范围为 【19】 ;74LS138(2)中 8～15 的寻址范围为 【20】 。

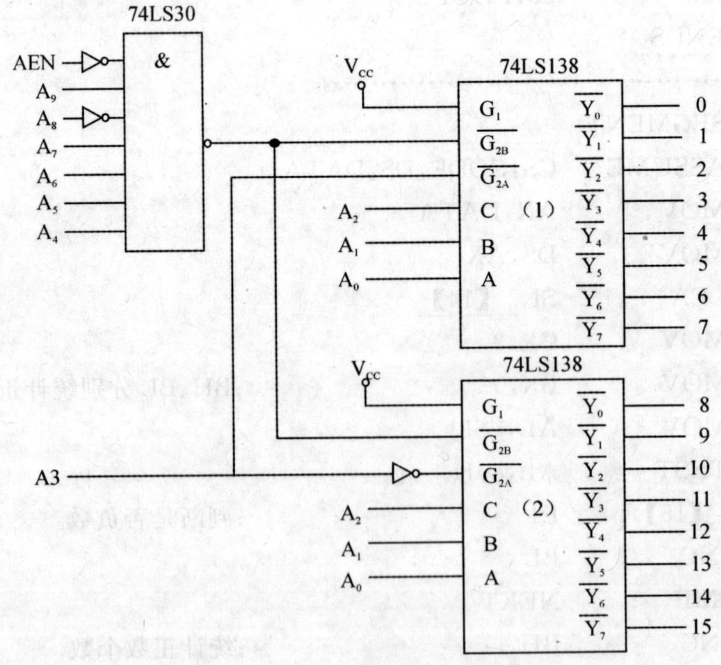

说明：

AEN：地址允许信号，当在 DMA 操作时，为高电平，否则为低电平；

74LS30：正与非门。

答案：【19】2F0H～2F7H 【20】2F8H～2FFH

(二)MCS-51 单片机系统试题

1. 下列程序段执行后，(R1)＝ 【1】 ，(3EH)＝ 【2】 ，(3FH)＝ 【3】 。

```
MOV     R1,#3FH
MOV     3EH,#0
MOV     3FH,#70H
DEC     @R1
DEC     R1
DEC     @R1
```

答案：【1】3EH 【2】0FFH 【3】6FH

2. 以下子程序要实现的功能是：从片内 RAM 的 NUM1、NUM2 单元起分别存放两个 10 字节的二进制数，求两数的和并存放在片内 RAM 的 NUM1 开始的单元中(低字节存放在低地址中)。

```
MBA:    【4】
        MOV     R1,#NUM2
        MOV     R2,#10
        【5】
LOOP:   MOV     A,@R0
        ADDC    A,@R1
        【6】
        INC     R0
        INC     R1
        【7】   R2,LOOP
        RET
```

答案：【4】MOV R0,#NUM1 【5】CLR C 【6】MOV @R0,A 【7】DJNZ

3. 假设从外部数据存储器 2040H 单元起存放一串用 ASCII 码表示的字符串，结束字符为“$”，编程统计数字字符 0～9 的个数并存放到片内数据存储器 40H 单元中。

```
DCOUNT:MOV      DPTR,#2040H
        【8】                   ;统计字节初始化
LOOP:   MOVX    A,@DPTR
        【9】   A,#'$',NEXT1
        AJMP    DONE
NEXT1:  CLR     C
        SUBB    A,#30H          ;判断是否小于0
```

```
         JC       NEXT2
         【10】           ;判断是否大于等于 9
         JNC      NEXT2
         INC      40H
NEXT2:   【11】           ;准备取下一个单元
         AJMP     LOOP
DONE:    RET
```

答案:【8】MOV 40H,＃00H 【9】CJNE 【10】SUBB A,＃0AH 或 CJNE A,＃10,＄+3 【11】INC DPTR

4. 利用定时器 0 方式 1 中断的方法,实现从 P1.1 引脚输出周期为 10 ms 的方波信号。假设系统的晶振频率为 12 MHz。

```
TIME_L   EQU      78H            ;时间常数低字节
TIME_H   EQU      【12】         ;时间常数高字节
         ORG      00H
         AJMP     MAIN
         ORG      000BH
         AJMP     ITP
         ORG      100H
MAIN:    MOV      TMOD,＃01H
         MOV      TL0,＃ TIME_L
         MOV      TH0,＃TIME_H
         SETB     ET0
         【13】                  ;CPU 开中断
         SETB     TR0
          ⋮                      ;以下主程序省略
ITP:     【14】                  ;产生方波
         MOV      TL0,＃TIME_L
         MOV      TH0,＃TIME_H
         【15】
         END
```

答案:【12】0ECH 【13】SETB EA 【14】CPL P1.1 【15】RETI

5. 某试验系统实现:将拨码盘的值输入后从七段代码管显示出来。图中 74LS373 的 $\overline{OE}$ 和 G 引脚应分别接 【16】 ;根据程序中给出的地址 P8255A,8255A 的 $\overline{CS}$ 应与 74LS138 的 【17】 引脚相连。

提示:8255A 方式控制字的各位含义是:

D0=1:C 口低半字节输入;D1=1:B 口输入;D2=1:B 口方式 1;D3=1:C 口高半字节输入;D4=1:A 口输入;D6、D5 设置 A 口工作方式;D7=1:命令字特征位。

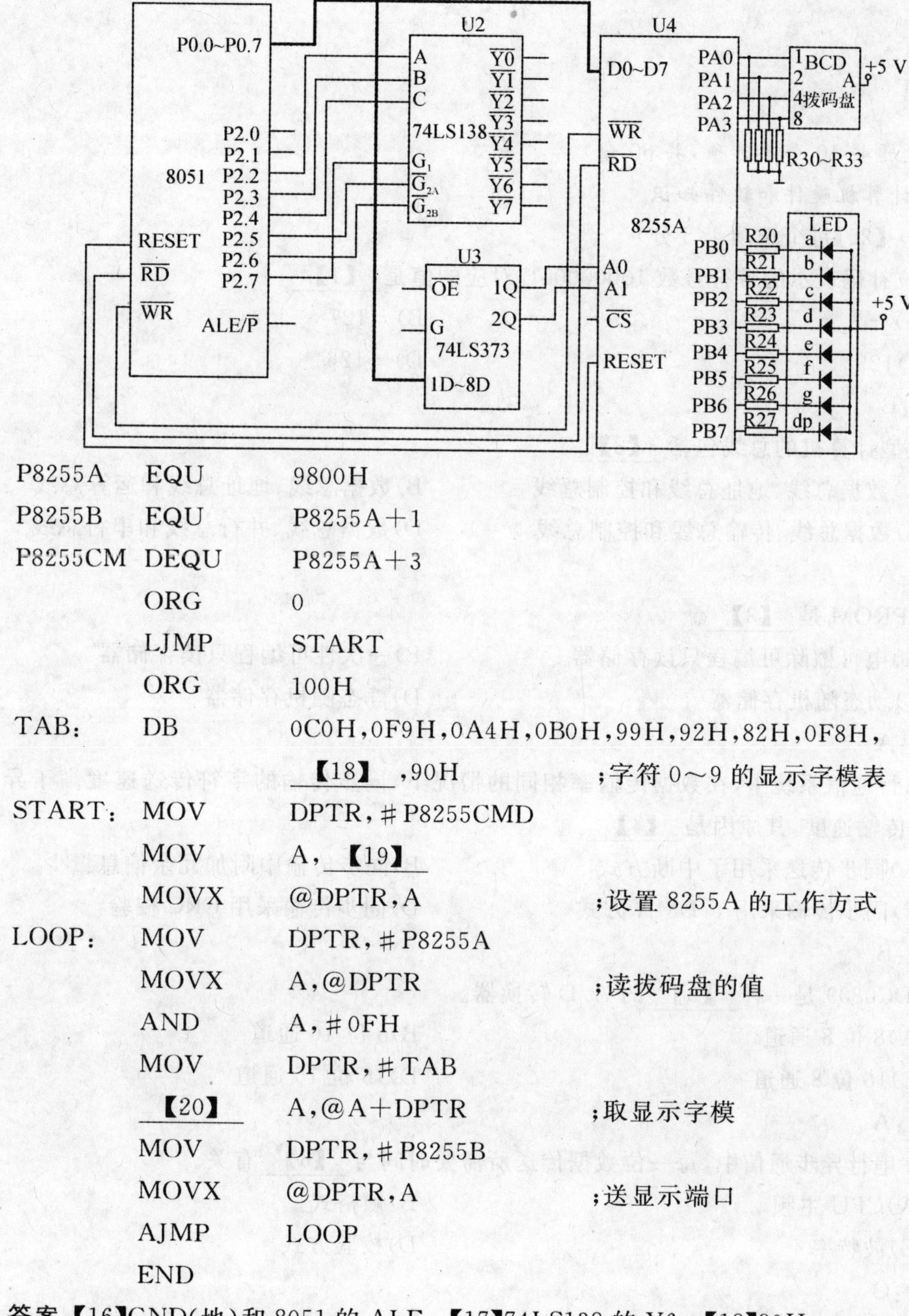


```
P8255A    EQU    9800H
P8255B    EQU    P8255A+1
P8255CM   DEQU   P8255A+3
          ORG    0
          LJMP   START
          ORG    100H
TAB:      DB     0C0H,0F9H,0A4H,0B0H,99H,92H,82H,0F8H,
                 【18】  ,90H                    ;字符0～9的显示字模表
START:    MOV    DPTR,#P8255CMD
          MOV    A, 【19】
          MOVX   @DPTR,A                        ;设置8255A的工作方式
LOOP:     MOV    DPTR,#P8255A
          MOVX   A,@DPTR                        ;读拨码盘的值
          AND    A,#0FH
          MOV    DPTR,#TAB
         【20】  A,@A+DPTR                      ;取显示字模
          MOV    DPTR,#P8255B
          MOVX   @DPTR,A                        ;送显示端口
          AJMP   LOOP
          END
```

答案:【16】GND(地)和8051的ALE 【17】74LS138的Y6 【18】80H
【19】#10010000B 【20】MOVC

第七套

一、选择题

(本大题共 40 个单选项,共 60 分)

(一)计算机硬件和软件知识

(【1】~【25】每个选项 1.5 分)

1. 8 位补码表示的带符号数 10000001B 对应的值是 【1】 。

【1】A)-1　　B)-127

C)129　　D)-126

答案:B

2. 微型计算机的总线包括 【2】 。

【2】A)数据总线、地址总线和控制总线　　B)数据总线、地址总线和运算总线

C)数据总线、传输总线和控制总线　　D)数据总线、并行总线和串行总线

答案:A

3. E^2PROM 是 【3】 。

【3】A)电可擦除可编程只读存储器　　B)一次性可编程只读存储器

C)动态随机存储器　　D)静态随机存储器

答案:A

4. 串行通信系统中,在数据传输率相同的情况下,同步传输的字符传送速度高于异步传输的字符传输速度,其原因是 【4】 。

【4】A)同步传送采用了中断方式　　B)同步传输中附加冗余信息量少

C)同步传输采用了 DMA 方式　　D)同步传输采用 CRC 校验

答案:B

5. ADC0809 是一种 【5】 的 A/D 转换器。

【5】A)8 位 8 通道　　B)8 位 16 通道

C)16 位 8 通道　　D)16 位 16 通道

答案:A

6. 在串行异步通信中,每一位数据传送所需要时间与 【6】 有关。

【6】A)CPU 主频　　B)帧格式

C)波特率　　D)校验方式

答案:C

7. 以下属于输出装置的是 【7】 。

【7】A)键盘　　B)鼠标

C)数字扫描仪　　D)七段数码管

答案:D

8. 在计算机接口电路中,实现数据串一并转换和并一串转换的是 【8】 。

【8】A)移位寄存器　　B)缓冲器
C)锁存器　　D)触发器

答案:A

9. FTP、UDP协议分别属于TCP/IP协议中的 【9】 。

【9】A)传输层、网络层　　B)应用层、网络层
C)应用层、传输层　　D)传输层、应用层

答案:C

10. 用于网络层互联的设备是 【10】 。

【10】A)MODEM　　B)转发器
C)路由器　　D)交换机

答案:C

11. 使用子网掩码划分子网的主要目的是 【11】 。

【11】A)增加IP地址资源　　B)提高IP地址资源的利用率
C)提高与外部网络的传输速度　　D)减少网络设备,降低组网成本

答案:B

12. 对DES与RSA算法叙述正确的是 【12】 。

【12】A)DES、RSA的解密算法都必须保密
B)DES、RSA的加密密钥与解密密钥都相同
C)DES的加密密钥与解密密钥不同,RSA的加密密钥与解密密钥相同
D)DES的加密密钥与解密密钥相同,RSA的加密密钥与解密密钥不同

答案:D

13. 已知有单项链表的结点定义如下:

```
typedef struct node
{
  int data;
  struct node * next;              /* next 为指向其后继结点的指针 */
}NODE
```

假设链表中结点p存在后继结点,现要求删除结点p的后继结点,其他部分保持不变,则以下正确的是 【13】 (注:假设k已定义为指向NODE类型的指针,函数free(k)释放k所指结点占用的内存)。

【13】A)k=p－>next;k－>next=p;free(k);
B)k=p－>next;p－>next=k;free(k);
C)k=p－>next;p－>next=k－>next;free(k);
D)k=p－>next;free(k);p－>next=k－>next;

答案:C

14. 已知有待排序数据:50,80,25,56,36,35,90,用快速排序算法对此数据进行从小到大排序,则以第一个数据为基准排序一趟后数据的顺序是 【14】 。

【14】A)35,36,25,50,56,80,90　　B)25,35,36,50,56,80,90

C)50,25,56,36,35,80,90　　D)25,80,50,56,36,35,90

答案:A

15. 设有编号为A、B、C、D的四辆列车,按编号顺序进入一个先进后出结构的车站,则四辆车开出车站不可能出现的顺序是【15】。

【15】A)ABCD　　B)BADC

C)DCBA　　D)CABD

答案:D

16. 已知有一棵二叉树,其前序(即前根)和中序(即中根)遍历的结果分别为CABDE和ACDBE,则其后序(即后根)遍历的结果是【16】。

【16】A)ABCDE　　B)ADEBC

C)ADBEC　　D)CABDE

答案:B

17. 对进程状态叙述正确的是【17】。

【17】A)处于就绪状态下的进程一旦获得CPU的使用权,便进入等待状态

B)处于等待状态下的进程可获得CPU的使用权

C)处于运行状态下的进程一旦被剥夺CPU的使用权,便进入等待状态

D)处于就绪状态下的进程一旦获得CPU的使用权,便进入运行状态

答案:D

18. 下图是一测量系统结构简图。其中对"传感器"作用的正确描述是【18】;对"信号调理"作用的正确描述是【19】;对"采样保持器"作用的正确描述是【20】;对"A/D转换器"作用的正确描述是【21】。

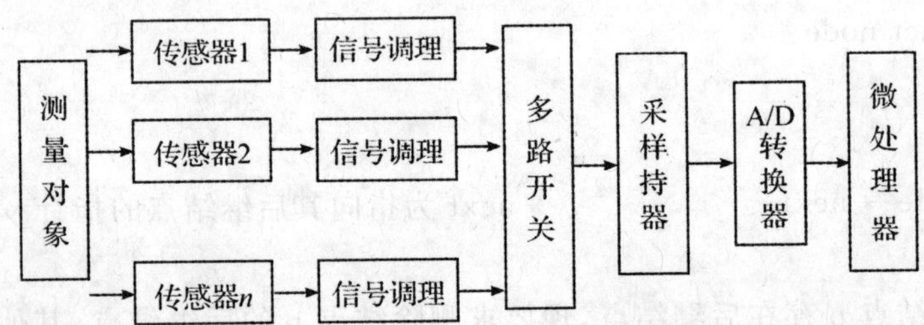

【18】A)将非电物理量转换为电量　　B)将电量转换为非电物理量

C)对电信号进行放大　　D)将模拟量转换为数字量

【19】A)将模拟量转换为数字量　　B)将信号转换为开关量

C)将数字量转换为模拟量　　D)对信号放大、滤除干扰信号等

【20】A)对信号放大、滤除干扰信号等

B)将开关量转换为A/D量

C)使A/D转换期间保持恒定的输入量

D)将模拟量转换为数字量

【21】A)将数据信号转换为控制信号　　B)将信号转换为开关量

C)将模拟量转换为数字量　　D)将数字量转换为模拟量

答案:【18】A 【19】D 【20】C 【21】C

19. 如图所示,通过控制 V_i 的电平实现对继电器 J 触点的控制。为使电路正常工作,R1、R2、R3 的值应大致为___【22】___;Vi 的电平、三极管 9013 及继电器 J 常开触点的关系是___【23】___;对 U1 及接地问题叙述正确的是___【24】___。

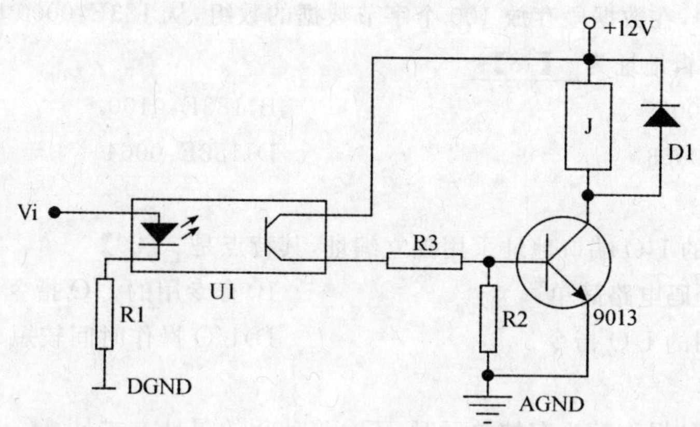

【22】A)510 Ω、10 kΩ、2 kΩ　　B)10 kΩ、10 kΩ、2 kΩ
　　C)510 Ω、1 kΩ、100 kΩ　　D)510 Ω、10 kΩ、10 Ω

【23】A)当 Vi 为高电平时,三极管 9013 导通,继电器 J 常开触点断开
　　B)当 Vi 为高电平时,三极管 9013 导通,继电器 J 常开触点闭合
　　C)当 Vi 为低电平时,三极管 9013 截止,继电器 J 常开触点闭合
　　D)当 Vi 为低电平时,三极管 9013 导通,继电器 J 常开触点断开

【24】A)U1 是光电耦合器,起隔离作用,同时应使 DGND 与 AGND 连接在一起
　　B)U1 是光电耦合器,起隔离作用,同时应使 DGND 与 AGND 独立分开
　　C)U1 是放大器,起信号放大作用,同时应使 DGND 与 AGND 独立分开
　　D)U1 是放大器,起信号放大作用,同时应使 DGND 与 AGND 连接在一起

答案:【22】A 【23】B 【24】B

20. Computer ___【25】___ is a complex consisting of two or more connected computing units, it is used for the purpose of data communication and resource sharing.

【25】A)storage　　B)device
　　C)network　　D)processor

答案:C

(二)微计算机系统扩展、接口与汇编语言

(注意:本部分有 8086 微机系统和 MCS-51 单片机系统两套试题,考生可从中任选一套作答,每套共 15 个选项,【26】~【40】每个选项 1.5 分)

(1)8086 微机系统试题

1. 标志寄存器 PSW 中,不属于状态标志的是___【26】___。

【26】A)OF　　B)IF
　　C)PF　　D)SF

答案:B

2. 串操作指令中,源串的偏移地址必须使用___【27】___寄存器。

【27】A)BX　　B)BP

C)SI　　D)DI

答案:C

3. 8086 系统中,在数据段存放 100 个字节数据的数组,从 183E:0000 单元开始存储,则该数组最后单元的逻辑地址为___【28】___。

【28】A)183E:0099　　B)183E:0100

C)183E:0063　　D)183E:0064

答案:C

4. 8086 CPU 的 I/O 端口地址采用独立编址,其特点是___【29】___。

【29】A)I/O 译码电路简单　　B)有专用的 I/O 指令

C)无专用的 I/O 指令　　D)I/O 操作时间较短

答案:B

5. 指令中,目的操作数为存储单元时,不允许使用的寻址方式是___【30】___。

【30】A)寄存器间接寻址　　B)变址寻址

C)立即寻址　　D)基址变址寻址

答案:C

6. 将 DX 中的带符号数除以 2 的指令是___【31】___。

【31】A)IDIV 2　　B)ROR DX,1

C)SHR DX,1　　D)SAR DX,1

答案:D

7. 存放指令偏移地址的寄存器是___【32】___。

【32】A)BX　　B)IP

C)SI　　D)DI

答案:B

8. AL 中存一个负数,对 AL 取绝对值的指令是___【33】___。

【33】A)NOT AL　　B)INC AL

C)NEG AL　　D)DEC AL

答案:C

9. 以下错误的指令是___【34】___。

【34】A)IN AL,30H　　B)OUT 30H,AX

C)IN AL,DX　　D)OUT DX,BL

答案:D

10. 以下正确的指令是___【35】___。

【35】A)XCHG ES,DS　　B)XCHG AL,0FH

C)XCHG BL,[SI]　　D)XCHG [BX],[DI]

答案:C

11. 对源程序 A.ASM 用 MASM 进行汇编后的提示信息有：

……

Source filename[.ASM]:A

Object filename[A.OBJ]:

Source listing[NUL.LST]:

Cross-reference[NUL.CRF]:

A.ASM(9):Error A2009:Symbol not defined:DA1

……

0 Warning Errors

1 Severe Errors

已知 DA1 为变量名，以下叙述正确的是　【36】　。

【36】A)源程序第 9 行 DA1 符号无定义　　B)源程序第 9 行有个警告性错误

C)源程序第 9 行的数据范围出错　　D)源程序第 9 行数据段没有定义

答案：A

12. 使用 REPNE/REPNZ 前缀的 CMPS 或 SCAS 指令，退出的条件之一是　【37】　。

【37】A)ZF＝1　　B)ZF＝0

C)CX＝1　　D)SF＝1

答案：A

13. 执行以下程序段后，AL 中的内容是　【38】　。

```
MOV AL,-1
NEG AL
XOR AL,41H
```

【38】A)61H　　B)64H

C)01H　　D)40H

答案：D

14. 已知：

```
STRINGDB 'Computer',10,13,'Good! '
COUNTEQU $-STRING
```

则 COUNT 所代表的值是　【39】　。

【39】A)15　　B)17

C)'$-STRING'　　D)24

答案：A

15. 执行以下指令后，CF、OF 的内容分别是　【40】　。

```
MOV AL,90H
ADD AL,80H
```

【40】A)0,0　　B)0,1

C)1,0　　D)1,1

答案：D

(2)MCS-51 单片机系统试题

1. MCS-51 单片机复位后，【26】。

【26】A)允许所有中断　　B)禁止所有中断

C)禁止内部中断,允许外部中断　　D)允许内部中断,禁止外部中断

答案:B

2. MCS-51 单片机的程序存储区空间为【27】。

【27】A)60 kB　　B)68 kB

C)64 kB　　D)128 kB

答案:C

3. 对 8031 单片机,叙述错误的是【28】。

【28】A)数据存储器包括片内和片外数据存储器

B)特殊功能寄存器分布在 80H～0FFH 地址空间内

C)访问片外数据存储器的指令比访问片内数据存储器丰富

D)片外存储器的空间比片内大

答案:C

4. 对 8031 单片机中断系统,叙述错误的是【29】。

【29】A)各中断源的中断服务程序入口是固定的

B)中断系统可实现多于三重的中断嵌套

C)中断系统中有 5 个中断源

D)中断请求不一定能得到 CPU 的及时响应

答案:B

5. 对 8031 单片机串行口,叙述正确的是【30】。

【30】A)系统有 2 个独立的全双工通信的串行口

B)系统只有 1 个半双工通信的串行口

C)串口通过数据缓冲器(SBUF)进行数据的收发

D)串口通过数据缓冲器(SBUF)只能接收数据

答案:C

6. AT89C51 与 8031 单片机不同之一是【31】。

【31】A)CPU 的字长

B)可配置程序存储器的最大容量

C)可配置片外数据存储器的最大容量

D)片内程序存储器的容量

答案:D

7. 已知 RS1＝1,RS0＝1,则指令 MOV R2,＃20H 与指令【32】的功能相同。

【32】A)MOV 02H,＃20H　　B)MOV 1AH,＃20H

C)MOV 0AH,＃20H　　D)MOV 12H,＃20H

答案:B

8. 指令 ANL P1,A 的功能是__【33】__。

【33】A)将 P1 引脚上的内容与累加器 A 的内容“相与”后输出到 P1 锁存器

B)将 P1 锁存器的内容与累加器 A 的内容“相或”后输出到 P1 锁存器

C)将 P1 锁存器的内容与累加器 A 的内容“相与”后输出到 P1 锁存器

D)将 P1 输出锁存器的内容与累加器 A 的内容“相与”后传给累加器 A

答案:C

9. 8031 单片机刚复位,执行 PUSH DPL 指令后,SP 的值为__【34】__。

【34】A)00H　　B)01H

C)07H　　D)08H

答案:D

10. 已知(A)=4FH,执行 ADD A,#0B1H 后,CY、OV 的值分别是__【35】__。

【35】A)0、0　　B)0、1

C)1、0　　D)1、1

答案:C

11. 下列正确的指令是__【36】__。

【36】A)MOV 10,@R0　　B)MOV A,@R2

C)MOV A,DPTR　　D)MOV #10H,#20H

答案:A

12. 已知(A)=04H,(B)=14H,执行指令 MUL AB 后,A、B 的值分别是__【37】__。

【37】A)50H、0　　B)56H、0

C)0、50H　　D)0、56H

答案:A

13. 已知(A)=0D4H,PSW 中的 CY=1,执行指令 RRC A 后,A 和 CY 的值分别是__【38】__。

【38】A)0A9H、1　　B)0A9H、0

C)0EAH、1　　D)0EAH、0

答案:D

14. 下列指令中可能改变 CY 的是__【39】__。

【39】A)SUBB A,#01H　　B)JB ACC.0,NEXT

C)MOV 30H,40H　　D)DEC ACC

答案:A

15. 执行下列指令后 A 的结果是__【40】__。

ORL A,#11H

XRL A,#0C0H

【40】A)A 中位 6、7 求反,位 0、4 清 0,其他位不变

B)A 中位 0、4 求反,位 6、7 置 1,其他位不变

C)A 中位 6、7 清 0,位 0、4 置 1,其他位不变

D)A 中位 6、7 求反，位 0、4 置 1，其他位不变

答案：D

二、请正确填充下面的画线部分，使其完成所要求的功能

（注意：本部分有 8086 微机系统和 MCS-51 单片机系统两套试题，考生只能从中任选一套作答，不允许交叉作答。每套共 20 个空，共 40 分。请将答案写在答题卡对应栏中，答在试卷上不得分）

（一）8086 微机系统试题

1. 已定义数据段：

```
DATA    SEGMENT
        【1】                      ;使 DA2 的偏移地址为 0022H
DA1     DB      12H,34H
DA2     DB      56H,78H
ADDR    DW      DA1,DA2
DATA    ENDS
```

答案：ORG 20H 或 DB 20H DUP(?)

2. 把原 AX 中的 D_{15}～D_{12} 置 1，D_3～D_0 清 0，D_9～D_6 求反。

```
OR      AH, 【2】
XOR     AX,3C0H
AND     AL,0F0H
```

答案：0F0H

3. 以下程序求出首地址为 DAT 的带符号字数组中的最小偶数，并将它存放在字变量 MIN 中。

```
DATA    SEGMENT
DAT     DW      12,56,-67,66,77,-12,2,3,4,-88
N       EQU     ($-DAT)/2
MIN     DW      ?
DATA    ENDS
;……………………………………………………………
STAK    SEGMENTSTACK
        DW      20 DUP(?)
STAK    ENDS
;……………………………………………………………
CODE    SEGMENT
        ASSUME  CS:CODE,DS:DATA
GO:     MOV     AX,DATA
        MOV     【3】 ,AX
```

```
        LEA     BX,DAT
        MOV     CX, 【4】
        MOV     AX,32766              ;取最大偶数
LOP:    TEST    WORD PTR [BX],1
JNZ     L1                            ;不是偶数转 L1
        CMP     AX,[BX]
        JLE     L1                    ;小于等于转 L1
        MOV     AX,[BX]               ;使 AX 中为较小偶数
L1:     INC     BX
        【5】
        LOOP    LOP
        MOV     【6】,AX
        MOV     AX,4C00H
        INT     21H
CODE    ENDS
        END     GO
;……………………………………………………
```

答案:【3】DS 【4】N 【5】INC BX 【6】MIN

4. 以下程序在某有序表中插入给定数据项,使该表仍然为有序表。有序表存放在 DA1 字变量中,待插入数据项存放在 DA2 字变量中。

```
DATA    SEGMENT
DA1     DW      -13,-2,0,5,8,9,25,36,46,56
DA2     DW      -8
COUNT   EQU     10
DATA    ENDS
;……………………………………………………
STAK    SEGMENT STACK
        DW      20 DUP(?)
STAK    ENDS
;……………………………………………………
CODE    SEGMENT
        ASSUME  CS:CODE,DS:DATA
GO:     MOV     AX, 【7】
        MOV     DS,AX
        MOV     SI,COUNT * 2-2          ;取原表中最后字数据位移量
        MOV     CX, 【8】
        MOV     AX,DA2
```

```
LOP:      CMP     [SI+DA1],AX
          JLE     INSERT
          MOV     BX,[SI+DA1]
          MOV     [SI+2+DA1],BX
          SUB     SI,2
          LOOP    ____【9】____
INSERT:   MOV     [SI+2+DA1],AX
          MOV     AX,4C00H
          INT     21H
CODE      ENDS
          END     GO
;………………………………………………………………
```

答案:【7】DATA 【8】COUNT 【9】LOP

5. 以下程序将二进制数转换成十进制数的 ASCII 码串。16 位无符号二进制数存放在 DA1 字变量中,转换后的十进制数的 ASCII 码串存放在 DA2 字节变量中,同时显示结果。

```
DATA      SEGMENT
DA1       DW      1010110010111000B
DA2       DB      5 DUP(?)
DATA      ENDS
;………………………………………………………………
STAK      SEGMENT STACK
          DW      20 DUP(?)
STAK      ENDS
;………………………………………………………………
CODE      SEGMENT
          ASSUME  CS:CODE,DS:DATA
START:    MOV     AX,DATA
          MOV     DS,AX
          MOV     CX,5
          LEA     DI,DA2+4                 ;指向十进制数个位的位置
          MOV     AX, ____【10】____
          MOV     BX,10
LOP:      XOR     DX,DX
          DIV     BX
          OR      DL,30H
          MOV     [DI],DL                  ;保存余数,即十进制数的某一位
          ____【11】____                    ;十进制数单元地址减 1
```

```
        LOOP    LOP
        MOV     CX,5
        LEA     SI,DA2
LOP1:   MOV     DL,[SI]
        MOV     AH,2            ;以下调用系统功能进行显示
        【12】
        INC     SI
        LOOP    LOP1
        MOV     AH, 【13】
        INT     21H
CODE    ENDS
        END     START
;…………………………………………………………
```

答案:【10】DA1 【11】DEC DI 【12】INT 21H 【13】4CH

6. 8255A 芯片与开关和 8 个 LED 的连接如图所示。以下程序在开关断开时,8 个 LED 全部熄灭;在开关闭合时,8 个 LED 从上至下轮流点亮,且不断循环。设 8255A 的端口地址为 160H~163H。

```
        ⋮
        MOV     AL,90H          ;90H 为方式字
        MOV     DX, 【14】
        OUT     DX,AL           ;8255A 初始化
        MOV     AL, 【15】      ;使 LED 全熄灭
        MOV     DX, 【16】      ;取 PB 口地址
        OUT     DX,AL
        MOV     DX, 【17】
KEYWT:  IN      AL,DX
        SHR     AL,1
        【18】  KEYWT
        MOV     AL,0FEH         ;预置 LED0 发光的控制字
        MOV     DX, 【19】
LOP:    OUT     DX,AL
        CALL    DELAY           ;调用延时子程序
        【20】                  ;准备下一个 LED 发光控制字
        JMP     LOP
        ⋮
```

答案:【14】163H 【15】0FFH 【16】161H 【17】160H 【18】JC 【19】161H
【20】ROL AL,1

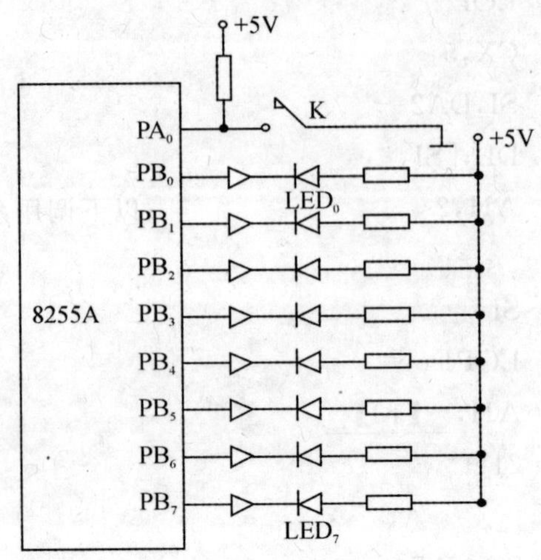

(二)MCS-51 单片机系统试题

1. 以下程序段执行后,(A)=【1】,(R0)=【2】,(71H)=【3】。

```
MOV     60H,#70H
MOV     A,60H
MOV     R0,A
MOV     @R0,A
INC     R0
MOV     @R0,A
INC     A
```

答案:【1】71H 【2】71H 【3】70H

2. 将 R2 寄存器 8 位二进制数转换为 3 位 BCD 码,并将其百位、十位和个位数依次存放到片内 RAM 的 40H、41H 和 42H 单元中。

```
TRANS:MOV     A,R2
      【4】
      DIV     AB
      MOV     40H,A
      MOV     A,#0AH
      【5】
      DIV     AB
      MOV     41H,A
      【6】
      RET
```

答案:【4】MOV B,#100 或 MOV B,#64H 【5】XCH A,B 【6】MOV 42H,B

3. 以下程序段完成:从内部 RAM 50H 单元开始,存有 20 个 8 位补码表示的带符号数,将其中的正数和零加上 40H 单元的内容,负数加上 41H 单元的内容。

```
        MOV     R0,#50H
        【7】
LOOP:   MOV     A,@R0
        【8】
        ADD     A,40H
        MOV     @R0,A
        AJMP    NEXT1
NEXT:   SUBB    A,41H
        MOV     @R0,A
NEXT1:  【9】
        DJNZ    R2,LOOP
```

答案:【7】MOV R2,#20 或 MOV R2,#14H 【8】JBC ACC.7,NEXT 【9】INC R0

4. 以下程序利用定时器 0,方式 2(自动重装载),实现当从 T0 引脚每输入 100 个脉冲后产生 1 次中断,将 40H 单元内容加 1。

```
TIME    EQU     【10】          ;时间常数
        ORG     00H
        AJMP    MAIN
        ORG     000BH
        AJMP    ITP
        ORG     100H
        MOV     40H,#00H
MAIN:   MOV     TMOD,#06H
        MOV     TL0,# TIME
        【11】                  ;设置时间常数高8位
        SETB    ET0
        【12】                  ;设置T0运行控制位
        SETB    EA
        ⋮                       ;后续部分程序略去
ITP:    INC     40H
        【13】
        END
```

答案:【10】156 或 9CH 【11】MOV TH0,# TIME 【12】SET TR0 【13】RETI

5. 下图为一 8031 扩展片外程序存储器和片外数据存储器的连接图,要求 2764 的地址空间为 0000H~1FFFH,6264 的地址空间为 4000H~5FFFH。74LS138 的 G1、G2A 端应分别接__【14】__;2764 的 CE 端应与 74LS138 的__【15】__相连接;6264 的 CE1 和 OE 端应分别与 74LS138 和 8031 的__【16】__相连接;74LS373 的 G 端应与 8031 的__【17】__相连接。

TESTMEM 子程序的功能是对该扩展系统的 6264 存储单元进行测试,方法是分别往单元中写入 00H～0FFH 的值，然后读出判断与写入的内容是否一致，若全部一致，则将 R2 寄存器内容清 0，否则将 R2 寄存器内容置 1。

功能：测试扩展单元；

入口：DPTR 存放待测试单元的地址；

出口：测试结果存放在 R2 寄存器中。

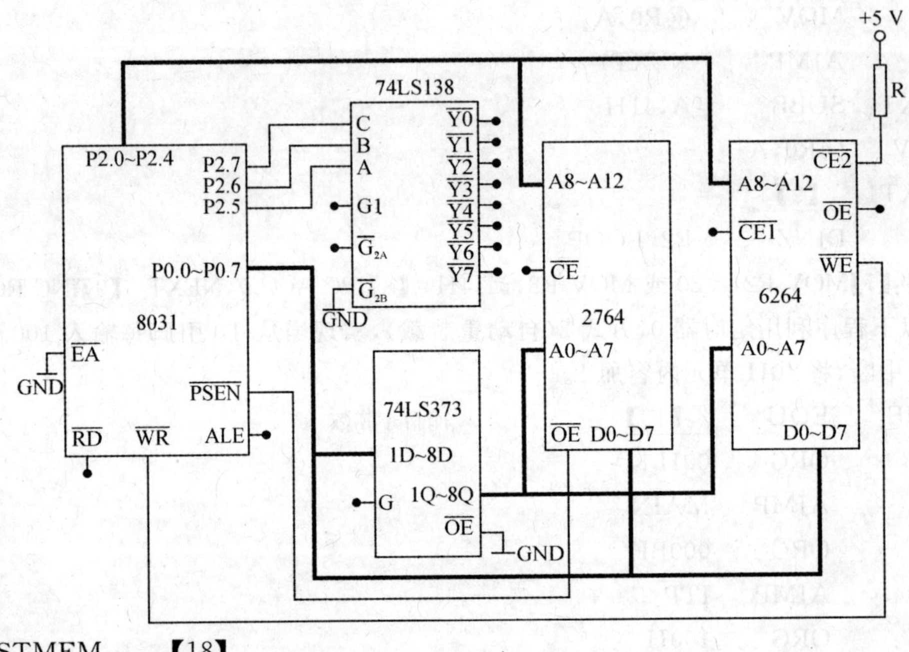


```
TESTMEM:  【18】
          MOV     R4,#00H
LOOP:     MOV     A,R3
          【19】
          MOVX    A,@DPTR
          【20】
          INC     R3
          DJNZ    R4,LOOP
          MOV     R2,#0
          RET
ERROR:    MOV     R2,#01H
          RET
```

答案：【14】1、0 或高、低电平 【15】Y0 【16】Y2、RD 【17】ALE

【18】MOV R3,#00H 【19】MOVX @DPTR,A 【20】CJNE A,R3,ERROR

第八套

一、选择题

（本大题共40个单选项，共60分）

（一）计算机硬件和软件知识

（【1】～【25】每个选项1.5分）

1. +52与−52的8位补码表示的带符号数分别为__【1】__。

【1】A）00110100B和11001100B　　B）11001100B和00110100B

C）00110100B和10110100B　　D）01010010B和10101110B

答案：A

2. __【2】__不属于微型计算机的系统总线。

【2】A）数据总线　　B）地址总线

C）控制总线　　D）时钟总线

答案：D

3. 在I/O工作中，与查询方式相比，中断方式的优点是__【3】__。

【3】A）软、硬件接口简单　　B）提高CPU的运算速度

C）数据传送期间，CPU不必工作　　D）提高I/O响应速度

答案：D

4. 中断嵌套意味着__【4】__。

【4】A）系统中有多个中断源

B）同时有多个中断源提出中断请求

C）CPU同时执行多个中断服务程序

D）低优先级中断子程序响应高优先级的中断

答案：D

5. 可使用__【5】__来提高数据总线的驱动能力。

【5】A）74LS00　　B）74LS244

C）74LS245　　D）74LS74

答案：C

6. 下列对半导体存储器的说法中，正确的是__【6】__。

【6】A）RAM一般用于存储计算机系统的引导程序

B）EEPROM比EPROM更方便擦除与烧写

C）使用SRAM需要刷新电路

D）电源掉电时，存放在ROM中的信息将丢失

答案：B

7. 在计算机接口电路中，可用于实现数据串—并转换和并—串转换的是__【7】__。

【7】A）移位寄存器　　B）缓冲器

C)锁存器　　D)触发器

答案:A

8. 具有__【8】__的IC是可编程IC。

【8】A)复位信号引脚　　B)输出控制引脚

C)片选引脚　　D)执行命令能力

答案:D

9. 对计算机远程通信中的调制与解调,正确的是__【9】__。

【9】A)解调是将数字信号转换成适合远距离传输的模拟信号

B)调制是将数字信号转成适合电话设施传输的模拟信号

C)MODEM是常用的调制与解调设备,可用来替代网卡

D)调制时的载波使用了超声波,以便使用电话传输设施

答案:B

10. 若信号中欲检测的最高频率为 f_{max},为使采样后的信号能够复原,则采样频率应为__【10】__倍的 f_{max}。

【10】A)大于等于2　　B)小于等于2

C)大于等于1　　D)小于等于1

答案:A

11. 下列对"看门狗"电路的叙述中错误的是__【11】__。

【11】A)"看门狗"电路可提高系统工作的可靠性

B)"看门狗"电路可有效提高系统的测量精度

C)应在主程序中间歇输出一触发信号给"看门狗"电路

D)当程序"跑飞"时,"看门狗"电路将使CPU复位

答案:B

12. 在模拟量输入通道中,采样保持器的作用是__【12】__。

【12】A)在A/D转换期间使模拟信号保持稳定

B)在模拟量检测过程中能抑制干扰信号

C)将模拟信号放大

D)对若干个输入信号进行切换

答案:A

13. DAC0832的作用是__【13】__。

【13】A)将模拟量转换为8位数字量　　B)将数字量转换为模拟量

C)将模拟信号放大　　D)将模拟量转换为32位数字量

答案:A

14. 以下__【14】__芯片不能用来扩展并行I/O端口。

【14】A)8155　　B)74LS04

C)8255A　　D)74LS373

答案:B

15. 已知 ADC0809 的分辨率为 8 位,若其引脚 V_{REF}(+)接+5V,V_{REF}(−)接地,当输入的电压为 3.0 V 时,其转换后的数字量接近 【15】。

【15】A)50　　B)100

C)154　　D)200

答案:C

16. 为实现计算机控制大功率步进电机,其接口电路中可能包含的模块有 【16】。

【16】A)数据锁存器、光电隔离、功率驱动

B)采样保持器、光电隔离、功率驱动

C)数据锁存器、A/D、继电器

D)数据锁存器、D/A、功率驱动、光电隔离

答案:A

17. 已知待排序数据为:85,96,90,78,50,70,30,40,要求按降序排列,则下列排序方法中速度最快的是 【17】。

【17】A)快速排序　　B)直接选择排序

C)直接插入排序　　D)冒泡排序

答案:D

18. 下图为用于开关量输入的光电隔离电路,输入信号为 TTL 电平,R1、R2 的值可分别为 【18】。

【18】A)10 Ω 和 10 Ω　　B)10 kΩ 和 10 Ω

C)330 Ω 和 4.7 kΩ　　D)20 kΩ 和 1 MΩ

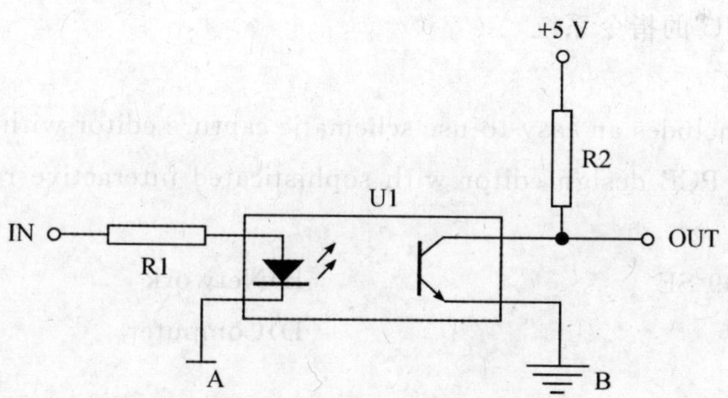

答案:C

19. 【19】 的线性表比较适合采用链表表示。

【19】A)经常需要随机地存取元素

B)经常需要进行插入和删除操作

C)表中元素需要占据一片连续存储空间

D)表中元素保持不变

答案:B

20. 下列对线性表的顺序、分块与折半查找的说法中,错误的是 【20】。

【20】A)顺序查找速度最慢,但线性表可以无序

B)折半查找速度最快,但线性表必须按关键字有序

C)分块查找速度介于顺序查找与折半查找之间,且对线性表无任何要求

D)对经常需要插入、删除元素操作的线性表一般不宜使用折半查找

答案:C

21. OSI 网络协议从高层到低层依次是:应用层、表示层、会话层、__【21】__和物理层。

【21】A)传输层、网络层、数据链路层　　B)网络层、传输层、数据链路层

C)数据链路层、网络层、传输层　　D)网络层、数据链路层、传输层

答案:A

22. IP 地址为 211.80.200.1 的属于__【22】__类地址。

【22】A)A　　B)B

C)C　　D)D

答案:C

23. 为实现 2 个不同子网的互联,必须使用__【23】__。

【23】A)中继器　　B)集线器

C)交换机　　D)路由器

答案:D

24. 操作系统的主要作用是__【24】__。

【24】A)提高 CPU 的运行速度

B)有效管理系统资源,向应用程序提供面向硬件的支持

C)将高级语言或汇编语言编写的源程序转换成目标程序

D)丰富 CPU 的指令系统

答案:B

25. __【25】__ includes an easy-to-use schematic capture editor with a huge range of components, a powerful PCB design editor with sophisticated interactive routing and placement features.

【25】A)Protel 99 SE　　B)Network

C)CPU　　D)Computer

答案:A

(二)微计算机系统扩展、接口与汇编语言

(注意:本部分有 8086 微机系统和 MCS-51 单片机系统两套试题,考生可从中任选一套作答,每套共 15 个选项,【26】~【40】每个选项 1.5 分)

(1)8086 微机系统试题

1. 逻辑地址 2000H:3450H 对应的物理地址是__【26】__。

【26】A)5450H　　B)23450H

C)20003450H　　D)34502000H

答案:B

2. 以下关于 8086 寄存器使用的描述中,__【27】__不正确。

【27】A)BX、BP、SI、DI 都可以用来存放存储器的偏移地址

B)在串操作指令中,SI 与 DI 分别存放源串与目的串偏移地址

C)选用[BX]、[BP]作为寄存器间接寻址时,都默认在数据段中

D)使用 BP 存放操作数的偏移地址,其操作数默认在堆栈段中

答案:C

3. 在汇编语言程序开发中,可以按__【28】__的顺序进行。

【28】A)MASM. EXE→EDIT. COM→LINK. EXE→DEBUG. EXE

B)EDIT. COM→LINK. EXE→MASM. EXE→DEBUG. EXE

C)EDIT. COM→MASM. EXE→LINK. EXE→DEBUG. EXE

D)EDIT. COM→LINK. EXE→DEBUG. EXE→MASM. EXE

答案:C

4. INT 21H 的中断向量地址是__【29】__。

【29】A)0021:0000　　B)0000:0084

C)0021:0084　　D)0000:0021

答案:B

5. 汇编 A. ASM 后得到如下信息,它说明__【30】__。

……

```
Object filename        [A. OBJ]:
Source listing         [NUL. LST]:
Cross-reference        [NUL. CRP]:
A. ASM(2):error A2050:value out of range
A. ASM(6):error A2009:Symbol not defined:ABCD
  50942+415682 Bytes symbol space free
       0 Warning Errors
       2 Severe Errors
```

【30】A)行号 2 与 6 均存在数据值超过范围的错误

B)行号 2 的符号 ABCD 未定义,行号 6 的数据超过范围

C)行号 2 的数据超过范围,行号 6 的符号 ABCD 未定义

D)汇编没有错误,并生成 A. OBJ 文件

答案:C

6. __【31】__指令语法错。

【31】A)MOV AX,[BX]　　B)ADD BX,CX

C)CMP AL,DL　　D)MOV AX,BL

答案:D

7. 执行 ADD 后,AL=7FH,AF=0,CF=0,再执行 DAA 后,AL=__【32】__。

【32】A)75　　B)85HL

C)85　　D)75H

答案:B

8. 将目标模块连接起来,生成可执行文件的程序文件主名为 【33】 。

【33】A)DEBUG　　B)EDIT

C)MASM　　D)LINK

答案:D

9. SP=1000H,执行两条 PUSH 与一条 POP 指令后,SP= 【34】 。

【34】A)1004H　　B)0FFCH

C)1002H　　D)0FFEH

答案:D

10. 【35】 是语法正确的指令。

【35】A)XCHG AX,ES　　B)XCHG AL,0FH

C)XCHG BX,[SI]　　D)XCHG [BX],[SI]

答案:C

11. AL=39H,执行 ADD AL,99H 后,ZF、SF 分别为 【36】 。

【36】A)0,1　　B)1,0

C)1,1　　D)0,0

答案:A

12. 要实现"当 AL=0 时转到 NEXT 处",不正确的程序段是 【37】 。

【37】A)MOV AL,AL
JZ NEXT

B)AND AL,AL
JZ NEXT

C)CMP AL,0
JZ NEXT

D)ADD AL,0
JZ NEXT

答案:A

13. 执行以下程序段后,AL= 【38】 。

```
MOV AL,1
NEG AL
ADC AL,0
```

【38】A)FFH　　B)02H

C)01H　　D)00H

答案:D

14. 对以下数据段定义,变量 DA2 的偏移地址是 【39】 。

```
DATA    SEGMENT
        ORG     2000H
DA1     DB      30H,31H,'23456'
DA2     DW      ?
DATA    ENDS
```

【39】A)2007H　　B)2003H

C)2008H　　D)0008H

答案:A

15. 已知 AL=3CH,CF=1,执行“ROL AL,1”指令后,AL= 【40】 。

【40】A)1EH　　B)79H

C)9EH　　D)78H

答案:D

(2)MCS-51 单片机系统试题

1. 8051 单片机复位后, 【26】 。

【26】A)所有 SFR 的值为 0　　B)PC 为 0

C)P0～P3 口为高阻态　　D)SP 为 0

答案:B

2. 对 MCS-51 单片机的程序存储器叙述中,正确的是 【27】 。

【27】A)程序存储器与数据存储器共享 64 k 地址空间

B)片外程序存储器空间可用于 I/O 接口的扩展

C)程序存储器空间为 64 kB

D)内部加上外部的程序存储器,最大容量可超过 64 kB

答案:C

3. 【28】 无法由 8051 片内的定时/计数器实现。

【28】A)延时　　B)累计外部脉冲个数

C)CPU 输出并行数据　　D)测试速度

答案:C

4. 使用 8051 片内串口进行串行异步通信时, 【29】 。

【29】A)能实现全双工方式,但其波特率是固定

B)能实现全双工方式,其波特率是可调的

C)其波特率可调,但只能实现半双工方式

D)只能实现半双工方式,波特率也是固定

答案:B

5. 为使外部中断 1 能中断外部中断 0 的中断服务程序,则应该将 【30】 。

【30】A)外部中断 0 和外部中断 1 的优先级控制位均设置为 0

B)外部中断 0 和外部中断 1 的优先级控制位均设置为 1

C)外部中断 0 和外部中断 1 的优先级控制位分别设置为 0 和 1

D)外部中断 0 和外部中断 1 的优先级控制位分别设置为 1 和 0

答案:C

6. 当 RS1=1,RS0=1 时,R3 对应于片内 RAM 单元的地址是 【31】 。

【31】A)03H　　B)0BH

C)13H　　D)1BH

答案:D

7. 已知 A＝40H，则执行 ADD A，＃0F0H 后，CY、OV 的值分别是__【32】__。

【32】A）0、0　　B）1、0

C）0、1　　D）1、1

答案：B

8. 指令 MOV C，20H 的功能是将片内 RAM 中地址为__【33】__的内容传送到 CY 中。

【33】A）20H 字节单元　　B）20H 单元中的位 0

C）24H 单元中的位 7　　D）24H 单元中的位 0

答案：D

9. 已知 A＝3BH，CY＝1，则执行 RLC A 后，CY 和 A 的值分别是__【34】__。

【34】A）0、9DH　　B）1、77H

C）1、9DH　　D）0、77H

答案：D

10. 能访问片外数据存储器的指令是__【35】__。

【35】A）MOV A，XRAM　　B）MOV A，@R1

C）MOVX A，@DPTR　　D）MOVC A，@A＋DPTR

答案：C

11. 已知 SP＝10H，则执行 LCALL ADDR16 指令，转到子程序后 SP＝__【36】__。

【36】A）12H　　B）13H

C）0DH　　D）0EH

答案：A

12. 对 30H 中的位 1、4 求反，位 0、5 清 0，位 7 置 1，其余位保持不变，可用__【37】__程序段实现。

【37】A）XRL 30H，＃00010010B
ANL 30H，＃11011110B
ORL 30H，＃10000000B

B）ANL 30H，＃00010010B
XRL 30H，＃11011110B
ORL 30H，＃10000000B

C）ORL 30H，＃00010010B
ANL 30H，＃11011110B
XRL 30H，＃10000000B

D）XRL 30H，＃00010010B
ORL 30H，＃11011110B
ANL 30H，＃10000000B

答案：A

13. 下列程序段执行后，A＝__【38】__。

```
MOV   A,#48H
MOV   R0,#67H
ADD   A,R0
DA    A
```

【38】A）0FH　　B）115H

C）0AFH　　D）15H

答案：D

14. 下列程序段执行后，(60H)＝ 【39】 ，(50H)＝ 【40】 。

```
        MOV   60H,#30H
        MOV   50H,#0
LOOP:INC      50H
        DEC   60H
        DJNZ  50H,LOOP
```

【39】A)2FH　　B)1EH
　　C)1FH　　D)30H

【40】A)FFH　　B)02H
　　C)01H　　D)00H

答案:【39】A 【40】D

二、请正确填充下面的画线部分，使其完成所要求的功能

(注意：本部分有8086微机系统和MCS-51单片机系统两套试题，考生只能从中任选一套作答，不允许交叉作答。每套共20个空，共40分。请将答案写在答题卡对应栏中，答在试卷上不得分)

(一)8086微机系统试题

1. 以下程序段将字符串STRING中的小写字母都转换成大写字母。

```
          ……
STRING    DB      'COmPutER'
          ……
          MOV     CX,8
          LEA     BX, 【1】
LOP:      MOV     AL,[BX]
          CMP     AL,'a'
          JB      L1
          CMP     AL,'z'
          【2】   L1
          SUB     AL,20H
          MOV     [BX],AL
L1:       INC     BX
          LOOP    LOP
          ……
```

答案:【1】STRING 【2】JA或JNBE

2. 以下程序段找出数组DAT中的最大数，存入MAX单元。

```
          ……
DAT       DW      33,888,99,78,234,666
```

```
        ……                              ;该数组中的其余数据省略
N       EQU     $-DAT                   ;N为数组元素个数
MAX     DW      ?
        ……
MAXX    PROC    NEAR
        MOV     CL, 【3】               ;控制循环次数
        MOV     SI,OFFSET DAT
        MOV     AX,[SI]
LOP:    CMP     AX,[SI]
        JAE     【4】
        MOV     AX,[SI]                 ;用大的数替换AX中较小的数
NEXT:   INC     SI
        DEC     CL
        JNZ     LOP
        MOV     【5】 ,AX
        RET
MAXX    ENDP
        ……
```

答案:【3】N 【4】NEXT 【5】MAX

3. 以下程序进行四字节压缩 BCD 码数相加,即 BCD1+BCD2,和存入 BCD3 中。

```
DATA    SEGMENT
BCD1    DB      76H,54H,32H,10H
BCD2    DB      21H,98H,05H,01H
BCD3    DB      4 DUP(?)
DATA    ENDS
;………………………………………………
STAK    SEGMENT STACK
        DW      50 DUP(?)
STAK    ENDS
;………………………………………………
CODE    SEGMENT
        ASSUME  CS:CODE,DS:DATA,SS:STAK
GO:     MOV     AX,DATA
        MOV     DS,AX
        MOV     SI,0                    ;变址寻址指针初始化
        MOV     【6】 ,4
        CLC
```

```
LOP:      MOV      AL,[SI+BCD1]
          ADC      AL,[SI+BCD2]
          【7】              ;十进制调整
          MOV      [SI+BCD3],AL
          【8】              ;地址指针调整
          LOOP     LOP
          MOV      AX,4C00H
          【9】              ;返回 DOS
CODE      ENDS
          END      GO
```

答案:【6】CX 【7】DAA 【8】INC SI 【9】INT 21H

4. 下列指令执行时,在 PC 总线上将产生相应的读或写的有效信号。

例如:MOVBL,[SI];读 MEMR(—)

说明:MEMR(—)代表 MEMR 低电平有效。

(1)MOV[BX+DI],AX; 【10】

(2)INAL,88H; 【11】

(3)OUTDX,AL; 【12】

答案:【10】存储器写 MEMW(—) 【11】I/O 读 IOR(—) 【12】I/O 写 IOW(—)

5. 在一个 8086 微机控制系统中,扩展一片 8255A 作为并行口,如下图所示。已知 PA 口工作在方式 0 输入,PB 口工作于方式 0 输出,PC 口为输入。

(1)根据电路图确定 8255A 的端口地址(写出一个有效地址即可):

PA 口地址为 【13】 ;PB 口地址为 【14】 ;

PC 口地址为 【15】 ;控制口地址为 【16】 。

(2)各端口实际占用了 【17】 个端口地址。

(3)8255A 初始化程序:

```
MOV AL, 【18】
MOV 【19】
OUT 【20】                    ;向 8255A 送控制字
```

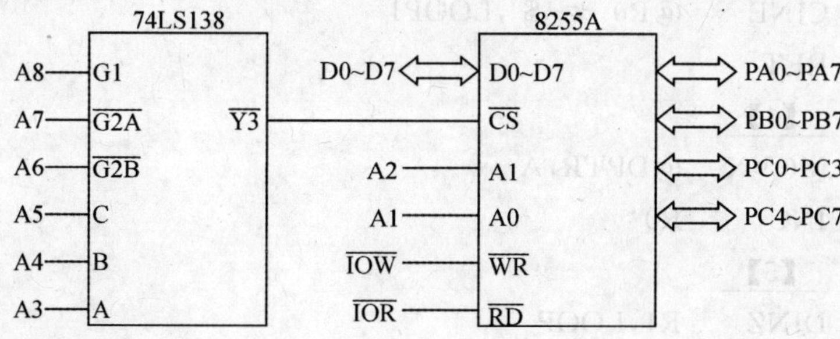

设:A9~A15 为 0,A0 可为 0 或 1。

附:8255A 方式控制字:

$D_7=1$，标志位；

D_6D_5：PA口工作方式选择，00方式0，01方式1，1X方式2；

D_4：PA口I/O方式选择，1输入，0输出；

D_3：PC_7～PC_4 I/O方式选择，1输入，0输出；

D_2：PB口工作方式选择，0方式0，1方式1；

D_1：PB口I/O方式选择，1输入，0输出；

D_0：PC_3～PC_0 I/O方式选择，1输入，0输出。

答案：【13】0118H 【14】011AH 【15】011CH 【16】011EH 【17】2 【18】99H 【19】DX，011EH 【20】DX，AL

(二)MCS-51单片机系统试题

1. 以下子程序实现的功能是：将R3、R2中存放的两字节数求补后存入R5、R4中(R3、R5存高字节；R2、R4存低字节)。

```
NEG:    MOV     A,R2
        【1】    A
        ADD     A,#01H
        MOV     R4,A
        MOV     A,R3
        CPL A
        【2】
        MOV     R5,A
        RET
```

答案：【1】CPL 【2】ADDC A，#00H

2. 以下子程序实现的功能是：把内部RAM中起始地址为DAT的数据串传送到外部RAM以XBUF为首地址的区域，直到发现'$'字符的ASCII为止。数据串的最大长度为LEN。

```
DatToXBUF:MOV   R0,#DAT
          MOV   DPTR,#XBUF
          【3】
LOOP:     CJNE  @R0,#'$',LOOP1
          RET
LOOP1:    【4】
          MOVX  @DPTR,A
          INC   R0
          【5】
          DJNZ  R1,LOOP
          RET
```

答案：【3】MOV R1，# LEN 【4】MOV A，@R0 【5】INC DPTR

3. 内部 RAM 中起始地址为 50H 单元开始存放 20 个 8 位无符号数。以下子程序实现从该组数中寻找最大的数并存放到外部 RAM 的 1000H 单元中。

```
FindMax:MOV    R0,#50H
        MOV    R2,#20
        MOV    A, 【6】
LOOP:   MOV    B,@R0
        CJNE   A,B,NEXT0
NEXT0:  【7】  NEXT1
        MOV    A,B
NEXT1:  INC    R0
        DJNZ   【8】
        MOV    DPTR,#1000H
        【9】
        RET
```

答案:【6】#0 【7】JNC 【8】R2,LOOP 【9】MOVX @DPTR,A

4. 以下程序实现的功能是:使用串口中断方式,从串口输入 10 个数据并依次存放到片内 RAM 中地址为 50H～59H 的单元中,传送结束后禁止串口中断。单片机的晶振频率为 11.0592 MHz,串行传送的波特率为 9600。

```
        ORG     0000H
        AJMP    MAIN
        ORG     0023H                    ;串口中断入口
        【10】
        ORG     100H
MAIN:   SETB    RS1                      ;中断子程序用组 3 寄存器
        SETB    RS0
        MOV     R2,#10
        MOV     R0,#50H
        ANL     PCON,#80H                ;设 SMOD=1
        MOV     SCON,#01010000B          ;设串口工作于方式 1,允许接收
        MOV     TMOD,#00100000B          ;设 T1 工作于方式 2
        MOV     TH1, 【11】              ;设置波特率
        MOV     TL1,TH1
        SETB    EA
        SETB    【12】                   ;允许串口中断
        SETB    TR1
        CLR     RS1                      ;主程序用组 0 寄存器
        CLR     RS0
        ⋮                                ;主程序(略)
```

```
;……………………………………………………………………
          ORG       500H
INTSER:   【13】                          ;入栈保护 RS1、RS0 等位标志
          SETB      RS1
          SETB      RS0
          CLR       【14】                ;清除串口中断接收标志
          MOV       @R0,SBUF
          INC       R0
          DJNZ      R2,INTSER0
          CLR       ES
INTSER0:  POP       PSW
          RETI
          END
```

答案:【10】AJMP INTSER 【11】250 【12】ES 【13】PUSH PSW 【14】RI

5. 图 1 为某应用系统的部分原理图。PA 口工作在方式 0。微型打印机的工作时序见图 2,STB(—)的负脉冲把 PA0～PA7 的数据送给打印机,随后打印机将 BUSY 变为高电平,当打印机允许再次接收数据时使 BUSY 变为低电平。以下程序段完成的功能是:采用查询的方法,将内部 RAM 地址为 40H～4FH 的单元中的数据依次送到打印机打印。

```
P_A       EQU       【15】                ;P_A 地址,无关地址位用 0 表示
P_C       EQU       P_A+2
P_CMD     EQU       P_A+3
TOPRT:    MOV       DPTR,#P_CMD           ;设置 8255 工作方式
          MOV       A, 【16】
          MOVX      @DPTR,A
          【17】                          ;STB(—)初始化为高电平
          MOV       A,#00010000B
          MOV       X@DPTR,A
          MOV       R2,#10H               ;打印程序初始化
          MOV       R0,#40H
LOOP:     MOV       A,@R0                 ;数据送打印机
          MOV       DPTR,#P_A
          【18】
          MOV       DPTR,#P_C             ;将 STB(—)降为低电平
          MOV       A,#00000000B
          MOVX      @DPTR,A
          NOP
          【19】                          ;将 STB(—)升为高电平
          MOVX      @DPTR,A
```

```
WAIT:   MOVX    A,@DPTR         ;当打印机忙时等待
        【20】 ,WAIT
        INC     R0
        DJNZ    R2,LOOP         ;循环控制打印数据个数
```

附:8255A 方式控制字:

D_7=1,标志位;

D_6D_5:PA 口工作方式选择,00 方式 0,01 方式 1,1X 方式 2;

D_4:PA 口 I/O 方式选择,1 输入,0 输出;

D_3:PC_7~PC_4 I/O 方式选择,1 输入,0 输出;

D_2:PB 口工作方式选择,0 方式 0,1 方式 1;

D_1:PB 口 I/O 方式选择,1 输入,0 输出;

D_0:PC_3~PC_0 I/O 方式选择,1 输入,0 输出。

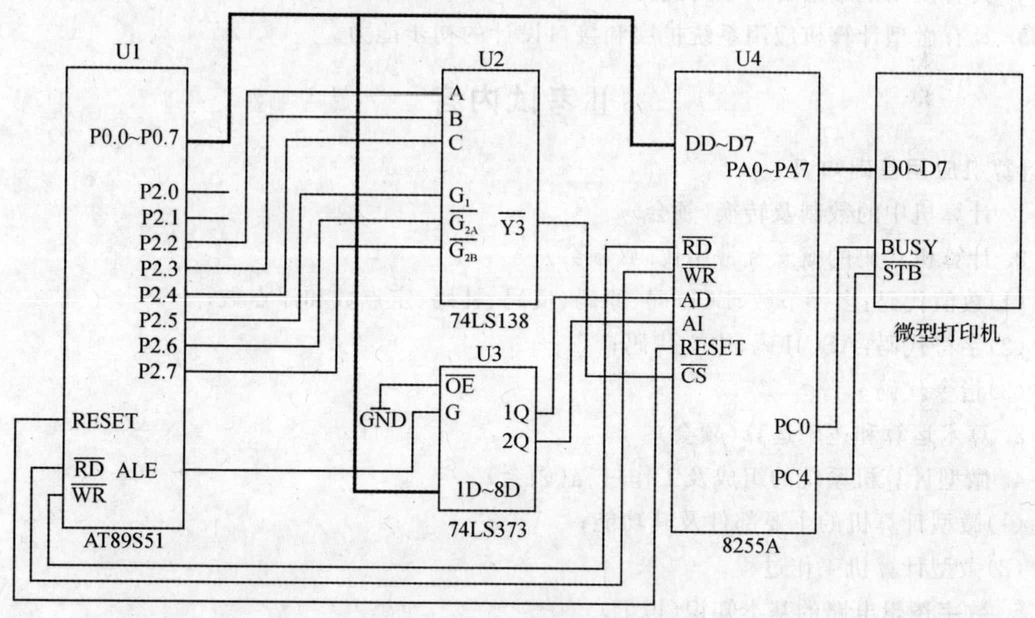

图 1 原理图

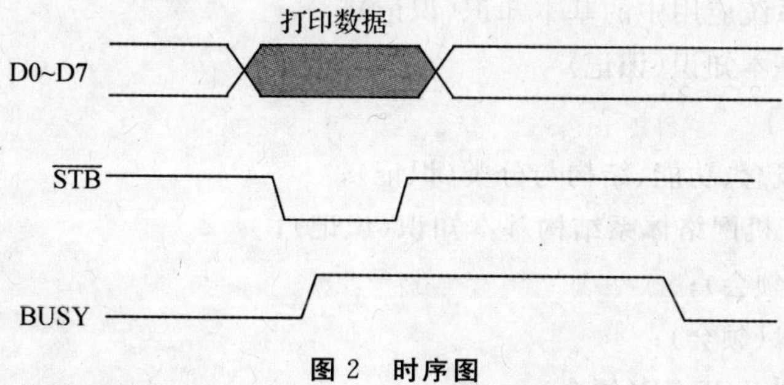

图 2 时序图

答案:【15】2C00H 【16】#10000001B 【17】MOV DPTR,#P_C

【18】MOVX @DPTR,A 【19】MOV A,#00010000B 【20】JB ACC.0

附录 2

福建省高等学校计算机应用水平等级考试
三级(偏硬)考试大纲(2010 年修订)

Ⅰ考试目的

本考试考查考生以下知识与能力:

1. 掌握计算机基础知识;
2. 掌握计算机网络和数据结构与算法的基本知识;
3. 掌握典型微型计算机系统组成及工作原理;
4. 具有使用汇编语言编程的能力;
5. 具有微型计算机应用系统扩展和接口设计的初步能力。

Ⅱ考试内容

一、计算机应用基础知识

1. 计算机中的数制及转换(领会)
2. 计算机代码的概念及常用代码(领会)

(1)数值代码:多字节数、BCD 码、原码、反码、补码、定点数和浮点数;

(2)字符代码:ASCII 码、中文代码;

(3)指令代码。

3. 算术运算和逻辑运算(领会)
4. 微型计算机系统的组成及工作过程(领会)

(1)微型计算机的主要部件及其功能;

(2)微型计算机工作过程。

5. 数字逻辑电路的基本知识(识记)
6. I/O 接口与中断的基本知识(领会)
7. 微机在测控系统应用中的基本知识(识记)
8. 嵌入式系统基本知识(识记)

二、计算机网络(领会)

1. 计算机网络概念、功能、结构与分类(识记);
2. ISO/OSI 计算机网络体系结构基本知识(识记);
3. 局域网技术(领会);
4. 网络互联技术(领会);
5. 网络互联协议 TCP/IP(领会);
6. Internet 和 Intranet 基本知识(识记);
7. C/S 结构与 B/S 结构(识记);

8. 网络安全基础(识记)。

三、数据结构与算法基础(领会)

1. 数据结构与算法的基本概念;

2. 线性表的定义及其逻辑结构、存储结构(顺序存储、链式存储)和基本操作;

3. 栈、队列的定义及其逻辑结构、存储结构和基本操作;

4. 树形结构的基本概念;

5. 二叉树的表示和遍历算法;

6. 霍夫曼树与霍夫曼编码;

7. 检索的基本概念和检索算法(顺序查找、二分查找、分块查找、哈希表查找);

8. 排序的基本概念和排序算法(插入排序、选择排序、冒泡排序、快速排序、归并排序)。

四、微机组成原理、接口技术及应用

本部分含有“8086/8088 CPU系列”和“MCS-51系列单片机”两类,考生应当掌握其中一类。

(一)8086/8088 CPU系列

1. 8086/8088微处理器组成及工作原理(识记)

(1)8086/8088 CPU结构与功能;

(2)指令系统:指令格式、寻址方式、指令的执行过程。

2. 汇编语言(简单应用)

(1)汇编语言语句格式;

(2)常用伪操作:符号定义、数据定义、段定义、过程定义;

(3)宏汇编:宏定义与宏调用;

(4)汇编语言程序设计:顺序结构、分支结构、循环结构、子程序;

(5)常用DOS和BIOS中断调用;

(6)汇编语言程序的上机过程、DEBUG常用命令的使用。

3. 存储器(识记)

(1)半导体存储器的分类、基本结构、特点、主要技术指标;

(2)PC微机存储系统与DOS内存空间分配;

(3)高速缓存和虚拟存储系统基本知识。

4. I/O接口基础(领会)

(1)I/O接口基本知识;

(2)I/O传送方式:无条件传送方式、查询方式、中断方式、DMA方式;

(3)I/O接口编址方式;

(4)常用I/O端口地址译码方法。

5. 中断系统(领会)

(1)中断系统基本知识;

(2)PC机中断系统及其使用。

6. PC微机并行接口及其使用

7. 串行接口(领会)

(1)串行通信基本知识;

(2)PC 微机串行接口及其使用。

8. PC 微机可编程定时/计数器接口及其使用(领会)

9. 输入输出通道的接口技术(领会)

(1)传感器基本知识;

(2)多路模拟开关、采样保持器基本知识;

(3)开关量输入输出、隔离、驱动基本知识及接口;

(4)D/A、A/D 基本知识。

10. 常用总线(识记)

(1)总线基本概念;

(2)ISA 总线及应用;

(3)RS232C、USB 总线基本知识。

11. 常用接口芯片(识记)

74LS138、74LS373、74LS273、74LS244、74LS245、8255A、8155、8259A、8251A、8253、ADC0809、DAC0832 等。

12. 微机接口应用(综合应用)

(1)I/O 端口译码电路设计与分析;

(2)汇编语言程序设计。

(二)MCS-51 系列单片机

1. MCS-51 系列单片机的组成与工作原理(识记)

(1)MCS-51 系列单片机家族(8031、8051 等)特点及应用领域;

(2)MCS-51 单片机的时序与工作原理:晶振与机器周期、指令周期与指令的执行过程、复位;

(3)MCS-51 单片机的引脚、内部模块结构与功能:寄存器与 SFR、内部 RAM、程序存储器空间结构、外部扩展数据 RAM 与端口、并行端口、串行端口、中断系统、定时/计数器。

2. MCS-51 系列单片机汇编语言

(1)寻址方式与指令;

(2)常用伪指令和源程序格式;

(3)汇编语言程序设计:顺序结构、分支结构、循环结构、子程序;

(4)汇编语言程序上机过程:源程序编写、汇编、仿真与调试。

3. 并行总线扩展(领会)

(1)数据、控制与地址总线的概念及工作原理;

(2)地址编址方法(线选法与译码法)与地址空间分析;

(3)MCS-51 系列单片机的三总线与分时复用原理;

(4)使用地址锁存器构成的 MCS-51 系列单片机的扩展结构。

4. 存储器及其扩展(领会)

(1)半导体存储器的分类、基本结构、特点、主要技术指标;

(2)可编程存储器的擦除与固化；

(3)MCS-51 系列单片机的程序存储器与数据存储器的扩展。

5. 中断系统(领会)

(1)中断知识(中断过程、中断优先级、中断屏蔽、中断入口)；

(2)MCS-51 系列单片机的中断编程应用(中断初始化、中断子程序的编写要点)。

6. 并行接口(领会)

(1)并行通信基本知识(无选通与选通方式、选通信号)；

(2)MCS-51 系列单片机内部并行接口应用；

(3)简单并行接口扩展；

(4)可编程并行接口芯片扩展。

7. 串行接口(领会)

(1)串行通信基本知识；

(2)MCS-51 系列单片机的串行口应用；

(3)RS232C 基本知识。

8. MCS-51 系列单片机的定时/计数器应用(领会)

9. I/O 接口与应用(简单应用)

(1)传感器基本知识；

(2)多路模拟开关、采样保持器基本知识；

(3)开关量输入输出、隔离、驱动基本知识及接口；

(4)D/A 转换方法、D/A 转换主要指标、典型 D/A 芯片接口与应用；

(5)A/D 转换方法、A/D 转换主要指标、典型 A/D 芯片接口与应用；

(6)LED 数码管及其接口、显示编程；

(7)键盘及其接口、读键编程；

(8)监控程序结构与编程要点；

(9)抗干扰技术基础("看门狗"的基本原理、软件陷阱)。

10. 常用接口芯片(识记)

74LS138、74LS373、74LS273、74LS244、74LS245、2764、6264、8255A、8155、ADC0809、DAC0832 等。

11. 微机接口应用(综合应用)

(1)MCS-51 系列单片机简单系统电路设计与分析；

(2)汇编语言程序设计。

Ⅲ考试说明

一、考试形式

考试形式:笔试。

语言环境:8086 汇编语言或 MCS-51 系列单片机汇编语言。

考试时间:150 分钟,评分采用百分制,60 分为及格。

说明：目前虽然没有上机考试，但还是建议考生能采用 Proteus V7.5 以上仿真软件进行上机练习。

二、试卷题型结构

1. 选择题：60%。

2. 填空题：40%。

3. 试卷中部分选择题与全部填空题中含有"8086/8088 CPU"系列或"MCS-51 系列单片机"各一套题，考生可选择其中的一套作答。

三、推荐教材

福建省高校计算机等级考试规划教材(三级)，包括：

1. 陈庆强编著：《微机应用技术基础》，厦门大学出版社，2012.3；

2. 吴锤红编著：《MCS-51 微机原理与接口技术》，厦门大学出版社，2009.5；

3. 余朝琨编著：《Intel 80X86 微机原理与接口技术》，厦门大学出版社，2009.10。

说明：《微机应用技术基础》涵盖三级(偏硬)的基础与公共部分，《MCS-51 微机原理与接口技术》与《Intel 80X86 微机原理与接口技术》分别涵盖"MCS-51 系列单片机"与"8086/8088 CPU 系列"的考试内容。

福建省高等院校计算机等级考试

第八届考试委员会

2010 年 7 月修订